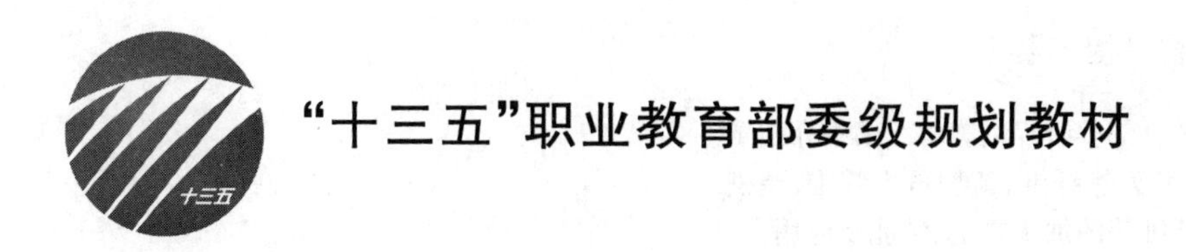

纺织新材料的开发及应用

（第2版）

梁　冬　主编
邓沁兰　副主编

内 容 提 要

本书是“十三五”职业教育部委级规划教材。书中介绍了各类新型纺织材料，包括新型天然纤维、新型再生纤维、差别化纤维、高性能纤维、功能纤维等的加工方法、性能及应用。

本书可作为纺织高职高专院校高分子材料加工技术、纺织技术、染整技术、纺织品检验与贸易、服装工程等专业的教材，也可供相关专业从事研究、生产、管理和产品开发的技术人员参考。

图书在版编目(CIP)数据

纺织新材料的开发及应用/梁冬主编．—2版．—北京：中国纺织出版社，2018.8（2023.2重印）

“十三五”职业教育部委级规划教材

ISBN 978－7－5180－5234－9

Ⅰ．①纺… Ⅱ．①梁… Ⅲ．①纺织纤维－材料科学－高等职业教育－教材 Ⅳ．①TS102

中国版本图书馆CIP数据核字(2018)第164388号

责任编辑：沈 靖　　责任校对：王花妮　　责任印制：何 建

中国纺织出版社出版发行

地址：北京市朝阳区百子湾东里A407号楼　邮政编码：100124

销售电话：010—67004422　传真：010—87155801

http://www.c-textilep.com

中国纺织出版社天猫旗舰店

官方微博 http://weibo.com/2119887771

唐山玺诚印务有限公司印刷　各地新华书店经销

2012年9月第1版　2018年8月第2版　2023年2月第5次印刷

开本：787×1092　1/16　印张：16.75

字数：362千字　定价：52.00元

第 2 版前言

《纺织新材料的开发及应用》自 2012 年出版以来，受到高等职业院校相关专业师生和纺织企业的好评。对高分子材料加工技术、现代纺织技术、印染技术、纺织品检验与贸易、服装工程等专业的学生了解新型纺织材料的发展、性能和应用，拓展专业知识起到了积极的促进作用。

随着科学技术的发展，新型纺织材料也层出不穷，原《纺织新材料的开发及应用》的内容已略显陈旧。这次修订，是在原教材的基础上，对内容做了一定修改。删减了教材中一些过时的内容，并增加了近年在纺织领域开始应用的一些生物质新型纺织材料，如莲纤维等。

参加本次修订的人员及分工如下：

第一章由广东职业技术学院梁冬、吴舒红编写；第二章由广东职业技术学院李竹君编写；第三章由沙洲职业工学院范尧明编写；第四章由广东职业技术学院梁冬、邓沁兰、李伟勇编写；第五章由广东职业技术学院梁冬、江苏信息职业技术学院辛春晖编写；第六章由广东职业技术学院梁冬编写；第七章由广东职业技术学院梁冬、天津石油化工公司研究院史倩青编写；第八章由广东职业技术学院梁冬、刘旭峰编写。全书由广东职业技术学院梁冬统稿。

希望本教材修订后能够继续受到广大读者的欢迎。由于编写人员水平所限，不足与错误之处难免，欢迎读者批评指正。

编　者

2018 年 6 月

第1版前言

本书是在自编校内使用教材的基础上，根据纺织职业院校高分子材料加工技术、纺织技术、染整技术、纺织品检验与贸易、服装工程等专业的教学需要编写的。内容主要包括新型天然纤维、新型再生纤维、差别化纤维、高性能纤维、功能纤维的原料制备、纤维成型、纤维结构与性能及应用等内容。

本书针对目前常规纺织纤维资源受到严重制约、环保成本不断攀升，纺织行业的发展战略受到较大威胁的行业背景下，结合纺织院校教学的特点，突出重在应用的特色，同时，也充分考虑到专业教学改革的需要。在编写过程中得到全国多所纺织院校和研究机构的支持，并提出编写意见，使其具有广泛的代表性。本教材在传统教材的基础上增加了近几年纺织行业中应用较广的新纤维品种，并对纺织新材料的发展方向进行了专门的介绍。

本书由广东纺织职业技术学院、常州纺织服装职业技术学院、江苏信息职业技术学院、天津石油化工公司研究院组织具有丰富教学和生产经验的教师、高级工程师编写而成。梁冬为主编，邓沁兰为副主编。具体章节的编写者如下：第一章由广东纺织职业技术学院梁冬、吴舒红编写，第二章由广东纺织职业技术学院李竹君编写，第三章由常州纺织服装职业技术学院黄艳丽编写，第四章由广东纺织职业技术学院邓沁兰、李伟勇编写，第五章由江苏信息职业技术学院辛春晖编写，第六章由广东纺织职业技术学院梁冬编写，第七章由天津石油化工公司研究院史倩青编写，第八章由广东纺织职业技术学院刘旭峰编写。全书由广东纺织职业技术学院梁冬负责统稿。

由于编者水平有限，书中不妥之处，恳请同行及读者批评指正。

编　者

2012年6月

☞ 课程设置指导

本课程设置意义

随着纺织科学和生产技术的快速发展，涌现出大量的纺织新材料。新型纺织材料及其制品的生产具有不同于传统纺织产品的加工流程和工艺特点，因此深入了解纺织新材料的生产方法、结构、性能和应用，对促进纺织产品的升级换代，提高纺织品的附加值有着重要的意义。

本课程教学建议

"纺织新材料的开发及应用"课程作为高分子材料加工技术专业、现代纺织技术专业、纺织品检验与贸易专业、服装工程专业的主干课程，建议80课时，每课时讲授字数建议控制在4000字以内，教学内容包括本书全部内容。

针织技术专业、染整技术专业、纺织品贸易专业作为必修课，建议学时48课时，每课时讲授字数建议控制在4000字以内，选择与专业有关的内容教学。

本课程教学目的

1. 掌握新型纺织材料的分类方法和应用，了解其制造原理及工艺过程。
2. 掌握新型纺织材料性能的各项指标，了解其常见的测试方法。
3. 了解新型纺织材料的性能和加工过程对终端纺织品结构与性能的影响。

目 录

第一章　新型天然植物纤维

第一节　概　述

近百年以来，随着世界人口的急剧增长，人们生活水平的提高以及工农业技术水平的发展，人们对纺织纤维的需求量日益增多，对纺织原料的各项性能的要求也越来越高。传统的天然纺织原料（如棉花、羊毛等）的产量受到气候、种植技术、养殖环境等条件的制约，产量增加极其有限。合成纤维具有优良的纺织加工性能，但其以石油、煤炭等不可再生资源为基础原料，在生产、使用及遗弃这些纤维的过程中对生态环境会造成污染，影响人类的身体健康。

天然植物纤维在生产、加工、使用过程中，基本对人体及地球不会造成太大的危害，制品废弃后可自然降解，对自然界的生态平衡影响不大。人类在32000年前就会使用天然亚麻纤维制作麻线，用来缝制衣物、编织各种手工制品等。中国利用天然植物纤维，特别是苎麻和大麻的历史很早，在新石器时期的土陶器上已有麻布的印纹。《诗经》中已有沤纻（沤制苎麻）的记载："东门之地，可以沤纻"（《陈风》）。天然植物纤维与人类生活的关系极为密切，除了日常生活必需的纺织用品以外，绳索、包装、编织、纸张、塑料及炸药等，也都需要天然植物纤维作原料。

根据有关资料统计，自然界每年以纤维素形式存在的资源总量达到千亿吨，远远超过了地球上现存石油总储量，大量的天然纤维素资源在生物循环中没有得到有效利用。随着环境保护意识的增强以及人们对纺织品穿着舒适性的提高，新型天然植物纤维的开发和利用成为必然趋势。

植物纤维是广泛分布在种子植物中的一种厚壁组织。它的细胞细长，两端尖锐，具有较厚的次生壁，壁上常有单纹孔，成熟时一般没有活的原生质体。植物纤维在植物体中主要起机械支持作用。

植物纤维存在于植物的茎、叶、根、果皮、种子等部位，可分为以下几种类型。

一、韧皮纤维

在一些双子叶植物的树木茎秆中，韧皮纤维发达，如桑树、构树、青檀等，可用作特种纸张的原料。在麻类（如苎麻、大麻、亚麻、黄麻等）的草本茎中，也具有特别发达的韧皮纤维束，通常用浸沤法将纤维从主茎上分离，或用手工或机械剥取。大多数韧皮纤维强度较高，广泛用于制造绳索、麻线、包装材料、工业用厚布和服用纺织品等。

二、木材纤维

木材纤维是存在于树干中的木质纤维，如松树、杉树、杨树、柳树中的纤维，用木材制成的浆粕是生产再生纤维素纤维的重要原料。

三、叶纤维及茎秆纤维

1. 叶纤维 叶纤维主要存在于单子叶植物的叶脉中，细胞壁木质化程度较高，质地坚硬，称为硬纤维，如剑麻、蕉麻。这类纤维强度高，耐腐蚀性强，主要用于制造船舶绳索、矿用绳索、帆布、传送带、防护网，也可编织麻袋、地毯等。

2. 茎秆纤维 有些单子叶植物茎中具有特别发达的韧皮纤维束，这些纤维没有或很少木质化，称为软纤维，如麦秸、芦苇、龙须草、乌拉草、香蕉茎、莲杆等。经简单的物理化学处理作为编织原料，编制草鞋、草褥、席子、篮子等，也可作为制造再生纤维素纤维及纸张的原料。

四、根纤维

植物根中纤维一般较少，但有的植物根内纤维也可利用，如马蔺。马蔺根茎粗短，须根长而坚硬，除药用外，还可用于制作刷子。

五、果皮纤维

有些植物果实的果皮中含有丰富纤维，如椰子。椰壳纤维强度高，但柔软性较差，主要用于土工布和家用纺织品，如织成网用于防沙、护坡，与胶乳及其他黏合剂黏合，制作薄垫、沙发垫、体育用垫和汽车垫等。

六、种子纤维

种子纤维是植物种子表皮细胞生长成的单细胞纤维，如棉、木棉、吉贝、杨絮、柳絮等。棉是目前世界上重要的民用纺织原料，木棉、柳絮主要用作填充物。

第二节 彩色棉花

天然彩色棉花是一种在棉铃成熟吐絮时就具有红、黄、棕、绿等各种颜色纤维的棉花。彩色是棉花本身的一种生物学特性。它是在纤维细胞形成与生长过程中，在其单纤维的中腔细胞内沉积了某种色素体而使纤维具有颜色。这种自身具有天然色彩的棉花与普通棉花相比具有色泽自然柔和、古朴典雅、质地柔软等特点，而且洗涤后纤维色彩还能逐渐加深。用彩色棉花制成的纺织品不需化学染料染色，从而避免了化学染料染色带来的污染。由它制成的色纱和纺织品几乎不受任何污染，纱、布上不含染色用染料残留的化学毒素，避免了生产过程中的环境污染问题；彩色的棉纤维未被染料腐蚀过，所以强度高、韧性好、织物坚固耐用。因此，彩色棉花是实现可持续发展要求的新型纺织原料。

一、国内彩棉现状

随着国外种植彩棉技术和应用开发彩棉的发展，我国在努力开展白棉研究生产的同时，也加快了引进试验和推广彩色棉花的步伐。

1994 年，海南赛特实业公司首次从美国引进一批彩棉种子，运用“远缘杂交”的方法，开展彩色杂交棉和彩色常规棉的品种育选研究。1995 年，通过引进、试种、改良美国彩色棉，我国彩棉获得成功。1996 年，UG－01 绿色棉新品种系在甘肃省敦煌市通过专家鉴定，并成立国内首家专门从事彩色棉系统开发的“天飞”彩色棉公司，种植彩棉 20 公顷左右（1 公顷＝$10^4 m^2$）。

2000 年以来，我国相继通过审定的彩色棉品种有新彩棉 1 号、2 号，棕絮；新彩棉 3 号、4 号，绿絮；湘彩棉 2 号，棕絮；浙彩棉 1 号、2 号，棕絮；中棉所 1 号，棕絮等。

目前，新疆彩色棉种植面积约 6.7 万公顷，占我国彩棉种植面积的 95 %，占世界总种植面积的 60%，年产量 9 万吨。新疆已经成为我国乃至世界彩色棉原料生产基地。另外，在我国浙江、湖南、山东、安徽、甘肃等地，都还有约 3000 公顷的彩色棉种植面积。

中国彩棉研究起步较晚，但是发展很快，目前彩棉产量及纤维品质都达到国际领先水平，彩棉科研储备已达到国际彩棉研究先进水平。我国已拥有可供大量种植的棕、绿、驼色三个定型品种和大批优良选系材料。我国“新棕 9801”“新棕 9802”两个品种，绒长和强度等多项技术指标都超过白色一级棉花。从品种数量上看，占世界上通过审定或注册的彩棉品种的 80%（迄今国外经过国家或政府正式注册准许生产的彩色棉品种有 12 个，即美国的“FOX”和“BC”及苏联的“CPK21”和“CPK22”）。试验示范表明我国几大棉区长江流域、黄河流域、新疆棉区、海南岛等地都属于彩棉适合种植区域。

新疆中国彩棉（集团）股份有限公司已经编制完成《新疆天然彩色棉产业标准体系》，使我国在世界上率先公布了彩色棉的 36 个标准，形成了天然彩色棉产业较完整的标准体系，从而使彩色棉产业从此有了操作规范。

我国对彩色棉花的中下游产品开发也已经成熟。在已有白色棉纤维加工的成熟工艺的基础上，以彩色棉为加工原料的梳棉工艺、生物酶法后整理工艺、固色工艺、抗紫外线处理等方面，形成了天然彩棉加工的系列配套工艺。开发了彩棉 14tex（42 英支）精梳棕色棉纱和 18tex（32 英支）及以下的棕色、绿色精梳棉纱产品，这些彩棉纤维产品质量优良、性能稳定。已经面市的终端产品有 1000 多个品种，接近或达到了白色棉终端产品所能覆盖的领域，几乎涵盖了人们日常生活用纺织品的所有方面。

二、彩色棉花的结构与性能

（一）外观形态与结构

棕色棉纤维的纵向与本白棉一样，为细长、有不规则转曲的扁平状体，中部较粗，根部稍细于中部，梢部更细。成熟度好的纤维纵向呈转曲的带状，且转曲数较多；成熟度较差的纤维呈薄带状，且有很少的转曲数。

棕色棉的横截面与本白棉相似，呈腰圆形，且有中腔，但棕色棉的色彩呈片状，主要分布在纤维次生胞壁内。成熟度好的纤维截面比较圆润，胞腔较小；成熟度差的纤维截面扁平，中腔较大。

棕色棉的纤维结构由外向内依次为初生壁、次生壁和中腔。初生壁的厚度约为 0.1μm，而次生壁的厚度约为 3.7μm，中腔的直径约为 10.3μm，纤维直径约为 17.8μm，且有大量染色较深的物质沉积在中腔中。

绿色棉纤维的结构由外向内依次为初生壁、次生壁和中腔。初生壁的厚度约为 0.1μm，次生壁可分为次生壁外层（无染色较深的条纹）和次生壁内层（有染色较深的条纹），前者厚度约为 2.1μm，后者厚度约为 3.6μm，纤维直径约为 12.7μm，明显细于白色纤维。

（二）化学组成

1. 分子结构 棉纤维分子结构如下。

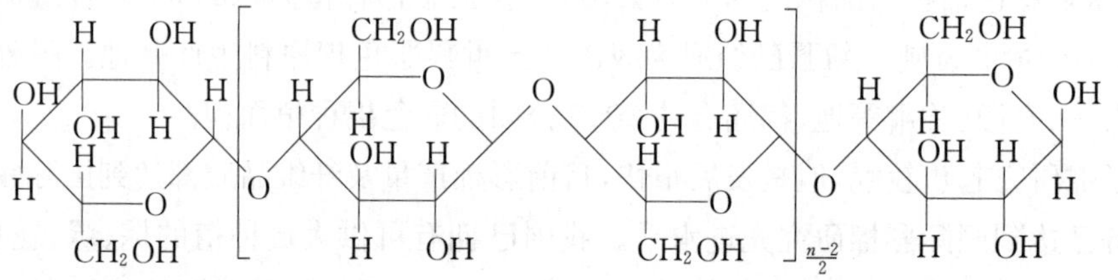

2. 纤维素含量 棉纤维的主要成分为纤维素，白棉（细绒棉）纤维素含量占 95%左右，棕棉纤维素占 86%左右，绿棉纤维素占 82%左右。白棉中低分子量半纤维素（包括冷水抽提物、热水抽提物、1%NaOH 抽提物、戊糖等）含量占 5%左右，棕棉占 14%左右，绿棉占 13%左右。

3. 纤维素伴生物 棉纤维的其他成分为纤维素伴生物（包括脂肪、蜡脂、果胶物质、糖类物质、灰分和其他含氮化合物），白棉（细绒棉）含纤维素伴生物 5%左右，其中脂肪 1%左右；棕棉含纤维素伴生物 14%左右，其中脂肪和木素（木素由木脂素和木质素组成）10%左右；绿棉含纤维素伴生物 18%左右，其中脂肪和木素 14%左右。

（三）性能

1. 物理性质

（1）彩色棉的主要物理指标：长度偏短，强度偏低，马克隆值高低差异大，整齐度较差，短绒含量高，棉结含量高低不一致。

（2）彩色棉产量低，衣分率低。

（3）外观：因纤维色素不稳定，纤维色泽不均匀，纤维经日晒后色泽变淡或褪色，水洗后色泽变深，部分彩色棉出现有色、白色和中间色纤维。

我国彩色棉花的主要物理指标见表 1-1。

2. 力学性能 纤维的力学性能一般与纤维的结晶度有关，结晶度反映了纤维分子的聚集状态。白棉的结晶度为 69%～70%，棕棉、绿棉的结晶度分别为 74%和 81%。白棉纤维强度高，而彩棉结晶度虽然较高但强度却较低，这与彩棉的杂质（包括色素）含量较高有关。

表 1-1 我国彩色棉花的主要物理指标

物理指标	绿 色	褐 色	棕 色	白 色
2.5%跨距长度/mm	21～25	26～27	20～23	28～31
强度/cN·$dtex^{-1}$	1.6～1.7	1.8～1.9	1.4～1.6	1.9～2.3
马克隆值	3.0～6.0	3.0～6.0	3.0～6.0	3.7～5.0
整齐度/%	45～47	45～48	44～47	49～52
短绒率/%	15～20	12～17	15～30	≤12
棉结/粒·g^{-1}	100～150	100～170	120～200	80～200
衣分率/%	20～23	27～30	28～30	39～41

3. 吸水性 彩棉纤维的杂质含量为 14%～18%，主要成分以木脂素为主的蜡质脂肪，因此，彩棉纤维吸水性差。

4. 收缩性 白棉经丝光溶胀处理后，胞腔可基本消失，从而获得较好的尺寸稳定性；而彩棉纤维次生胞壁薄，胞腔大，可收缩空间多，受湿热或化学、机械处理等外界条件的影响，易发生剧烈收缩和起皱变形，因此，彩棉较白棉的尺寸稳定性差。

5. 化学性质 天然彩棉在后加工中需经过上浆、退浆、煮练及后整理加工过程，生产中会与酸、碱、氧化剂或还原剂接触。化学试剂的浓度、温度、接触时间等会对彩棉的颜色造成影响。

(1)碱对彩棉的影响。碱处理可使棕色棉的明亮度下降，颜色加深。从色光变化上看，碱处理可使红光增加，蓝光减少，并且碱处理后总色差增大较明显。

(2)酸对彩棉的影响。常温下，酸处理可使棕色棉的明亮度下降，颜色加深。醋酸处理可使蓝光稍有增加，而硫酸处理可使蓝光稍有降低。总色差随着酸浓度的增加而增加。

(3)氧化剂、还原剂的影响。棕色棉在氧化剂(如过氧化氢、次氯酸钠)及还原剂(如保险粉)的作用下，明度都有所增加，颜色变浅；红光减少，蓝光增加。

三、天然彩棉的生产

(一)原棉生产

与白棉一样，收购的籽棉晒干、烘干后，用皮辊轧花机或锯齿轧花机进行棉、籽分离而得。工艺流程如下：

拆包(籽棉)→烘干→清花→轧棉→剥绒→成包

(二)纺纱

天然彩棉存在物理指标、外观质量较差的问题，各工序的纺纱工艺必须遵循尽量减少纤维损伤这一基本原则。梳棉工序运用设计合理、锋利度高、耐磨的优质针布，以增强梳理效果，减少棉结生成。对于粗纱无论是纯纺还是混纺都要降低锭速和车速，采用软弹涂料胶辊，增大压力，以保持足够握持力和牵伸力，确保纤维在牵伸中运动平稳，提高条干均匀度。细纱要合理配置细纱牵伸和加捻卷绕部分的工艺参数，如放大细纱后区罗拉隔距，减小后区牵伸倍数，采用偏小的钳口隔距，适当提高细纱捻度，降低前罗拉速度，稳定罗拉压力，稳定钳口动态握持力，保持牵伸力稳定，从而减少细纱断头，提高成纱条干均匀度。

（三）织造

1. 络筒 由于彩色棉纱的棉结杂质较多，络筒时应最大限度地利用电子清纱器清除粗节、细节和大棉结，同时适当降低车速，以减少断头和毛羽的产生。

2. 整经 为减少织造中的断头，使织轴经纱张力均匀，轴面平整，软硬一致，需合理配置张力圈，采取分层分排配置张力圈重量。

3. 浆纱工序 由于彩棉纤维含有棉籽壳、脂肪、蜡质等天然杂质，因而在浆纱前必须经过少量渗透剂的适当煮练，除去这些杂质，以提高纱线的洁净度和吸湿性能，有效地改善纱线条干和上浆效果。

由于上浆是造成织物和环境污染的重要环节，为避免产生污染和有害物质，应采用淀粉浆，以磷酸酯淀粉为主浆，以确保彩棉产品的绿色环保性。

（四）后整理

天然彩棉织物一般不需经过染色加工，后整理简单。经过烧毛、退浆、柔软、预缩后，可提高产品的尺寸稳定性、布面平整度和手感。由于彩棉色泽对酸、碱有一定的敏感性，特别是不耐酸，因此，在前处理过程中，宜选用生物淀粉酶退浆和环保弹性体硅油柔软技术，在低温和松式工艺条件下进行处理，能有效去除织物上的淀粉浆，改善手感，并能保持彩棉的色泽。

四、彩色棉花的应用

我国天然彩色棉有纯彩棉、彩棉/白棉、彩棉/天丝、彩棉/莫代尔等混纺、交织、色织的机织面料和针织面料，用于毛巾、浴巾、方巾、毛巾被、浴衣、线毯、绒毯、床品、内衣、内裤、袜子、帽子、T恤、文化衫、背心、衬衫、线衫、睡衣、文胸、休闲服、时装裙、童装、婴幼儿系列服等纺织成品。

第三节　竹原纤维

竹原纤维就是将天然的竹材通过机械、物理方法和生物技术去除竹子中的木质素、多戊糖、竹粉、果胶等杂质，从竹材中直接分离出来的纤维。竹原纤维具有良好的透气性、瞬间吸水性、较强的耐磨性和良好的染色性等特性，同时又具有天然抗菌、抑菌、除螨、防臭和抗紫外线功能。

竹原纤维与采用化学处理的方法生产的竹浆黏胶纤维（再生纤维素竹纤维）有着本质上的区别。前者是纯粹的天然纤维，属绿色环保型纤维，纤维性能优异，具有特殊的风格，服用性能极佳，保健功效显著，为区别于竹浆黏胶纤维，故取名为竹原纤维；而后者则属于化学纤维中的再生纤维素纤维，竹纤维中的某些优良的性能和含有的保健成分在化学加工中受到影响，加之化学加工造成的污染，所以它不是真正意义上的环保纤维。

一、竹原纤维现状及发展前景

20世纪末，日本首先开发竹原纤维纺织品，而我国从2000年开始自主研发出竹原纤维，竹原纤维进行纯纺或与其他天然纤维、化学纤维进行混纺，用于针织物和机织物的生产。

竹原纤维织物具有天然抗菌、抑菌、抗紫外线作用，在经多次反复洗涤、日晒后，仍能保证其原有的特点，这是因为竹原纤维在生产过程中，使得形成这些特征的成分不被破坏。因此，其抗菌作用明显优于其他产品。更不同于其他在后处理中加入抗菌剂、抗紫外线剂等整理剂的织物，所以它不会对人体皮肤造成任何过敏性不良反应，反而对人体皮肤具有保健作用和杀菌效果，应用领域广泛。

竹原纤维虽然有诸多优点，但也有它的弱点。在加工工艺上，对于天然竹原纤维的制取主要有两个难点：一是竹子单纤维太短，无法纺纱；二是纤维中的木质素含量很高，难以除去。常规的化学脱胶方法工艺流程长、周期长、需消耗大量的能量，且设备腐蚀较严重，对环境污染极为严重，加工出的纤维质量不够稳定。而生物脱胶法也有相当大的难度，由于竹材自身结构紧密，密度很大，而且细胞组织中又有大量空气存在，浸渍液很难浸透，延长脱胶时间，且竹子本身具有多种抑菌物质，菌种的选择也比较困难，因此，有待进一步研究和探索。在织造过程中，由于竹原纤维易吸湿、湿伸长大以及塑性变形大的特点，极易脆断。成衣制造中100%的竹原纤维制造的服用面料还没有很好地解决缩水性问题，手感与悬垂性也有待改善。

在全球石油资源日益紧缺的背景下，合成纤维的生产将受到原材料的限制，环保型的竹原纤维将发展成为重要的纺织原料之一。

二、竹原纤维的提取工艺

1. 前处理　前处理工序分为整料、制竹片、浸泡三步。

(1)整料。将竹材去枝节与尖梢，根据纺纱系统的要求切成定长竹筒。

(2)制竹片。采用机械或手工方式将竹筒劈裂成一定宽度的竹片。

(3)浸泡。将竹片浸泡在特制的脱胶软化剂中，浸泡一定时间。

2. 分解　分解工序分为蒸煮、水洗、分丝三步。

(1)蒸煮。将竹片连同浸泡液一起加热至某一温度，同时施加一定的压强，蒸煮一定的时间，对其进行脱糖、脱脂、脱胶与杀菌。

(2)水洗。将蒸煮过的竹片取出，用水洗净，去除附着的浸泡液。

(3)分丝。采取机械方式压扁竹片，接着用成丝机分解出粗纤维。

3. 成型　成型工序大致要经过蒸煮、分丝、还原、脱水、软化等几个步骤。

(1)蒸煮。将分解工序获得的粗纤维置于蒸煮皿中，加入浸泡液，加热至一定的温度，加压处理一定的时间。

(2)分丝。将粗纤维分为更细的纤维，并用水冲洗脱胶。

(3)还原。将竹纤维置于浸泡液中，加入适量的助剂，由此来增加竹原纤维的强度。

(4)脱水。一般采用离心式脱水。

(5)软化。采用软化剂将竹纤维软化，使其具有一定的柔软度。

4. 后处理　后处理工序一般分为干燥、梳纤、筛选检验三步。

(1)干燥。在专用干燥设备上将纤维烘燥一定的时间,使含水率低于10%。

(2)梳纤。用梳纤机对其进行梳理,整理成竹纤维丝。

(3)筛选检验。去除短纤维及其粉末,对其进行检验,如果合格则打包。

三、竹原纤维的化学组成

竹原纤维的化学成分主要是纤维素、半纤维素和木质素,三者同属于高聚糖,总量占纤维干质量的90%以上,其次是蛋白质、脂肪、果胶、单宁、色素、灰分等,大多数存在于细胞内腔或特殊的细胞器内,直接或间接地参与其生理作用。

竹原纤维的化学成分见表1-2。

表1-2 竹原纤维的化学成分表

纤维组成物	单体组成	分子形态
纤维素	$C_6H_{12}O_5$	线型高聚物
半纤维	$C_6H_5CH_2CH_2CH_3$	线型高聚物
木质素	多缩戊糖	三维网状高聚物

1. 纤维素 竹原纤维中纤维素的含量取决于制取纤维的用料情况。由于竹龄的不同,其纤维素含量也不同,如毛竹、嫩竹为75%,1年生竹为66%,3年生竹为58%。竹原纤维中的半纤维素含量一般为14%~25%,毛竹平均含量约为22.7%,并且随着竹龄的增加,其含量也有所下降,如2年生竹24.9%,4年生竹23.6%。

纤维素含量也与竹部位有关,竹茎梢部纤维素含量比竹茎中部高5%~7%,竹茎中部纤维素含量比竹茎基部高3%~5%,纤维素含量越高,半纤维素含量越少,原料的利用率越高。

竹纤维素的相对分子质量一般为90000~170000,聚合度为740~1050。竹纤维素的聚合度越高,相对分子质量越大,竹纤维的某些力学性能就越好。

2. 木质素 木质素主要为对羟基苯丙烷、邻甲氧基苯丙烷、4-羟基-3,5-二甲氧基苯丙烷构成的三维网状高分子化合物。竹茎部位不同,木质素含量也不同,竹茎梢部木质素含量较低,竹茎根部木质素含量较高。在竹纤维最终产品中,竹浆纤维的木质素含量在0.4%左右,竹原纤维木质素含量在3%以下,所以竹原纤维手感比竹浆纤维硬。

3. 多缩戊糖 竹纤维中多缩戊糖含量较多,还有多缩已糖和多缩醛糖等的混合物。由于化学性质相似,都属多糖类,在化学分析中很难离析出来,因此,在测定多糖含量时,都按多缩戊糖计算测定值。在制取竹纤维过程中,多缩戊糖等的混合物溶解于碱性酶剂液或碱性溶液中,易于清除。

4. 果胶 果胶是一种水溶性物质。果胶含量多会妨碍竹原纤维的毛细管作用,使纤维失去良好的芯吸能力。经脱除果胶物质后,竹原纤维的芯吸能力增大。

5. 含氮物质 制取竹原纤维时,竹中的蛋白质和其他含氮化合物经蒸煮、水洗等工序可去除。这些物质的存在会影响竹原纤维的抗菌、抑菌效果。

6. 灰分 竹原纤维中灰分主要是竹粉及铁、钙等金属氧化物。随着竹龄的增长，竹中灰分含量逐渐增加。这些物质在竹原纤维制造过程中经蒸煮、水洗等工序可以去除。这些物质的存在会影响纤维的力学性能和染色性能。

四、竹原纤维的结构与性能

(一)竹原纤维的形态特征

经扫描电子显微镜观察，竹原纤维纵向有横节，粗细分布很不均匀，纤维表面有无数微细凹槽。横向为不规则的椭圆形、腰圆形等，内有中腔，横截面上布满了大大小小的空隙，且边缘有裂纹，与苎麻纤维的截面很相似。竹原纤维的这些空隙、凹槽与裂纹，犹如毛细管，可以在瞬间吸收和蒸发水分，用这种纤维织成的面料及加工制成的服装服饰产品吸湿性强、透气性好。

竹原纤维的形态结构如图 1－1 所示。

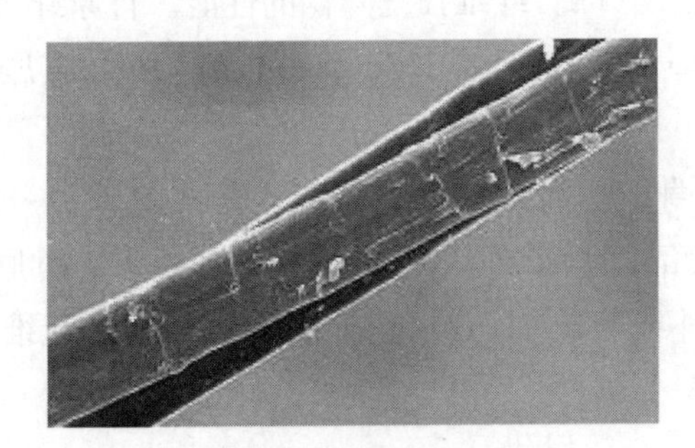

(a) 竹原纤维的纵向形态

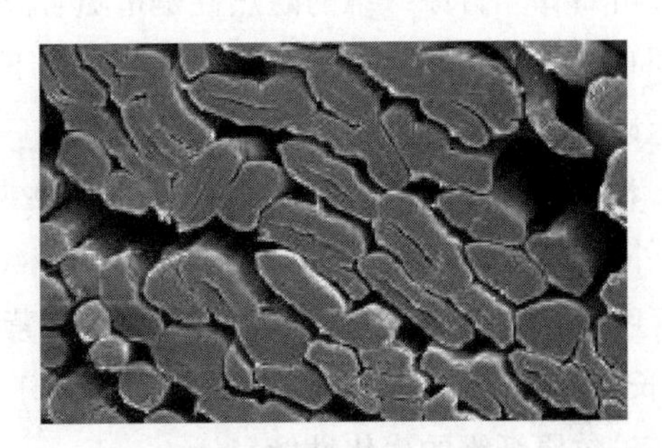

(b) 竹原纤维的横截面形态

图 1－1 竹原纤维的形态结构

(二)竹原纤维的物理性能

竹原纤维的长度可根据后加工的要求，制成棉型、中长型和毛型所需要的长度，长度整齐度较好。

1. 力学性能 竹原纤维的力学性能见表 1－3。

表 1－3 竹原纤维的力学性能表

纤维性能	干 态	湿 态
断裂强度/cN·$dtex^{-1}$	4.72	3.84
断裂伸长率/%	3.48	4.02
断裂比功/cN·$dtex^{-1}$	20.92	25.87

竹原纤维是一种高结晶、高取向的天然纤维素纤维。干态强度比湿态强度高。竹原纤维有较低的断裂伸长率，这主要是因竹原纤维结晶度高，大分子间结合力较大，破坏大分子结合力后产生的滑移较小，使得纤维的断裂伸长率低。湿态下，竹原纤维断裂伸长率增加，主要是水分子

进入纤维内部以后，竹原纤维大分子之间或原纤之间的结合力相对减弱，分子间受力后产生位移的可能性增大所致。

2. 吸湿、放湿性 竹原纤维的吸、放湿性能优于大多数纺织纤维。竹原纤维在标准状态下的回潮率为 11.5%左右，竹原纤维织物保水率为 35.2%；竹原纤维织物透湿量为 1277.4g/(m^2 · d)，而苎麻纤维织物透湿量为 1166.3g/(m^2 · d)，棉纤维织物透湿量为 1150.4 g/(m^2 · d)。

在相对湿度 65%、20℃时，初始 10min 时，竹原纤维含水率 18%、苎麻纤维含水率 16%、黏胶纤维含水率 11%；当温度升至 25℃，相对湿度为 42%时，自然干燥到 150min 时，以上各种纤维水分损失率分别为：竹原纤维水分损失率 99%、苎麻纤维水分损失率 99%、普通黏胶纤维水分损失率 91%；当干燥到 180min 时，三者同时达到干燥。这说明竹原纤维的干燥速度快于黏胶纤维，与苎麻相近。

由于竹原纤维的吸、放湿速率快的特点，能够在短时间内转移人体发出的汗液，从而使人有舒适、凉爽的感觉。

3. 耐热性 竹原纤维的耐热性是指随着温度的升高，纤维强度降低的性能。竹原纤维在较长时间内，温度在 107～185℃时，强力只下降 0.74%，在 262～345℃时，强力急剧下降 25.75%。

4. 抗紫外线性 天然纤维素纤维纺织品自身就具有抗紫外线功能。波长在 280～320nm 时，紫外线透过率在 10%以下；波长在 320～400nm 时，紫外线透过率在 20%以下。竹原纤维中含有叶绿素铜钠物质，这种物质是优良的紫外线吸收剂，其抗紫外线能力约为棉纤维的 20 倍；波长在 200～400nm 时，紫外线透过率小于 5%。

（三）竹原纤维的生化性能

1. 化学性能 竹原纤维的对酸稳定性差，这主要是酸对纤维素大分子中的苷键的水解起催化作用，使其聚合度降低。竹原纤维可溶于高浓高温的硫酸、盐酸、硝酸等强酸溶液中，在强酸作用下分解，最终会分解成 α-葡萄糖。

竹原纤维的耐碱性较好，在常温下用浓度低于 15%的稀碱液处理时不发生变化，稳定性好。如果碱液浓度高于 15%，纤维在常温下即开始膨化，直径增大，纵向收缩；如果碱液浓度提高到 18%～20%，处理 60～90s，即引起纤维横向膨化，使纤维变形能力增加。

竹原纤维对氧化剂的稳定性较差，在氧化剂的作用下容易氧化，使纤维素发生严重降解，纤维强度降低。

2. 抗菌性能 竹原纤维具有较强的抗菌和抑菌作用，主要是由于竹原纤维结构的细胞壁中含有一种名为“竹醌”或“竹沥”的抗菌物质，这些成分对金黄色葡萄球菌、大肠杆菌、白色念珠菌等菌种有抑制作用，因而对人体有保健作用。

3. 防臭性能 竹原纤维具有天然的防臭性能，主要是纤维中含有叶绿素和叶绿素铜钠等防臭物质，这些防臭物质通过吸附臭味和氧化分解途径去除臭味。这些能起氧化作用的物质在 H_2O 和 O_2 体系中发生光催化反应，产生超氧化物阴离子自由基，能与多种臭味物质反应，通过中和或水解作用，达到除臭效果。实验表明，竹原纤维织物对氨气的除臭率为 70%～72%，对酸臭的除臭率达到 93%～95%。

竹原纤维因具有吸湿、导湿快，透气性好的性能，所以排汗快，使微生物的生存环境差，因而产生的臭气极少。

五、竹原纤维的应用

竹原纤维可纯纺，也可与羊毛、棉或彩色棉、绢丝、苎麻及涤纶、Tencel、莫代尔(Modal)、大豆蛋白纤维、黏胶纤维等纤维混纺，用于机织或针织，生产各种规格的机织面料和针织面料及其服装。机织面料适宜制作夹克衫、休闲服、西装套服、衬衫、连衣裙、床上用品和毛巾、浴巾等。针织面料适合制作内衣裤、睡衣、衬衫、T恤、运动衫裤、袜子和婴幼儿服装等。

第四节 香蕉茎纤维

一、概述

香蕉广泛种植于热带、亚热带地区，是重要的经济作物和粮食作物。据联合国粮农组织(FAO)统计，2005～2008年，世界最主要的香蕉生产国分别为印度、中国、菲律宾、巴西、厄瓜多尔、印度尼西亚。2008年全球香蕉种植面积为481.76万公顷，产量804.27万吨。我国是香蕉的原产地之一，在海南、广东、福建、广西、云南等地均有大面积的种植。

香蕉的果实可以供人们食用，香蕉树的茎秆可以用于纸浆造纸和制作层压板。香蕉茎纤维藏于香蕉树的韧皮内，属于韧皮纤维类。香蕉茎纤维具有一般麻类纤维的优缺点，如强度高、伸长小、回潮率大、吸湿放湿快、纤维粗硬、初始模量高等。

香蕉树的茎、叶资源丰富，仅我国茎叶产量约1800万吨，其中可利用提取纤维的茎秆量约1200万吨，不能提取的茎叶和蕉头约600万吨。目前农民以收获果实为唯一目的，大量的茎秆资源作为废弃物，全部被丢弃在田间地头，既浪费又污染环境，并且全部依赖人工清理，费工费时，劳动强度大。根据初步的实验，香蕉茎秆可提取0.8%的纤维，一般每亩有4～5吨茎秆可供提取纤维，即每亩可提取纤维32～40千克，按年茎秆量1200万吨计算，可提取香蕉茎纤维9万吨，纤维产量相当于200万亩亚麻或100万亩棉田的产量，可节省大量的土地资源，为我国纺织业提供了一种优质的新型纺织材料。且剩余的残渣仍可制备有机肥或加工饲料等，不能提取纤维的香蕉茎叶和蕉头经粉碎后，可作为肥料，用于增加土壤的有机质，减少化肥用量，改良土壤，建立有机生态循环系统，有助于香蕉产业的可持续发展。

虽然目前人们还未大规模地利用香蕉树剥取纤维，但在印度等一些国家已有用香蕉纤维经黄麻纺纱机纺纱并用于制绳和麻袋。日本日清纺织公司与名古屋市立大学研究所合作，成功实现香蕉纤维的产品化。

通过研究人们发现，香蕉茎纤维的品质与香蕉品种及其在树干上所处的位置有关。在香蕉树干上纵向与径向的部位不同，纤维的结构和性能也不相同。不同品种的香蕉树上提取的香蕉茎纤维其结构和性能也有大差别。香蕉茎纤维的剥取是在其果实收获后进行的。香蕉树干上的纤维可以用手工方法或机械方法剥取。纤维剥取后，还要经洗涤、晾晒等预加工。

对香蕉纤维的开发利用，是一种变废为宝、节约资源的过程，有助于减少或避免被抛弃的茎叶等副产品对环境的污染，同时天然的香蕉纤维易于降解，符合时下的环保理念和可持续发展战略的要求。作为一种生态友好型纤维有着许多麻类纤维的优点，迎合了人们返璞归真的心理；香蕉资源大都分布在广大的农村，在一定程度可增加农民的收入，扩大就业，具有一定经济和社会效益。

二、香蕉茎纤维的制取方法

香蕉茎纤维的制取有多种方法，主要有手工剥取法、机械法、化学法、生物酶-化学联合脱胶法等。

(一)机械法

用切割机切断香蕉茎秆、用破片机沿其轴向破开，手工将茎秆撕开成片状，片状香蕉茎秆用手拉式菠萝麻刮麻机提取纤维。

(二)化学法

1. 上海出入境检验检疫局与东华大学吴雄英等发明的香蕉茎韧皮制取方法

(1)预酸处理。用浓度为 0.1%～0.4 % (o. w. f.)的硫酸溶液在 20～50℃下处理 1～2h。

(2)碱煮。加入氢氧化钠、亚硫酸钠和焦磷酸钠的混合溶液，沸煮 1～3h。

(3)焖煮。加入氢氧化钠与工业皂的混合溶液，在 90～98℃下焖煮 1～3h。

(4)漂白。加入浓度为 2%～5%(o. w. f.)的次氯酸钠溶液漂白 5～12min。

(5)酸洗。加入浓度为 0.1%～0.2%(o. w. f.)的硫酸溶液酸洗 5～10min。

2. 日本日清公司香蕉茎纤维的提取方法

(1)剥下香蕉茎上的皮，取出柔软的纤维内皮。

(2)脱水、干燥处理。

(3)精练、解纤除杂质、打结或加捻成长丝，加捻成纱。

(4)纺纱。

3. 专利 101255608 号介绍的提取方法

(1)香蕉茎粗麻。

①生石灰配制成 3%石灰水溶液，使其在 20～25℃的水中溶解。

②石灰水溶液经沉淀后，pH 达到 3.5～4.5 时，将熟石灰滤出，取表面清水。

③采用辊轴压榨机压榨脱掉香蕉茎秆上的茎秆胶以备用。

④将压榨粗加工后的香蕉茎秆皮放入石灰水溶液中，浸泡、搓洗、晒干、疏理、除去杂质。

⑤次氯酸钠缓慢倒进 20～25℃水中，配制成 3%次氯酸钠溶液，将茎秆麻放入次氯酸钠溶液中，浸泡、漂白、晒干。

⑥N-十八烷基N'-亚乙基脲配制成 1% N-十八烷基N'-亚乙基脲溶液，用其将漂白、晒干后的茎秆麻浸泡并加热至 80℃后，自然降温至室温，捞出晒干，即可得到香蕉粗麻。

(2)香蕉茎细麻。

①配制 2～3°B'e 的洗米水。

②粗麻浸泡于洗米水，捞起、沥干。

③置入3%～4%氢氧化钠、1.3%～1.5%亚硫酸钠、13%～15%碳酸钠三者的混合溶液中，高压、高温进行处理，冷却后用水清洗、敲打。

④用25～30°B′e的冰醋酸酸洗。

⑤用pH为7～8、浓度为1～2g/L的次氯酸钠溶液浸泡，用水清洗后，放入0.4%～0.5%氢氧化钠、0.8%～1%乳化剂、8%～10%茶籽油的混合溶液中浸泡。

⑥烘干或晒干，即可生产出类似棉花状的纤维开松细麻。

(三)生物酶—化学联合脱胶法

生物酶—化学联合脱胶法的工艺流程如下：

试样→浸酸(H_2SO_4)→水洗→生物酶脱胶→80℃热水失活→水洗→碱氧一浴(NaOH和H_2O_2混合液)→水洗→酸洗(H_2SO_4)→水洗→脱水→上油→烘干→工艺纤维

三、香蕉茎纤维的结构与性能

(一)化学组成

香蕉茎纤维与亚麻、黄麻的化学组成见表1-4。

表1-4 香蕉茎纤维与亚麻、黄麻的化学组成比较

成　分	香蕉茎纤维	亚　麻	黄　麻
纤维素	58.5%～76.1%	70%～80%	64%～67%
半纤维素	28.5%～29.9%	12%～15%	16%～19%
木质素	4.8%～6.13%	2.5%～5%	11%～15%
果　胶	—	1.4%～5.7%	1.1%～1.3%
灰　分	1.0%～1.4%	0.8%～1.3%	0.6%～1.7%
水溶物	1.9%～2.61%	—	—
脂蜡质	—	1.2%～1.8%	0.3%～0.7%
其他(含氮物)	—	—	0.3%～0.6%

注　香蕉茎纤维的半纤维素是在1% NaOH溶液中测得的，而亚麻、黄麻的半纤维素是在2% NaOH溶液中测得的。

由表1-4可知，香蕉茎纤维中的纤维素含量低于亚麻、黄麻，而半纤维素、木质素的含量则较高。因此，其光泽、柔软性、弹性、可纺性等均比亚麻、黄麻差，在纤维制备中要加强去除半纤维素、木质素的脱胶工艺。

(二)形态结构

香蕉茎纤维单纤维(细胞)长度比较短，只有2.0～3.8mm，单细胞的纤维素含量则可达58%～76%。香蕉茎纤维的单纤维宽度较细，在8～20μm。由于单纤维很短，实际使用时必须以束纤维形式进行。细的束纤维平均线密度3～5tex，粗的束纤维平均线密度8～10tex。

香蕉茎纤维横截面呈腰圆形，粗细差异较大，其中一部分与棉纤维一样呈耳状，内有中腔，大部分类似苎麻、亚麻的腰圆形，中腔到胞壁之间存在明显的裂纹，还有一些纤维没有明显的中腔，为实心的腰圆形。由此可知，香蕉茎纤维兼具有棉纤维和麻类纤维的截面特征。

香蕉茎纤维纵向有明显横节，与羊毛鳞片形状相仿，有凹凸的特点，而且横节贯穿整个纤维的横向，纤维除了有横节外，沿纵向还有长短粗细不一的竖纹。

香蕉茎纤维的形态如图 1－2 所示。

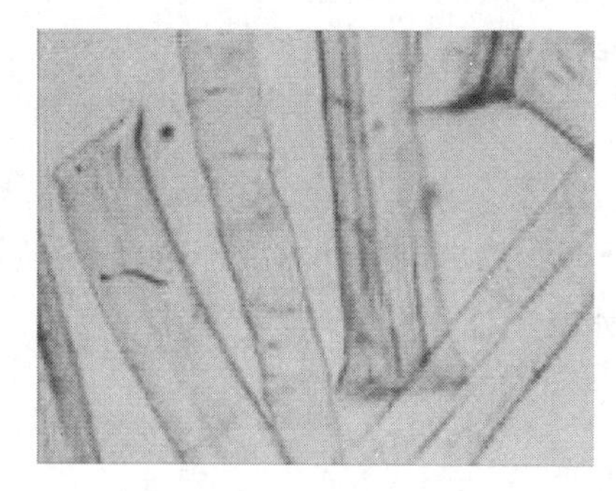

(a) 香蕉茎纤维的纵向形态

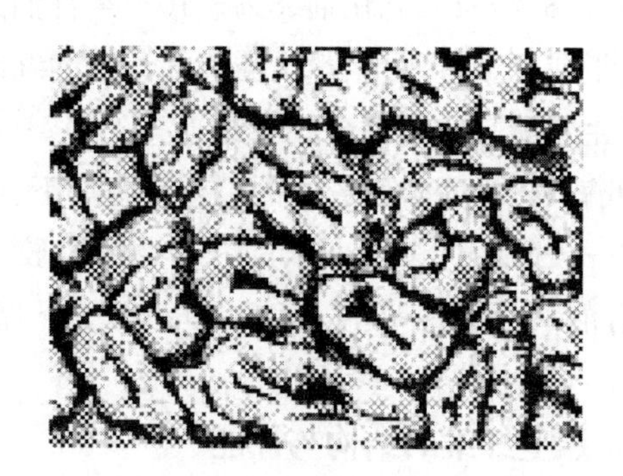

(b) 香蕉茎纤维的横截面形态

图 1－2　香蕉茎纤维的形态

(三)力学性能

香蕉茎纤维具有很高的强度和很小的伸长，其负荷—伸长拉伸曲线与麻、棉纤维比较接近。但纤维品种不同，强度和伸长性能上存在差异。香蕉茎纤维与亚麻、黄麻的比较见表 1－5。

表 1－5　香蕉茎纤维与亚麻、黄麻的比较

品　种	单纤维		工艺纤维			
	长度/cm	宽度/μm	长度/cm	线密度/tex	断裂强力/cN	断裂伸长率/%
香蕉茎纤维	2.0～3.8	11～34	80～200	6～7.6	117～657	3.18
亚　麻	17～25	12～17	30～90	2.3～3.2	47.97	3.96
黄　麻	2～4	15～18	80～150	2.8～3.8	26.01	3.14

香蕉茎纤维还有与苎麻相接近的吸湿性能。它在 23℃，65％相对湿度下的回潮率可达 14.5％。通过比较发现香蕉茎纤维几乎具有与苎麻、马尼拉麻完全相同的吸湿特性。

(四)香蕉茎纤维的显色反应

由于香蕉茎纤维性能与麻类纤维相近，可用显色反应来进行区别。香蕉茎纤维与部分麻类纤维的显色反应见表 1－6。

用“氯化锌＋碘”和“碘＋硫酸”试剂可以用来区别香蕉茎纤维和其他三种纤维(黄麻、剑麻和萩麻)，因为香蕉茎纤维在试剂中呈淡黄色，而其他三种纤维呈深棕色。对硝基苯胺和高锰酸钾也可以用来区别香蕉茎纤维和其他三种纤维。

表 1-6 香蕉茎纤维与部分麻类纤维显色反应表

试 剂	香蕉茎纤维	剑麻纤维	黄麻纤维	菽麻纤维
氯化锌+碘	金黄色	深棕色	深棕色	深棕色
对硝基苯胺	橘黄色	鲜红色	红色	鲜红色
高锰酸钾	粉红色	鲜红色	鲜红色	鲜红色
Melachite 绿	绿色	绿色	绿色	绿色
碘+硫酸	黄色	淡绿色	深棕色	深棕色

四、香蕉茎纤维的应用

由于香蕉纤维具有质量轻、吸水性高且可自然降解等优点，不少国家，如日本、菲律宾、印度、马来西亚和我国台湾已开始进行香蕉茎秆纤维的开发利用，并已取得了一些商业成果。近年来，国内有关单位也进行了积极的研究探索。

2002 年，日本日清纺公司与名古屋市大学研究所展开合作，已成功实现香蕉茎秆纤维的产品化。利用香蕉茎纤维(占 30%)与棉(占 70%)混纺，制成外套，如牛仔服、网球服等衣物。菲律宾利用香蕉茎秆纤维和菠萝叶纤维制成 barong tagalog——塔加拉服装，以质薄著称，很有民族特色，已成为商务礼服和旅游服饰。在印度，香蕉茎纤维主要用于制作家庭用品或装饰品，如手提包、窗帘、坐垫等，也有经黄麻纺织设备加工的，用以制作绳索和麻袋等。我国台湾和马来西亚在很早的时候就有用香蕉茎秆纤维手工撕成条状后，上织布机编织成香蕉布，然后再制作成衣服、布袋等。

在我国，香蕉纤维应用起步不久，生产企业较少，并且均处于开发、试生产阶段，已生产出 21 英支纯纺纱，以及与棉、黏胶纤维和绢丝混纺生产出了 40 英支香蕉纤维混纺纱。该纱线是一种新型的环保天然材料，织物可制作服装、窗帘、毛巾、床单、帽子等。

第五节 麻类纤维

麻纤维是从各种麻类植物的茎、叶片、叶鞘中获得的可供纺织用的纤维。麻纤维包括韧皮纤维和叶纤维，麻纤维的主要成分是纤维素，并含有一定数量的半纤维素、木质素和果胶等。

一、蕉麻

(一)概述

蕉麻是一种芭蕉科植物，为多年生高大草本植物。它与香蕉同属一类，由于茎和叶子与芭蕉树相似，故名蕉麻。不过蕉麻的果实并不能吃，蕉麻产于热带和亚热带，菲律宾的吕宋岛和棉兰老岛是主要产地。在马尼拉港出口，所以又被称为马尼拉麻。

在菲律宾，蕉麻种植面积估计为 13 万公顷，主要产区在比科尔、东维萨亚和达沃。第二次世界大战期间，美国人由于战争的需要，将蕉麻植物引种到了中美洲的厄瓜多尔等国。目前，中美洲厄瓜多尔和危地马拉两国成为了蕉麻的另一大出口地。2015 年，菲律宾生产了 42.8 万吨蕉麻纤维，而厄瓜多尔的产量为 1 万吨。菲律宾主要出口纸浆产品，而不是原料纤维。世界蕉麻产量约 90%产自菲律宾。

(二)制作方法

蕉麻纤维从叶鞘中抽取。将蕉麻的每根茎秆切削成条，然后(通常用手工)进行刮浆。随后将白色长纤维用水清洗、晾干，最后打捆。

(三)结构与性能

蕉麻束纤维长 1～3m，最长可达 5m，纤维单细胞长 3～12mm，宽 16～32μm，细胞中腔较大，胞壁较厚，横断面呈多角形，与剑麻细胞形状类似。单细胞由胶质聚合成束状。蕉麻纤维含纤维素约 63.2%，半纤维素约 19.6%，木质素约 5.1%，果胶 0.5%，水溶物 1.4%，脂蜡质 0.2%，含水率 10%。蕉麻纤维粗硬，非常坚韧，为硬质纤维麻类中强度最大的，断裂伸长率为 2%～4%，纤维呈乳黄色或淡黄白色，有光泽，相对密度 1.45。蕉麻纤维因植株品种和叶鞘位置的不同，其纤维性能有一定的差异。

(四)应用

蕉麻纤维细长、坚韧、质轻，在海水中浸泡不易腐烂，是做渔网和船用缆绳、钓鱼线、吊车绳索的优质原料，还可编织席子、地毯、桌垫，内层纤维可不经纺纱而制造成耐穿的优质麻织衣料。

二、大麻

(一)概述

大麻为大麻科大麻属草本植物，有火麻、线麻、寒麻、露麻、汉麻、北麻、花麻、魁麻等 30 多个不同的俗称。一些国家根据四氢大麻酚(THC)的含量不同将其分为纤维大麻和毒品大麻，纤维大麻也被称为“工业大麻”，纤维大麻的 THC 含量在 0.05%～1.00%，毒品大麻的 THC 在 3%～20%。

我国是纤维大麻的主要生产国，栽培历史悠久，范围广泛。史书载，麻起源于中国，是人类最早用于织物的天然纤维，有“国纺源头，万年衣祖”的美誉，其种植历史至少有 8000 多年。早在 2000 多年前的西汉，我国麻纺织技术就已成熟。马王堆汉墓出土的“素色蝉衣”等大量麻纺精品，已成为麻纺工艺发展史的里程碑。西汉时期，麻纺精品与丝织精品沿着“丝绸之路”进入中东、地中海、欧洲，继而走向世界。

大麻制成的面料具有吸湿、透气、舒爽、散热、防霉、抑菌、抗辐射、防紫外线、吸音等多种功能，既可军用又可民用。目前我国 28 个省市都有种植，近年全国大麻种植面积约 3.3 万公顷，纤维单产 1700 千克/公顷。纤维大麻的大面积推广种植，既可有效缓解中国纤维紧缺的现状，也为解决“三农”问题闯出一条高附加值的新路。

(二)制作方法

1. 鲜茎皮秆分离　由于麻纤维的湿强度高，湿态下韧性强，在湿态下利用机械进行皮秆分离，以减少纤维损伤，保持大麻纤维较好的长度和强度。

2. 切断分离　同一株大麻植株不同部位的化学组成不同，根部木质素含量高，中部纤维素含量高，梢部半纤维素含量高。因此，对大麻纤维的不同部位进行切断分级可以有效地将不同品质的大麻纤维分离，切断后的纤维采用不同的脱胶工艺加以处理，以得到品质优良的纤维。

3. 脱胶　大麻的脱胶有化学脱胶、物理脱胶、生物脱胶等方法。

(1)化学脱胶。利用化学药剂在一定温度、压力和时间下对纤维进行蒸煮处理，以去除纤维中的果胶质、木质素等杂质。

(2)物理脱胶。物理脱胶有机械脱胶和闪爆脱胶两种。

①机械脱胶：用机械模拟手工揉搓动作，使大麻韧皮表面角质化层和纤维间的果胶质、木质素与纤维部分分离并脱除。

②闪爆脱胶：高温高压条件的闪爆可分为两个阶段。首先是高压条件下，高温蒸汽渗入物料内部，水溶物质溶解，半纤维素降解成水溶性糖，同时木质素软化和部分降解，产生酸性物质。其次是瞬间释压时，高温、高压蒸汽和膨胀气体共同作用于软化并疏解了的原麻聚合体，膨胀的气体以冲击波的形式作用于原麻聚合体，产生剪切作用，使纤维分离。

(3)生物脱胶。生物脱胶是利用生物菌或生物酶作用的选择性(或称专一性)，使其只与麻纤维中的某一组分作用，而保留其他有效成分，从而达到脱胶的目的。

4. 液氨处理　大麻纤维刚性强、延伸度小、纤维粗硬且脆、弹性差等缺点阻碍大麻织物在服用上的应用，而利用液氨处理大麻纤维，可以有效改善这些不足。液氨处理对大麻纤维的作用比较均匀，使纤维的微孔径趋于均匀，且使天然的麻节、纤维表面凹凸不平及纤维粗细不均匀等缺陷得到改善，能够增加大麻纤维的弹性和延伸性能，并在后面的柔软整理中让整理剂均匀地渗透到纤维中，使其手感和弹性得到较大的改善。

5. 其他加工方法　大麻纤维除以上加工方法外，还有碱处理、染色、柔软整理、超临界二氧化碳萃取处理、抗皱整理、精细化加工等。

(三)大麻纤维的结构与性能

1. 形态结构　大麻纤维的单纤长度为15～25mm，细度为15～30μm，细度仅为苎麻的1/3，接近棉纤维。

从电镜照片可以清晰地看到，大麻纤维的端部呈圆弧形，而非苎麻的尖刺状，这样即使纤维较粗，也不会出现苎麻那样的刺痒感。

大麻的横截面为不规则多边形。纤维截面呈现中空，纤维中腔大(占截面积的1/3～1/2，比苎麻、亚麻、棉都大得多)，并有大量微孔，纤维胞壁具有裂纹与小孔；纵向较平直，具有横节，并通过毛细管与中腔连通，这种结构使大麻纤维具有较多的毛细管道，从而使大麻织物具有良好的吸湿透气性能。

2. 性能

(1)优异的吸湿透气性能 。大麻纤维本身属于纤维素纤维，纤维中含有大量的极性亲水基团，纤维的吸湿性非常好。由于巨原纤纵向分裂而呈现许多裂缝和孔洞，并且通过毛细管道与中腔连通，此种结构使大麻纤维具有优异的吸湿透气性能。经国家纺织品质量监督检验测试中心测试，大麻帆布在一定温、湿度空气中的吸湿速率为7.431mg/min，散湿速率为12.6mg/min，是其他纺织品所望尘莫及的。与棉织物相比，穿着大麻服装可使人体感觉温度低5℃左右。

(2)天然的抗菌保健功能。大麻纤维及其制品还具有很好的抗霉抑菌功能。大麻作物在种植和生长过程中几乎不施用任何化学农药，大麻纤维中还含有十多种对人体健康十分有益的化学物质和微量元素。大麻植株中含有Ag、Cu、Zn、Cr等多种抑菌性金属元素。抗菌金属元素接触到细菌时，破坏其细胞壁或穿过细胞壁进入细菌内破坏其传导组织，从而使细菌死亡，起到抗菌作用。

在正常情况下，大麻纤维细胞的中腔较大，含氧气量较多，使厌氧菌无法生存。按美国AATCC 90—2016定性抑菌法测试结果为：纯大麻布对金黄色葡萄球菌、绿脓杆菌、大肠杆菌、白色念珠菌都有不同程度的抑菌效果，其中抑大肠杆菌效果最好，说明大麻纤维及其制品具有防菌、防霉、防臭、防腐的功能。

(3)良好的柔软舒适感觉。大麻纤维单纤维(细胞)中段线密度为2.4～2.8dtex(宽12～25μm，壁厚3～6μm)，且截面形状呈近椭圆形，抗弯刚度较低。因此，大麻纺织品能够避免其他麻制品的粗硬感和刺痒感，比较柔软适体。

(4)卓越的抗紫外线辐射功能。大麻纤维的横截面很复杂，有三角形、四边形、五边形、六边形、扁圆形、腰圆形等，中腔形状与外截面形状不一；从大麻纤维的分子结构分析，其分子结构中有螺旋线纹，多棱状，较松散。当光线照射到纤维上时，一部分形成多层折射被吸收，大部分形成漫反射，使大麻织物看上去光泽柔和，同时，大麻韧皮层中残存木质素也具有对紫外线的吸收功能。经中国科学院物理研究所研究表明，普通大麻织物，无须特殊整理，即可屏蔽95%以上的紫外线，大麻帆布能100%阻挡紫外线的辐射，具有极好的紫外线防护功能。

(5)优良的抗静电性能。大麻纤维结构稳定，大分子排列取向度高，产生静电能力极低。通常情况下，由于大麻纤维的吸湿性能很好，暴露在空气中的大麻纺织品，一般含水率达10%～12%，当空气中的相对湿度达95%，大麻的含水率可达30%，但手感并不觉得潮湿，故大麻纺织品能避免静电聚积给人体造成的危害，如皮肤过敏、皮疹、针刺感等，同时也会避免因静电引起的起球和吸附灰尘。大麻与棉、丝、化纤等纤维相比，在空气中摩擦产生的静电最低。其抗静电能力比棉纤维高30%左右，是良好的绝缘材料。

(6)突出的耐热、耐晒、耐腐蚀性能。大麻纤维中的纤维素、半纤维素、木质素的分解温度在300～400℃。纤维在200℃受热时间小于30min，强力仍然可以保持在80%以上。大麻精干麻纤维在300℃高温时基本不失重，且不改变颜色，说明大麻纤维具有极佳的耐热、耐晒性能。耐晒牢度好，耐海水腐蚀性能好，坚牢耐用，因此，大麻纺织品特别适宜做防晒服装及各种特殊需要的工作服，也可做太阳伞、露营帐篷、渔网、绳索、汽车坐垫、各种特殊需要的工作服和室内装饰面料等。

(7)独特的消声吸波、吸附异味及有毒气体性能。由于大麻纤维的复杂横截面和纵向结构及其特殊的物化性能，大麻纤维具有优良的消声和吸波性能。

经权威部门认证，大麻织物对甲醛、苯、多环芳烃、挥发性有机物和醛类化合物有很强的吸附作用。

由此可见，以大麻作为家纺原料，如大麻地毯、大麻墙布等，真正意义上具有吸异味的功效，为空气的清新提供可靠保障。

(8)绿色环保。大麻生长过程中极少生病虫害，无须化肥与农药。种植实践表明，大麻种植无论从抗灾害能力、环保作用以及农民收入等各个方面，都具备其他农作物不可比拟的优势。大麻纤维中还富含多种微量元素，经高频等离子发射光谱仪分析测定，大麻纤维还含有十多种对人体健康有益的微量元素。从日常生活经验看，大麻作物在种植和生长过程中不施用任何化学农药即可免遭病虫害，用大麻布包肉可使保鲜期增加一倍，穿用大麻布做的鞋不长脚气并可有效避免脚臭，纸币和卷烟纸的首选用料是大麻纤维，最好的香肠绳是大麻绳等。

(四)应用

大麻可纯纺或混纺成纱线后用于织造。由于大麻纤维粗短、整齐度差、可纺性能差。因此，纯麻纱线的重量不匀和重量偏差较大，外观疵点多，但强度高，吸湿放湿性、抗菌性、防腐性、防霉性好。大麻纯纺制作夏布、帆布、舒爽呢等。夏布主要是作为夏季面料，还可用来制作抽纱底布、服装衬料、旗布等。帆布主要用来制作帐篷、盖布、包装袋、橡胶衬布、油画布等。舒爽呢主要用作服装面料，也可作为工业箱包用料等。大麻可与棉、毛、涤纶、锦纶等混纺用于服装面料、家纺面料的制作，还可用来制作渔网、绳索等。

三、黄麻

(一)概述

黄麻属一年生草本植物，有两大品系。一种是圆果种黄麻，因其脱胶后取得的纤维束色泽洁白，故在国际上又称为白麻；另一种是长果种黄麻，因其脱胶后纤维束呈浅棕色，故又称红麻。黄麻是最结实的天然植物纤维之一，其产量和用途之广仅次于棉花。全世界麻纤维总产量约为500万吨，其中黄麻占总产量的60%～70%。

黄麻纤维有许多优良的特点，可再生、可循环利用、生物分解性和悬垂性好、不易起球等。对黄麻纤维进行精细化加工，有效拓展产品应用领域，是当前绿色环保型新材料发展的重要方向。在20世纪80年代，欧美和日本等发达国家和地区，印度、孟加拉等传统的黄麻生产国，就开始对黄麻应用在高性能、高附加价值产品领域进行了开发，并通过积极调整产业政策，促进黄麻产业的发展。如日本研制成功棉/黄麻(70/30)混纺毛巾；德国利用天然黄麻纤维制造汽车内饰件；俄罗斯医用絮棉专业生产厂制成半黄麻医用絮棉；孟加拉政府成立了“黄麻多样化促进中心(JDPC)”等。

我国的黄麻纺织业在20世纪80年代发展迅速，主要产品——麻袋的年生产能力已超过12亿条。但由于国内黄麻精细加工关键技术未能取得有效突破，没有解决黄麻纤维分离度低、可纺性差、脱色难、有刺痒感等关键技术难题，因而一直未能形成高性能黄麻制品及其综合利用的产业化，占国内麻产量80%的黄麻仍以加工成麻袋、包装材料等低附加值产品为主。

近年来，随着我国纺织产业技术水平的提升，黄麻的综合利用也越来越受到国内产业界的重视并已取得了初步成效，在精细黄麻纤维面料及制品、功能化黄麻浆再生纤维素纤维、黄麻纤维复合材料等方面都取得了一定的发展。

(二)制作方法

黄麻通常采用手工收获。将麻株紧贴地面切断并在田里保留若干天,使叶子脱落,然后将它们打成捆以便沤制(将麻茎浸泡在流水中1～3周,以去除果胶和其他黏性物质)。完成沤麻的标准是使含有纤维的麻茎韧皮与木质秆芯可很容易地分离。将纤维从麻茎剥离(通常用手),然后冲洗并晾干。

从麻茎上剥下来的麻皮称为生黄麻,未经晒干的称为鲜黄麻,晒干后的称为干黄麻。生黄麻脱胶处理后,称为熟黄麻或精选麻,脱胶后成丝网状的黄麻纤维,截面中单纤维根数为3～12根,由于纤维长度短,不宜纺织加工,一般以半脱胶束纤维状进行纺织。

(三)黄麻纤维的结构与性能

1.黄麻纤维的成分及形态结构 黄麻纤维的主要成分是纤维素,纤维素含量在64%～67%,其他为半纤维素、木质素、果胶等杂质。其中木质素含量高达11%～15%,这就导致了纤维偏硬偏脆,可纺性和服用性能较差。

黄麻的韧皮纤维以束状分布于麻茎的次生韧皮部,单纤维是一个单细胞,是由初生分生组织和次生分生组织的原始细胞经过伸长和加厚形成的。纤维横截面为多角形,中腔为椭圆形或圆形,表面有沟槽和阶梯形横节。

2.黄麻纤维的性能

(1)力学性能。黄麻纤维初始模量高,弹性及断裂伸长率较低,拉伸变形恢复能力较差,极易形成折皱,且不易消失,影响织物的外观性能。同时,黄麻纤维粗硬,刚度大,易产生刺痒感,影响服装的舒适性。

(2)抗菌性。黄麻纤维因其独特的纤维中腔结构,使纤维内部富含氧气,厌氧菌无法生存,而且纤维含具有天然抗菌性的凿醇等有益物质,有助于人体的卫生保健,可用于医疗服饰、床上用品、一次性或多次性卫生用品等领域。

(3)热湿舒适性。黄麻纤维不但含有较多的亲水纤维素、半纤维素,而且还具有不规则的多角形混合横面,这种结构产生了良好的毛细效应。因此,具有快速的吸湿和放湿能力,能很好地调节人体与环境的热湿平衡,适用于夏季服装面料。

(4)抗紫外线功能。黄麻纤维由于具有不规则的横截面,对声波和光波都有较好的消散作用,因而其织物具有较强的天然抗紫外线功能,适用于户外纺织品,如登山服、帐篷、窗帘等。

(四)应用

黄麻纤维纺制的黄麻纱线主要用于制作麻袋、麻布、地毯底布以及电缆的防护层和填充层、麻袋绞包线、捆扎用绳、工艺挂毯等。黄麻布主要用于制作包装材料,如包装食糖、食盐、粮食、皮棉、农副产品等。

产业用黄麻布作为传统产品的延伸,用于树干包扎、防寒冻和虫害的包树布,用于治沙保土、护坡堤的网状土工布,用于道路建设、无土草皮的毡状席垫等土工产品。

黄麻纤维复合材料可用于制造汽车内饰件、车门内饰板、车顶衬垫、行李舱衬垫以及衣帽架等。还广泛用于家具业、隔墙、折叠门等众多领域,既可取代玻璃钢,又可代替木材,应用前景很好。

四、剑麻

(一)概述

剑麻来自肉质植物,龙舌兰麻类。由于龙舌兰麻属的叶片外形似剑,在中国习惯上统称为剑麻。剑麻是热带作物,主要产地有:巴西、坦桑尼亚、安哥拉、肯尼亚、莫桑比克、哥伦比亚、海地等国。剑麻原产于墨西哥。由于剑麻是从墨西哥西沙尔港首次出口的,故又称西沙尔麻。墨西哥自古就利用剑麻纤维作为编织原料。1979 年世界剑麻总产量约为 43 万吨。中国于 1901 年首次引进马盖麻,种植剑麻的地区主要是华南各省,以广东为主,其次是广西和福建。中国种植剑麻以 1963～1964 年从东非引进的龙舌兰杂种 11648 号品种为最多,其次是普通剑麻、马盖麻和番麻。

(二)制作方法

剑麻是多年生草本植物,一般种植两年左右,叶片长达 80～100cm,生叶 80～100 片时便可开割。叶子需要单独采摘并放入去皮机,用转轮将叶片碾碎。将肉质部分除去,留下纤维。叶片收割后须及时刮麻取得纤维,采用半机械或机械化加工。

制取剑麻纤维的工艺流程:

鲜叶片→刮麻→捶洗(或冲洗)→压水→烘干(或晒干)→拣选分级→打包→成品

剑麻纤维一般只占鲜叶片重的 3.5%～6.0%,其余的是叶肉、麻渣和浆汁,含有丰富的有机物质如糖类、脂肪、皂素等。

(三)结构与性能

剑麻纤维有两种,一种位于叶片边缘,具有增强叶片作用,称强化纤维束;另一种位于叶片中部,形成一条带,称带状纤维束。构成纤维束的细胞纵面呈梳状,梢部钝厚,呈尖形或叉形,其横切面呈多角形,中空,胞壁厚,胞腔小而呈圆或卵圆形。纤维细胞粘连,排列紧密,细胞长 1.5～4mm,宽 20～30μm。一般每一个强化纤维束截面由 100 多个纤维细胞组成。带状纤维束的纤维细胞数目较少,一个成熟的麻叶片含 1000～1200 个纤维束。

剑麻纤维主要组成物质为纤维素,约 65.8%,其他有半纤维素约 12%,木质素约 9.9%,果胶约 0.8%,水溶物约 12%,脂肪和蜡质约 0.3%。剑麻纤维耐碱不耐酸,遇酸易被水解而强度降低,在 10%碱液中纤维不受损坏。

剑麻纤维洁白而富有光泽,纤维长,强度高,在潮湿状态下强度更高(增强 10%～15%),伸长性小,耐磨,耐海水浸泡,耐盐碱,耐低温和抗腐蚀,在 0.5%盐水中浸渍 50 天强度仍有原强度的 81%。一般在标准大气中的含水率约 10%。

(四)应用

剑麻的纤维长达 1m,属于硬纤维,不适合用于制作服装或装饰物。剑麻可制舰艇和渔船的绳缆、绳网、帆布、防水布、钢索绳芯、传送带、防护网等,可编织麻袋、地毯,制作漆帚、马具等,并可与塑料压制硬板作为建筑材料。它还被越来越多地用作塑料复合制品,尤其是汽车零部件的增强材料。从剑麻提取中获得的副产品可用于制取沼气、制药原料和建筑材料。

五、亚麻

(一)概述

亚麻又称鸦麻、鹏麻、胡麻等，系来麻科亚麻属草本植物的韧皮纤维。亚麻植物的纤维被纺成纱并织成亚麻布的历史至少有5000年。在欧洲，亚麻纤维用于服装的历史可追溯到新石器时代，而古代埃及人织出极细的亚麻布，用来包裹法老的尸体。全世界有30多个国家种植亚麻。尤其是加拿大等一些国家种植油用亚麻品种，目的是生产亚麻油，而不是收获纤维。世界领先的亚麻主产国是中国、俄罗斯、白俄罗斯和法国。世界亚麻的总种植面积约为39万公顷。据联合国粮农组织(FAO)估计，世界亚麻产量接近100万吨。2008年，西欧和白俄罗斯的农民收获了大约25万吨亚麻纤维。最优质的亚麻种植在西欧，最精细的亚麻布产自比利时、爱尔兰和意大利。

(二)制作方法

亚麻在种植约100天之后便可采收供生产纤维。为了最大限度地增加纤维长度，可将整个植株连根拔起或在紧贴地面处砍断。在去除种子之后，捆成小把进行沤麻脱胶，以便分解使纤维黏合的果胶。温水沤麻水温宜控制在28～32℃，经100h左右后捞出，将麻秆搭成伞形，露地晒干。雨露沤麻是将收获后的麻茎平铺在草地或亚麻地上，经雨淋、露浸，利用真菌发酵沤制。在适宜湿度条件下，7～10天后，将沤好的干茎打碎，除去木质部和杂质，梳理纤维，再按质分号。被打掉的短麻称二粗麻，用来生产较粗的织物，而柔软的长亚麻纤维则被纺成纱，机织或针织成亚麻纺织品。

(三)亚麻纤维的结构与性能

1. 亚麻纤维的形态结构 亚麻单纤维为初生韧皮纤维细胞，一个细胞即为一根纤维，纤维相互搭接在韧皮组织中形成网状结构，每30～50根单纤维形成一个纤维束。亚麻纤维细长，具有中腔，两端呈尖状封闭，平均长度为17～25mm，最长可达130mm。纤维表面有裂节，纤维横截面为五角形或六角形。单纤维的强度和刚度较高，手感较粗硬，但比苎麻柔软，断裂伸长率约为3%。

亚麻纤维的形态结构如图1-3所示。

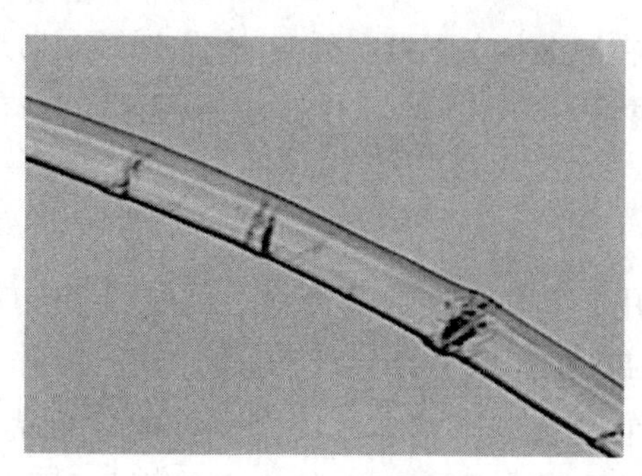
(a) 亚麻纤维的纵向形态

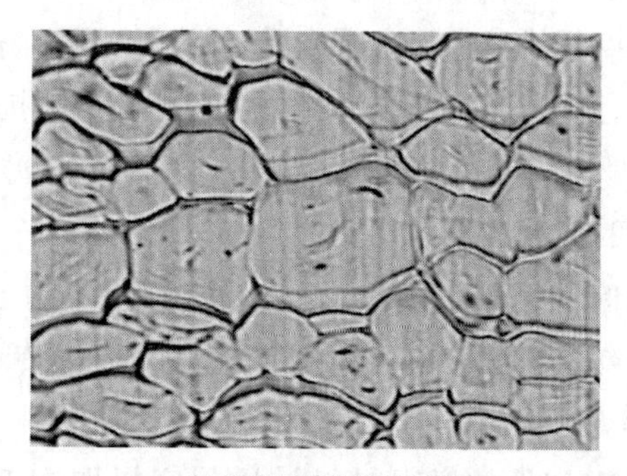
(b) 亚麻纤维的横截面形态

图1-3 亚麻纤维的形态结构

2. 亚麻纤维的性能

(1)散热性好。亚麻是天然纤维中唯一的束纤维。束纤维是由亚麻单细胞借助胶质粘连在一起形成的。因其没有更多留有空气的条件,亚麻织物的透气率高达25%以上,因而其导热性能、透气性能良好,并能迅速而有效地降低皮肤表层温度,使人体感觉舒适。

(2)吸湿放湿速度快。亚麻纤维能吸收其自重20%的水分。亚麻纤维具有天然的纺锤形结构和独特的果胶质斜边孔结构。当它与皮肤接触时产生毛细现象,可协助皮肤排汗,并能清洁皮肤。同时,它遇热张开,吸收人体的汗液和热量,并将吸收到的汗液及热量均匀传导出去,使人体皮肤温度下降;遇冷时关闭,保持热量。

(3)防紫外线。亚麻纺织品中含有的半纤维素是吸收紫外线的最佳物质。半纤维素实际上是尚未成熟的纤维素。亚麻纤维含有的半纤维素在18%以上,比棉纤维高出数倍,作为衣物时,可保护皮肤免受紫外线的伤害。

(四)应用

亚麻纤维被广泛用于各种纺织品,如亚麻手帕、衬衫衣料、绉绸、花式色纱产品、运动装以及麻毛混纺产品。家用产品则包括窗帘、墙布、桌布、床上用品等。产业用产品则包括画布、行李帐篷、绝缘布、滤布以及航空用产品。亚麻纤维还可用于非织造布复合材料,通过真空辅助树脂传递模压法可以制作亚麻纤维非织造布/不饱和聚酯复合材料,由于亚麻价格较为低廉,密度比所有的无机纤维都小,而弹性模量和拉伸强度与无机纤维相近,在复合材料中可部分取代玻璃纤维等作为增强材料用于汽车部件、绝缘垫、土工布等。

六、苎麻

(一)概述

苎麻是多年生宿根性草本植物。苎麻分白叶种和绿叶种两种,白叶种叶背有白色茸毛,绿叶种叶背无白色茸毛。白叶种原产地是中国,绿叶种原产地是印度尼西亚、菲律宾、马来西亚。白叶种的产量、质量都比较好。在国际上苎麻被称为“中国草”,是我国重要的天然纺织原料和特有的出口创汇纤维作物,其种植面积和产量占全世界面积和产量的90%以上,位居世界第一。

苎麻麻龄可达10~30年。在中国大部分地区一年可收割三次,第一次生长期约90天,称头麻;第二次约50天,称二麻;第三次约70天,在9月下旬至10月收割,称三麻。在广东南部地区每年可收割4~5次;东南亚各国收割次数更多。

(二)制作方法

麻皮从茎上剥下后,刮去表皮(刮青),晒干或烘干后呈丝状或片状的原麻(生麻)。

原麻经过煮练,再经洗、捶、漂等过程除去胶质,成为洁白而光泽好的纺织纤维,称为精干麻。

苎麻的脱胶有化学方法和生化方法两种。常用的化学脱胶法有先酸后碱两煮法、先酸后碱两煮一练法、两煮一漂一练法、两煮一漂法以及化学改性(碱变性)处理法等。其中,最常用的是先酸后碱两煮一练法,工艺流程如下:

原麻→预酸洗→水洗→一煮→二煮→敲麻→酸洗→水洗→脱水→精练→给油→脱油水→烘干→精干麻

生化脱胶法是将原麻浸渍在含有菌种的溶液中,并保持一定的溶液温度,经数小时后,排放菌液,再经稀碱液煮练即可。

(三)苎麻纤维的形态结构与性能

1. 形态结构 苎麻纤维是单细胞,两端封闭,中部粗,两头细,内有中腔,呈长带状。纤维长度 20~250mm,平均约 60mm,最长可达 550mm,为麻类纤维中较长者。纤维无扭曲,表面有节。节的形状有两种,一种为裂节,节的表面裂开;另一种为纹节,表面不裂开,外观如树节。

纤维的横截面呈椭圆形或扁圆形。平均宽度约 40μm,线密度一般为 4~8dtex。在整株苎麻中,纤维细度又因部位不同而异:根部最粗,中部次之,梢部最细。根部比梢部约粗 34%,中部比梢部约粗 21%。细胞壁厚度约 10μm。在横截面上细胞壁较厚,上有一圈圈同心圆状的轮纹,轮纹厚度约 0.4μm。每层轮纹由原纤层组成。原纤层是由许多平行排列的原纤以螺旋状缠绕而成。原纤直径为 0.25~0.4μm,各层螺旋方向均为 S 形。取向度为 79%±8%,结晶度为 90 %左右,双折射率为 0.057~0.068。因此,纤维强度很高,刚性大,伸长小,弹性差,制成的织物挺括滑爽。

苎麻纤维的形态结构如图 1-4 所示。

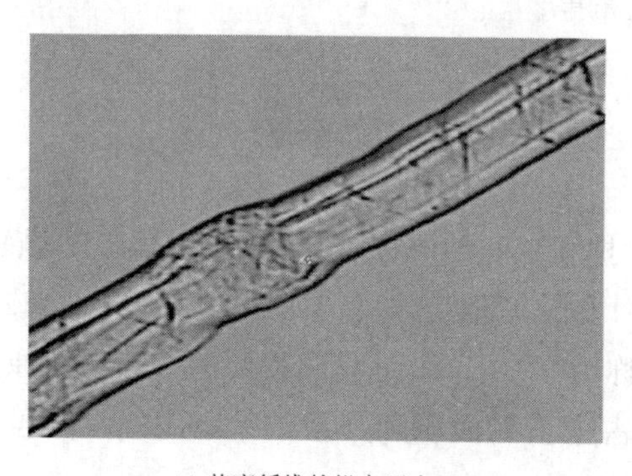

(a) 苎麻纤维的纵向形态

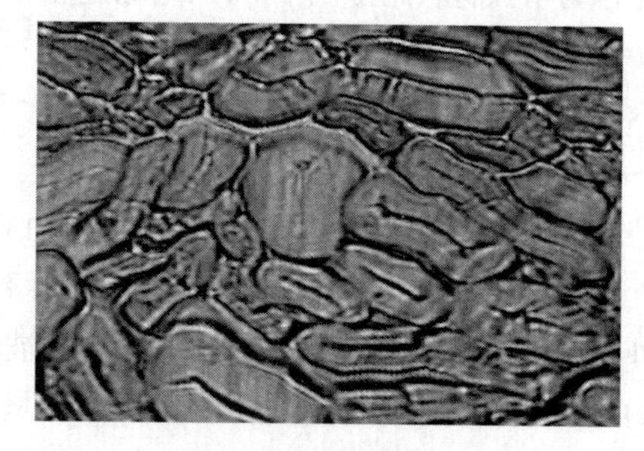

(b) 苎麻纤维的横截面形态

图 1-4 苎麻纤维的形态结构

2. 性能

(1)化学组成。原麻的化学成分因地区、育种、收割时间、剥制加工等原因而有所不同,一般含纤维素 65%~75%,其余为伴生的胶质等,包括果胶 4%~5%,半纤维素 14%~16%,木质素 0.8%~1.5%,脂蜡质 0.5%~1%,水溶物 4%~8%等。

(2)物理性质。在各种麻类纤维中,苎麻纤维最长最细。纤维长度比最高级的棉花还要长二三倍到六七倍。原麻脱胶精制后,纤维外观颜色洁白,有丝样光泽。苎麻纤维线密度为 4~9dtex,断裂强度为 6.16~7.04cN/dtex,断裂伸长率在 4%以下。苎麻纤维强力大而延伸度小,弹性回复率低,故纤维不耐摩擦。苎麻纤维面料轻盈,同体积的棉布与苎麻布相比较,苎麻布轻

20%。另外,苎麻纤维的物理性能随苎麻的品种、产地、在麻茎韧皮上的部位(根、中、梢部)、收剥季节(一般分头麻、二麻、三麻等)的不同而有很大差异。

(3)化学性质。苎麻纤维的主要成分是纤维素,因此,它的化学性质与其他纤维素纤维相同。其特点是不耐酸,特别是在强无机酸作用下最终会分解为葡萄糖,可溶解于浓的硫酸、盐酸和磷酸中。对碱较稳定,在氢氧化钠溶液(如160g/L)中纤维膨润而生成碱纤维素。在氧化剂作用下易被氧化。能溶解于铜氨或铜乙二胺溶液中。耐热性较差,在120℃下5h变黄,150℃分解。苎麻纤维耐水洗涤,经40次用5%肥皂和5%纯碱洗涤后,其抗伸强度的保留率达93%。吸湿放湿性能很好,在饱和蒸汽中苎麻织物平均每小时的吸湿率为9.91%(棉为9.63%)。苎麻织物浸水吸湿后经3.5h即可阴干(棉织物需要6h),标准回潮率为12%。苎麻的透气性能也好。苎麻纤维耐海水的浸蚀,抗霉和防蛀性能较好。

(4)其他性能。

①抗菌抑菌性:同样数量的细菌在显微镜下观察,细菌在棉、毛纤维制品中能够大量繁衍,而苎麻制品上的细菌在24h后被杀死75%左右。这是因为苎麻纤维含有单宁、嘧啶、嘌呤等微量组分,对金黄色葡萄球菌、绿脓杆菌、大肠杆菌等起到抑制效果,具有天然抑菌、防螨、防臭功能。经试验证明,经50次反复洗涤后,其灭菌效果仍达98%以上,可有效遏止纺织品的细菌、螨虫的二次污染。

②除臭吸附性:苎麻纤维内部特殊的超细微孔结构使其具有良好的吸附能力,能吸附空气中甲醛、苯、甲苯、氨等有害物质,消除不良气味。经过日晒后,可以将吸附的有害物质挥发掉,使其吸附功能自动再生。

③吸湿透气性:苎麻纤维具有独特的活性空腔结构,该结构可以使吸入的汗液渗透到空腔内并快速导出,让它具备了优越的透气性和传热性,吸水多而散湿快。

④防霉耐摩擦性:苎麻纤维十分坚韧,强力大而延伸度小,加上不易受真菌腐蚀和虫蛀,因而被广泛地应用于飞行降落伞、保险绳、家纺等领域,具有超强的防霉耐摩擦功能,很好地延长了物品的使用寿命。

(四)应用

在工业上用于织制帆布、绳索、渔网、水龙带、鞋线、滤布、帐篷、皮带尺、纺织用弹性针布的底布及军用品。用苎麻的短纤维(精梳落麻)或麻绒可制作高级纸张,用于印制钞票和证券,也可用作非织造布做抛光砂轮布、贴墙布和塑料地毯底布,还可与其他纤维混纺织制服装用布。苎麻吸水快,干燥也快,透气性好,是夏季衣着的优良原料。与涤纶混纺16.7tex以下(60公支以上)高支纱织成麻涤布,可缝制夏季衣服,有质轻、凉爽、挺括、不贴身、透气性好、便于洗涤等特点。纯麻布和棉麻交织布为抽纱、刺绣工艺品的优良用布。苎麻抽纱台布、餐巾、窗帘、床罩等,是人们喜爱的日用工艺品。

七、罗布麻

(一)概述

罗布麻又名野麻、泽漆麻等,由于最初在新疆罗布泊发现,故命名为罗布麻。罗布麻有红麻和白麻之分，前者植株高大，幼苗为红色，茎高达 1.5～2m，最高可达 4m 以上；后者植株较矮小，幼苗为浅绿色，茎高为 1～1.5m，最高可达 2.5m。由于它喜光、耐旱、耐碱、耐寒、适应性强，适宜于在盐碱、沙漠等恶劣的自然条件下生长，因此，广泛分布在淮河、秦岭、昆仑山以北地区的十几个省、市、自治区，主要集中在新疆、内蒙古、甘肃和青海等地。在山东的黄河口、陕西、江苏等地也有发现，因属野生植物纤维，枯死后茎秆都呈红色，故又名红野麻。据不完全统计，我国生长罗布麻的土地约有 133 万公顷，产量可达 10 万吨，其中，新疆约有 53 万公顷，产量约为 5 万吨。罗布麻的纤维在已发现的野生纤维植物中，品质最优，是纺织、造纸的原料。但由于其纤维长度不一致，纺织时落麻率高，成纱率较低。罗布麻纤维早在 300 年前，就被伊犁、若羌等地的劳动人民所用，他们织布成衣或者做被子、床单，说是可以祛病健身，甚至用罗布麻茎做茅屋的茅草，不发霉、不生虫。罗布麻的根和叶有药用价值。

(二)制造方法

罗布麻经过剥麻、晾晒等初步加工后成为原麻，原麻中有较多的胶质，必须进行脱胶处理。由于罗布麻单纤维的长度较长，给脱胶带来一定的困难，故常采用化学脱胶工艺进行全脱胶，这样可除去纤维中的绝大部分胶质，以提高纤维的纺纱性能。

化学脱胶的工艺流程：

(原麻)分拣→浸酸→水洗→一煮→二煮→水洗→打纤→漂白→酸洗→水洗→给油→脱水→烘干(精干麻)

经化学脱胶后的精干麻，仍含有少量的残胶，其中还包括一定数量的果胶、半纤维素和木质素等，因此，在纺纱之前还要对精干麻进行给油加湿等预处理，以提高其可纺性能。

(三)罗布麻纤维的结构与性能

1. 形态结构　罗布麻的韧皮纤维位于罗布麻植物茎秆上的韧皮组织内，呈非常松散的纤维束，个别纤维单独存在。罗布麻单纤维是一种两端封闭、中间有胞腔、中部粗而两端细的细胞状物体，截面呈明显不规则的腰子形，中腔较小，纤维纵向无扭转，表面有许多竖纹并有横节存在。纤维线密度为 3～4dtex，长度与棉纤维相近，平均长度为 20～25mm，但长度差异较大，其幅度为 10～40mm，宽度为 10～20μm，纤维洁白，质地优良。但由于表面光滑无卷曲，抱合力小，在纺织加工中容易散落，制成率低，且影响成纱质量。

2. 化学组成　罗布麻的化学组成与其他麻类纤维有一定的区别。罗布麻的果胶含量 13.14%、水溶物含量 17.22%，居麻类各纤维之冠，木质素含量 12.14%，高于苎麻、亚麻、大麻、蕉麻和剑麻，而纤维素含量 40.82%，是所有麻类纤维中最低的。

3. 物理性能　罗布麻纤维的化学组成决定了它的理化性能，根据罗布麻纤维射线衍射与红外光谱分析结果，罗布麻纤维的内部结构与棉、苎麻极为相似，内部分子结构紧密，在结晶区中纤维大分子排列较为整齐，结晶度与取向度均较高。

罗布麻纤维除了具有一般麻类纤维的吸湿、透气、透湿性好、强力高等共同特性外，还具有丝一般的良好的手感，纤维细长，耐湿抗腐，可供纺织之用。

罗布麻纤维与棉纤维、苎麻纤维的力学性能比较见表 1-7。

表 1-7 罗布麻与棉、苎麻纤维的力学性能比较

项 目	罗布麻	棉	苎 麻
单纤维长度/mm	28～50	25～45	20～200
平均直径/μm	17～20	17～19	32
标准回潮率/%	6～8	7	7
体积质量/g·cm^{-3}	1.54	1.54	1.55
断裂强度(干)/cN·dtex^{-1}	5.5	3.5	5.3
断裂伸长率/%	2.5	5	1.9

由表 1-7 可知，罗布麻纤维的细度与棉纤维相近，比苎麻纤维细很多；强力与苎麻接近，比棉纤维高一倍左右；断裂伸长率虽不如棉纤维，但优于苎麻纤维；长度长于棉纤维。

罗布麻纤维与亚麻、胡麻、大麻等纤维相比，结晶度较低，但其晶区取向度较高。这表明罗布麻纤维大分子在纤维晶区中排列较为整齐，故弹性模量较高，断裂强度较高，伸长率低。这些优异的纤维性能对加工工艺和织物的服用性能都有重要影响。

罗布麻纤维光泽比苎麻、亚麻等一般韧皮纤维好，吸湿性和透气性也很突出。罗布麻纤维吸湿较慢而散湿较快，用它制成的床单面料舒适而不贴身。

(四)应用

罗布麻是麻类纤维中品质仅次于苎麻的优良纤维，纤维延伸率很小，耐磨和耐腐蚀，适宜与棉、毛、丝混纺，能节约棉、毛、丝等原料 30%～50%。罗布麻纤维可做高级衣料、渔网线、皮革线、雨衣及高级纸张(绘图纸)等，目前，可织 60 公支的纯细纱及 160 公支的混纺细纱，织造华达呢、凡立丁等高级衣料。罗布麻种子的纤毛可作枕头等的填充物用。

第六节 椰壳纤维

一、概述

椰壳纤维是从椰子壳中提取的木质纤维。椰子是棕榈科椰子属大乔木。我国台湾、海南、云南南部栽培达两千多年历史，现广西和福建南部亦有栽培，为华南重要的木本油料及纤维树种。椰树一般生长于高温多雨和排水良好的海岸或河岸冲积土上。椰树的果实由外果皮、中果皮、内果皮、胚乳(椰肉)、胚和椰子水构成。外果皮即果实外表的薄层；中果皮又称椰衣，成熟后为厚而疏松的棕色纤维层；内果皮即椰壳。

全球每年生产约 50 万吨椰壳纤维，主要产地是印度和斯里兰卡。椰壳纤维的年产值大约为 1 亿美元。印度和斯里兰卡是椰壳纤维的主要出口国，其次是泰国、越南、菲律宾和印度尼西亚。生产国椰壳纤维产量的一半左右以原料纤维形式出口。作为纤维纱以及垫子和席子出口的数量较少。椰壳纤维渣，即加工后的残余物可作为一种园艺介质，其经济上的重要性正在日

益显现。

二、椰壳纤维的制造方法

传统的椰壳纤维的成纤过程如下：

椰子壳→浸泡(12～24h)→纤维与壳分离→脱脂→机械打松→晒干→用机器或人工把纤维理顺→挑选→成纤

现在也有些国家(如印度)采用生物提取技术生产纺织用椰壳纤维。主要工艺是：经清洁和粉碎的椰壳进入一个厌氧反应器，椰壳的纤维和胶质会因厌氧反应而分离，同时脱胶过程中产生的污染性酚类化合物在厌氧反应的作用下，会被转化为乙酸等挥发性脂肪酸，并可进一步由细菌作用转化为甲烷。该工艺可得到表面光滑、弹性增强的优质纤维，可用于纺织品的制造。

三、椰壳纤维的结构与性能

1. 化学组成　椰壳纤维主要由纤维素、木质素、半纤维素以及果胶物质等组成，其中纤维素含量占46%～63%，木质素31%～36%，半纤维素0.15%～0.25%，果胶3%～4%以及其他杂糖、矿物质类等。椰壳纤维中纤维素含量较高，半纤维素含量很少，纤维具有优良的力学性能，耐湿性、耐热性也比较优异。

2. 形态结构　椰壳纤维的形态结构如图1－5所示。

(a) 椰壳纤维的横截面

(b) 椰壳纤维的螺旋结构

图1－5　椰壳纤维形态结构

椰壳纤维呈淡黄色，直径一般为100～450μm，长度10～25mm，密度1.12g/cm³，是具有多细胞聚集结构的长纤维，一束椰壳纤维包含30～300根甚至更多的纤维细胞，呈圆形，图1－5是椰壳纤维的形态结构图。从聚集态结构看，椰壳纤维中结晶化的纤维素呈螺旋状潜在不定形的木质素与半纤维素中。

3. 性能　椰壳纤维的木质素含量高，被列为硬质纤维。椰壳纤维比棉花的强度高，但柔软性较差，主要用于家具填料和垫子的填充物，也用来制作刷子、绳索和麻线。椰壳纤维的弹性和生物降解性还被用于土工布(如排水过滤器)、绝缘材料以及船只使用的嵌缝材料。涂胶椰壳纤维布用于汽车座椅和面板。

四、椰壳纤维的应用

我国也具有丰富的椰壳资源，传统提取、加工椰壳纤维的工艺过程使制得的纤维粗、重、不均匀，导致其最终用途十分有限。目前只有一小部分椰壳纤维用于工业生产，主要用来生产小地毯、垫席、绳索及滤布等；由于椰壳纤维具有可降解性，对生态环境不会造成危害，故可加工用于土壤控制的非织造布。

此外，椰壳纤维韧性强，还可替代合成纤维用作复合材料的增强基等。这种纤维可以从未成熟的青绿色椰壳或已成熟的棕色椰壳中提取。当椰壳在水中浸泡变软或腐烂后，便可通过手工或机械手段提取纤维，然后进行筛洗清理。一般来说，未成熟的绿色椰壳产出的是白色椰壳纤维，适合制造地毯。成熟的棕色椰壳产出的是棕色椰壳纤维，用于土工布、垫子、各类刷子、麻线和纱线等产品。

第七节　其他植物纤维

一、桑皮纤维

（一）概述

桑皮纤维取自冬、夏两季修剪的桑树废枝，属韧皮纤维，是一种新型的天然纤维，它既有棉的特征，又具有麻纤维的优点，因此，具有极广阔的应用前景。我国是一个蚕桑大国，蚕桑资源极其丰富，拥有约1200万亩桑园。每年冬、夏两季要对桑树进行剪枝，剪下来的废枝条过去主要被农民当柴火烧掉。因此，利用废弃的桑树枝（皮）资源开发可再生利用的具有较高附加值的纯天然桑皮纤维混纺纱线及制品，不仅将国内广泛的桑树资源保护与综合开发结合起来，实现废物利用，而且可以增加纺织产品的品种，提高纺织服装产品的档次，利用生态纺织品冲破国际贸易中的各种技术和生态壁垒，顺应国际纺织品消费追求的趋势。

（二）桑皮纤维的制造方法

桑皮纤维从桑树修剪下的枝条中提取。桑皮经过脱胶处理，使其手感柔软、平滑、蓬松，便于开松、梳理，其纺制是在麻纺生产设备上技改而成的机械上完成。

桑皮纤维的纤维素含量低于剑麻、大麻、黄麻、菠萝叶纤维，果胶含量远远大于其他几种植物纤维。果胶物质对纤维的吸附性能有较大影响，直接关系到桑皮纤维的染色性能。桑皮纤维的脱胶、制纤工艺可参考大麻纤维的工艺进行加工处理。化学脱胶法是韧皮纤维脱胶所采用的主要方法，其原理是利用韧皮中的胶质和纤维素对酸、碱、氧化物作用性质的不同，通过煮练、水洗等化学、物理机械手段使胶质与纤维分离，又分为高温高压法和常温常压法。

脱胶制取是生产桑皮纤维的重要过程，包括浸渍润胀、酸煮去皮、水洗、碱煮锤洗、脱水、增柔处理、脱水干燥、开松、梳理、包装等工艺步骤。

1. *浸渍润胀*　将桑皮纤维放入温度25～40℃的水中浸润0.5～2天，取出。

2. *酸煮去皮*　将浸润后的桑皮纤维放入浴比（1∶15）～（1∶40），浓度为1～10g/L的酸液中，在温度95～100℃的常压下，煮沸1～3h取出，机械去皮。

3.水洗 将去皮后的桑皮纤维放入温度为20～60℃的水中，洗涤0.1～0.5h取出。

4.碱煮锤洗 将水洗后的桑皮纤维再放入浴比(1∶15)～(1∶40)，浓度为1～12g/L的碱液中锤洗。

5.增柔处理 增柔处理所用的增柔剂含有可使桑皮纤维表面形成一层柔软平滑薄膜的柔软平滑剂和表面活性剂。

经过脱胶有效地提高了桑皮纤维的制成率。

(三)桑皮纤维的特点

桑皮纤维的平均长度为20～30mm，表面分布有0.5～1μm的微纤维，纤维截面为三角形和椭圆形，纤维结晶度为30%～50%，分解温度为310℃，玻璃化温度为77.8℃。桑皮纤维具有坚实、柔韧、密度适中和可塑性强等特点，并有着优良的吸湿性、透气性、保暖性和一定的保健功效，其光泽良好、手感柔软、易于染色。

(四)应用

目前用桑皮纤维已开发了纱线，并制作成T恤、内衣、睡衣、围巾等服装、服饰制品，用桑皮纤维制作的“桑衣”不仅具有蚕丝的光泽和舒适度，还具有麻制品的挺括，并且既保暖又透气，是极佳的绿色生态纺织品。桑皮纤维还可以与棉、毛、丝、麻、涤纶等常用纺织纤维混纺为“桑/毛”“桑/棉”“桑/丝”等新型纺织品，其服装面料质地细腻柔和，手感舒适。由于这种天然环保生态型纺织品原料顺应了当今服饰日趋崇尚自然、返璞归真、舒适保健的潮流，且原料充足、广泛、可再生利用，又容易实现规模化生产，所以将具有广阔的市场前景。

二、菠萝叶纤维

(一)概述

菠萝又称凤梨，属凤梨科，凤梨属，是多年生单子叶草本植物。菠萝是热带水果，原产于中、南美洲，17世纪传入我国，18世纪已有种植。菠萝果肉含钠、钾及多种维生素，其中纤维素的含量相当丰富，汁多香美，酸甜适度可口，风味独特。菠萝纤维是从菠萝叶片中提取的纤维，属于叶脉纤维。菠萝叶脉(俗称菠萝刈)去其两侧锐刺及胶质后，取出的纤维每根长度为3～8cm，直径仅为真丝直径的1/4，纤维质软，强度较低，无法满足纺纱的要求，因此，以往只能将菠萝叶纤维与其他纤维混纺，可制成渔网、面料、纸张等。

早在民国前，我国台湾就已有采用多种菠萝叶上的纤维制成纱线、织成衣料的技术，由于材质优良、柔软，且耐水性强，织成的面料略带黄色光泽，可作为蚕丝的代用品，当时菠萝叶纤维被当成衣料纤维不足时的应急之用。相关的生产、纺织与输出多集中于彰化、南投、凤石等地。

(二)菠萝叶纤维的提取方法

菠萝叶纤维是从菠萝植物的叶片中获得的，叶片内有数条长度不等的纤维，每根长度为80～100cm，经过取纤后即可作为纺纱织布的好原料。目前取纤的方法可分为人工取纤法、机械取纤法与化学取纤法三种。

1.人工取纤法 最早菠萝叶加工的方法是先去除边缘的刺，再压在长条椅子上面，用碗刮去叶面的黏液胶质，让纤维露出。然后再用酸粥或饭汁浸一天，用水清洗黏液。接下来捻纱过浆，再用纱棒缠紧，就可以作为纺织的材料。用这种纤维制造的布摸起来触感不是很好，也不吸汗，硬邦邦的。

后来为了节省人工、改善质量并且量化生产，进步到用锅煮法来取纤：将菠萝生叶细条放入锅内蒸煮、精练后取出，在叶片上覆盖湿的草席让它发酵，发酵后刮除叶片四周的叶肉，再将纤维绑成一束束的予以漂白，并以草酸液处理，经过水洗及日光暴晒干燥后即成菠萝叶纤维，便可纺成纱线、织布。

2. 机械取纤法　菠萝叶收割后，利用刮麻机将菠萝叶的叶肉胶质刮除，再将剩下纤维部分予以烘干或晒干，纤维经过梳理与整理后切成一定长度，即可用于纺纱。利用机械开纤取得的纤维强度较低，无法满足纺纱的要求，因此，以往只能将菠萝叶纤维与其他纤维混纺来提升纱线强力。

3. 化学取纤法　菠萝叶片使用化学处理（脱胶和改性）的方法进行处理提取纤维。把纯菠萝叶纤维放在特殊油液里浸泡予以改性，纤维经过深加工处理后，其强度比棉花高，外观洁白，柔软爽滑，手感如蚕丝。

（三）菠萝叶纤维的结构与性能

1. 化学组成　菠萝叶纤维与亚麻、黄麻的化学组成比较见表1－8。

表1－8　菠萝叶纤维的化学组成比较

成　分	菠萝叶纤维	亚　麻	黄　麻
纤维素/%	58.5～76.0	70.0～80.0	64.0～67.0
半纤维素/%	28.5～30.0	12.0～15.0	16.0～19.0
木质素/%	4.8～6.0	2.5～5.0	11.0～15.0
果胶/%	0.3～1.0	1.4～5.7	1.1～1.3
灰分/%	1.0～1.4	0.8～1.3	0.6～1.7
水溶物/%	1.9～2.6	—	—
脂蜡质/%	0.3～0.8	1.2～1.8	0.3～0.7
其他（含氮物）/%	1.0～1.4	—	（0.3～0.6）

由表1－8可知，菠萝叶纤维的化学组成与亚麻、黄麻类似，但纤维素含量较低，半纤维素和木质素含量偏高，故菠萝叶纤维粗硬，伸长小，弹性差，吸湿放湿快。纤维中脂蜡质含量较高，因此光泽较好。菠萝叶纤维的可纺性能优于黄麻而次于亚麻，在纺纱前进行适当的脱胶处理可以改善其可纺性。

2. 形态结构　菠萝叶纤维由许多纤维束紧密结合而成，每个纤维束又由10～20根单纤维细胞集合组成。单纤维细胞长2～10mm，宽1～26μm，长径比为450左右。纤维表面粗糙，有纵向缝隙和孔洞，横向有枝节，无天然扭曲。单纤维细胞呈圆筒形，两端尖，表面光滑，有线状中腔。横截面呈卵圆形或多角形。

3. 物理性质　菠萝叶纤维与亚麻、黄麻的力学性能比较见表1－9。

表 1-9 菠萝叶纤维与亚麻、黄麻的力学性能比较

品 种	单纤维		工艺纤维			
	长度/cm	宽度/μm	长度/cm	细度/tex	断裂强力/cN	断裂伸长率/%
菠萝叶纤维	3~8	7~8	10~90	2.5~4.0	30.56	3.42
亚 麻	17~25	12~17	30~90	2.3~3.2	47.97	3.96
黄 麻	2~4	15~18	80~150	2.8~3.8	26.01	3.14

由表 1-9 可以看出,菠萝叶纤维的单纤维长度较短,在纺纱加工时采用工艺纤维,在脱胶处理时采用半脱胶,以保证残胶能够将短纤维粘连成符合工艺要求的工艺纤维。

(四)菠萝叶纤维的应用前景

菠萝叶纤维与棉混纺可生产牛仔布,悬垂性与棉牛仔布相似;菠萝叶纤维与绢丝混纺可织成高级礼服面料;用转杯纺生产的纯菠萝叶纤维纱作纬纱,用棉或其他混纺纱作经纱,可生产各种装饰织物及家具布;用毛纺设备纺制羊毛和菠萝叶纤维混纺纱可生产西服与外衣面料;在黄麻设备上生产的菠萝叶纤维与棉混纺纱可织制窗帘布、床单、家具布、毛巾、地毯等;用亚麻设备生产涤纶、腈纶与菠萝叶纤维混纺纱可用于生产针织女外衣、袜子等。

此外,菠萝叶纤维在工业中也有广泛的应用,用菠萝叶纤维可生产针刺非织造布,这种非织造布可用作土工布,用于水库、河坝的加固防护;由于菠萝叶纤维纱比棉纱强力高且毛羽多,因此,菠萝叶纤维也是生产橡胶运输带的帘子布、三角带芯线的理想材料;用菠萝叶纤维生产的帆布比同规格的棉帆布强力还高;菠萝叶纤维还可用于造纸、强力塑料、屋顶材料、绳索、渔网及编织工艺品等。

目前,全球有丰富的菠萝叶纤维资源,但由于尚未得到充分利用而大部分成为农业废料。印度、日本、菲律宾等国率先对菠萝叶纤维的开发利用进行了研究,取得了一些突破性进展,国内也有大专院校及研究机构对菠萝叶纤维的提取和应用进行了研究,研究工作大部分集中在纤维的力学性能、表面改性及纤维增强复合材料等方面,对应用方面的研究有待进一步深化。

三、木棉纤维

(一)概述

木棉属被子植物门、双子叶植物纲、木棉科植物。木棉植物品种较多,约有 20 属 180 种,有些属种的木棉不结果,结果且果实内具有绒毛的共有 6 种。目前应用的木棉纤维主要指木棉属的木棉种、长果木棉种和吉贝属的吉贝种这 3 种植物果实内的绒毛。木棉纤维有白、黄和黄棕色 3 种颜色。一株成年期的木棉树可产 5~8kg 的木棉纤维,目前包括我国在内的木棉纤维的全球年产量约 20 万吨。

木棉纤维属单细胞纤维,与棉纤维相同。但棉纤维是种子纤维,由种子的表皮细胞生长而成的,纤维附着于种子上。而木棉纤维是果实纤维,附着于木棉蒴果壳体内壁,由内壁细胞发育、生长而成。一般长 8~32mm、直径 20~45μm。它是天然生态纤维中最细、最轻、中空度最

高、最保暖的纤维材质。它的细度仅有棉纤维的1/2,中空率却达到86%以上,是一般棉纤维的2～3倍。木棉纤维在蒴果壳体内壁的附着力小,分离容易。木棉纤维的初步加工比较方便,不需要像棉花那样须经过轧棉加工,只要手工将木棉种子剔出或装入箩筐中筛动,木棉种子即自行沉底,所获得的木棉纤维可以直接用作填充料或手工纺纱。

(二)木棉纤维的结构与性能

1. 化学组成　木棉纤维含有64%左右的纤维素,13%的木质素,此外,还含有8.6%的水分、1.4%～3.5%的灰分、4.7%～9.7%的水溶性物质、2.3%～2.5%的木聚糖以及0.8%的蜡质。木棉纤维的聚合度大约在10000,和棉纤维相当。

2. 外观形态　木棉纤维纵向外观呈圆柱形,表面光滑,不显转曲;光泽好。截面为圆形或椭圆形,中段较粗,根端钝圆,梢端较细,两端封闭,截面细胞未破裂时呈气囊结构,破裂后纤维呈扁带状。细胞中充空气。纤维的中空度高达80%～90%,胞壁薄,接近透明,因而相对密度小,浮力好。纤维块体在水中可承受相当于自身20～36倍的负载重量而不致下沉。木棉表面有较多的蜡质使纤维光滑、不吸水、不易缠结、防虫。

木棉纤维的形态结构如图1-6所示。

(a) 木棉纤维的纵向形态

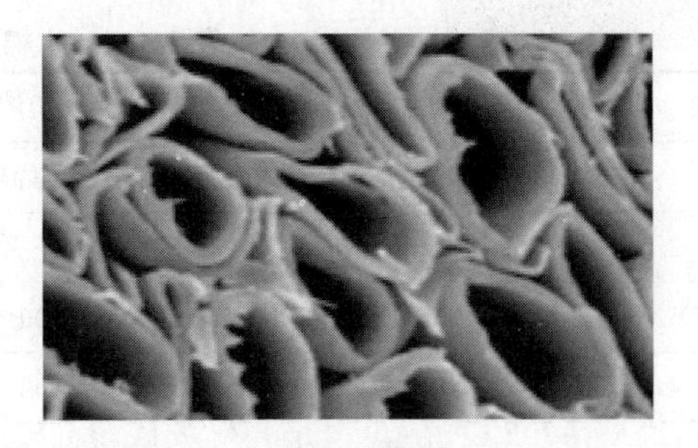
(b) 木棉纤维的横截面形态

图1-6　木棉纤维的形态结构

各研究者采用的木棉品种不同,不同文献报道的纤维细度、长度等指标也有差异,基本在如下范围:木棉纤维长度8～34mm,纤维中段直径18～45μm,平均直径30～36μm,壁厚0.5～2μm,纤维线密度为0.9～3.2dtex,单纤维密度仅为0.29g/cm³,而棉为1.53 g/cm³。

3. 物理性能　木棉纤维的物理性能见表1-10。

表1-10　木棉纤维的物理性能

性　能	指　标	性　能	指　标
线密度/dtex	0.9～3.2	回潮率/%	10～10.73
长度/mm	8～34	压缩模量/kPa	43.63
密度/g·cm⁻³	0.29	光学性能	平均折射率为1.71761
断裂强度/km	1.4～1.7	相对扭转刚度/cN·cm²·tex⁻²	71.5×10^{-4}
断裂伸长率/%	1.5～3.0		

木棉纤维的相对扭转刚度为 $71.5\times10^{-4}(cN\cdot cm^2)/tex^2$，比玻璃纤维的还大，这可能引起加捻效率降低。因长度较短、强度低、抱合力较差，用棉或毛的纺纱方法难以单独纺纱，这是过去一直没有很好地应用木棉纤维的一大原因。

采用 X 射线衍射法测得木棉纤维的结晶度为 33%，而亚麻的结晶度为 69%，棉的结晶度为 54%。木棉纤维回潮率达 10.73%，与丝光棉 10.6%的回潮率相当。木棉纤维的平均折射率为 1.71761，比棉的 1.59614 略高，且木棉纤维具有光滑的圆形截面，这导致木棉纤维光泽明亮，同时也使得纤维显深色性差。

4. 化学性质 木棉纤维可用直接染料染色，但由于木棉纤维含有大量木质素和半纤维素，它们和纤维素互相纠缠及分子间力作用导致了纤维素部分羟基被阻止，并且导致了染料分子不能顺利进入，使得其上染率仅为 63%，而同样条件下棉的上染率为 88%。

木棉纤维具有良好的化学性能，其耐酸性好，常温下稀酸对其没有影响，醋酸等弱酸对其也没有影响。木棉纤维溶解于 30℃，75%的硫酸溶液；100℃，65%的硝酸溶液；部分溶解于 100℃，35%的盐酸溶液。木棉纤维耐碱性能良好，常温下 NaOH 对木棉没有影响。

木棉纤维的溶解性能见表 1-11。

表 1-11 木棉纤维的溶解性能

编 号	试 剂	溶解条件	溶解时间/min	溶解结果
1	次氯酸钠溶液(1mol/L)	常温振荡	30	不溶
2	氢氧化钠溶液(5%)	常温	20	不溶
3	二甲基甲酰胺	(90±2)℃	20	不溶
4	硫酸(75%)	(52±2)℃	30	全部溶解
5	盐酸(20%)	常温	15	不溶
6	甲酸/氯化锌溶液	(70±2)℃	20	部分溶解
7	甲酸溶液(80%)	常温	20	不溶
8	冰醋酸	常温	15	不溶
9	硫酸(60%)	(52±2)℃	15	部分溶解
10	硝酸(53%)	常温	30	不溶
11	丙酮	常温	30	不溶

(三)木棉纤维的应用

1. 中高档服装、家纺面料 木棉与棉混纺成纱线，木棉纤维含量可达 70%，可以广泛应用于针织内衣、绒衣、绒线衫、机织休闲外衣、床上用品、袜类等领域。

2. 中高档被褥絮片、枕芯、靠垫等的填充料 过去木棉纤维没能在这些领域广泛应用的原因是木棉纤维太细、弯曲刚度低、压缩弹性差，填充料容易被压扁毡化，随着使用时间的推移，产品的柔软舒适性和保暖性衰减较快，而且被褥絮片强力低局部会出现破洞(棉被局部变夹被)。东华大学已开发出“持久柔软保暖的木棉絮片的制造技术”，利用该技术制造的木棉絮片的强度、压缩弹性、保暖性能的持久性都可与目前的七孔、九孔涤纶絮片媲美，但在柔软度、吸湿、透湿、透气性和绿色环保性能等方面具有涤纶絮片无法比拟的优势，制造成本不超过涤纶絮片。在崇尚天然纤维、对纺织品中包含的有毒有害物质控制越来越严格的当今社会，不使用农药和化肥，在人烟稀少的大森林中生长起来的木棉絮片应该有广泛的应用前景。

3. 旅游、娱乐用品 木棉纤维是最好的浮力材料，用它制作的被褥很轻、便于携带，在海边、湖边的旅游者可以躺在木棉褥上漂浮、晒日光浴，由于木棉纤维不吸水，上岸后稍加晾晒木棉褥就可用于夜间露宿。

4. 隔热和吸声材料 木棉纤维可用于房屋的隔热层和吸声层的填料。1998 年，德国 Dresden 技术大学开发了木棉/毛复合隔热保暖建筑用材料，试验证明比单独的毛纤维隔热材料有更好的吸热性和热滞留性。木棉纤维作为一种天然纤维素纤维，具有薄壁大中空的独特结构，其中空率远远高于其他现有纤维，是优良的隔热、隔音、保暖和浮力材料，其光泽、吸湿性和保暖性是用作服装面料的天然材料，虽然混入木棉后的纱线强度会下降，但既可以降低成本，又可提高产品的环保卫生性能。

四、莲纤维

(一)概述

莲纤维分为两种，一是从新鲜花茎和叶茎的横断面中抽取出来的长丝，又称为莲丝；莲的其他器官亦可提取出莲纤维，如茎、叶、花瓣、莲蓬、莲实，但其丝短而易断，使用价值较低，且叶茎和花茎里的丝较其他器官多。另一种是从莲茎杆中提取的纤维素纤维，又称为莲茎杆纤维。

莲在我国除西藏自治区和青海省外，大部分地区都有分布，资源非常丰富，而且栽培技术简单，成本低廉。莲叶茎来源丰富却一直未被全面开发利用，处于自生自灭状态，造成一定的资源浪费。21 世纪，人类更加追求健康、绿色和环保，具有这些特性的纺织产品在各个领域倍受青睐。莲叶茎/花茎的有效开发利用，将为种植者及地区带来可观的经济效益和社会效益。

1. 莲丝 莲丝是由莲的带状螺旋式导管及管胞的后生壁(即次生壁)抽长而成的。莲丝不是单行细丝，而是许多并行排列细丝构成的带状螺旋体。莲茎被折断时，可以看到两断面之间有大量白色的细丝相连，即为导管次生壁(也就是"藕断丝连"的丝)，丝的直径约为 3.5μm。一般可拉长至 10cm 左右，形成我们所见到的莲丝。

莲丝主要是由多糖类物质、木质素、脂肪和蛋白质等成分组成的，具有较低且单一的玻璃化转变温度。导管次生壁中含有一类富含羟脯氨酸的蛋白质——伸展蛋白，但莲叶柄导管次生壁中羟脯氨酸含量并不高，仅为 5.2mol%，甘氨酸含量高达 28.8mol%，门冬氯酸、丝氨酸等氨基酸的含量也都超过了羟脯氨酸。从莲叶茎导管次生壁的氨基酸含量推算，其总蛋白含量仅占细胞壁干重的 1.68mol%。

莲丝纤维废弃后在短时间内可完成生物降解，参与自然界的生物循环，不会对环境造成污染。莲的纤维管束是分离的，平均散布排列，因此，莲丝在莲的横断面上也是均匀分布的。莲叶营养丰富，除含有普通植物所共有的碳水化合物、脂类、蛋白质、单宁等常规化学成分外，还富含具有明显的生物活性和生理功能的黄酮醇类化合物，即槲皮素-3-丙酯和由奈酚。

莲叶的抑菌作用显著，且对大多数供试菌的 MIC 值小于或等于 8%。莲叶提取物在中、弱碱性条件下抑菌活性最强，并能耐受高温短时及超高温瞬时的热处理。

2. 莲茎杆纤维

莲茎杆纤维常用的加工方法有生物加工法和化学加工法。

①生物加工法。去叶除根整理后的莲茎，可经过河水浸渍一个月后，采用手工抽取的方法制取莲纤维。其制备方法的预处理原理是利用微生物的发酵脱胶作用，经过河水浸渍后的莲纤维色泽为浅棕色，手感较硬。

②化学加工法。对莲茎进行脱胶处理，采用碱煮法效果较好。

碱煮工艺流程如下：

原料准备→水洗→碱煮（NaOH10g/L，$NaSiO_3$ 3g，JFC 渗透剂 0.5g，100℃，3h）→水洗→酸洗（0.3% H_2SO_4，室温，10min）→水洗→脱水→给油（软化精油）→干燥

其制作原理是利用碱的化学脱胶作用。经过水浸、碱煮加工处理后的莲纤维色泽为浅棕色，手感较柔软。

（二）莲纤维的结构与性能

1. 形态结构 莲纤维的横截面是由具有近似椭圆、卵圆形、半月形的截面形态的独立单纤维构成，且单纤维之间存在一定的空隙，因而赋予其纺织制品优良的吸湿透气性和染色性能（图 1-7）。

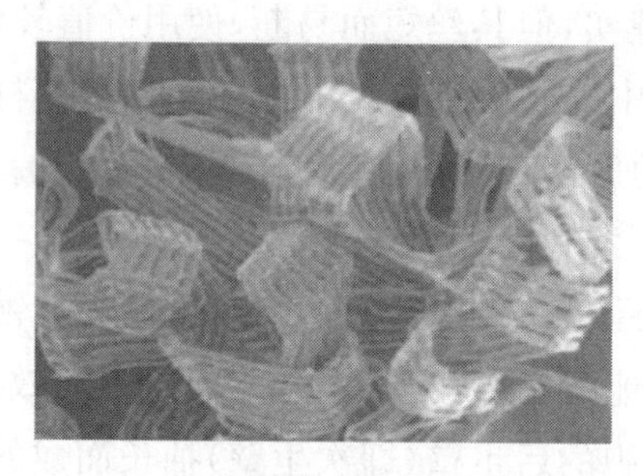

（a）莲纤维的纵向形态

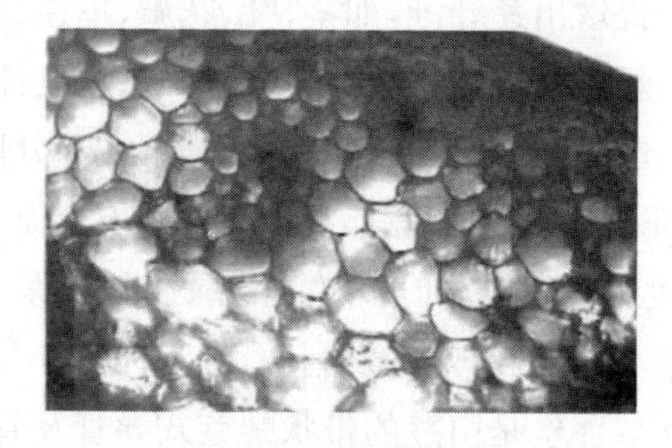

（b）莲纤维的横截面形态

图 1-7 莲纤维的形态结构

2. 力学性能 莲纤维的断裂强度最大值为 5.3cN/dtex，最小值为 1.2cN/dtex，平均值为 2.23cN/dtex，与棉纤维的断裂强度（1.9～3.5cN/dtex）接近。莲纤维的断裂伸长率较小，平均值为 2.60%，与麻类的相近，低于棉、黏胶纤维和天丝等纤维素纤维的断裂伸长率。莲纤维的最高初始模量为 144.1cN/dtex，最低为 12.9cN/dtex，平均值为 78.5cN/dtex，与棉纤维的初始模量（68～93cN/dtex）接近，表明莲纤维的刚性低，柔韧性较好。

3. 吸湿放湿性 莲纤维的吸、放湿回潮率分别为 10.34%、12.62%，均高于棉纤维的吸湿回潮率（7.52%）和放湿回潮率（9.16%），以及亚麻纤维的吸湿回潮率（8.42%）和放湿回潮率（10.2%）。莲纤维的回潮率均优于棉、麻纤维，表明莲纤维的吸湿能力强于棉纤维，此种现象的产生与莲纤维具有独特的带状螺旋转曲结构，以及由数根微细纤维并排缔合组成整个莲纤维的特殊形态结构密切相关，这样的结构大大增加了纤维表面积和表面的缝隙孔洞，这也是直接导

致莲纤维吸湿性强的重要原因，莲纤维织物的吸湿透气性等服用性能将会比较优良。

(三)、莲纤维的用途

据记载，公元622年，南亚出现了用莲纤维丝做成的服装(袈裟)，是已知最早的莲纤维产品。

日本《纤维机械学会志》(JPN)报导了由莲纤维织成布的过程。莲纤维抽出捻合后，可与绢丝作经纱制成昂贵的“香袋”，捻合后的莲丝用米汁洗涤，还可染成各种颜色后再制织成色彩丰富的莲丝织物。

用微生物发酵作用提取的莲纤维与棉纤维进行混纺，用来制作服装并开发系列产品，但产品档次不高。

用莲纤维与蚕丝混纺，所制成织物具有布面细腻、高贵的风格，是制作高档衬衫、T恤衫的理想面料，而且织物在经过雾化处理后，织物表面能释放出一种独特的自然清香气味，并且气味能持久释放。

莲丝纺织纤维是特种天然纤维，是一种纯植物纺织原料，其特征是：柔韧而有弹性，有足够的强度，相互间有较好的抱合力，抗静电、吸湿性、悬垂性、阻燃性好，是制造纺织用品，医疗卫生用品和国防用品的新型原材料，也可以和其他纤维交织混纺使用。

莲丝医用手术缝合线，是一种可被人体自动吸收的缝合线，它不同于其他纤维手术线，莲丝纤维不会引起植入部位组织炎症反应，也不会产生抵解过敏反应，无毒无色无味，能在伤口愈合期内，不用拆线，被完全吸收自行降解，不留疤痕，在内、外科整容手术上更胜一筹。

莲丝医用纱布，是一种纯天然植物纱布，它对伤口具有止血快、不怕粘连、不用拆取可自行吸收降解的特点，它还有一定的清热降温作用，特别适合烫烧伤病人使用。莲丝止血带、创可贴基布，是一种可自行生物降解被人体吸收的医用敷料，有较好的吸收止血作用，能在机体内逐渐与肌肉和血液分子相互渗透、扩散，消化和吸收，不用拆取，解决了粘连、拆除、降解、过敏、止血等问题，是内科手术和一般紧急外伤处理的优选用品。

☞思考与练习题

1. 简述彩棉与普通白棉的异同。
2. 简述竹原纤维的提取工艺。
3. 香蕉茎纤维有哪几种制取方法?
4. 麻类纤维有哪些品种? 有什么共性?
5. 简述木棉纤维的结构与性能。

参考文献

[1]邢声远. 纺织纤维[M]. 北京：化学工业出版社，2004.

[2]陈运能，范雪荣，高卫东. 新型纺织原料[M]. 北京：中国纺织出版社，1998.

[3]马大力，冯科伟，崔善子. 新型服装材料[M]. 北京：化学工业出版社，2006.

[4]陈继红,肖军.服装面辅料及服饰[M].上海:东华大学出版社,2003.
[5]徐亚美.纺织材料[M].北京:中国纺织出版社,2002.
[6]姜怀,邬福麟,梁洁,等.纺织材料学[M].北京:中国纺织出版社,2003.
[7]中国大百科全书总编辑委员会.中国大百科全书(纺织)[M].北京:中国大百科全书出版社,2002.
[8]张世源.竹纤维及其产品加工技术[M].北京:中国纺织出版社,2008.
[9]杨锁廷.现代纺纱技术[M].北京:中国纺织出版社,2004.
[10]黄故.棉织原理[M].北京:中国纺织出版社,1995.
[11]贾丽霞,等.新型纺织纤维的开发现状及应用[J].新纺织,2003(3):9-11.
[12]贾丽霞,刘君妹,赵其明,等.新型纺织纤维的开发现状及应用[J].毛纺科技,2003(1):10-13.
[13]先申.新型纤维综述[J].河南纺织科技,2003(5):2-3.
[14]张素梅.天然植物纤维[J].中国纤维,2004(11):45-47.
[15]喻国华.我国棉花产销预测及价格走势[J].统计与决策,2005(6):97-98.
[16]林昕.世界主要产棉国家对彩色棉的研究与开发[J].种子 Seed,2001(2):62-65.
[17]敖光明.天然彩色棉的研究进展及其有待解决的问题[J].中国农业科技报,2001(1):64-67.
[18]张庆辉.天然彩色棉产品开发及应用研究[D].天津工业大学硕士论文,2002.
[19]石树莲,等.彩棉时装面料的开发[J].纺织导报,2001(3):2-8.
[20]纪芳.彩棉系列产品的研究与开发[J].北京纺织,2003(12):32-34.
[21]李朝科.国内外天然彩色棉的研究和利用现状[J].山东农业科学,2000(4):52-53.
[22]唐志荣.天然彩色棉发展中存在的问题及对策[J].中国棉花,2004(1):2-4.
[23]王建坤.天然彩色棉及其工艺性能综述[J].天津工业大学学报,2004(4):32-36.
[24]堂志荣.天然彩色棉制品的结构性能及其酶处理的研究[J].浙江工程学院硕士论文,2003.
[25]翟涵.天然彩色棉及其纺纱实践[J].上海纺织科技,1999(5):11-14.
[26]赵博.竹纤维基本特性研究[J].纺织学报,2004(12):6-10.
[27]万玉芹.竹纤维的开发与技术应用[J].纺织学报,2004(12):6.
[28]李志红.六种新型纺织纤维及其鉴别[J].上海纺织科技,2006(4):4.
[29]杨乐芳.竹原纤维与苎麻纤维的性能比较[J].上海纺织科技,2005(8):59-60.
[30]邢声远,刘政.纯天然竹原纤维纺织产品[C].第3届功能性纺织品及纳米技术应用研讨会论文集.北京,2003.
[31]王越平,高绪珊.新型天然竹原纤维的结构与性能研究[C].2004高性能纤维研发与应用技术研讨会论文集.北京,2004.
[32]张之亮,张元明,章悦庭,等.几种新型植物纤维的开发利用现状[J].中国麻业,2004(5):16-18.
[33]徐海云.天然纤维期待产业化新突破[J].中国纺织,2009(6):59-61.
[34]邵宽.纺织加工化学[M].北京:中国纺织出版社,1996.
[35]王德骥.苎麻纤维素化学与工艺学—脱胶和改性[M].北京:科学出版社,2001.
[36]刁均艳,潘志娟.黄麻、苎麻及棕榈纤维的聚集态结构与性能[J].苏州大学学报(工科版),2008(12):41-44.
[37]蒋挺大.木质素[M].北京:化学工业出版社,1991.
[38]勤宝.新型环保纤维——香蕉纤维[J].纺织装饰科技,2009(4):28-29.

[39]熊月林,崔运花.香蕉纤维的研究现状及其开发应用前景[J].纺织学报,2007(9):122-124.
[40]熊月林,崔运花.香蕉韧皮纤维的制取工艺[J].东华大学学报(自然科学版),2008,34(1):61-65.
[41]郭腊梅,赵俐,崔运花.纺织品整理学[M].北京:中国纺织出版社,2005.
[42]党敏.香蕉纤维及其制品[J].国外纺织技术(服装分册),2001(12):11-13.
[43]丹羽由树,小野秀.香蕉纤维及其制法、使用它的混纺丝以及纤维构造物[P].日本专刊:03150 132.x. 2003-7-1.
[44]吴雄英,王府梅,崔运花.香蕉韧皮纤维及其制造方法和用途[P].中国专利:200310109552.8.2003-12-19.
[45]望仁.蕉麻[J].中国纤检,1995(5):15-16.
[46]王仲信.大麻二粗麻的脱胶及制纤[J].纺织导报,2008(8):110-111.
[47]田华,张金燕.大麻产品开发及发展趋势[J].纺织科技进展,2006 (5):7-11.
[48]孙小寅,管映亭,温桂清,等.大麻纤维的性能及其应用研究[J].纺织学报,2001(8):34-36.
[49]蒋少军,李志忠,张新濮.大麻生物酶脱胶工艺分析[J].纺织科技进展,2007(2):73-75.
[50]王景葆,杨启明.黄麻纺纱[M].北京:纺织工业出版社,1990.
[51]张小英.黄麻纤维的应用和发展[J].国外丝绸,2004(6):38-39.
[52]邵松生.我国黄麻纺织业的现状和发展对策[J].山东纺织科技,2002(1):45-47.
[53]杜兆芳,曹建飞,方木胜.黄麻酶脱胶工艺研究[J].安徽农业大学学报,2005,32(1):98-100.
[54]贾丽华.亚麻纤维及应用[M].北京:化学工业出版社,2007.
[55]史加强,刘晓平.亚麻织物抗菌性能的实验研究[J].黑龙江纺织,2002(3):9-10.
[56]帅瑞艳,刘飞虎.亚麻起源及其在中国的栽培与利用[J].中国麻业科学,2010(5):282-286.
[57]刘昭铁,熊和平,彭源德,等.苎麻纤维改性研究进展[J].材料导报,2006(1):77-80.
[58]张元明,劳继红,章悦庭,等.苎麻纤维环氧化合物改性研究[J].东华大学学报(自然科学版),2006(1):108-111.
[59]郭双庆,谢光银.苎麻纤维生物脱胶[J].广西纺织科技,2009(6):45-46.
[60]张毅.罗布麻纤维理化性能探讨[J].天津工业大学学报,1995(4):77-80.
[61]肖之民.罗布麻机械剥皮工艺的选择[J].新疆农机化,1993(5):6-7.
[62]笃正初.罗布麻韧皮非纤维素生物降解的工艺基础[J].中国麻业,2002(1):30-33.
[63]赵博.罗布麻纤维混纺纱产品的开发[J].中国麻业,2004(4):183-186.
[64]李欣欣,普萨那,张伟,等.天然椰子纤维及其增强复合材料[J].上海化工,1999(14):28-30.
[65]谭洪生,邢立学,刘俊成.椰壳纤维/抗冲共聚聚丙烯复合材料的研究[A].China SAMPE 2008 国际学术研讨会论文集[C],2008.
[66]邱训国.桑皮纤维开发及其综合利用[J].辽宁丝绸,2002(4):10-13.
[67]顾东雅,王祥荣.菠萝纤维的研究进展[J].现代丝绸科学与技术,2011(3):115-117.
[68]郁崇文.菠萝叶纤维的性能研究[J].东华大学学报(自然科学版),1997(6):17-20.
[69]肖红,于伟东,施楣梧.木棉纤维的特征与应用前景[J].东华大学学报(自然科学版),2005(2):121-125.
[70]张冶,穆征.木棉纤维性能及其可纺性的探讨[J].南通纺织职业技术学院学报,2007(1):1-4.
[71]李志贤.木棉纤维及其应用[J].山东纺织科技,2006(3):52-54.

[72]沈喆,唐笠,沈青.天然藕丝的纤维特征[J].纤维素科学与技术,2005,13(3):42-45.
[73]张金忠,王金忠.莲叶柄导管次生壁蛋白的发现和初步研究[J].科学通报,1993,38(12):1131-1134.
[74]张赞彬,戴妙妙,李彩侠.荷叶中黄酮类化合物的化学结构鉴定[J].食品研究与开发,2006,27(6):45-48.
[75]陈东生,甘应进.莲纤维及其制备方法及制品[P],中国发明专利:CNl01165229A,2006-10-26.
[76]窦明池,姜疆明.几种新型天然纤维的性能分析与开发应用[J].中国麻业,2006,28(1):41-43.
[77]张宏伟,李永兰,李南,等.莲纤维的脱胶及其性能[J].纺织学报,2009,30(6):66-71.
[78]周美凤,吴佳林,刘森.纺织材料[M].上海:东华大学出版社,2010.
[79]陈东升,甘应进,王建刚,等.莲纤维的力学性能[J].纺织学报,2009,30(3):18-21.
[80]王建刚,倪海燕,袁小红,等.莲纤维的吸湿性能[J].纺织学报,2009,30(9):11-14.
[81]王培红,寇修茂,蒋秀风.棉藕丝混纺系列产品的开发[J].新纺织,2005(6):25.

第二章　新型天然动物纤维

第一节　概　述

动物纤维是由动物的毛发或分泌液形成的纤维，也称天然蛋白质纤维。最主要的品种是各种动物毛和蚕丝。

动物纤维的主要成分是由一系列氨基酸经肽键结合成链状结构的蛋白质。纤维柔软富有弹性，保暖性好，吸湿能力强，光泽柔和，是优良的纺织原料。可以制成四季皆宜的中、高档服装以及装饰用和工业用织物。

动物纤维分为三类：动物的发毛和绒毛、蚕丝、禽类的羽绒和羽毛，主要来源是人工饲养的动物。

动物毛的种类很多，最主要的是绵羊毛，简称羊毛。羊毛广泛用来制造各种纺织品，也用于制毡。除羊毛外，还有山羊绒、兔毛、骆驼毛、牦牛毛等。羊毛以外的动物毛，有时统称为特种动物毛，也用来制造纺织品，可纯纺或与其他纤维混纺。在混纺中，利用它们特有的光泽、细度和柔软性，可以改善织物的保暖性和手感。

蚕丝是蚕的腺分泌物，有桑蚕丝、柞蚕丝、蓖麻蚕丝、天蚕丝和木薯蚕丝等。

禽类的羽绒和羽毛在纺织上可与其他纤维混纺，也可作填充材料，如鸭绒、鹅绒等。

第二节　蚕　丝

蚕丝是熟蚕结茧时分泌丝液凝固而成的连续长纤维，也称“天然丝”。它与羊毛一样，是人类最早利用的动物纤维之一。由单个蚕茧抽得的丝条称茧丝。它由两根单纤维借丝胶黏合包覆而成。缫丝时，把几个蚕茧的茧丝抽出，借丝胶黏合成丝条，统称蚕丝。除去丝胶的蚕丝，称精练丝。蚕丝中用量最大的是桑蚕丝，其次是柞蚕丝，其他蚕丝品种数量相对较少。蚕丝质轻而细长，织物光泽好，穿着舒适，手感滑爽丰满，导热差，吸湿透气，用于织制各种绸缎和针织品，并用于工业、国防和医药等领域。中国、日本、印度、苏联和朝鲜是主要产丝国，总产量占世界产量的90%以上。

一、彩色蚕丝

彩色蚕丝是由家蚕经过人工培育而成的彩色家蚕吐的有颜色的丝。普通的蚕丝是白色的，在纺织加工过程中需要对蚕丝或织物进行染色或漂白。生产过程中所用的染料10%～15%的种类含有对人体有害甚至致癌的物质,印染废水对环境也有污染。天然彩色蚕丝具有天然的颜色,色泽柔和艳丽,其织物不需要漂白、染色处理,减少了印染对环境造成的污染,具有重要的环保意义。

(一)彩色蚕丝的颜色

天然彩色蚕丝的色素无毒无害、色彩自然、色调柔和,有一些还是目前染色工艺难以模拟的色彩。桑蚕彩色蚕茧主要有黄红茧丝系和绿茧丝系两大类。黄红色系包括淡黄、金黄、肉色、红色、篙色、锈色等;绿色系包括竹绿(淡绿)和绿色两种。黄红茧丝系的茧丝颜色来自桑叶中的类胡萝卜素和黄素类色素。绿茧丝系的茧丝颜色主要为黄酮色素,在中肠和血液中合成。这些色素需从消化管进入血液,又从血液中进入绢丝腺才会着色,故茧丝颜色的深浅不仅与色素的成分和含量有关,还受到消化管与绢丝管壁的渗透性影响,也就是受到蚕体基因的控制。

经人工添食色素生产的彩色茧颜色更为丰富。只要能将红、黄、蓝三大主色系的彩色茧成功生产出来,即可以按照配色原理衍生出二次色、三次色的彩色茧,生产出橙色、绿色和紫色彩色茧,甚至黑色茧。

(二)彩色蚕丝的生产方法

1. 利用生物工程技术中的转基因手段 转基因手段是将国内外原始优良的彩色茧基因通过各种转基因技术转移到高产优质的白色茧品种上,从而选育出能吐出彩色丝的蚕茧新品种。利用转基因技术培育出的桑蚕品种性状尚不稳定,品种容易退化,在实用上与家蚕杂交种相比仍处于明显的劣势。

2. 利用有色茧资源培育天然彩色茧品种 利用桑蚕品种资源库的桑蚕天然有色茧基因,获得良好的天然彩色育种材料,选育出天然彩色茧实用品种系列,主要有黄色、红色、绿色等十多个品种。这种方法得到的茧丝颜色较稳定,但存在彩色茧茧形小、干壳量低等问题,并且随着饲养代数的增加,蚕体会出现衰弱和退化。

3. 将色素添加在饲料中生产彩色茧丝 蚕的绢丝腺是控制蚕吐丝功能的器官,它的颜色决定着蚕丝的颜色。在绢丝腺的发育时期,通过在人工饲料中添加色素,使色素渗透过肠壁和绢丝腺细胞组织,使桑蚕吐出有色蚕丝。这种方法因食物的差别、蚕的进食量和添加色素量等不同,桑蚕从食物中获取的色素也不同,因而同一桑茧不同茧层、不同桑茧系色素的分布有差异。

(三)彩色蚕丝的特性

1. 保湿作用 天然彩色蚕丝的内部具有良好的微孔隙结构,其孔隙率比家蚕白色蚕丝要高,轻柔,保暖性好,吸放湿性优良,透气性强,穿着舒适。

2. 紫外线吸收能力 彩色蚕丝具有良好的紫外线吸收能力。桑蚕丝对于易诱发基因突变、导致皮肤癌等癌变的280nm波长左右的紫外线(UV－B)有很好的遮蔽和吸收作用,UV－B透过率不足0.5%,用彩色蚕丝做衣服或化妆品可以有效地避免紫外线对皮肤的伤害。

3. 抗菌性能 彩色蚕丝能抑制生活环境中常见的金黄色葡萄糖球菌、大肠杆菌、枯草杆菌、黑色芽孢菌等病菌的生长。天然彩色蚕丝中黄酮色素含量和类胡萝卜素含量高于白茧丝,故彩色茧丝的抗菌效果更好。

4. 抗氧化功能　彩色蚕丝具有一定的抗氧化功能。天然彩色蚕丝分解自由基的能力远高于棉纤维和白色茧丝，使机体免受自由基的毒害。其中绿茧丝的效果最好，能分解90%左右的自由基，比棉纤维高出30多倍；黄茧丝能分解50%的自由基；白色丝只能分解30%的自由基。因此，由彩色茧丝制成的内衣和化妆品，具有很好的护肤作用。

5. 其他性能　彩色蚕丝织物容易起皱。其原因在于丝素结晶度低，内部存在大量孔隙，非结晶区的丝蛋白大分子由氢键、盐式键、范德华力等分子间作用力联系，缺乏化学交联。受外力或水分子作用时，这些键会断裂或减弱，分子链发生相对滑移。外力去除时，分子间没有足够的约束力使其恢复到原来位置，变形不能完全恢复，故而产生折皱。

彩色蚕丝织物还容易泛黄。蚕丝中所含的氨基酸与紫外线发生光化反应，使蛋白质分子主链的肽键断裂，分子链裂解，造成丝纤维的强力和伸度下降，光化反应中中间产物形成的色素使蚕丝泛黄变色，同时伴有表面龟裂、脆化，影响织物性能。

天然黄色蚕丝的相对强度和伸长率与白色丝相近。其相对强度比白色丝稍小，伸长率比白色丝高3.29%。

(四)彩色蚕丝的应用

1. 丝素的应用　将彩色蚕丝中的丝素用化学方法加以降解，使丝蛋白长链大分子分解为小分子丝素肽。丝素肽具有易被皮肤、毛发吸收的特点，可用作营养护肤、护发高级化妆品的添加剂。

2. 丝胶的应用　丝胶具有良好的保湿性，可有效防止肌肤干燥皱裂老化，抑制皮肤中黑色素生成，同时具有抗氧化功能，能抵御紫外线、日光、微波、化学物质、大气污染物等对肌肤的侵蚀，应用于高档化妆品中。丝胶还可作为功能性食品营养添加剂。由于丝胶蛋白对油脂类食品具有较好的抗氧化性能，所以是天然的食品抗氧剂。经丝胶涂层的纺织品，具有肌肤保湿功能，可使皮肤保持一定的水分；还可以有效防止化学纤维与皮肤直接接触，此外，还有抗菌作用。

3. 服装方面的应用　彩色蚕丝具有良好的柔韧性、保暖性、吸湿性和透气性，可制成高档内衣或高档针织时装。

二、柞蚕丝

(一)概述

柞蚕属于鳞翅目大蚕蛾科柞蚕属，古称春蚕、槲蚕，因喜食柞树叶得名。以柞蚕所吐之丝为原料缫制的长丝，称为柞蚕丝。柞蚕一般多在野外放养，是野蚕的重要品种之一。柞蚕体肤呈绿、灰色，蚕茧颜色也呈灰、青色或黑色。柞蚕体形要大于桑蚕，由于是野外散养，因此，抵抗力、生命力也优于桑蚕。其蚕丝灰青，纤维比桑蚕丝粗、硬。柞蚕主要分布在中国，朝鲜、韩国、俄罗斯、乌克兰、印度和日本等国亦有少量分布。我国柞蚕茧年产量10万余吨，产丝量9000吨，占世界总产量近90%。

(二)柞蚕丝的生产方法

柞蚕茧丝由两根平行的扁平单丝并成，其主要成分为丝素和丝胶。缫丝时把几粒柞蚕茧的茧丝抽出借丝胶黏合而成柞蚕丝。

按煮漂茧和所用化学药剂的不同,可分为药水丝和灰丝两种。药水丝用过氧化物漂茧,丝色淡黄;灰丝则以碱性物质漂茧,茧色灰褐。按缫丝方法的不同,又可分为水缫丝和干缫丝。水缫丝在立缫机温汤中进行缫丝,丝色为淡黄色;干缫丝在干缫机台面上进行缫丝。机制和手工制的各种柞丝,多用于织制绸面粗犷、富丽、挺括、具有自然疙瘩花纹的柞丝绸。这种绸在国际上也享有盛名,因产地主要在中国北方的辽宁、山东、河南、黑龙江、吉林、山西等省。

(三)柞蚕丝的组成与性能

1. 化学组成 柞蚕茧丝的主要成分为丝素和丝胶。丝素呈白色半透明状,有光泽,约占85%;丝胶呈淡褐色,约占13%;此外,还有灰分、色素等,约占2%。

丝胶分层附着在丝素外围,有保护作用,能溶于沸水、热皂液和碱性溶液;丝素则不溶。丝素由18种氨基酸组成,主要为丙氨酸、甘氨酸、丝氨酸和酪氨酸;丝胶由15种氨基酸组成,主要为天冬氨酸、丝氨酸、苏氨酸和精氨酸。

2. 理化性能 柞蚕丝手感柔软而具弹性。耐热性能良好,丝胶分层附着在丝素外围,温度高达140℃时强力才开始减弱。耐湿性能亦强,在湿润条件下,强力能增加4%。绝缘、强力、伸度、抗脆化以及耐酸、耐碱等性能均优于桑蚕丝。但织物缩水率大。生丝不易染色。

3. 保暖性 柞蚕茧壳主要由柞蚕丝素构成,丝粗达到几十微米,组成的茧壳坚韧而厚实。而蚕丝间的丝容积空隙和柞蚕丝内部的孔穴能存储大量的静止空气,形成极佳的保温层,因此,柞蚕蛹在寒冷的冬天不会被冻死。国内有公司采用膨化技术加工的膨化柞蚕丝使柞蚕丝内部孔穴进一步扩大,保暖性进一步提高。

4. 刚性 蚕丝的主要成分是蛋白质,而蛋白质的主要物理、化学性质从根本上取决于蛋白质分子内部肽链结构及肽链分子间的化学键性质。柞蚕丝素中肽链弯曲和缠结程度较大,其延伸度及弹性都较高。因此,柞蚕丝的分子结构决定了其具有良好的刚性。

5. 保健特性 研究证实,天然柞蚕丝所含的特殊“丝胶”成分,具有抗过敏、亲肤性等保健作用。柞蚕丝的丝胶中所含的氨基酸发出的细微分子又叫“睡眠因子”,它可以使人的神经处于较安定的状况;具有良好的御寒力和恒温性。蚕丝含有纤维中最高的“丝容积空隙”,天冷时能降低热传导率,保暖性优于皮、棉;天热时又能排出多余的湿热空气,使服装内部保持干爽、舒适;具有防螨、抗菌、抗过敏及亲肤的特性。蚕丝的丝胶成分不仅可使人皮肤细腻光滑,而且具有防止螨虫和真菌滋生的能力,对过敏体质者更为有益;柞蚕丝具有排湿性能。蚕丝外部的丝蛋白里含有一种叫“亲水侧链氨基酸”的物质,能吸收空气中的水分,并加以排除,保持内部干爽舒适,对风湿病患者尤其有益。

6. 阻燃性 柞蚕丝为蛋白质纤维,具有一定的天然阻燃性,燃点在300~460℃,点燃后无明火,燃烧时不易释放大量热量,不蔓延而且炭化,能抵抗剧烈燃烧,所以比较安全。

(四)柞蚕丝与桑蚕丝的区别

桑蚕丝纵向平直光滑,截面近似三角形,如图2-1所示。柞蚕丝的纤维截面与桑蚕丝相近,只是更为扁平,如图2-2所示。其纵向表面有条纹,内部有很多毛细孔。桑蚕丝颜色洁白,光泽好;柞蚕丝光泽不如桑蚕丝明亮,手感不如桑蚕丝光滑,略显粗糙。柞蚕丝含有天然淡黄色的色素,不易去除。但柞蚕丝的坚牢度、吸湿性、耐热性、耐化学药品性等性能都比桑蚕丝好。其强度仅次于麻,伸长率仅次于羊毛,耐磨牢度高。

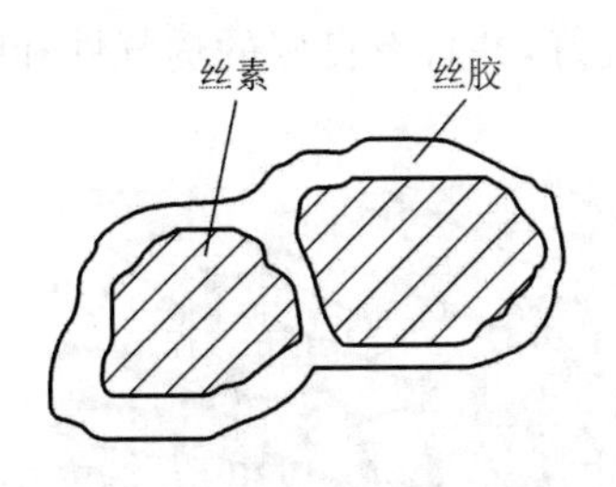

图 2-1　桑蚕丝的横截面形态

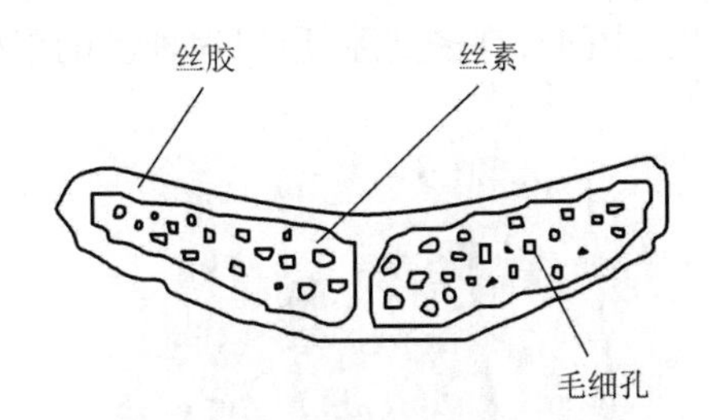

图 2-2　柞蚕丝的横截面形态

(五)柞蚕丝的应用

柞蚕丝织物以其外形美观、色泽优雅、风格独特、服用舒适、手感柔软、强度高、抗紫外线好以及特殊的化学稳定性而应用广泛,如丝绵被子、四季衣料、化工防护服、带电作业服以及航空材料等。用于衣料,如夏季衬衫、裙子、套装、童装、针织衫、内衣裤、袜子、秋冬季的外衣料(包括柞丝绵絮作棉衣的胆料);用于室内装饰物,如壁画、壁挂、台毯、地毯、墙衣、床罩、窗帘及其他各种用品;用于化工防护服,如防酸绸;用于带电作业服,如 50×10^4 V 及 75×10^4 V 高压带电作业服、静电屏蔽服、微波防护服等;用于航空材料,如降落伞绸、炸弹药囊等。

三、蓖麻蚕丝

(一)概述

蓖麻蚕属大蚕蛾科樗蚕的一亚种,最适宜在气候炎热、潮湿多雨的夏季生长,原产于印度东北部的阿萨姆森林中,故又称印度蚕。1938 年前后引入中国台湾省高雄,1940 年后引入中国东北、华东、华南等地。蓖麻蚕原是野外生长的野蚕,食蓖麻叶,也食木薯叶、鹤木叶、臭椿叶、马松叶和山乌柏叶,是一种适应性很强的多食性蚕。现在有在野外由人工放养的,也有在室内由人工饲养的。

(二)蓖麻蚕丝的结构

蓖麻蚕茧一端有羽化孔,茧衣又多又厚,约占茧层量的 1/3,且与茧层无明显界限,难以分离。茧层松软,缺少弹性,厚薄松紧差异较大,外层松似棉花,中层次之,内层紧密,手捏有回弹声。茧层较薄,且有明显的分层,多为层茧,外层缩皱略模糊,中层明显,内层平坦。茧的厚薄也不一致,中部最厚,尾部次之,头部最薄,且疏松有一个出蛾小孔。因茧层各部分厚薄不匀,所以给煮茧工艺带来很大困难,导致解舒不良。蚕茧呈洁白色,但光泽不如桑蚕茧明亮,不能缫丝,只能作绢纺原料。

蓖麻蚕丝外形及截面形态如图 2-3、图 2-4 所示。其截面结构与桑蚕丝、柞蚕丝相似,但锐角较小,呈不规则的钝三角形或扁平形,截面呈现麻纹并有孔腔,其截面形态可能是蓖麻蚕丝具有良好光泽性的重要原因。每根茧丝由两根单纤维并列而成，平均线密度为2.78～3.11dtex(2.5～2.8旦)，与桑蚕丝接近，精练(脱胶)后线密度为1.22～1.44dtex(1.1～1.3旦)，比桑蚕丝粗30%，茧的外层线密度较细，中层较粗，内层中等。2根单丝表面有丝胶包覆，2根单丝有时结合紧密有时分离，茧丝沿轴向粗细不匀。由于单丝是由许多平行于丝轴的原纤组成，且原纤排列疏松，中间有许多空隙，所以这种丝的蓬松性、柔软性好，并且有良好的透气性和吸湿性。

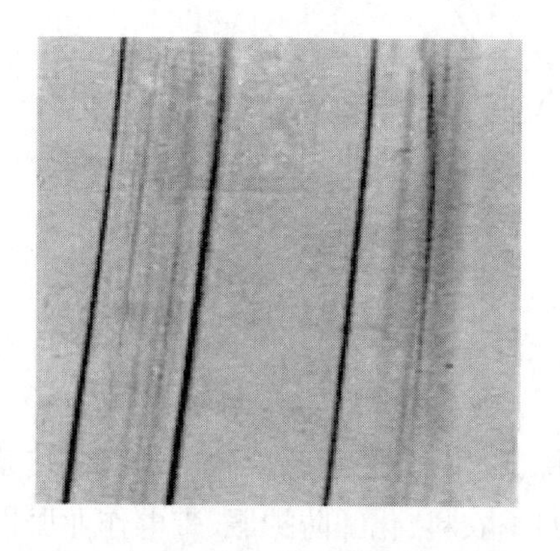

图2-3　蓖麻蚕丝的纵向形态

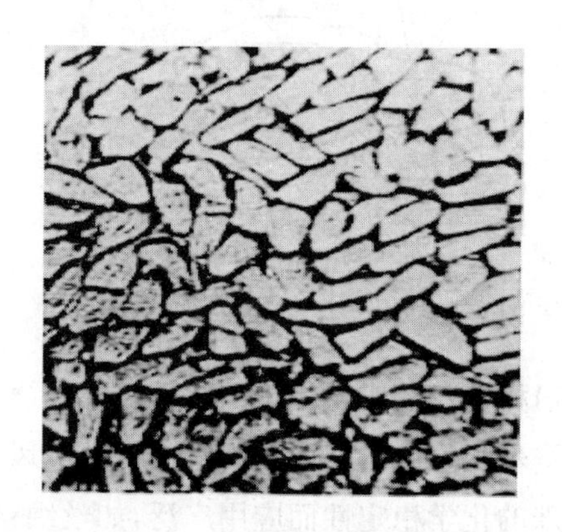

图2-4　蓖麻蚕丝的横截面形态

蓖麻蚕丝丝胶含量为7%～12%，丝素为85%～92%，杂质为1.5%～4.0%。

(三)蓖麻蚕丝的特性

蓖麻蚕丝强力小于桑蚕丝，但伸长度比桑蚕丝好，其精练纤维连续日晒10天后强力损失仅为2.84%，远比桑蚕丝的17.5%小。蓖麻蚕丝在标准状态下吸湿、放湿性比桑蚕丝好，其精练纤维的回潮率比桑蚕丝高；热传导系数也比桑蚕丝高，绝热性能好。另外，蓖麻蚕丝具有较强的耐酸碱性、耐磨性及抗压性，在工艺处理时不易引起纤维纵向分裂，不易产生毛茸；同时因蚕丝纤维抱合性较差，不易僵结，伸长率较大，机械牵引时丝纤维不易切断。

蓖麻蚕丝丝质好、弹性大、耐磨性优良，且纤维均匀，所制绢丝及绢绸节疵与白点少，绸面清晰。但蓖麻蚕丝的显色鲜艳度较桑蚕丝差，织物光泽较暗，手感较粗。用蓖麻蚕茧作原料、进行绢纺加工而获得的丝，称为蓖麻蚕绢丝。

蓖麻蚕丝的耐酸性与桑蚕丝相接近，而耐碱性略强于桑蚕丝。

(四)蓖麻蚕丝的应用

蓖麻蚕茧不能缫丝，只能作绢纺原料，纺制蓖麻绢丝。也有与桑蚕废丝、柞废丝、苎麻、化纤等混纺的蓖麻混纺绢丝。

四、天蚕丝

(一)概述

天蚕又名“日本柞蚕”“山蚕”。它是一种生活在天然柞林中吐丝作茧的昆虫，以卵越冬。幼虫的形态与柞蚕酷似，只能从柞蚕幼虫头部有黑斑，而天蚕没有黑斑这一点来加以区别。天蚕的幼虫体呈绿色，有多瘤状突起，被刚毛，是食山毛榉科栎属树叶上的野蚕，属于蚕家族中的一个成员，它适于生长在气温较温暖而半湿润的地区，但也能适应寒冷气候，能在北纬44°以北的寒冷地带自然生息。主要产于中国、日本、朝鲜和俄罗斯的乌苏里等地区。

天蚕丝是一种不需染色而能保持天然绿色的野蚕丝。它特有的淡绿色宝石般的光泽和高强度的耐拉性、韧性，常被人们誉为“纤维钻石”“绿色金子”和“纤维皇后”。其经济价值极高，一般比桑蚕丝高出30倍，比柞蚕丝高50倍。其线密度比桑蚕丝稍粗，与柞蚕丝相近。由于其产量极低，仅于桑蚕丝织品中加入部分作为点缀，用来制作服装面料、高雅庄重的饰品和绣品。

(二)天蚕丝的结构

天蚕茧的茧形、大小近似于春柞蚕茧。茧呈长椭圆形，长45～53mm，短23～27mm。茧呈深绿、浅绿、深金黄色，但绝大部分为绿色。茧色一侧较深，一侧较浅。在人工饲养条件下，茧呈黄绿色。茧丝的颜色除了随着茧的部位不同而不同外，内、中、外三层丝色也不一样，外层颜色越深，越到内层颜色越浅。天蚕丝的断面结构与柞蚕丝和桑蚕丝有所不同。柞蚕丝和桑蚕丝属于三角形截面，而天蚕丝的截面呈不规则扁平状，扁平度最小值在12.5%以下，而桑蚕丝为60%左右，这是它具有独特光泽的主要原因。

(三)天蚕丝的特性

天蚕丝的丝胶含量比桑蚕丝和柞蚕丝多，约为30%，丝素含量约为70%。国外采用马赛皂15%、纯碱2%、油剂0.5%、浴比1∶45，在100℃下精练2.5h，练出的天蚕丝织物闪烁着令人喜爱的果绿色宝石光。染色时，直接染料或酸性染料都不能使天蚕丝上染，而用部分经筛选的金属络合染料、盐基染料和活性染料，经长时间染色，可使其上染。

天蚕丝纤维的线密度为5～6dtex，约比桑蚕丝粗一倍，但粗细差异较大。伸长率为41.3%，比桑蚕丝约高1.8倍(桑蚕丝的伸长率为22.1%)，强力约为桑蚕丝的2.5倍。

天蚕丝主要成分为蛋白质，它的营养成分能增强人体皮肤的活力。天蚕丝所含的20多种人体必需的物质和微量元素的比例与其他蚕丝不同，它含有大量对人体有益的物质，著名的医书《大同叙方》中记载天蚕茧是名贵药材，有强身益气的功效。丝素和丝胶均由近20种氨基酸组成，其中甘氨酸、丙氨酸含量特别高。天蚕丝丝素膜降解后被人体吸收，能迅速补充人体在创伤条件下流失最多的增强免疫力的丙氨酸和对肌肉功能十分重要的甘氨酸，是人类较理想的人造皮肤的材料。

天蚕丝有很强的遮挡紫外线功能。普通的蚕丝只能遮挡紫外线中波长较长的部分，但是天蚕丝还能阻止短波紫外线穿过。天蚕丝纤维蓬松，柔软性好，吸汗传湿性、耐酸性及耐热性均优于桑蚕丝。

(四)天蚕丝的应用

天蚕丝可以织成高雅、华贵、舒适的超级衣料，还可以与毛、彩色棉等其他天然纤维混纺成复合织品，制成各种豪华高档的服装、饰品和工艺品。采用天蚕丝制作的晚礼服，在华灯的照耀下犹如珠翠满身，使穿着者显得格外雍容华贵，身价百倍，象征着穿着者的富有和地位。

第三节 羊驼毛

羊驼属于骆驼科，又名骆马、驼羊，体形比骆驼小，耳朵尖长，因脸似绵羊，故称“羊驼”。主要产于海拔在3000～5000m的安第斯山脉的秘鲁、玻利维亚、厄瓜多尔、阿根廷等南美洲国家，其中秘鲁是世界上羊驼毛主产国，占全世界总数的70%～80%。山区强烈的紫外线辐射，稀薄的空气和刺骨的寒风以及其他恶劣气候，赋予了羊驼的适应性与粗饲性。羊驼毛品质优良，其绒毛具有山羊绒的细度和马海毛的光泽，手感特别滑糯，弹性和韧性极佳，因产量稀少而极为名贵，具有很高的经济价值。

一、羊驼的分类

羊驼可分为两种：华卡约(Huacuya)和苏利(Suri)。苏利种羊驼毛比华卡约种羊驼毛平直且卷曲少。

华卡约羊驼是世界上主要的羊驼品种，占羊驼总量的90%以上。在新西兰，苏利羊驼只有3%，而97%的都是华卡约羊驼。华卡约羊驼绒毛更易于加工处理。苏利羊驼主要用来编织或针织，也可与其他纤维混纺。然而苏利羊驼纤维总量较少，还不能够大规模地加工成高档面料。

华卡约羊驼毛类似于美利奴羊毛，但手感更柔软，可与羊绒媲美。华卡约绒毛被广泛应用于多种纤维加工业，最适于精细的西装面料，以及针织面料、毛毯、编织和与其他天然纤维混纺成纱线。目前，华卡约羊驼毛是当今世界流行最广的羊驼面料的原料来源。

苏利羊驼因其独特的毛纤维特性，在羊驼中显得出类拔萃。苏利羊驼毛不仅细长，质地上乘的苏利毛具有很强的光泽度，在阳光下会闪闪发光，手感就像丝绸。华卡约与苏利羊驼毛最大的不同之处在于：苏利羊驼毛的纤维中含髓量极少，手感较好，光泽度较高，纤维组织中不含鳞片，更适于精纺织物的加工。世界上苏利羊驼相当稀有，而白色品种则更为稀有，全世界仅有10万多头。苏利羊驼有着羊绒般的柔软度，丝绸般的光泽度，极强的保暖功能，经久耐穿，适于染成多种颜色。苏利羊驼毛可用于高档男女时装、外套、运动衫等。

二、羊驼毛的组成及形态结构

1. 基本组成物质 羊驼毛的基本组成物质是蛋白质，能被酸或碱溶液水解，水解后的最终产物为氨基酸。

2. 形态结构 羊驼毛纤维的毛干呈圆柱状，毛干表面被覆一层鳞片，排列疏松，环形直绕或斜绕并紧贴在毛干上。鳞片边缘比羊毛光滑，华卡约种羊驼毛纤维多卷曲，有银色光泽，有的纤维顶部鳞片边缘有微小的锯齿缘；苏利种羊驼毛的被毛纤维顺直，卷曲少，有强烈的丝光光泽。苏利羊驼毛的鳞片比华卡约羊驼毛更为光滑，背部羊驼毛鳞片最为光滑。

羊驼毛的形态结构如图2-5所示。

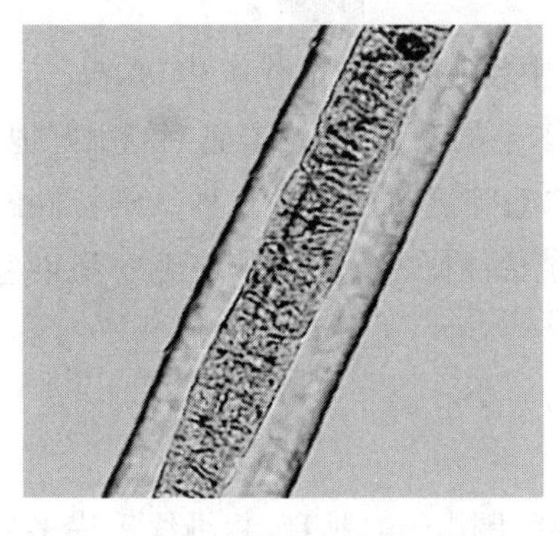

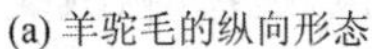

(a) 羊驼毛的纵向形态

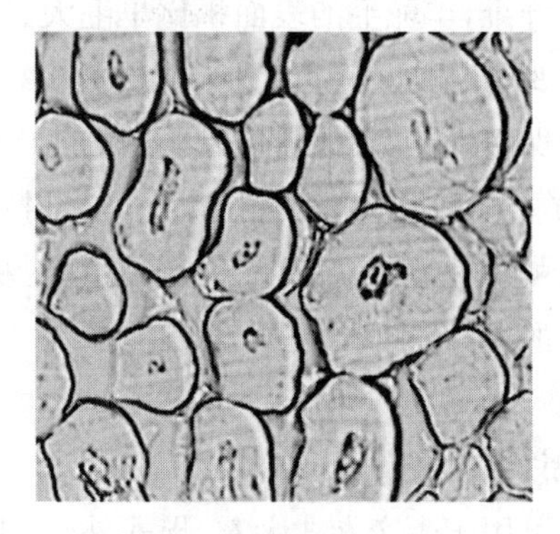

(b) 羊驼毛的横截面形态

图 2-5　羊驼毛的形态结构

细羊驼毛的横截面呈圆形，由表皮层和皮质层组成，髓腔较小或无髓腔。其皮质层由正皮质和偏皮质组成，使羊驼毛产生卷曲。较粗的羊驼毛纤维横截面呈椭圆形，髓腔较大，髓质层呈连续分布，占纤维体积的一半以上。介于这两类纤维的中间型纤维属于有髓毛，毛髓为间断型的。横截面形状与纤维的纺纱性能相关，纤维的横截面越接近圆形，其纺纱性能越好。

三、羊驼毛的主要性能特征

1. 细度　羊驼毛纤维的细度偏粗，平均细度范围为 20～30μm，细度不匀率在 25%～30%。由于品种不同，细度差异很大，即使同一品种的羊驼毛粗细也有差异。主要原因是羊驼毛一般每年剪一次毛，夏季干旱气候条件影响羊驼毛纤维的生长，造成了细度上的差异。

2. 长度　羊驼毛的长度较长，两年剪毛的毛丛长度为 20～30cm，少数毛丛长度范围为10～40cm。长度整齐度优于羊毛，短毛率也比羊毛低。

3. 色泽　羊驼毛具有独一无二的色泽，其色泽鲜艳，柔和，不会褪色，颜色有浅棕色、灰色、白色、浅黄色、褐色、黑色 6 种基本色调以及 22 种不同的天然颜色，从纯白、极浅的黄色到巧克力色。灰色基调从银色到暖玫瑰灰色和黑色，可制成各种色彩的毛织品。华卡约毛具有类似相同粗长羊毛的银光，苏利毛则具有类似幼年马海毛的丝光。

4. 卷曲　羊驼毛的卷曲数少于羊毛，特别是苏利羊驼毛卷曲更少。卷曲率也较小，卷曲牢度也差，华卡约种羊驼毛纤维的卷曲伸直度在 15%左右。

5. 强伸性　羊驼毛的强力较高，其强力随品种不同差异很大。强力大约是细支澳毛的 2 倍多，断裂伸长率比羊毛稍大。羊驼绒毛韧性为绵羊毛的 2 倍，长毛型的单根纤维可延伸至 40cm，其弹性为所有天然纤维之最。

6. 摩擦性能及缩绒性　羊驼毛的表面比较光滑，其摩擦因数、摩擦效应都比羊毛小。纤维的缩绒性能与纤维的摩擦性、细度、卷曲度及热收缩性有关。羊驼毛的顺逆摩擦因数差异较小，卷曲少，所以羊驼毛的缩绒性比羊毛小。

7. 密度　羊驼毛的密度比羊毛稍轻，不同的品种间有一定的差异，为 1.28～1.30g/cm^3，即相同重量的纤维，羊驼毛的表面积比羊毛大。

8. 其他性能 羊驼毛无毛脂，杂质极少，毛被中粗毛较少，净绒率达90%。羊驼毛具有极好的隔热和保暖性能，其保暖性是羊绒的1.5倍，羊毛的3～4倍。羊驼毛能很好地与其他纤维混纺，如羊绒、羊毛、蚕丝、安哥拉兔毛、安哥拉山羊毛等混纺。通过几种纤维特性的优势互补，克服羊驼毛可纺性差的缺点，完善产品性能，提高产品档次。另外，羊驼毛容易染色，染色时不会失去原有的光泽。

四、羊驼毛的用途

羊驼毛可用于生产女式大衣、男式外套、毛绒衫、围巾、包、地毯、粗绒线等许多品种，人们对它的保暖、耐用、不易渗透、不易燃烧以及贴近自然的感觉格外青睐。

第四节　骆驼毛

一、概述

骆驼属哺乳动物纲骆驼科，骆驼科包括骆驼属、美洲驼属和骆马属。骆驼可分为单峰驼和双峰驼两大类，主要分布在非洲和亚洲，欧洲和大洋洲也有少量分布。单峰驼和双峰驼都属于有峰驼，美洲驼属和骆马属均为无峰驼，主要分布在南美洲。骆驼号称"沙漠之舟"，有很强的耐饥渴能力，能在沙漠中长途跋涉，是干旱荒漠地区特有优势畜种之一。

单峰驼产于热带的荒漠地区，主要分布于印度、非洲及中东国家，又称南方驼。单峰驼体质较轻，身上绒层薄，被毛短而轻，产毛量低，故无纺织价值。

双峰驼产于温带及亚寒带的荒漠地区，如中国的北方地区、蒙古国、俄罗斯、乌克兰等国家，又称北方驼。双峰驼体格粗壮，绒层厚密，绒毛产量高，其绒毛是优质的纺织原料。

我国是世界上双峰驼的主产区之一，分布在内蒙古、甘肃、新疆、青海、宁夏等省区的干旱荒漠草原地区。其中，阿拉善双峰驼是我国分布最广、数量最多、品质最好的双峰驼之一，其体格大小中等，绒毛产量高，品质优良，绒层厚，细度低，净绒率高，毛色以杏黄为主，素以"王府驼毛"著称。

二、骆驼绒毛的理化性能

骆驼毛是从骆驼身上自然脱落或用梳子采集而获得毛的统称。骆驼身上的外层保护被毛粗而坚韧，称为驼毛；在外层粗毛之下是细短柔软的内层保暖被毛，称为驼绒，两者统称为骆驼毛。

1. 色泽 骆驼绒毛的色泽有白色、黄色、杏黄色、褐色和紫红色等，以白色质量为最好，但数量很少，黄色其次，以杏黄色最多。颜色越深，质量越差。

2. 长度和细度 我国驼绒的自然长度，一般绒毛为4.0～13.5cm，粗毛为10～30cm。驼绒的细度一般在14～40μm，平均细度为20μm左右，粗毛直径多在50μm以上，最粗可达 200μm。

3. 形态结构　驼绒纤维的横截面一般为圆形，主要由鳞片层和皮质层组成，有的纤维还有髓质层。驼绒鳞片比羊毛和羊绒少，为 70～90 个/mm，鳞片紧贴在毛干上。表面鳞片较薄，角质层光滑，棱基高度低，翘角较小，细绒毛鳞片呈环形或斜条状，因此，驼绒纤维的顺逆向摩擦差异较小，缩绒性小，表面光滑，不易毡并，制成的制品尺寸稳定。皮质层由带有规则条纹和含有色素的细长细胞组成，皮质细胞基本上呈双边结构。驼绒的髓质层较细，为间断型，驼毛的髓质层则呈细窄条连续分布。驼绒纤维为中空竹节状结构，有利于空气的储存，因此，驼绒织物具有极佳的保暖性和透气性。

4. 强伸度　驼绒的强度大，断裂强力为 6.86～24.5cN，断裂伸长率为 41%～45%；驼毛的强力为 44.1～58.8cN，断裂伸长率为 45%～50%。

5. 卷曲　驼绒的卷曲不如羊毛规则，原因在于驼绒纤维皮质细胞的双边结构不如羊毛那样有规则，此外，驼绒纤维的细度不匀也是原因之一。卷曲度大小影响纤维间的抱合力和产品的掉绒起球性能。驼绒的平均卷曲数为 3.84 个/10mm，卷曲率为 18.64%。其直径为 10μm 左右的驼绒纤维卷曲较多且较深，一般为 6～7 个/10mm；直径为 20～30μm 的纤维卷曲较少而浅，卷曲数一般为 3～5 个/10mm；直径为 40μm 以上的纤维基本无卷曲。驼粗毛基本上无卷曲。

6. 其他性能　驼绒的摩擦性能及缩绒性能在特种动物纤维中是最低的。主要是因为驼绒纤维的鳞片数较少，鳞片与毛干抱合紧密，鳞片翘角较小所致。此外，因驼绒表面鳞片凹凸不平，加强了静电的积聚，电荷难以从凹处散逸出去，因而驼绒的抗静电性能较差，其比电阻值比羊毛还大。故在生产加工过程中，要保持原料具有一定的回潮率，并添加适量的抗静电剂，才能保证生产的顺利进行。

驼绒的密度为 1.31～1.32g/cm^3，压缩性能优于羊毛，保暖率为 64.6%，可用于纤维絮片，蓬松轻暖。驼绒耐酸、碱、氧化剂能力较强，强于羊毛、羊绒和牦牛绒等。驼绒的光泽与兔毛相当，比羊绒差，比牦牛绒好。

三、骆驼毛的用途

去粗毛后的驼绒产品分机织制品和针织制品。机织制品有顺毛大衣呢、驼绒法兰绒、驼绒女士呢、拷花大衣呢、驼绒立绒毯等，织物光泽自然，美观典雅，吸湿保暖，穿着舒适。针织制品分精纺驼绒针织品和粗纺驼绒针织品。其御寒保暖性很好。粗毛可作填充料及工业用的传送带，强力大，结实耐用。

第五节　山羊绒

一、概述

从山羊身上抓剪下来的紧贴山羊表皮生长的浓密细软的绒纤维，称为山羊绒，简称羊绒，因克什米尔地区曾是山羊原绒的集散地，故又以克什米尔的地名称山羊绒及其制品为“开司米”(Cashmere)。开司米山羊所产的绒毛质量最好。这种山羊原产于我国西藏一带，后来逐渐向四方传播繁殖。现在生产山羊绒的国家主要有中国、伊朗、蒙古国和阿富汗。我国是山羊绒的生产和出口大国，产量居世界首位，约占世界产量的60%。主要产地有内蒙古、宁夏、甘肃、陕西、新疆、西藏、河北等地，其中以内蒙古的产量最高。

山羊绒是世界上名贵稀有的特种动物纤维，也是高档的服饰材料，产量很小，平均每只山羊抓绒100～250g，所以很名贵，被人们称为“纤维钻石”“软黄金”“白色的金子”等。

山羊长在寒冷、干燥的高原地带，为了适应冬季干冷的气候及剧烈的气候变化，抵御严冬的寒冷，它们身体外部生长了厚厚的、粗糙的发毛来御寒。在这些粗糙的发毛下面生长的一层细密而丰厚的绒毛就是羊绒。气候越寒冷，羊绒越丰厚，纤维越细长。

二、山羊绒的采集

因山羊生长在寒冷的高山地区，羊绒和粗毛混杂在一起，为了获得含绒量高的原料，采集山羊绒时不是采取常规剪毛的方法，而采用抓绒的方法。通常在每年的春季，当山羊的头部、耳根及眼圈周围的绒毛开始脱落的时候，用专用的铁梳抓绒，此时抓取的绒毛质量最好。每只山羊抓取的绒毛量因品种和饲养条件的不同而有所不同。优良的山羊品种每年能抓取500g以上的绒毛，而普通山羊品种只能抓取200g左右的绒毛。

从山羊身上抓取下来的原毛由绒毛、毛发、两型毛和死毛组成，经分梳成绒毛和粗毛两大类。

三、山羊绒的理化性能

1. 色泽 山羊绒根据颜色可分为白绒、紫绒、青绒、红绒等，其中以白羊绒最为珍贵，仅占世界羊绒总产量的30%左右，中国羊绒中白羊绒的比例较高，约占40%。

2. 长度和细度 山羊绒纤维的细度是动物纤维中最细的一种，纤维平均直径为14.5～16.5μm，因此，山羊绒制品具有细腻滑糯的手感。细度不匀率较小，为20%左右。山羊绒纤维的长度比细羊毛短很多，一般平均长度为30～45mm，最长只有80～100mm。不同颜色的山羊绒，其细度、长度也有差异。白绒较青绒、紫绒略粗，强度大，平均长度长，但长度均匀度差；青绒比紫绒粗而长，紫绒强度比青绒大。

山羊绒细度是最重要的工艺性能之一，细度越细，则纺出的纱越细，纱线均匀度越好，纺纱过程中纤维间的抱合力越好，断头率小，纱线强度高。长度是仅次于细度的重要工艺指标。当纤维细度一定时，长度越长，纺纱性能越好，纱线强度越好。山羊绒长度较短是其纺纱时的不利因素。

3. 形态结构 山羊绒纤维一般由鳞片层和皮质层组成，没有髓质层。鳞片边缘光滑平坦，呈环形，与很细的羊毛近似，并紧贴于毛干上，故山羊绒的光泽比绵羊毛好。鳞片覆盖的间距比绵羊毛大，鳞片密度为60～70个/mm(细羊毛在70～80个/mm或更多)，长度平均15μm，高度平均16μm。山羊绒的皮质层发达，皮质细胞大多呈双侧分布，正、偏皮质分居细胞两侧。

山羊绒的形态结构如图 2－6 所示。

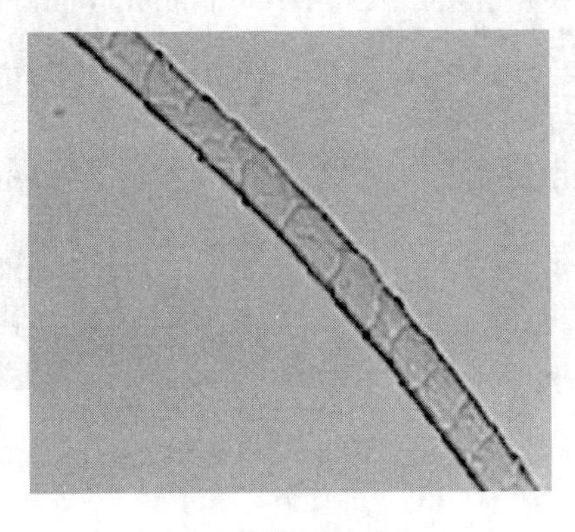

(a) 山羊绒的纵向形态

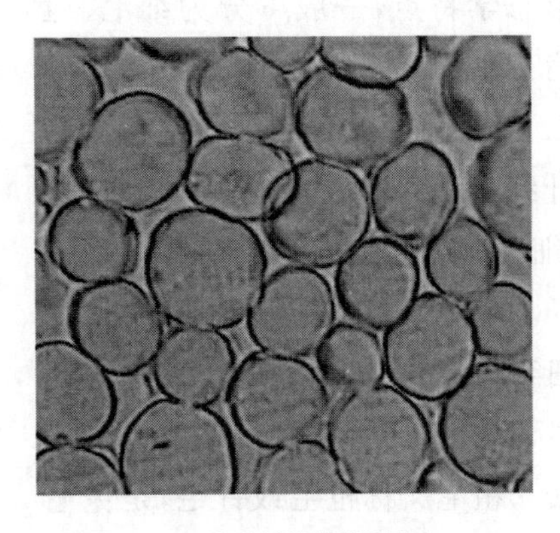

(b) 山羊绒的横截面形态

图 2－6　山羊绒的形态结构

4. 卷曲度　山羊绒纤维具有不规则的卷曲度，卷曲数较少，一般为 4～5 个/cm，比羊毛纤维少。卷曲率为 11%。伸直度比羊毛大，为 300%，美利奴羊毛为 157%。羊绒的这种特性不利于纺纱工艺，如不利于毛网上纤维的定向排列。

5. 其他性能特征　山羊绒的强伸度、弹性均优于绵羊毛，密度比羊毛低，具有良好的形变回复性能，洗涤后不缩水，保形性好，自然卷曲度高，在纺纱织造中排列紧密，抱合力好，所以保暖性好，其保暖性是羊毛的 1.5～2 倍。羊绒纤维外表鳞片小而光滑，纤维中间有一空气层，因而其重量轻，手感滑糯。山羊绒吸湿性强，可充分地吸收染料，不易褪色。但山羊绒对酸、碱和热的反应比羊毛敏感。山羊绒强力低，纺高支纱困难。

四、山羊绒的用途

山羊绒是珍贵的纺织原料，一般用作羊绒衫、围巾、手套等针织品和高档的粗纺呢绒、毛毯原料，也可用作精纺高级服装原料。近几年来，羊绒大衣的出现，一改原来呢子大衣面料厚重、颜色单调的古板外形，赢得了许多消费者，特别是白领女性的青睐。

第六节　兔　毛

一、概述

用于纺织工业的兔毛主要是长毛兔产的毛。长毛兔都是在安哥拉兔(图 2－7)的基础上发展起来的，安哥拉兔毛是长毛兔毛品种中品质最好的品种，毛细长洁白，毛质优良。我国饲养安哥拉兔的历史较短，但发展非常迅速，兔毛产量和出口量均居世界第一位，兔毛产量占世界总产量的 90%左右，其中 90%左右供出口，成为国际市场上兔毛的主要供应国。

二、兔毛的分类

长毛兔的被毛由混型毛组成。根据兔毛纤维的形态学特点，一般可分为细毛、粗毛和两型毛三种。

图 2-7　安哥拉兔

1. 细毛　细毛又称绒毛，是长毛兔被毛中最柔软纤细的毛纤维，呈波浪形弯曲，长5～12cm，细度 12～15μm，占被毛总量的85%～90%。兔毛纤维的质量在很大程度上取决于细毛纤维的数量和质量，在毛纺工业中价值很高。

2. 粗毛　粗毛又称枪毛或针毛，是兔毛中纤维最长、最粗的一种，直、硬，光滑，无弯曲，长度 10～17cm，细度 35～120μm，一般仅占被毛总量的 5%～10%，少数可达 15%以上。粗毛耐磨性强，具有保护绒毛、防止结毡的作用。根据毛纺工业和兔毛市场的需要，目前，粗毛率的高低已成为长毛兔生产中的一个重要性能指标，直接关系着长毛兔生产的经济效益。

3. 两型毛　两型毛是指单根毛纤维上有两种纤维类型。纤维的上半段平直无卷曲，髓质层发达，具有粗毛特征；纤维的下半段则较细，有不规则的卷曲，只由单排髓细胞组成，具有细毛特征，在被毛中含量较少，一般仅占 1%～5%。两型毛因粗细交接处直径相差很大，极易断裂，毛纺价值较低。

三、兔毛的采集及初加工

1. 梳毛　梳毛的目的是防止兔毛缠结，提高兔毛质量，也是一种积少成多收集兔毛的方法。梳毛是养好长毛兔的一项经常性管理工作，一般仔兔断奶后即应开始梳毛，此后每隔 10～15 天梳理 1 次。凡被毛稀疏、排列松散、凌乱的个体容易结块，需经常梳理；被毛密度大、毛丛结构明显、排列紧密的个体被毛不易缠结，梳毛次数可适当减少，所以饲养良种长毛兔，增加被毛密度是防止兔毛缠结、减少梳毛次数的有力措施。

2. 剪毛　剪毛是采毛的主要方法。剪毛次数一般年剪 4～5 次为宜。根据兔毛生长规律，养毛期为 90 天的可获得特级毛，70～80 天的可获得一级毛，60 天的可获得二级毛。

3. 拔毛　拔毛是一种重要的采毛方法，已越来越受到人们的重视。拔毛具有以下优点。

(1)有利于提高优质毛的比例。拔毛可促使毛囊增粗，粗毛比例增加。据试验，拔毛可使优质毛比例提高 40%～50%，粗毛率提高 8%～10%。

(2)可促进皮肤的代谢机能，促进毛囊发育，加速兔毛生长。据试验，拔毛可使产毛量提高8%～12%。

(3)拔毛时可拔长留短，有利于兔体保温，留在兔身上的毛不易结块，而且还可防止蚊蝇叮咬。

四、兔毛的理化性能

兔毛由角蛋白组成，绒毛和粗毛都有髓质层，绒毛的毛髓呈单列断续状或狭块状，粗毛的毛髓较宽，呈多列块状，含有空气。

1. 色泽　兔毛按色泽分白色兔毛和彩色兔毛，彩色兔毛又有黑、灰、黄、棕、驼、蓝色等十几个天然色系。彩色兔毛具有天然色泽，免去了加工生产中的化学染色过程，是典型的绿色环保纤维材料，因而近几年逐渐受到重视。

2. 长度和细度　白色兔毛的平均长度为 64mm，彩色兔毛的平均长度范围在 30.6～70.7mm，最长的可达到 110mm 以上。白色兔毛的平均直径 12.9～13.9μm。彩色兔毛的平均细度为 10.18～14.62μm，与白色兔毛相近。

3. 形态结构　兔毛由鳞片层、皮质层和髓质层组成。兔毛集合体中，有很细的绒毛、细毛、两型毛和粗腔毛。细毛、两型毛和粗腔毛的鳞片层都不相同，这一点与羊毛类似，但兔毛纤维鳞片的形态结构要比羊毛复杂得多。有的两型毛，从毛根到毛尖，鳞片形态都有很大差异。与羊毛相比，兔毛鳞片紧紧包覆在毛干上，鳞片尖端张开的角度较小。因此，兔毛的摩擦因数较小，抱合力差，手感光滑，光泽很好。兔毛纤维中皮质层所占比例比细羊毛中皮质层比例要小，且纤维越粗，皮质层所占比例越小。皮质层中正皮质细胞和偏皮质细胞混杂分布，偏皮质细胞多于正皮质细胞，这种结构使兔毛纤维的卷曲性能差，给纺纱带来一定难度。兔毛大都具有髓质层，髓质层分布是所有可纺动物纤维中最发达的，这直接影响了兔毛的物理性能。

兔毛的形态结构如图 2-8 所示。

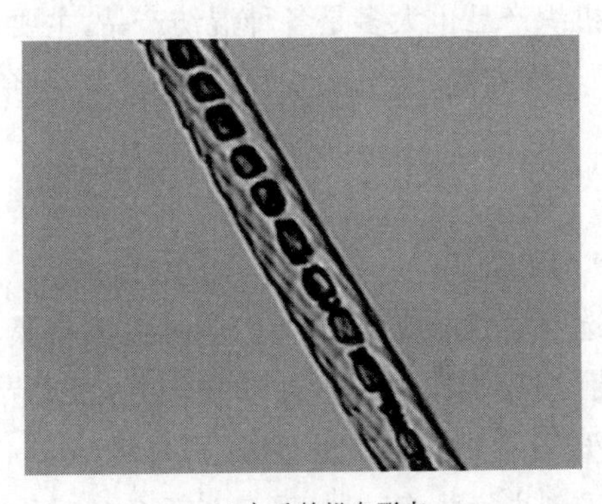

(a) 兔毛的纵向形态

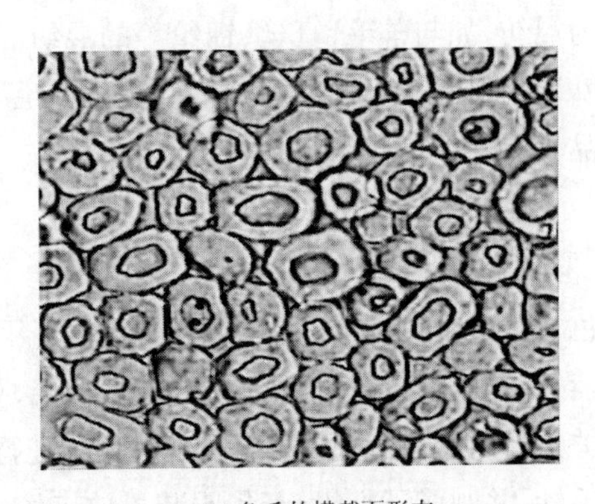

(b) 兔毛的横截面形态

图 2-8　兔毛的形态结构

4. 卷曲性能与摩擦性能　兔毛的卷曲数为 2～3 个/cm，卷曲率为 2.6%，卷曲弹性率为 45.8%。与细羊毛、羊绒相比，卷曲个数少，卷曲率低，卷曲耐久性差，卷曲弹性差。纤维的卷曲性能关系到加工过程中纤维之间抱合力的大小及产品的手感，兔毛的抱合力较差，这影响了兔毛的纺纱性能，不易于加工，因此，兔毛纤维最好与其他纤维进行混纺，如果纯纺，其制成率只有 80%～85%。彩色兔毛的卷曲性能与白色兔毛相近，因此，抱合力差，加工难度随着兔毛比例的增加而增大。兔毛的摩擦性能低于羊毛和其他特种动物纤维。因摩擦因数小，所以抱合力差，但这也是它手感滑爽的原因之一。兔毛的摩擦性能也影响了其缩绒性。因兔毛较细，热收缩率较高，缩绒密度要比羊毛大得多，但缩绒后的形状不像羊毛那样圆匀，并伴有粗毛露在外面，因此，兔毛衫缩绒后粗毛外露，有立体美感。

5. 力学性能 兔毛的初始模量比羊毛、羊绒高，但兔毛的断裂强度、断裂伸长、断裂功都较低，单纤维断裂强度，细绒毛为 15.9～27.4cN/tex，粗毛为 62.7～122.4cN/tex，平均断裂伸长率为 31%～48%。因此，在加工过程中应采用轻缓梳理工艺保护纤维少受损伤，保持纤维的强度及长度，可以有效降低衣物穿用时掉毛现象的发生。

6. 化学性能 兔毛对酸、碱等化学药品的反应与羊毛近似，较耐酸不耐碱，在高温或碱性条件下，纤维容易毡并或受损伤。所以兔毛在化学加工中，一定要严格控制 pH 和处理条件，防止纤维损伤。采用中低温弱碱或弱酸性的表面处理剂对兔毛进行改性处理，可增加纤维抱合力，提高可纺性，改善产品的掉毛情况。

7. 其他性能 兔毛的密度小，重量轻，粗毛的密度为 0.96g/cm^3，细绒毛的密度为 1.12 g/cm^3，兔毛纤维轻，保暖性是特种动物纤维中最好的。兔毛的静电现象较羊毛严重，尤其在温度、湿度低的情况下更明显。标准温、湿度状态下兔毛的质量比电阻比羊毛高得多，因此在纺纱生产中一定要在和毛油中添加抗静电剂。兔毛多采用舍养，比较干净，含油脂率不高，故纺纱前不需要进行洗毛。另外，兔毛的吸湿保湿效果高，其吸湿是羊毛的 2 倍，棉花的 3 倍。

五、兔毛产品与用途

兔毛产品有针织产品和机织产品两大类。针织产品主要是兔毛衫、帽子、手套和围巾等，产品大多为混纺，如与羊毛、真丝、锦纶等的混纺。机织产品也大多是各种混纺产品，主要有厚重、轻薄的女装面料、兔毛大衣呢及兔毛毯，如兔毛顺毛大衣呢、兔毛女士呢、凹凸提花呢、兔毛毛毯等。产品具有手感细腻、柔滑的特点。

六、彩色兔毛

彩色长毛兔是美国加州动物专家经 20 多年选育培养而成的新毛兔品种，毛皮有黑、褐、黄、灰、棕、蓝等多种色彩。该兔育成后，首先在美、英、法等国作为观赏性动物饲养，全世界存量极少。有关人员从彩色兔毛的经济价值着手，进行开发利用。目前开发出了 48 英支、64 英支精纺纯兔毛纱，并制成了高级、豪华服装投放市场，受到高度赞赏，并把彩色长毛兔兔毛称为“天然有色特种纤维”。它的毛织品手感柔和细腻、滑爽舒适、吸湿性高、透气性强、保暖性比羊毛强几倍。用兔毛纺织品制成的服装穿着舒适、典雅、雍容华贵。除上述优点外，更具有不用化工染色之优点，减少了染色过程带来的一系列污染是 21 世纪服装行业建立无污染绿色工程的主要原料。

七、獭兔毛

獭兔又名力克斯兔(Rex Rabbit)，原意为“兔中之王”。又因力克斯兔绒毛平整直立，富有绚丽光泽，手感柔软、舒适，毛细密，很似珍贵毛皮兽水獭，所以多以“獭兔”称之。獭兔是典型皮用兔。獭兔毛皮品质标准要求，概括为“短、细、密、平、美、牢”。所谓“短”，就是毛纤维短，毛纤维长度在1.3～2.2cm;“细”就是毛纤维细,粗毛少;“密”就是绒毛丰厚;“平”就是绒毛长短一致,平整;“美”就是色调美观,有光泽;“牢”就是被毛着生牢固,不易脱落。

獭兔与兔毛的主要区别有如下几点。

(1)獭兔没有针毛,獭兔的毛粗细一样,都是绒毛。而家兔上有粗细两种毛,一种是比较长而且粗的外层毛,一种是比较短的绒毛。

(2)獭兔毛的密度非常高,造成的现象是獭兔毛都是立起来的,垂直于皮面,而家兔毛由于密度不够高,不足以支撑起每根毛都垂直于皮面,所以方向性地向一个方向倒伏。

(3)与家兔毛相比,獭兔毛相对不容易掉毛,相同制革工艺,獭兔掉毛量(毛囊损坏程度)是家兔的1/3左右。

第七节　牦牛绒

一、概述

牦牛又称西藏牛、马尾牛,是我国特有的牛种,除亚洲之外,世界上其他地区都没有分布。牦牛一般生长在海拔2100～6000m以上的高原地带,主要集中在喜马拉雅山脉和昆仑山脉两麓及其延长地区。牦牛身强力壮,善于爬山越岭,涉水过河,具有负重能力,是高原上重要的运输工具,因此被称为“高原之舟”。

目前,世界上约有1400余万头牦牛,我国拥有量占世界90%以上,分布于青海、西藏、四川、甘肃等省。成年牦牛年产粗毛0.75～1.5kg,产绒毛约0.5kg。一般在春季绒块即将脱落时进行抓绒,以提高原料的含绒量。

二、牦牛绒的采集和初加工

我国牧区采集牦牛绒的方法中比较好的是在春季绒块即将脱落时进行抓绒,这样可提高原料的含绒量,并可减少由于未及时取绒而产生的毡结毛。

牦牛原绒中含有沙土、油脂及粗毛,其初加工包括洗绒与分梳。初加工有先洗涤后分梳和先分梳后洗涤两种工艺。对于牦牛原绒的分梳比山羊原绒的分梳要困难,原因是山羊毛比较粗直,在分梳时的离心力作用下,粗毛易分离,而牦牛毛的粗细与绒的粗细程度相差不太悬殊,而且牦牛毛也有少量卷曲,毛与绒的抱合力强,有些毛仅靠离心力很难与绒分开,若要分离大量的牦牛毛,使含粗率降低,分梳时除了依靠离心力外,还需采用机械力。

三、牦牛绒的结构与性能

1.细度和长度　牦牛绒纤维细度较细,最细的纤维达7.5μm,大多在30μm以下,平均细度为19.5μm。标准规定以35μm作为牦牛绒和牦牛毛的细度界限,35μm以下者称为绒,35μm及以上者称为毛。牦牛绒长度较短,正常绒毛长度为30～50mm,平均长度约为41mm。牦牛绒的长度和细度随生长地区的不同以及牛身上部位的不同而有较大差异。

2. 形态结构　牦牛绒的结构与羊毛近似。细绒毛一般由鳞片层和皮质层组成，有少量断续的点状髓，粗毛有大量髓质层，而两型毛介于绒毛和粗毛之间，具有断续的髓质层。粗细不同的牦牛绒纤维，其鳞片的形状和明显程度不同，细绒毛的鳞片形如花盆，一层层套于毛干上，鳞片翘角较小。牦牛毛的皮质层由正、偏两种皮质细胞组成，正皮质细胞结晶区较小，故吸湿性高，吸湿后膨胀率大；偏皮质细胞结晶区较大，故吸湿性小，吸湿后膨胀率低。

3. 力学性能　牦牛绒的单纤维断裂强力约 4.4cN，高于山羊绒、驼绒、兔毛，断裂伸长率为 45.86%。吸湿规律与羊毛近似，开始时吸湿较快，后逐渐减慢，最后达到平衡状态。回潮率因毛细度的差异会有所不同，粗毛回潮率最大，两型毛次之，绒毛最低。牦牛绒质量比电阻较大，容易产生静电现象，给纺纱过程带来困难，如生产中纤维飞散、条子发毛、缠绕机件等。纤维比电阻随着回潮率的升高而降低，因而可采取控制回潮率来降低纤维比电阻，增加可纺性。牦牛绒的卷曲数量较少，卷曲形态不规则，卷曲个数约 6.2 个/25mm，卷曲率为 22.7%，卷曲弹性率为 89.43%，因卷曲率和卷曲弹性率较高，所以牦牛绒的抱合力较好，制品丰满柔软，舒适性好。

牦牛绒密度为 1.32g/cm^3，具有良好的防潮御寒和保暖特性，经检测其保暖性约为 59.6%，与羊绒相当，比绵羊毛好。牦牛绒的光泽度在特种动物绒毛中最差，纤维的天然颜色较深，多为黑色、褐色、黄色、灰色，纯白色较少，如经漂白后绒毛手感会变差。对酸有一定的抵抗力，但在高温、高浓的强酸条件下，纤维会受到损伤；耐碱性较差，对氧化剂、还原剂的抵抗力稍好于羊绒。

四、牦牛绒的用途

牦牛绒的针织制品主要有各种牦牛绒衫、牦牛绒内衣裤、围巾、帽子、袜子等。有牦牛绒纯纺的，也有与棉、毛、丝、麻等纤维混纺的，制品手感柔软、保暖性好、高档典雅。机织制品有棉型和毛型两类，毛型又分精纺呢绒和粗纺呢绒。

第八节　马海毛

一、概述

马海毛是安哥拉山羊所产的羊毛，商业上称为马海毛，原产于土耳其的安哥拉省，马海毛的词意为“最好的毛”。安哥拉山羊是世界上品质最好的毛用山羊品种。南非、土耳其和美国是马海毛的三大产地。根据被毛特征，安哥拉山羊可分为三种类型：紧毛型、平毛型和松毛型。紧毛型羊全身被毛都具有蛇形弯曲，毛纤维较细，均匀度好，强度大，产毛量高；平毛型羊被毛为波浪形弯曲，羊毛密度比紧毛型小，毛质和产毛量居中；松毛型羊被毛不带弯曲，羊毛粗硬，密度小，产毛量低。

马海毛属异质毛，夹杂有一定数量的有髓毛和死毛，较好羊种所产毛中有髓毛的含量不超过 1%，较差羊种所产有髓毛含量在 20%以上。

由于马海毛是饲养、剪毛、洗毛、纺纱、织布、染色加工等各种工序分工进行的国际流通商品，1974 年，在南非的倡议下，在伦敦成立了马海毛工业协会，成立的目的在于保护饲养业和马海毛的加工、流通，促进马海毛的销售，使用 IMA 标志，以保证其品质质量。IMA 标志在各国都有注册，只有其制品得以检验合格后，才可取得会员资格，并使用该标志。按照商品质量分为金牌、银牌产品，比如男式服装中含有重量 50%马海毛或至少含有 30%马海羔羊毛者可设金牌，重量的 25%以上含有马海毛制品设银牌。

二、马海毛的结构与性能

1. 纤维长度和细度 马海毛的纤维长度较长，长度与羊龄有关，最长可达 200mm 以上，最短的只有 40mm，一般为 100～150mm。纤维的细度随年龄的增长而变粗，幼年安哥拉山羊毛质量最好，直径一般为 10～40μm，平均直径为 24～27μm。成年马海毛直径稍粗，可达到 25～90μm，平均直径为 40μm。

2. 纤维形态结构 马海毛纤维的形态结构如图 2-9 所示。其横截面接近圆形，表面鳞片少，约为细羊毛的一半，鳞片平阔紧贴于毛干且重叠程度低，使纤维表面光滑平直，对光的反射较强，具有蚕丝般的光泽，同时导致纤维的抱合力差，制品不易沾染杂质，洗涤容易。马海毛的皮质层几乎都是由正皮质细胞组成，有的有少量偏皮质细胞，呈环状或混杂排列在正皮质细胞中，没有羊毛纤维皮质细胞的双侧结构，故纤维很少卷曲，卷曲个数一般为 2～7 个/10mm，卷曲形态呈螺旋形或波浪形。

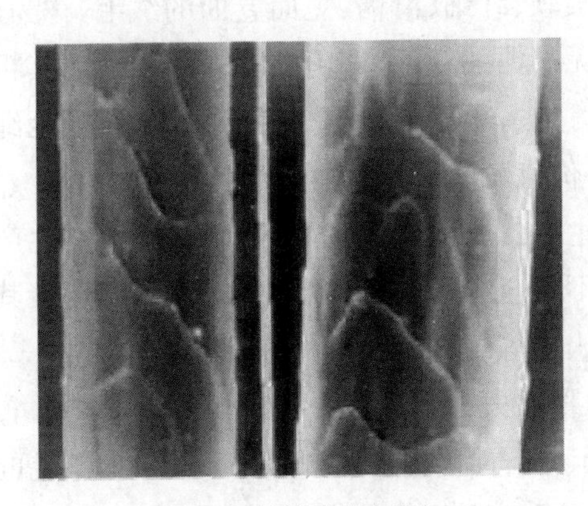

(a) 马海毛纤维的纵向形态

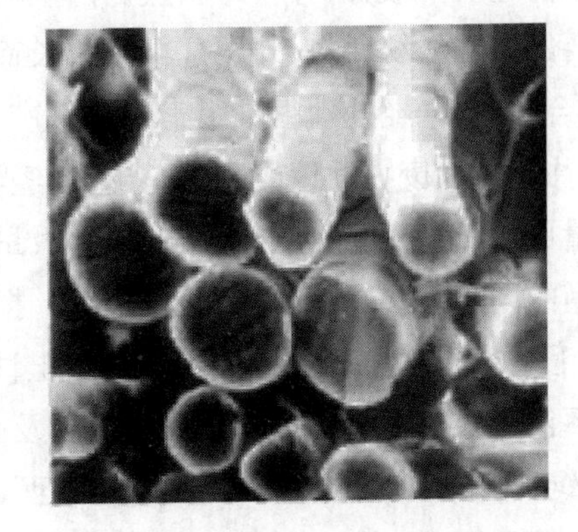

(b) 马海毛纤维的横截面形态

图 2-9 马海毛的形态结构

3. 理化性能 马海毛单纤维的强伸度是特种动物毛中最高的，马海羔毛的平均断裂强度为 24.46cN/tex，平均断裂伸长率为 39.2%。强度高，耐磨性好，富有弹性，不易毡缩，保暖性好，吸湿性与羊毛接近，马海毛在水中吸收的水分可以达到其干燥重量的 35%，在一般条件下，马海毛也含有 10%～20%水分(我国马海毛洗净毛的公定回潮率为 14%)，并有急速吸湿的性能，能吸收汗液和空气中的水分，因而马海毛制品穿着舒适性好。鳞片表层的拒水性，使液态水不易沾染，面料不会变湿沾身。马海毛纤维的质量比电阻高，是羊毛的 1.54 倍，纺纱时静电现象严重。马海毛对酸碱等化学药剂的作用比一般羊毛敏感，对氧化剂和还原剂的敏感程度与羊毛差不多，与染料有较强的亲和力，染出的颜色透亮，色调柔和、浓艳，是其他纺织纤维无法比拟的。

马海毛的白度较好，在大气中不易受腐蚀而发黄。光泽和白度是马海毛的重要品质指标，均好于羊毛。

三、马海毛的用途

马海毛具有亮丽的光泽，纤维长，弹性好，是高档的毛纺织品原料，制品具有雍容、华丽、高雅的外观。高品质马海毛纤维，如马海羔毛和幼年马海毛纤维，其细度较细，品质均匀，光泽明亮，手感柔软，能纺制较细的纱线，可用来生产高档的针织、机织面料；而中等品质的纤维，因纤维较粗、长，光亮较好，弹性较好，主要用于加工长毛绒织物、家具装饰用织物、手工编结绒线用的圈圈纱及拉毛毛线等，或用于生产粗纺呢绒中的顺毛呢绒、床毯、挂毯等；低档的马海毛纤维由于纤维粗、直，死毛含量高，强力低，弹性差，光泽度差，只能用来加工粗呢制品或是夹里织物。

第九节　其他羊毛纤维

一、山羊毛

山羊的毛发一般分为内、外两层。内层为柔软、纤细、滑糯、短而卷曲的绒毛，称为山羊绒，它是重要的高档纺织原料；外层是粗、硬、长而无卷曲的粗毛，即山羊毛。山羊毛因其粗硬而无卷曲，抱合力差，未经处理很难用于纺织生产。过去，山羊毛除部分用于生产毛毡、毛绳，制笔、刷以外，往往作为废物处理或以废料出口，经济价值极低。我国是世界上最大的山羊绒生产国，年产绒量可达 19000 吨。此外，还有很大数量生产皮、肉、毛或奶用的山羊，它们在生产羊绒及其他产品的同时，也产生了大量的山羊毛。据不完全统计，我国约有山羊 8000 万只，其品种包括绒用、毛用、裘用、羔皮用、肉用、奶用及土种山羊等约 23 个品种。山羊毛产量约为3.7 万吨，其中还不包括分梳下脚毛和灰褪山羊毛以及大量散失在牧民手中的山羊毛。山羊分布极其广泛，我国饲养山羊的主要地区有内蒙古、陕西、宁夏、青海、甘肃、新疆等。因此，山羊毛的开发利用对于充分发挥自然资源的作用及贫困地区脱贫致富具有十分重要的意义。

（一）山羊毛的分类

按生产方式不同，山羊毛大体可以分为以下三类。

1. 剪下山羊毛剪毛　为抓绒方便起见，牧民们在抓绒之前要先剪掉山羊毛的梢毛。如果山羊被毛较短平，一般也可在抓绒后再剪毛。山羊毛中最主要的是这一部分毛，其产量最高，所占比例最大。这类山羊毛一般较长、粗、硬，强度比较高。

2. 分梳下脚毛　从山羊身上抓取下来的原绒一般由绒毛、粗毛组成。分梳下脚毛就是在山羊绒分梳过程中被分离出来的下脚粗毛。洗净一路原绒中约含 18%以下的粗毛，洗净二路原绒中约含 50%以下的粗毛，洗净三路基本上均为粗毛。分梳下脚山羊毛与剪毛一样也粗硬，但长度通常比剪下山羊毛短一些，强度也较低，通常皮屑杂质含量高。

3. 灰褪山羊毛　灰褪山羊毛是指制革时，用化学试剂处理羊皮，在羊皮上褪下的山羊粗毛。

此外，按山羊的年龄也可以将山羊毛分为成年山羊毛和山羊羔毛。成年山羊毛通常细度较粗，细度离散较小，死毛率较高且尿黄比较严重。而山羊羔毛则通常细度较细，死毛率较低，只有少量尿黄，但细度离散较大。不同产区的山羊毛品质有所不同。

(二)山羊毛的结构与性能

从结构上看，山羊毛具有与绵羊毛特别是绵羊毛中的粗羊毛相似的结构，但也有些区别。在绵羊毛中，细羊毛只由鳞片层和皮质层两部分组成，鳞片的排列密度较大，可见宽度较小，鳞片多呈环状覆盖。皮质层内正皮质细胞和偏皮质细胞呈双侧分布，因而使细羊毛具有比较丰富的自然卷曲。粗羊毛一般由鳞片层、皮质层和髓质层三部分构成。鳞片层鳞片排列较稀，较紧贴于毛干；纤维表面比细羊毛光滑、光泽强。结构比较疏松的髓质层在纤维直径中所占的比例约在 1/3 以下(死毛和腔毛除外)。

山羊被毛中，山羊毛的品质要比山羊绒差得多。山羊绒的纤维细度比较细，细度不匀率小。它的结构与绵羊的细羊毛相似，也是由鳞片层和皮质层两部分组成。鳞片边缘光滑，覆盖密度较稀，呈环状覆盖。纤维整体呈现细、轻、软、滑、强、暖等特点，是优良的纺织原料。山羊毛的细度比山羊绒粗得多，平均直径可达 48～100μm，细度离散较大；虽长度较长，但长度整齐度较差。山羊毛的截面结构与粗羊毛一样也由鳞片层、皮质层、髓质层三部分组成。其鳞片基本上呈龟裂状和瓦片状，鳞片尺寸较小，形状不一，且鳞片较薄，常紧贴于毛干。因此，山羊毛表面比较光滑，表面摩擦因数较小，纤维间难以抱合，摩擦效应较小，总体光泽较明亮。山羊毛的皮质层也多呈皮芯结构，其正皮质细胞主要集中在毛干的中心，而偏皮质细胞分布在周围。所以山羊毛无卷曲。山羊毛的髓质层很发达，髓质层可占整个纤维直径的 50%左右。但山羊品种不同，髓质层径向所占比例不同。有髓毛含量也差异较大。同为山羊属的马海毛和宁夏中卫山羊毛就具有很好的品质，有髓毛含量低、髓质层径向所占比例也非常小。

山羊毛这种特定的结构决定了山羊毛的力学性能。山羊毛通常具有粗、长、刚硬、强度高、卷曲少、摩擦因数较低、摩擦效应较小、长度差异大、有髓毛含量高、髓质层所占比例大等特点。在纺纱性能上体现出山羊毛纤维间抱合力很小，纤维容易损伤等不足，使山羊毛可纺性很差，难以纺制成纱。因此，山羊毛一直未得到有效的开发利用。

(三)山羊毛的变性处理及其开发利用

鉴于山羊毛资源的优势和存在的问题，国内许多单位都开展了开发利用山羊毛的探索与研究。

1. 未经预处理山羊毛的利用

(1)手工捻线纺制纯山羊毛地毯。在内蒙古、河北等地近年来有人用手工纺车纺制纯山羊毛地毯纱，所织地毯外观粗犷，价格便宜，适用于一般家庭使用。但手工纺制纱线强力低，纱支粗，不匀率大，地毯档次较低，且生产效率极低，劳动强度高，难以适应大规模的生产。

(2)针刺成形。国内有的非织造布厂利用非织造布生产设备开发山羊毛与丙纶等化纤混纺的针刺地毯和壁毯等，其生产工艺简单，毯的厚度可以灵活调节，有良好的市场前景。但尚需解决染色、静电和掉毛等问题。

(3)以半精梳工艺开发山羊毛混纺衬布。国内有毛纺企业利用半精梳工艺路线开发了山羊毛和黏胶纤维等混纺的衬布纱和棉经毛纬的山羊毛混纺衬布,混纺纱中山羊毛的含量可达43%。该衬布弹性好,尺寸稳定性好,可作为高档西服的衬料。

2. 化学变性处理 山羊毛纤维粗硬、无卷曲、抱合性能差,这是造成山羊毛可纺性差的主要原因。运用化学处理使山羊毛变软、变细、卷曲度增加,就可以提高山羊毛的可纺性和成纱性能。目前,山羊毛的化学变性处理方法主要有氯化—氧化法、氯化—还原法、氧化—酶法、氧化法、还原法、氨—碱法等。表 2-1 给出了一些单位所开发的山羊毛变性处理方法所产生的效果。

表 2-1 变性前后山羊毛物理性能的比较

山羊毛种类 \ 物理指标		单纤强力/cN	断裂伸长率/%	伸长CV/%	摩擦因数		摩擦效应/%	卷曲数/个·cm^{-1}	卷曲皱曲率/%	压缩弹性/%
					顺向	逆向				
分梳毛	未变性	39.1	42.6	39.85	0.2430	0.2014	9.42	0.39	15.7	45.7
	变性后	48.2	52.4	15.58	0.3098	0.2442	11.8	0.43	21.9	61.0
	变化率/%	23.3	23.0	-60.9	27.5	21.3	25.3	10.3	39.5	33.5
成年毛	未变性	38.7	47.2	19.13	0.2803	0.2405	7.64	0.27	23.2	15.1
	变性后	52.9	53.2	9.58	0.3293	0.2695	9.17	0.18	23.4	48.2
	变化率/%	36.7	12.7	-49.9	17.5	12.1	20.2	-33.3	0.86	219.2
羔毛	未变性	22.6	39.2	31.69	0.2237	0.1936	7.21	0.22	19.1	46.8
	变性后	18.4	47.3	22.80	0.3789	0.3232	7.93	0.37	25.4	49.6
	变化率/%	-18.6	20.7	-28.1	69.4	66.9	9.99	68.2	33.0	5.98

通过纺纱实践及表 2-1 中数据可以看出,山羊毛经变性处理后,其纺纱性能明显提高,这主要体现在变性山羊毛卷曲性能有不同程度的提高,纤维柔软度增加,纤维伸长变形能力增大,顺逆摩擦因数和鳞片摩擦效应提高,而纤维强度未受太大影响,甚至有一定程度的提高。同时,经氧化—酶变性处理的山羊毛酸性染料的上染速率明显加快,这对缩短染色时间和减少山羊毛纤维的染色损伤具有一定的意义。

3. 物理处理法 虽然化学变性处理方法在山羊毛的软化等方面是有效的,但这种变性方法对山羊毛卷曲程度的提高并不明显,变性效果还受到纤维损伤程度的限制,同时加工工艺流程也比较繁复。目前,经化学变性处理方法处理山羊毛在产品中的比例还不能太高,一般在 40%以下。因此,对山羊毛进行物理处理,尤其是通过纤维卷曲化,即利用毛纤维的热定形性,采用物理机械方法提高山羊毛的卷曲性能,使纤维卷曲程度有明显提高。如表 2-2 所示。经过这种加工后的山羊毛,纺纱时可以纯纺成条,产品中的混用比例可达 50%以上,甚至高达 96%。成品手感风格、覆盖性能、弹性等都有所改善。

山羊毛经物理处理后性能的变化见表 2-2。

表 2-2　山羊毛经物理处理后性能的变化

物理指标 纤维种类	断裂强力/cN	断裂强度/cN·tex^{-1}	强力 CV/%	断裂伸长率/%	伸长 CV/%	初始模量/cN·tex^{-1}	模量 CV/%	卷曲数/个·cm^{-1}	卷曲 CV/%
变性前	51.6	8.3	30.4	42.6	23.6	164	25.0	0	—
变性后	45.4	7.3	30.9	44.1	35.5	118	23.1	5.9	24.3

综上所述，化学变性和物理处理在很大程度上提高了山羊毛的利用价值，使这一丰富的自然资源得到了有效利用，同时也为其他动物粗毛纤维，如驼毛、牦牛毛等的开发利用提供了有益的借鉴。变性山羊毛可用于与黏胶纤维、腈纶、级数毛、精短毛等混纺生产包括地毯、提花毛毯、衬布、粗纺呢绒以及仿马海毛绒在内的许多种产品，产品性能稳定、可靠，在某些方面具有优良的性能，产生了一定的经济效益。

二、变性羊毛

羊毛是宝贵的纺织原料，它在许多方面都具有非常优越的性能。但是，长期以来羊毛都只能作春秋、冬季服装的原料，一直未能真正在夏季面料中使用。随着人们对羊毛服用性能研究的深入，科学家们对羊毛的特性有了更进一步的了解。据澳大利亚联邦科学和工业研究机构研究证明，羊毛不仅具有通过吸收和散发水分来调节衣内空气湿度的性能，而且还具有适应周围空气的湿度调节水分含量的能力。

羊毛具有很好的吸湿性能是众所周知的。同时，它在吸湿时还会放出比别的纤维更多的热量，使羊毛在冷湿的环境下有很好的保暖性。但在热湿的天气里，羊毛却能使人穿着时感觉凉爽。这是因为对于人体而言，在出汗不太多的情况下，人体表面的温度一般要比周围的环境为高，而其相对湿度却较低，所以当羊毛服装接近相对湿度较低的皮肤时，纤维中的水分就会蒸发，衣服本身的温度就下降，因而使人触觉凉爽。羊毛吸收的水分最高可达纤维干重的 36%，每次与皮肤接触，毛纤维失去的水分虽然只是其纤维自重的 0.1%，但它比同样重量的涤纶制品温度可下降 1℃，这足以使人觉察服装穿着感的不同。一次接触感到的凉爽是暂时的，而随着衣料与皮肤接近和远离过程不断进行，吸湿放湿周而复始，使得穿着时一直感觉凉爽。

要发挥“凉爽羊毛”的特殊效果，使羊毛也能成为夏令贴身穿着的理想服装，必须解决羊毛轻薄化、防缩、机可洗及消除刺扎感等问题。因此，人们寻找到了一些对羊毛进行变性处理的方法。

(一)除鳞防缩羊毛

绵羊毛表面有鳞片覆盖，如图 2-10 所示。由于表层鳞片的存在，使羊毛具有特殊的定向摩擦效应，即纤维摩擦时逆鳞片方向的摩擦因数总大于顺鳞片方向的摩擦因数，这是造成羊毛加工、洗涤时缩绒的主要原因。

消除羊毛缩绒性可以从改变羊毛的定向摩擦效应和变动羊毛的伸缩性能两方面入手，为此可以采用许多种处理方法。但剥除和破坏羊毛鳞片是最直接也是最根本的一种方法。这种方法通常采用氧化剂或碱剂，如次氯酸钠、氯气、氯胺、亚氯酸钠、氢氧化钠、氢氧化钾、高锰酸钾等，使羊毛鳞片变质或损伤，羊毛失去缩绒性，但羊毛内部结构及纤维力学性能没有太大改变。

由于这种处理方法以含氯氧化剂用得最多，而且该法在使羊毛失去缩绒性的同时，羊毛吸收染料或化学反应的能力也有所提高。因此，通常把这种处理羊毛的方法统称为羊毛的氯化。在羊毛用氯及氯制剂处理时，可以使反应只局限在羊毛鳞片层发生。例如，可以采用如下的方法：将羊毛浸入含有盐酸、甲酸或一氯醋酸的饱和食盐水溶液中浸酸，用含有次氯酸钠或二氯异氰尿酸盐的饱和食盐溶液处理（氯处理），使鳞片膨化溶解，然后用亚硫酸氢钠和氨水溶液脱氯处理，最后经稀甲醛、雕白粉溶液固化。经过这种方法处理的羊毛不仅获得了永久性的防缩效果，而且使羊毛纤维细度变细，纤维表面变得光滑，富有光泽，纤维强力提高，染色变得容易，染色牢度也好。这就是所谓的羊毛表面变性处理，也有人称其为羊毛的丝光处理。图 2－11 所示为剥除了鳞片的羊毛。

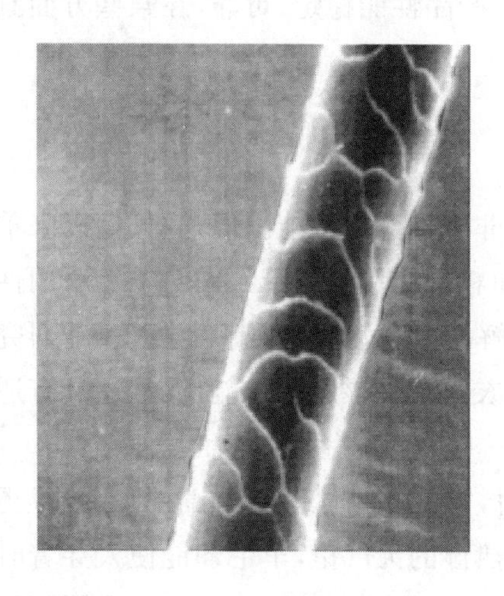

图 2－10　羊毛鳞片

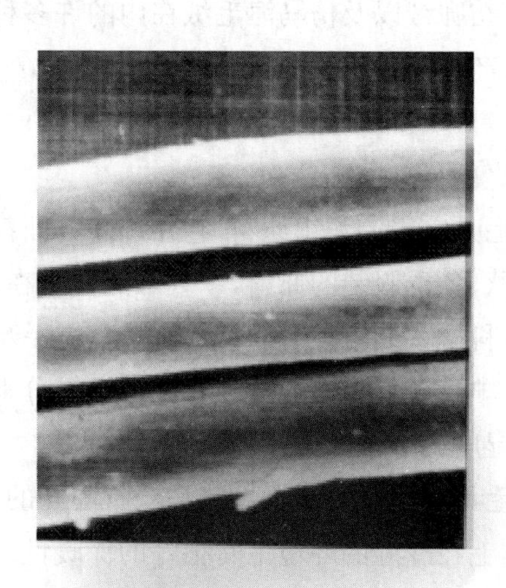

图 2－11　剥鳞羊毛

羊毛的表面变性处理极大地提高了羊毛的应用价值和产品档次，如将常规羊毛进行变性处理，能使羊毛品质在很大程度上得到提高。纤维细度明显变细，手感变得更加柔软，例如，直径 19μm 的羊毛处理后就有了相当于 17μm 或更细羊毛的手感。纤维光泽增强；纤维表面变得更光滑，在一定程度上具有了类似山羊绒的风格。用它制成毛针织品和羊毛衬衫，除了具有羊绒制品柔软、滑糯的风格手感外，变性羊毛制品还有羊绒制品不可比拟的优点。如具有持久的丝般光泽，抗起球效果好，耐水洗，能达到手洗、机可洗甚至超级耐洗的要求，服用舒适无刺痒感，纱线强力好，产品比羊绒制品更耐穿。此外，还具有白度提高、染色性好、染色和印花更鲜艳等优点。目前，国内已有不少厂家利用变性羊毛开发了许多高档的羊毛制品。

（二）超卷曲羊毛

对于纺纱和产品风格而言，纤维卷曲是一项重要的性质。澳大利亚美利奴羊毛具有很好的纺纱性能和丰满柔软的手感，丰富而波形好的卷曲是一个重要的原因。但在年均产量达 300 万吨的原毛中，高卷曲的细羊毛只占 40％左右，还有相当一部分的杂种毛和粗羊毛卷曲很少甚至没有卷曲。缺乏卷曲的羊毛纺纱性能相对较差，这种不足很大程度上限制了这些羊毛产品质量档次的提高。国际羊毛局以及国内外不少单位都相继开发了以机械加工为主的卷曲和超卷曲加工方法。通过对羊毛纤维外观卷曲形态的变化,改进羊毛及其产品的有关性能,使羊毛可纺性提高,可纺支数增大,成纱品质更好。

工业上增加羊毛卷曲的方法可分为机械方法和化学方法两大类。

化学方法如采用液氨溶液,使之渗入具有双侧结构的毛纤维内部,引起纤维超收缩而产生卷曲。

机械卷曲有两种方法:第一种是采用填塞箱机械使纤维产生卷曲,再经过定型作用使羊毛卷曲状态稳定下来;第二种方法是国际羊毛局开发的羊毛超卷曲加工方法。它的基本步骤是:先将毛条经过一种罗拉牵伸装置进行拉伸,然后让它在自由状态下松弛。经过松弛后再在蒸汽中定型使加工产生的卷曲稳定下来。这种处理只适用于像美利奴羊毛那样具有双侧结构的细羊毛,否则将不能产生满意的效果。这是因为在羊毛进行拉伸时,具有双侧结构的羊毛正偏皮层同时受到拉力作用,并在允许的范围内使一部分二硫键、盐式键发生断裂;但由于正偏皮质细胞中二硫键的交联密度不同,因此,正偏皮质层产生了不同的内应力。当拉伸纤维放松后,由于正偏皮层内应力不同,在不受约束的情况下,为了重新达到力学平衡就自己形成了更多的卷曲,最后通过定型作用在卷曲状态下重新建立被破坏的大分子连接,保持住了更多的卷曲。

表 2-3 为模拟工业化生产条件下对品质支数为 48 公支的毛条进行拉伸—松弛卷曲加工得到的羊毛与未处理羊毛纤维卷曲与拉伸特性的测试结果。

表 2-3　处理前后羊毛部分性质的对比

指　　标	未处理	处理后	变化率/%	指　　标	未处理	处理后	变化率/%
卷曲数/个·cm^{-1}	2.16	2.62	21.3	断裂强度/cN·tex^{-1}	18.7	20.6	10.2
卷曲率/%	3.73	8.54	129.0	断裂伸长率/%	43.44	40.40	-7.0
剩余卷曲率/%	2.89	7.21	149.5	初始模量/cN·tex^{-1}	292	346	18.5
卷曲弹性率/%	77.68	84.89	9.3				

从表 2-3 中可以看到,处理后羊毛的卷曲数、卷曲率、卷曲弹性和剩余卷曲率都提高了,尤其是卷曲率和剩余卷曲率提高更显著。这表明纤维卷曲波形发生改变,纤维卷曲波宽/波深比值减小,拥有更强的卷曲。此外,处理羊毛的断裂强力和初始模量也明显提高,虽断裂伸长率稍有降低,但仍表明纤维的机械性质并未因卷曲加工而损伤。

第十节　羽　绒

一、概述

羽绒纤维是一种来源于水禽动物的天然蛋白质纤维,结构蓬松,质轻柔软,具有优良的保暖性能,在冬季保暖材料中占据着不可替代的位置。羽绒长在禽类动物的腹部、胸部及翼基部分,成芦花朵状的叫绒毛,成片状的叫羽毛。羽绒纤维是禽类皮肤的衍生物,应用于纺织,体现了绿色环保和材料的再利用。在棉花、羊毛、蚕丝和羽绒四大天然保暖材料中,羽绒的保暖性能最佳。

羽绒球状纤维上密布千万个三角形的细小气孔，能随气温变化而收缩膨胀，产生调温功能，可吸收人体散发流动的热气，隔绝外界冷空气的入侵，因此保温性高。

二、羽绒的分类

羽绒纤维按绒源分，主要包括鹅绒纤维和鸭绒纤维；按颜色分，可分为白绒和灰绒以及冰岛绒鸭产的黑绒等。不同绒源的羽绒纤维由于家禽种类和生活习性不同，在形态结构上存在差异，这种差异决定了羽绒纤维在保暖性能上的优劣。相对来说，更好的羽绒一般来自更大、更成熟的禽类，因此鹅绒会稍好于鸭绒。从颜色上来讲，白绒因为是白色，可用于浅色面料而不透色，较灰绒更受欢迎一些。

(1)鹅绒：绒朵大、羽梗小、品质佳、弹性足、保暖强。

(2)鸭绒：绒朵、羽梗较鹅绒差，但品质、弹性和保暖性都很高。

(3)鹅鸭混合绒：绒朵一般，弹性较差，但保暖性较好。

(4)飞丝：由毛片加工粉碎，弹力和保暖性差，有粉末，品质较次，洗后容易结块。

三、羽绒的结构与特性

(一)化学组成

羽绒属于蛋白质材料，由 20 种左右的 α-氨基酸组成。鹅绒、鸭绒的各种氨基酸含量基本相同，但与羊毛不尽相同。新羽毛的主要化学成分及其平均含量(质量分数)为：水占 42.65%，氮化合物占 53.63%，脂肪占 1.69%，其他占 2.03%。每种羽毛的化学组成是不同的，不仅与禽的种类、生长部位有关，还与禽的年龄、食物有关。

(二)形态结构

羽绒纤维是一种天然蛋白质纤维，但它的结构不同于一般的圆柱体蛋白质纤维。它不含羽轴，以绒朵的形式存在。绒朵存在一个核心，由核心处发生出若干主纤维，每一根主纤维中又生长出许多细小的羽丝，羽丝作为一个次级主纤维，其周围也生出更为细小的羽丝，如此反复组成羽绒。一般羽丝由根部向梢部角度逐渐变小，由十字状逐渐变为丫字状。绒朵中的每根绒丝长度一般鹅绒为 20～50mm，鸭绒为 10～30mm，直径为 80～220nm。图 2-12 所示为羽绒纤维的外部特征，其截面形状和直径变化较大，由扁平状向柱状过渡，细度逐渐变细。羽绒纤维较短，所以在纺纱方面有难度。

图 2-12　羽绒纤维的外部特征

羽绒的基本组成单元是维管束细胞，它由多根或单根维管束组成。在维管束的外面覆盖有一层类似于蜡的细胞膜，细胞膜由两种含有大量疏水基团的大分子构成，即含磷酸基的三磷酸酯大分子和磷酸酯与胆甾醇构成的甾醇大分子，它们共同组成双分子层膜。这种结构赋予羽绒纤维较好的防水性能，同时大分子在形成维管束细胞时呈卷曲状，形成了大量的空洞和缝隙，从而使羽绒纤维内含有更多的静止空气，由于空气的传导系数最低，形成了羽绒良好的保暖性。

(三)羽绒纤维的理化性能

1. 羽绒纤维的蓬松性　蓬松度是羽绒质量及其保暖性的代表性指标。羽绒纤维与其他的圆柱状的蛋白质纤维不同，它是以绒状形式存在，绒结构中的每根羽丝之间存在斥力，并使羽丝之间保持最大的距离，使得羽绒纤维具有蓬松性。含绒率越高，蓬松性越好，保暖性能就越好。以含绒率为50%的羽绒测试，它的轻盈蓬松度相当于棉花的2.5倍，羊毛的2.2倍，所以羽绒被不但轻柔保暖，而且触肤感也很好。

2. 羽绒纤维的吸湿性　羽绒的形态结构和表面成分对其纤维的吸湿性能影响较大。羽绒纤维含有蛋白质成分，且其复杂的分支状结构，使其比表面积明显增加，一定程度上提高了纤维的吸湿性，但表面致密的拒水性分子层膜加上纤维内部较为紧凑的排列结构，有效地控制了水分子的进入，使羽绒与其他天然纤维（羊毛、棉）相比，吸湿性较低，这一特点对羽绒的保暖性能是非常有利的，在同等条件下，使集合体易于保持柔软蓬松状态，从而增加了静止空气的蓄含量，保持较高的保暖性。

3. 羽绒纤维的力学性能　羽绒纤维作为蛋白质纤维，其力学性能与羊毛相差甚微。其干湿态断裂强度差别较大。干态断裂强度为0.6～1.2cN/ dtex，比羊毛略小，接近蚕丝的1/3，相对湿强度为干态的82%。断裂伸长率干态为20%～32%，湿态为22%～45%，均低于羊毛。由于羽丝上有骨节的存在，在受压的状态下骨节对压力缓冲，压力去除，羽绒纤维变形回复，使得羽绒的弹性回复性明显高于同为蛋白质纤维的蚕丝，但低于羊毛，弹性回复率为69%～81%。

4. 羽绒纤维的耐酸碱性　羽绒的耐酸能力较强，在无机酸(硫酸、盐酸)稀溶液中，羽绒对酸的吸收能力和稳定性很强，稀硫酸对羽绒几乎无损伤，但高浓度的热硫酸则可使羽绒溶解。

羽绒在pH为8的碱液中就会受到损伤，pH为10～11的溶液对羽绒的破坏作用较大。受碱损伤的羽绒变黄、发脆、光泽暗淡、手感粗糙。在沸热的4% NaOH溶液中，羽绒会完全溶解。

5. 羽绒纤维的耐氧化性和还原性　氧化剂对羽绒的作用非常敏感，浓度较大的过氧化氢、高锰酸钾、重铬酸钾等氧化剂都会对羽绒的性质产生影响，使纤维受到严重破坏，致使纤维发黄、变脆。

还原剂在大多数情况下对羽绒可起到化学定型的作用。

6. 羽绒纤维的其他性能　羽绒纤维受热不会因熔融而分解。羽绒在115℃时发生脱水，150℃分解，200～ 250℃时二硫键断裂，310℃开始炭化，720℃开始燃烧。由于含有15%～17%的氮，在燃烧过程中释放出来的氮可抑止纤维迅速燃烧，因此，羽绒纤维可燃性比纤维素纤维低。羽绒纤维含有羽朊分子，对日光作用比较敏感，日光中一定波长的紫外线光子的能量就足以使它发生裂解。与大多数蛋白质纤维一样，羽绒对微生物的稳定性欠佳。潮湿和微碱环境使细胞膜和胞间胶质受到侵袭，导致纤维强力下降，但经过某些化学药剂处理后的羽绒强力明显增加。

四、羽绒的用途

羽绒保暖性优良，适宜制作羽绒被、羽绒睡袋和羽绒枕等床上用品，以及滑雪衣、夹克、背心、登山服和长短大衣等防寒服装的原料。根据羽绒中含绒率、毛片形状和大小不同，羽绒用途会有些差别。大羽毛常作为填充坐垫、靠垫，富有弹性；大羽绒是在大羽毛中掺入一些羽绒，增加弹性，适宜填充褥子和枕头；半羽绒是在较小毛片中掺入适量羽绒，使产品轻、软、蓬松和保暖性强，适宜填充盖被和睡袋；高级羽绒其大部分为羽绒成分，仅少量小毛片，制品柔软贴身轻便，具有强的保暖性，适宜填充各类服装，尤其如登山、滑雪等运动服装。

五、羽绒被、羽绒服的清洗保养

1. 手洗　在羽绒服内侧，都缝有一个印有保养和洗涤说明的小标签，细心的人都会发现，90%的羽绒服标明要手洗，切忌干洗，因为干洗用的药水会影响保暖性，也会使布料老化。而机洗和甩干，被拧搅后的羽绒服，极易导致填充物厚薄不均，使得衣物走形，影响美观和保暖性。

2. 30℃水温漂洗　先将羽绒服放入冷水中浸泡 20min，让羽绒服内外充分湿润。将洗涤剂溶入 30℃的温水中，再将羽绒服放入其中浸泡 15min，然后用软毛刷轻轻刷洗。漂洗也要用温水，能够利于洗涤剂充分溶解于水中，可使羽绒服漂洗得更干净。

3. 使用洗衣粉清洗浓度不能过高　如果一定要用洗衣粉清洗羽绒服，通常两脸盆水放入 4～5 汤匙洗衣粉为宜，如果浓度过高，难以漂洗干净，羽绒中残留的洗衣粉，会影响羽绒的蓬松度，大大降低保暖性。

4. 最好使用中性洗涤剂　中性洗涤剂对衣料和羽绒的伤害最小，使用碱性洗涤剂，如果漂洗不净，残留的洗涤剂会对羽绒服造成损害，并且容易在衣服表面留下白色痕迹，影响美观。去除残留碱性洗涤剂，可在漂洗两次之后，在温水中加入两小勺食醋，将羽绒服浸泡一会儿再漂洗，食醋能中和碱性洗涤剂。

5. 不能拧干　羽绒服洗好后，不能拧干，应将水分挤出，再平铺或挂起晾干，禁止暴晒，也不要熨烫，以免烫伤衣物。晾干后，可轻轻拍打，使羽绒服恢复蓬松柔软。

第十一节　天然毛皮

天然毛皮主要来源于兽毛皮。一般兽毛皮是由表皮层及其表面密生着的针毛、绒毛、粗毛所组成，但因动物种类不同，则这几种毛组成比例不同，因而决定了毛皮的质量有高低、好坏的差异。一般以具有密生的绒毛、厚度厚、重量轻、含气性好为上乘。

针毛、绒毛和粗毛构成毛被，这三种体毛随着毛的生长过程而变换。针毛是长而伸出到最外部的毛，生长数量少，呈针状，具有一定的弹性和鲜丽的光泽，给毛皮以华丽的外观；绒毛是在针、粗毛下面密集生长着的纤细而柔软的毛，生长数量多，主要起保持调节体温的作用，绒毛的密度和厚度越大，毛皮的防寒性能就越好；粗毛数量和长度介于针毛和绒毛之间，毛多呈弯曲状态，具有防水性和表现外观毛色和光泽的作用。

天然毛皮主要有狐皮、貂皮、水獭皮等。由于对野生动物的保护，目前高档时装用天然毛皮一般来自人工饲养的貂皮和狐皮。天然毛皮具有保暖、富贵、华丽、舒适、轻盈等特点。

一、狐皮

狐皮是较珍贵的毛皮，毛长绒厚，灵活光润，针毛带有较多色节或不同的颜色，张幅大，皮板薄。狐皮的毛色光亮艳丽，保暖性好，华贵美观，属高级毛皮。根据生长地区不同，分红狐皮、蓝狐皮、白狐皮、银狐皮等几个品种，其质量有差异。一般北方产的狐狸皮品质较好，毛细绒足，皮板厚软，拉力强。适于制成各种皮大衣、女用披肩、皮领、镶头、围巾、外套、斗篷等。

白狐及白狐皮如图 2－13、图 2－14 所示。

图 2－13　白狐

图 2－14　狐皮大衣

二、貂皮

貂皮有紫貂皮、白貂皮、黑貂皮、水貂皮等。其针毛粗、长、亮，毛被绵软，绒毛稠密，质软坚韧，为高级毛皮。雌性貂皮大衣比雄性貂皮大衣更名贵。紫貂皮是最名贵的皮草面料之一。用于制作服装的外套、长袍、披肩等。

水貂及紫貂如图 2－15、图 2－16 所示。

三、水獭毛

水獭是贵重的毛皮资源动物，皮毛不但外观美丽，而且特别厚，绒毛厚密而柔软，几乎不会被水浸湿，保温抗冻作用极好。

水獭毛毛根粗、毛梢细，非常结实。除了服用外，还可用来做化妆刷，水獭毛制成的化妆刷质地柔软，对皮肤刺激也小。

图2-15 水貂

图2-16 紫貂

☞思考与练习题

1. 彩色蚕丝有哪些生产方法？有什么特性？
2. 羊驼毛有哪些主要性能特征？
3. 如何区分普通绵羊毛与羊绒？
4. 简述兔毛的物理化学性能。
5. 简述山羊毛的变性处理方法。
6. 羽绒制品应如何清洗保养？
7. 在现代社会中，人类是否还应使用天然动物毛皮作为衣物？

参考文献

[1]陈维稷.中国大百科全书(纺织)[M].北京:纺织工业出版社,1984.
[2]徐亚美.纺织材料[M].北京:中国纺织出版社,2002.
[3]陈运能,范雪荣,高卫东.新型纺织原料[M].北京:中国纺织出版社,1998.
[4]罗玉功.国内外彩色茧研究现状[J].北方蚕业,2004(3):14-15.
[5]梁海丽,葛君.家蚕天然彩色茧丝的色素特性研究 [J].丝绸,2005(6):20-22.
[6]陈宇岳,袁华平.柞蚕丝与桑蚕丝的形态差别化特性研究[J].苏州丝绸工学院学报,2000(4):21-27.
[7]杨彦波.低温等离子体处理柞蚕丝的物理性质[J].丝绸,1999(9):54-55.
[8]罗恒成.我国蓖麻蚕在应用研究方面的主要进展[J].蚕业科学,1994(9):171-179.
[9]张玲,等.中国科技大、安徽省农科院将天蚕丝质基因导入家蚕的染色质遗传工程获得成功[N].中国科学报,1995-03-20.
[10]陈连忠,等.黑龙江野生天蚕生活习性的观察[J].中国柞蚕,1997(2):19-20.

[11]王文娟. 天蚕的饲养技术[J]. 中国蚕业,1997(2):18－19.
[12]刘朝良. 天蚕的生物学特性初步观察[J]. 蚕业科学,1996,22(4):258－259.
[13]邹文云. 天蚕新品系8480选育报告[J]. 中国柞蚕,1996(1):31－34.
[14]尚亚力. 羊驼毛简介[J]. 毛纺科技,2003(5):50－52.
[15]范尧明. 羊驼纤维及其产品开发[J]. 毛纺科技,2003(1):56－57.
[16]李维红,高雅琴. 羊驼毛的特性[J]. 上海畜牧兽医通讯,2008(5):68.
[17]游蓉丽,董常生,等. 羊驼毛的品质特性[J]. 畜产研究,2007(6):25.
[18]范瑞文,董常生,赫晓燕,等. 羊驼毛鳞片超微结构的研究[J]. 上海畜牧兽医通讯,2004(4):14.
[19]俞丽君. 羊驼毛纤维的特征与检测[J]. 中国纤检,2003(8):22.
[20]王金泉,曲丽君. 羊驼毛(阿尔帕卡毛)物理机械性能测试与分析[J]. 毛纺科技,2002(4):43－45.
[21]王树惠. 特种动物纤维的性能与加工[M]. 青岛:海洋大学出版社,1994.
[22]上海市毛麻纺织工业公司. 毛纺织染整手册(第1分册)[M]. 北京:轻工业出版社,1977.
[23]赵书经. 纺织材料学实验教程[M]. 北京:中国纺织出版社,1989.
[24]崔岘,刘启发,等. 柴达木山羊绒纤维特性的研究[J]. 中国草食动物,2002(3):23－25.
[25]李椿和. 新原料促进毛纺工业可持续发展[J]. 毛纺科技,2002(1):5－7.
[26]吴坚,魏菊. 羊毛仿山羊绒改性整理的性能分析[J]. 毛纺科技,2002(3):39－41.
[27]上海市毛麻纺织科学技术研究所. 毛纺工业应用动物纤维技术资料选编第三分册(特种动物纤维)[M]. 上海:上海市毛麻纺织科学技术研究所,1991.
[28]张毅,薛纪莹. 我国兔毛产业发展的新思考[J]. 毛纺科技,2010(4):53－57.
[29]刘建中. 杨三岗彩色兔毛的性能与产品开发[J]. 毛纺科技,2007(1):41－43.
[30]薛纪莹. 特种动物纤维产品与加工[M]. 北京:纺织工业出版社,1998.
[31]王树根,冯后兵. 陕北马海毛理化性能初探[J]. 纺织学报,1992(10):41－42.
[32]张宏伟,张钟英. 马海羔毛物理机械性能的研究[J]. 纺织学报,1993(8):14－16.
[33]纺织部标准化研究所. 纺织品基础、方法标准汇编[M]. 北京:中国标准出版社,1995.
[34]庞瑞冬. 拉细羊毛性能的分析和研究[J]. 纺织标准与质量,2004(1):39－41.
[35]吴婵娟. 蛋白酶在羊毛丝光防毡缩整理中的应用研究[J]. 毛纺科技,2001(4):36－40.
[36]王宜田. 羊毛丝光超柔软整理工艺研究[J]. 毛纺科技,1997(5):35－42.
[37]王维. 拉细羊毛面料的开发与加工技术[J]. 技术创新,2003(1): 30－33.
[38]刘喜梅,冯岑. 羽绒纤维的性能及应用进展[J]. 现代丝绸科学与技术,2010(5):12－14.
[39]高晶,于伟东,潘宁. 羽绒纤维的形态结构表征 [J]. 纺织学报,2007,28(1):1－4.
[40]高晶,于伟东. 羽绒纤维的吸湿性能 [J]. 纺织学报,2006,27(11):28－31.
[41]金阳, 李薇雅. 羽绒纤维结构与性能的研究[J]. 毛纺科技,2000,28(2):14－20.
[42]金阳, 李薇雅. 羽绒等几种蛋白质纤维结构和性能的研究[J]. 毛纺科技,2000,28(1):23－26.
[43]张文平. 狐皮的初步加工[J]. 西部皮革,2006(2):53.
[44]赵占强. 国内貂皮市场将进入震荡阶段[J]. 北方牧业,2009(20):14.
[45]孙广才. 全球养殖水貂皮产量现状分析[J]. 野生动物,2006(3):44－45.
[46]张伟,刘思标. 水獭针毛形态结构的稳定性与变异性的系统研究[J]. 野生动物,1994(2):35－38.

第三章　新型再生纤维素纤维

第一节　概　述

纤维素是自然界中存量最大的一类天然高分子化合物。植物通过光合作用，每年能生产出亿万吨纤维素，是可以再生的资源。再生纤维素纤维是以从木材、棉短绒以及植物茎秆等提取出的精制纤维素为原料，先将其制备成纤维素或其衍生物的纺丝溶液，再经纺丝制得的一类纤维的总称。由于其构成纤维的化学组成，与其所使用原料的化学组成相同，即纤维素，故称之为"再生纤维素纤维"。

由于耕地的减少和石油资源的日益枯竭，天然纤维、合成纤维的产量将会受到越来越多的制约；人们在重视纺织品消费过程中环保性能的同时，对再生纤维素纤维的价值进行了重新认识和发掘。如今再生纤维素纤维的应用已获得了一个空前的发展机遇。

黏胶纤维是最早投产工业化生产的再生纤维素纤维。制造时首先将天然纤维素用烧碱浸渍，制成碱纤维素，然后使之与二硫化碳反应，生成纤维素黄酸酯钠盐溶液，采用湿法纺丝制得初生丝，再经后处理加工制得成品纤维。由于原料丰富，具有良好的吸湿性、透气性和染色性等优点，黏胶纤维自 1905 年工业化以来得到了不断的完善和发展。但 20 世纪 70 年代以后，由于合成纤维的发展，以及黏胶纤维工艺复杂、投资大、污染大等问题的影响，其发展处于停滞状态。为了克服再生纤维素纤维生产的这方面的不足，1980 年，由美国的恩卡公司（Enka Corp.）和德国 Obernburgd 的恩卡研究所研究成功了新的用有机溶剂直接溶解生产纤维素纤维的工艺方法，并取得了专利。1989 年，国际人造丝及合成纤维标准局（BISFA）把由这类方法制造的纤维素纤维的分类名正式定为"Lyocell"。目前，世界上已经有多家公司在生产这种纤维，分别使用各自的商品名称，如 Lenzing Lyocell（短纤维）、Tencel（短纤维）和 Newcell（长丝）。

第二节　Lyocell 纤维

Lyocell 纤维是将纤维素浆粕直接溶解在有机溶剂 *N*－甲基吗啉－ *N*－氧化物（简称 NMMO）和水的混合物中，经特殊纺丝后形成的纤维素纤维。"Lyo"由希腊文"Lyein"而来，意为溶解，"cell"则是取自纤维素"Cellulose"，两者合起来为"Lyocell"。原欧洲共同体指令（1997/37 号）将 Lyocell 的代号定为"CLY"。

普通型 Lyocell 纤维包括长丝与短纤维。Lyocell 长丝主要以 Akzo Nobel 公司的 Newcell®为代表，Lyocell 短纤维主要有 Tencel®、Alceru®、Cocel®、Acell®等。

Lyocell 纤维的生产过程没有化学反应，NNMO 是环境友好型溶剂，不会造成环境污染，且比传统的黏胶工艺少了碱化、老成、黄化和熟成等工序，生产流程大大缩短，提高了生产效率。

一、Lyocell 纤维的发展历史与现状

我国对 Lyocell 纤维纺丝工艺的研究起步较晚，20 世纪 90 年代初期开始对 Lyocell 纺丝工艺技术进行探索试验，走在前列的是成都科技大学，该大学和宜宾化纤厂联合攻关探索工艺条件，并获得阶段性成果；四川大学对 NMMO 合成及回收进行系统研究，1999 年建立了 50 吨/年的 NMMO 的小规模生产装置。东华大学 1994 年对 Lyocell 纤维进行研究，并建成 100 吨/年的国产设备小试生产线。我国台湾省聚隆纤维股份有限公司 1998 年年底在彰化建了 30 吨/年的 Lyocell 纤维试验线。自 20 世纪 90 年代后期起，东华大学、上海纺织控股集团等单位进行了长期研究，并和德国某研究所进行联合攻关，取得了成功。2006 年年底，上海里奥化纤有限责任公司 1000 吨/年的生产线正式投产，打破了原有的外企垄断格局。

中国纺织科学研究院自 2005 年开始启动 Lyocell 纤维国产化工程技术的研究开发工作，2006 年完成了 5L 间歇溶解纺丝工艺的研究开发，解决了纺丝稳定性问题；2007 年完成了100L 间歇溶解纺丝工艺的研究开发，同年完成了连续浸渍混合溶解设备的设计和制造；2008 年又在薄膜蒸发器的设计和制造上获得成功，制备出了合格的纺丝液，并在 2008 年 6 月获得了符合质量性能指标的新溶剂法纤维素纤维。目前年产 10 吨级新溶剂法纤维素纤维关键设备工程化小试示范线已建成并实现连续稳定运行。中国纺织科学研究院与新乡化纤股份有限公司合作开发的“年产 1000 吨新溶剂法纤维素纤维国产化生产线项目”在 2009 年年底全部建成并投入运行；2008 年 11 月，由福建宏远集团有限公司和中国科学院化学研究所等单位完成的“新溶剂法再生竹纤维纺织材料的研发”300 吨/年中试项目通过验收。近年来，国内科研团队通过产学研突破核心知识产权壁垒，采用国内自主设计、关键设备委托国外加工、自主创新集成与调试，2015 年 4 月在山东英利实业有限公司建成年产 1.5 万吨新溶剂法纤维素纤维生产线。

二、Lyocell 纤维的生产

(一)Lyocell 纤维的原料

1. 纤维素浆粕　Lyocell 纤维生产中，主要以木浆浆粕为原料，浆粕聚合度在 450～800，浆粕中 α-纤维素的含量在 91%以上，且要求含杂量要少。浆粕在与溶剂混合前，要经过切碎、烘干等处理。

目前国内也开始开发以棉浆、竹浆、草浆为原料纺制 Lyocell 纤维。

2. 溶剂　Lyocell 纤维生产中，以 NMMO 和水的混合物为溶剂。

NMMO 是由二甘醇与氨反应的生成物通过再甲基化而制成的，其分子结构式如图 3－1

所示。

NMMO的分子中有活性氧原子，可吸湿而使水合度增加，改变对纤维素的溶解性。无水的NMMO，常温下是固体，熔点为184℃，这样高的熔点，如直接用于溶解纤维素，容易引起纤维素热分解。同时因为氧化能力增强，在150℃以上处理，还有爆炸的危险。但含水的NMMO・H_2O(NMMO的一水合物)，常温下也是固体，熔点只有70℃左右，在80℃以上的温度条件下即可将纤维素溶解，如果把一水合物的NMMO在空气中放置吸湿，它就会变成多水合物，吸湿量在4.5%以上，其外观就会从固体粉末变成近似于液体状，在空气中放置1h以上，含水量即可达11%，熔点也相应会随水合度的增加而下降，含水质量分数达到17%以后，因水合度过高而无溶解能力。

溶剂中的N—O键有较强的极性，可以与纤维中的羟基强烈作用放出大量的热。

(二)Lyocell纤维的生产工艺

Lyocell纤维的工艺主要由纤维素溶解、纺丝成型和后处理三部分组成，下面分别进行说明。

1.溶解 纤维素溶解这一部分是Lyocell纤维制造技术中最重要也是最有特色的技术环节。其主要内容是将纤维素(浆粕)溶解在含水的NMMO中，然后将搅拌均匀的混合液放入密封的容器，在90～140℃的油浴内加热30min左右，再向上述混合液中加入稳定剂，以减少纤维素分子的降解，聚合度控制在600以上，最后形成的是浓度高达10%～30%的浓溶液(纤维素中间体)。

(1)溶解机理。NMMO溶解纤维素的机理如图3-2所示。

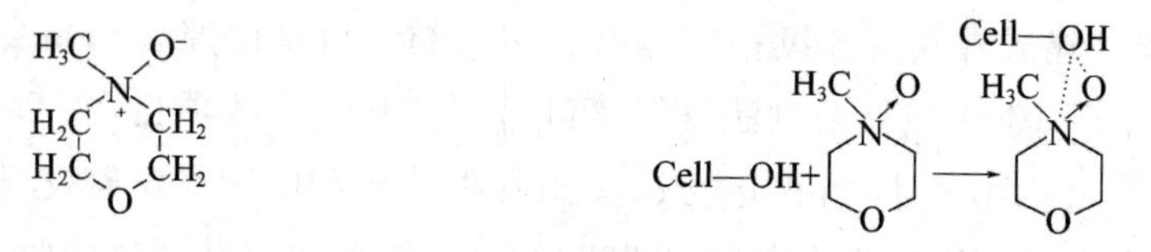

图3-1 NMMO的分子结构　　图3-2 NMMO溶解纤维素的机理

由图3-2可知，NMMO是一种环状的叔胺氧化物，与纤维素大分子接近时，它依赖叔胺上的氮和氧与纤维素大分子中的羟基形成氢键，而纤维素大分子之间原有的氢键则被切断，从而使纤维素直接溶解在NMMO体系中。

(2)溶解方法。溶解的方法可分为直接溶解法和间接溶解法两类。

①直接溶解法:通过减压蒸馏的方法将溶剂的含水率降至15%以下，然后在适当的工艺条件下将该溶剂与纤维素混合溶解，形成适当浓度(一般在10%～14%)的溶液。

②间接溶解法:未经蒸浓的溶剂首先与纤维素混合，使纤维素在溶剂中发生充分溶胀但不溶解。然后在升高温度的同时，将溶胀均匀的浆液经减压蒸馏脱水后制得适于纺丝的溶液。

目前，NMMO对纤维素的溶解工艺及设备都是为了减少溶解过程的能耗和缩短溶解时间，主要有薄膜蒸发器法、双螺杆挤出机法、LIST溶解器法等。

(3)溶剂回收。从凝固浴中回收 NMMO 稀溶液在 NMMO 再生系统(主要包括过滤、纯化、蒸馏)中分成 NMMO 浓溶液和水，NMMO 浓溶液回到溶解工序，大部分水则依次由后道至前道流经后处理中的各道水洗工序后流入凝固浴。

2. 纺丝成型　纤维素溶解后制得的纺丝原液在螺杆挤出机的作用下，经过过滤和混合装置后，由计量泵准确计量，在压力下送入喷丝组件，从直径为 0.03～0.1mm 的喷丝孔中挤出，成为丝束状的纺丝液，先在由氮气或甲醇(气相)形成的气隙(长度一般为 10～300mm)中通过，纺丝细流在此阶段受到一定程度的牵伸并析出部分水分和溶剂，然后再进入凝固浴中，在凝固浴中发生溶剂和凝固剂的双扩散，使 NMMO 析出而凝固成型。凝固后的丝条被送往后道工序进行后处理。

Lyocell 纤维的纺丝过程如图 3－3 所示。

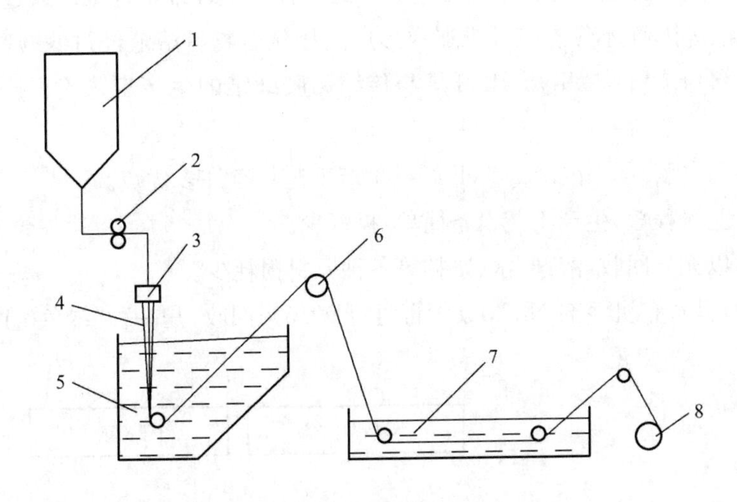

图 3－3　Lyocell 纤维的纺丝示意图

1—原液罐　2—计量泵　3—喷丝头组件　4—空气夹层

5—凝固浴　6—导丝辊　7—水洗浴　8—卷绕辊

Lyocell 纤维的纺丝方法是属于干湿法的，而普通黏胶纤维则是全湿法的，由于它的牵伸主要是在干态(空气中)条件下进行的，所以分子的取向度比普通黏胶高，结晶度也高于普通黏胶纤维。

分子取向度和结晶度较高这一特点，导致 Lyocell 纤维中巨原纤的结晶化程度高并更趋向于沿纤维轴向排列。这样，从结晶区中延伸出来缚结非晶区分子的概率相应要减小。所以当它在受到外界因素，如连续摩擦和振动的应力作用后，这一部分巨原纤便很容易从纤维的表面分离出来，这就是通常所说的“原纤化现象”。如果在湿润的条件下接受这种刺激，那就更容易出现这种现象，因为水分子会使非晶区膨润而进一步拉开了它和结晶区之间的连接。

与许多溶液纺丝的化学纤维一样，Lyocell 纤维也是一种具有皮芯结构的纤维，这与纤维的成型过程有关，但皮层比例较小。纤维皮层薄并较易破损，皮层下面为致密的芯层。

在整个纺丝工艺中,喷丝板的构造(如喷丝孔的长径比)、空气层(气隙)的长度和温湿度、拉伸比、空气层的气体组分(是否含甲醇)等因素,都会对纤维的性能有很大的影响。

纺丝时采用的凝固浴是稀 NMMO 溶液,经干法牵伸的丝束进入凝固浴后,纤维素即沉淀而使纤维最终成型,相应析出的 NMMO 则被回收循环使用。凝固的温度和浓度对纤维的物理性能也有重要影响。

3. 后处理 后处理加工的工序主要是洗涤、干燥、上油,如果是短纤维还要卷曲、切断;如果是长丝纱,一般还需加网络、加捻、集束等后加工。清洗时析出的 NMMO 也可以回收精制后再使用。

(三)Lyocell 纤维和黏胶纤维生产工艺比较

Lyocell 纤维是一种通过有机溶纺工艺获得的一种再生纤维素纤维。通过将纤维素直接溶解在一种有机溶液中,而不像黏胶纤维那样形成间接化合物。溶液经过滤、脱泡等工序后挤压纺丝、凝固而成纤维素纤维。Lyocell 纤维与传统黏胶纤维的生产工艺流程比较如图 3-4、图 3-5 所示。

综上所述,与黏胶纤维相比 Lyocell 纤维生产工艺具有许多优点。

(1)生产工艺流程短,生产工艺设备简单,投资少。

(2)溶剂可以充分回收,溶剂、水、浆粕等各种原料损耗少。

(3)不污染环境,有机溶剂 NMMO 无毒且可 99.5%回收,是一种“绿色生产工艺”。

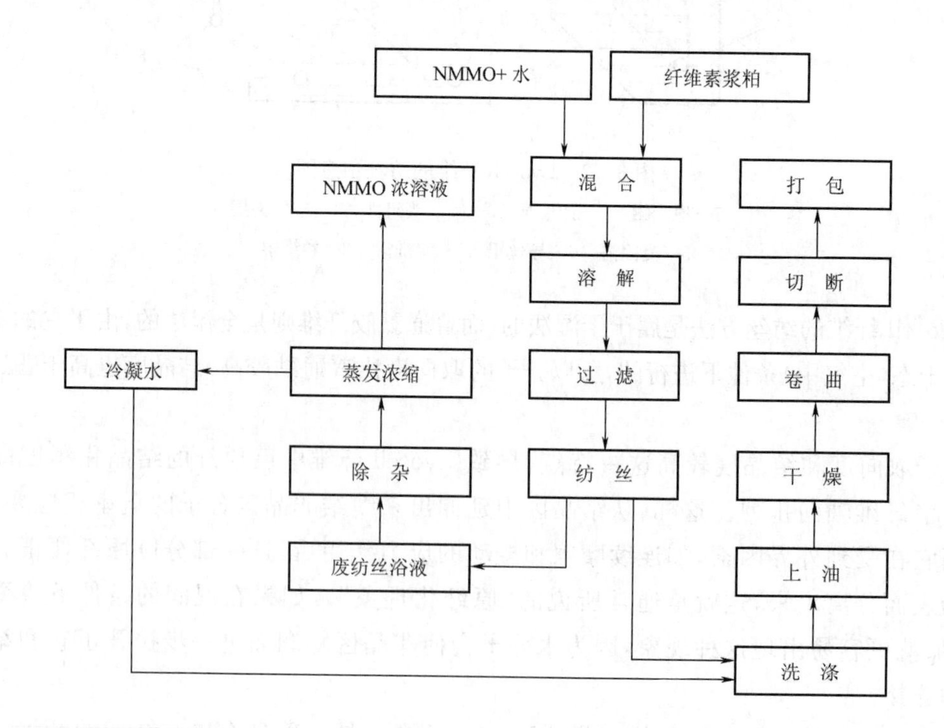

图 3-4 Lyocell 纤维生产工艺流程

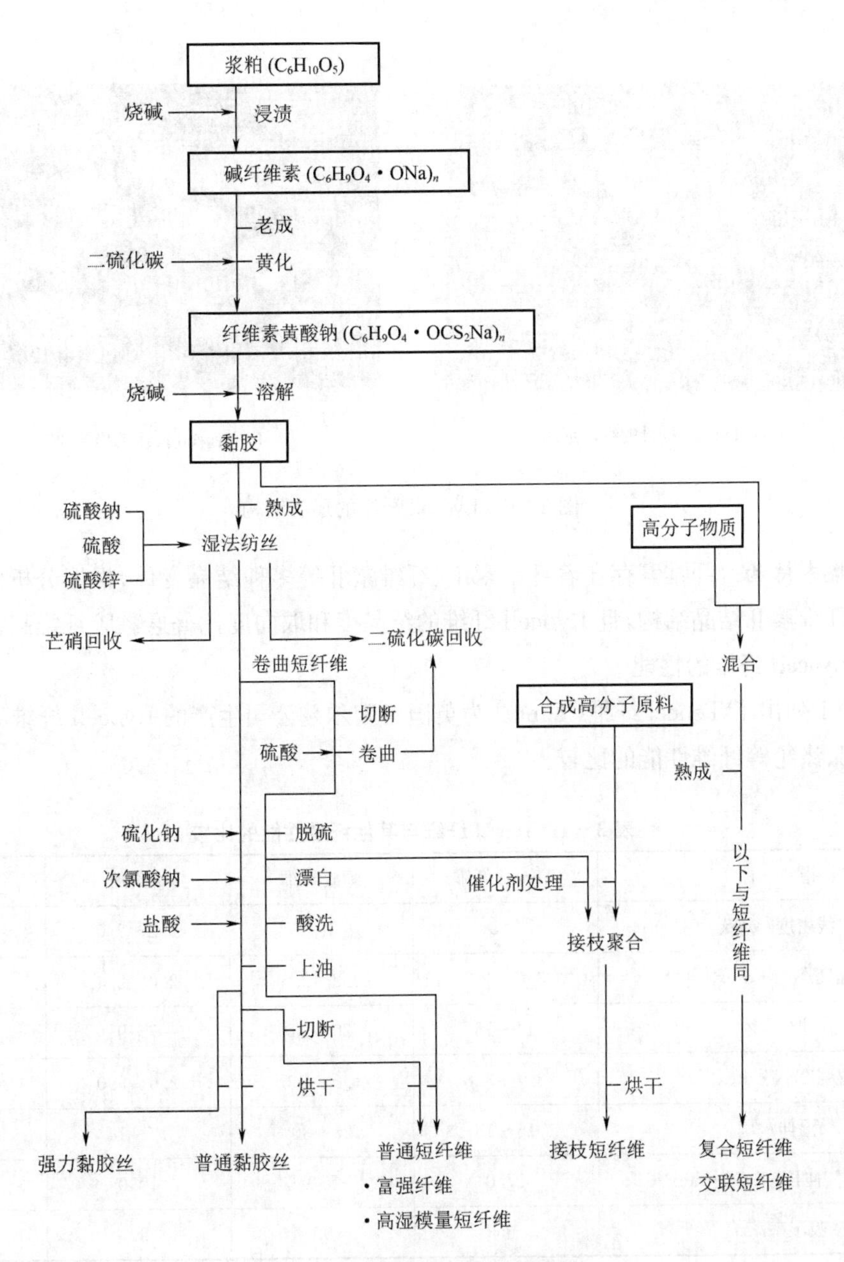

图 3-5　黏胶纤维生产工艺流程

(4)生产周期比黏胶纤维短得多,生产黏胶纤维从投料到制成纤维需 40h,而 Lyocell 纤维生产工艺只需 3h 左右。

(5)有机溶纺制得的 Lyocell 纤维性能优异,其力学性能远超过普通黏胶纤维,能与棉和合成纤维相媲美。

三、Lyocell 纤维的结构与性能

(一) Lyocell 纤维的结构

1. 形态结构　Lyocell 纤维的形态结构如图 3-6 所示。Lyocell 纤维的截面基本为圆形,结构均匀,无明显的皮芯结构,纤维表面较光滑。

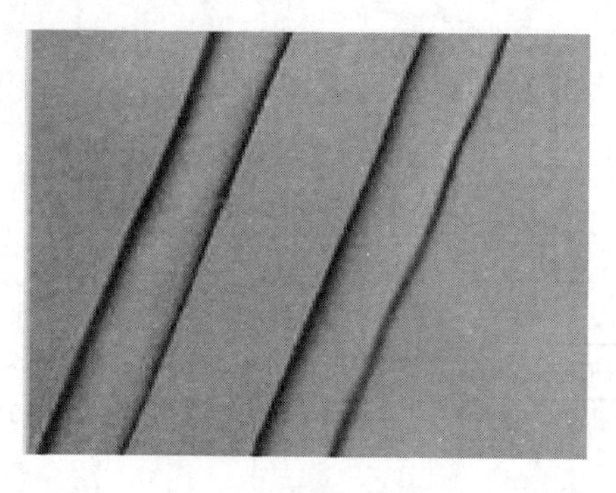
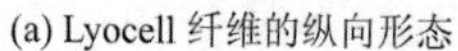

(a) Lyocell 纤维的纵向形态

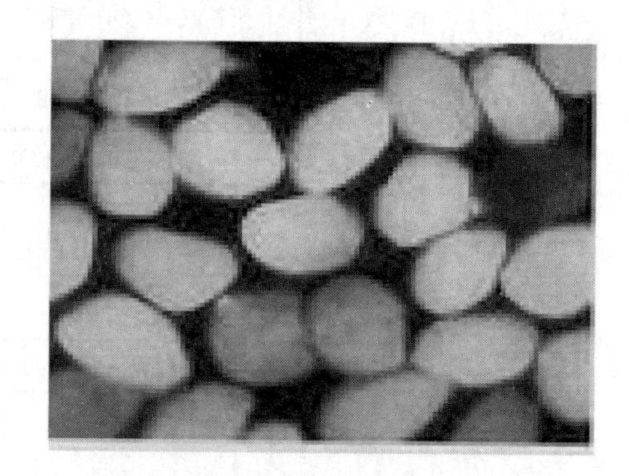

(b) Lyocell 纤维的横截面

图 3－6　Lyocell 纤维的形态结构

2. 聚集态结构　纤维素存在着纤维素Ⅰ、纤维素Ⅱ等多种结晶变体，根据分析发现 Lyocell 纤维具有纤维素Ⅱ结晶结构，且 Lyocell 纤维的结晶度和取向度比普通黏胶纤维高。

（二）Lyocell 纤维的性能

表 3－1 列出了 Tencel 纤维（Tencel 为英国考陶尔兹公司生产的 Lyocell 纤维的商品名称）与黏胶、棉、涤纶等纤维性能的比较。

表 3－1　Tencel 纤维与其他纤维性能的比较

指　　标	Tencel 纤维	黏胶纤维	棉纤维	涤　纶
线密度/ dtex	1.5	1.7	1.2～2.0	1.7
强度/ cN・$dtex^{-1}$	3.8～4.2	2.2～2.6	2.0～2.4	5.5～6.0
伸长/ %	14～16	20～25	7～9	25～30
湿强/ cN・$dtex^{-1}$	3.4～3.8	1.0～1.5	2.6～3.0	5.4～5.8
湿伸/ %	16～18	25～30	12～14	25～30
湿模（5%伸长）/ cN・$dtex^{-1}$	27.0	5.0	10.0	21.0
吸湿率/ %	65	90	50	3

1. 力学性能　Lyocell 纤维断裂强度可达 3.8～4.2cN/dtex，这一数值已大致相当于聚酯纤维的相对强度，远远大于棉和黏胶纤维，虽然它吸湿以后强度也要下降，但湿强值也有 3.4～3.8cN/dtex，高于棉的湿强 2.6～3.0cN/dtex。所以，它能经受剧烈的机械处理和水处理，不会损伤织物的品质。

Lyocell 纤维之所以在强度方面会有这样优越的表现，除了它的分子取向度高以外，更主要的原因还是因为它的大分子聚合度和结晶度高（表 3－2）。其聚合度比普通黏胶纤维几乎要高出一倍，在黏胶纤维中，工艺最为烦琐且成本最高的富强纤维的聚合度也比它低。

表 3-2　Lyocell 纤维与黏胶纤维的聚合度、结晶度

纤维种类	聚合度	结晶度/%	纤维种类	聚合度	结晶度/%
短纤型 Lyocell 纤维	500～550	50	强力黏胶纤维	300～350	50
普通黏胶纤维	250～300	30	富强纤维	约 500	48
高湿模量黏胶纤维	350～450	44	一般浆粕	200～600	60

2. 初始模量　普通黏胶纤维(长丝)在干态时的模量约为 70cN/tex,而 Lyocell 纤维的初始模量几乎是它的数倍,这与该纤维中巨原纤有很高的取向度和结晶度有关。Lyocell 纤维在湿态时仍然能保持很高的模量值,这在纺织加工中很重要,因为它可以保证纤维在潮湿或者湿态的条件下接受加工时,有良好的保形性。

3. 吸湿性能　从表 3-2 中的数据可以看出,尽管 Lyocell 纤维的结晶度比普通黏胶纤维提高很多,但回潮率水平仍然能保持在 11%以上。因此,它作为衣料用时,没有因回潮率而引发的舒适性问题。基本体现出了纤维素纤维因含有大量羟基在吸湿上应有的优势。

Lyocell 纤维在水中有一个很重要的现象,就是不仅有膨润现象,而且膨润的异向性特征十分明显。

表 3-3　Lyocell 纤维与黏胶等纤维的膨润率

纤维种类	膨润方向		纤维种类	膨润方向	
	横向膨润率/%	纵向膨润率/%		横向膨润率/%	纵向膨润率/%
Lyocell 纤维(短纤)	40.0	0.03	其他黏胶纤维	29.0	1.1
普通黏胶纤维	31.0	2.6	棉纤维	8.0	0.6

从表 3-3 中给出的有关数据可以看出,其横向膨润率可达 40%,而纵向仅有 0.03%。在表中给出的四种纤维中,它的横向膨润率最大,纵向膨润率最小,各向异性比最大。这样高的横向膨润率会给织物的湿加工带来一定的困难,这已成为 Lyocell 纤维加工中的一个难点。但有较高横向膨润率这一特点,可以使经过湿加工的织物获得良好的柔软性。这对 Lyocell 纤维的织物来说非常有价值。同时因 Lyocell 纤维有较高的初始模量值,这也会相应带来较大的变形恢复能力,所以,它不会有黏胶纤维织物那种不挺易皱的缺陷。

4. 染色性能　因为 Lyocell 纤维仍然是纤维素纤维,在染色性能方面,应与棉纤维和黏胶纤维一样,但相比之下,适于黏胶纤维的染料对它应更适合一些,直接染料、活性染料、还原染料、硫化染料及纳夫妥染料都可以使用。但从色相、鲜明度、色牢度及染色操作的简易性等方面考虑,还是活性染料的效果更好一些。

5. 原纤化特征　原纤化的主要表现是纤维可以沿纵向将更细的微细纤维逐层剥离出来,这是具有原纤构造的纤维所特有的一种结构特征。具有典型原纤构造的纤维在从大分子到最后聚敛成为纤维的结构历程中,应包括有:基原纤(直径 10～30nm)、微原纤(直径 40～80nm)、原纤(直径 90～100nm)、巨原纤(直径 100～150nm),再到纤维这样几个由小到大的结构层次。然

而,并不是所有纤维都有这样完善的结构层次,有一些纤维可能会跳过其中的某些层次直接跨入更高一级的层次,而有的纤维则完全没有这样的结构层次。对于天然纤维来说,包括相应的纤维素物质,由于自然生长的特点,一般都有明显的原纤构造。真丝织物为什么在"砂洗"加工以后能出出茸毛效应,这就是蚕丝纤维的原纤化效果所起的作用,能形成"茸毛"的就是比纤维更细的原纤。Lyocell纤维由于结晶度与取向度都比较高,而且由大分子聚敛成的基原纤和由基原纤直接聚敛成的巨原纤基本上都沿纤维的纵向排列。因此,沿纤维纵向逐层剖离比较容易,所以这种纤维在受到外界机械力的作用后,其更微细的纤维(巨原纤)就会从纤维上被剖离出来。加大机械加工力、在高温和碱性的pH条件下加工处理、使用低捻纱线和疏松结构的织物构造等措施,都会增强它的原纤化效果。

从实用角度看,易于原纤化的纤维可以给织物风格带来茸毛效应和改善手感。从加工角度来看,易于原纤化的纤维则会给加工带来一定的困难,最大的问题就是容易脱散起毛,但这种现象一般只要加工时予以注意并配置合适的工艺就可以克服。

四、Lyocell纤维的应用

1. 服用领域 Lyocell纤维以其优异的服用性能用于服装。可纯纺或与棉、麻、丝、毛、合成纤维、黏胶纤维进行混纺或混织,改善其他纤维的性能。由其纱线织造的织物富有光泽,柔软光滑,自然手感,优良的悬垂性,良好的透气性和穿着舒适性。纯Lyocell织物具有珍珠般的光泽,固有的流动感使其织物看上去轻薄而具有良好的悬垂性。通过不同的纺织和针织工艺可织造不同风格的纯Lyocell织物和混纺织物,用于高档牛仔服、女士内衣、时装以及男式高级衬衣、休闲服和便装等,最近开发成功的细旦和超细旦Lyocell纤维使之在高档产品开发中发挥更好的作用。

2. 工业领域 Lyocell纤维具有较高的强力,干强力与涤纶接近,比棉高出许多,其湿强力几乎达到干强力的90%,这也是其他纤维素纤维无法比拟的。在非织造布、工业滤布、工业丝和特种纸等方面得到了广泛的应用。Lyocell纤维可采用针刺法、水刺法、湿铺、干铺和热黏法等工艺制成各种性能的非织造布,性能优于黏胶纤维产品。欧洲的几家公司正对Lyocell纤维在缝纫线、工作服、防护服、尿布、医用服装等方面的应用进行研究,日本的纸张制造商也在开发Lyocell纤维在特种纸方面的用途。

第三节 莫代尔纤维

一、概述

莫代尔(Modal)纤维是奥地利兰精(Lenzing)公司在高湿模量黏胶纤维基础上开发出的变化型高湿模量再生纤维素纤维。莫代尔纤维的原料是采用云杉、榉木制成的木浆粕,通过湿法纺丝工艺加工成纤维。莫代尔原料全部为天然材料,废弃后能够自然分解,对环境无害。

莫代尔纤维的干强接近于涤纶，湿强要比普通黏胶高，光泽、柔软性、吸湿性、染色性、染色牢度均优于纯棉产品。用它做成的面料具有丝面光泽、耐穿性能好等特点。

二、莫代尔纤维的生产工艺特点

虽然不同公司生产的莫代尔纤维生产工艺有所不同，但基本采用的是高湿模量黏胶纤维的生产路线，主要包括碱化反应、老成反应、黄化反应、溶解、过滤、脱泡、熟成、湿法纺丝、牵伸后加工等。

1. 原料　莫代尔纤维需采用高品质的木浆粕或棉浆粕，浆粕的纯度要求较高，甲基纤维素的含量较高，平均聚合度较高和聚合度的分布较窄。

2. 纺丝原液制备　在制备黏胶过程中，应降低碱纤维素的降解。黄化耗用的二硫化碳相对较低。在纤维素黄酸酯用稀碱液溶解后的纺丝原液中，NaOH 的含量要低。原液在纺丝前的熟成时间应尽量短。

3. 纺丝　在纺丝时用凝固浴中的含硫酸量应较低，在较低的温度下成型，减慢纤维素黄酸酯的分解速度，有利于生成较大的晶区，使纤维的湿模量提高。并降低凝固浴中硫酸钠的浓度，初生纤维脱水速度和结构形成较慢，有利于形成高侧序。

4. 后拉伸　在塑化浴中进行高倍拉伸，以提高无定形区的侧序。其他后处理过程基本上与普通黏胶纤维的后加工相同。

三、莫代尔纤维的结构与性能

（一）莫代尔纤维的外观形态

莫代尔纤维的形态结构如图 3－7 所示。莫代尔纤维的横截面呈不规则多边形，具有皮芯结构，皮层较厚；纵向表面光滑，有 1～2 道沟槽。

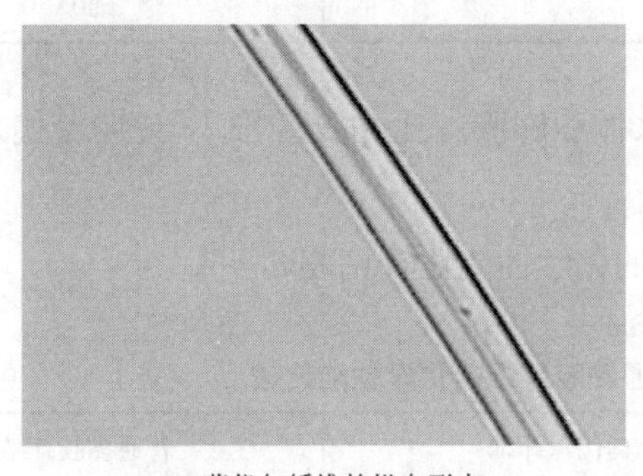

(a) 莫代尔纤维的纵向形态

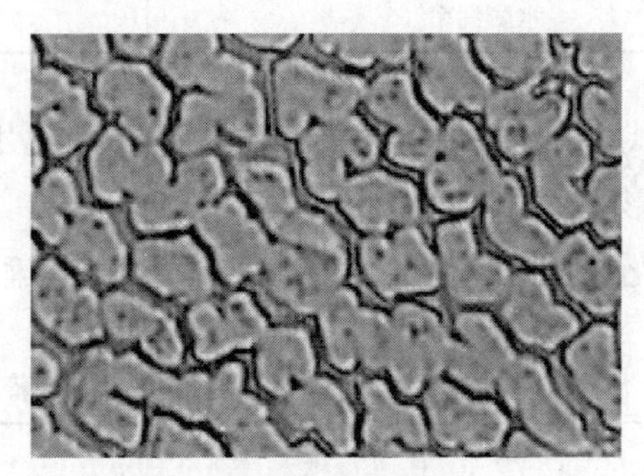

(b) 莫代尔纤维的横截面

图 3－7　莫代尔纤维的形态结构

（二）莫代尔纤维的性能

1. 化学组成　莫代尔纤维与黏胶纤维一样，都是由纤维素组成，具有天然纤维的吸湿性，其化学结构如下：

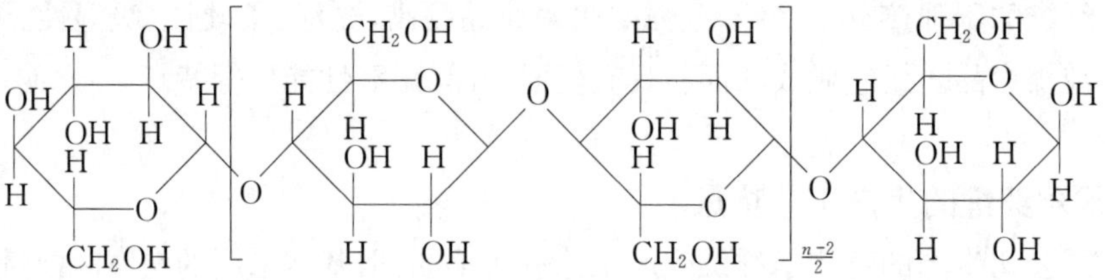

2. 超分子结构 莫代尔纤维与普通黏胶纤维的超分子结构比较见表 3－4。

表 3－4 莫代尔纤维与普通黏胶纤维的超分子结构比较

项　　目	莫代尔纤维	普通黏胶纤维
结晶度/%	50	30
取向度/%	75～80	70～80
聚合度	550～650	230～300
原纤化等级	1	1

从表 3－4 可以看出，与普通黏胶纤维相比，莫代尔纤维具有较高的结晶度和取向度，说明其纤维内部无定形区较小，大分子排列整齐、紧密。同时较高的结晶度和取向度使莫代尔纤维的强度较大而伸长小，由于原纤结构的存在，使纤维手感细腻、柔软，亲肤性强，穿着舒适。

3. 物理性能 莫代尔纤维与普通黏胶纤维的物理性能比较见表 3－5。

表 3－5 莫代尔纤维与普通黏胶纤维的物理性能比较

项　　目	莫代尔纤维	普通黏胶纤维
密度/$g \cdot cm^{-3}$	1.52	1.46～1.52
水膨润率/%	70	90

莫代尔纤维的密度大于普通黏胶纤维，遇水体积膨胀度比黏胶纤维小，说明莫代尔纤维受湿度的影响比黏胶纤维小。

4. 化学性能 莫代尔纤维与普通黏胶纤维的化学性能比较见表 3－6。

表 3－6 莫代尔纤维与普通黏胶纤维的化学性能比较

项　　目	莫代尔纤维	普通黏胶纤维
耐酸碱性	耐碱耐弱酸	耐碱不耐酸
耐热性	较好	较好

莫代尔纤维和普通黏胶纤维的耐热性都较好，在 180～200℃ 时产生热分解。莫代尔纤维和普通黏胶纤维都具有良好的耐碱性，但黏胶纤维不耐酸，而莫代尔纤维耐弱酸。

5. 力学性能 莫代尔纤维与普通黏胶纤维的力学性能比较见表 3－7。

表 3－7　莫代尔纤维与普通黏胶纤维的力学性能比较

项　　目	莫代尔纤维	普通黏胶纤维
干强/cN・$dtex^{-1}$	3.4～3.6	2.2～2.6
干伸长率/%	13～15	20～25
湿强/cN・$dtex^{-1}$	1.9～2.1	1.0～1.5
湿伸长率/%	13～15	25～30
干初始模量(伸长 15%)/cN・$dtex^{-1}$	27.1	13.5
湿初始模量(伸长 15%)/cN・$dtex^{-1}$	20.0	4.0

与黏胶纤维相比，莫代尔纤维的强度和模量都比较大，而伸长较小，且各种性能受湿度的影响比黏胶纤维小。

四、莫代尔纤维面料的特点

莫代尔纤维不仅具有棉的柔软、丝的光泽、麻的滑爽，而且其吸水、透气性能都优于棉，具有较高的上染率，面料颜色明亮而饱满。莫代尔纤维可与多种纤维混纺、交织，如棉、麻、丝等，以提升这些面料的品质，使面料能保持柔软、滑爽，发挥各自纤维的特点，达到更佳的服用效果。

1. 手感　莫代尔纤维面料手感柔软，悬垂性好，穿着舒适。

2. 吸湿性　莫代尔纤维面料的吸湿性能、透气性能优于纯棉织物，是理想的贴身织物和保健服饰产品。

3. 外观　莫代尔纤维面料色泽艳丽、光亮，是一种天然的丝光面料。莫代尔纤维面料布面平整、细腻、光滑，具有天然真丝的效果。

4. 稳定性　莫代尔纤维面料服用性能稳定，经测试比较，与棉织物一起经过 25 次洗涤后，棉织物手感将越来越硬，而莫代尔纤维面料恰恰相反，莫代尔织物经过多次水洗后，依然保持原有的光滑及柔顺手感，而且越洗越柔软，越洗越亮丽。

莫代尔纤维面料成衣效果好，形态稳定性强，具有天然的抗皱性和免烫性，使穿着更加方便、自然。

5. 莫代尔纤维面料的保养　莫代尔纤维面料的保养应注意以下几点。

(1)穿用时要尽量减少摩擦、拉扯，应经常换洗。

(2)服装洗净、晾干、熨烫后，应叠放平整。

(3)莫代尔吸湿性很强，收藏中应防止高温、高湿和不洁环境引起的霉变现象。

(4)熨烫时要求中温熨烫，熨烫时要少用推拉，使服装自然伸展。

五、莫代尔纤维的应用

莫代尔纤维产品具有很好的柔软性和优良的吸湿性但其面料挺括性差的特点，现在大多用在内衣的生产。莫代尔纤维的针织物主要用于制作内衣。但是莫代尔纤维具有银白的光泽、优良的可染性及染色后色泽鲜艳的特点，足以使之成为外衣所用之材。正因为如此，莫代尔纤维日益成为外衣及其装饰用布的材料。为了改善纯莫代尔纤维产品挺括性差的缺点，莫代尔纤维可以与其他纤维进行混纺，并可达到很好的效果。如JM/C(莫代尔50/棉50)就可弥补这一缺点。用此种纱线织成的混纺织物，使棉纤维更加柔顺，并且改善了织物的外观。莫代尔纤维在机织物的织造过程中也可体现其可织性，可以和其他纤维的纱进行交织，从而织成各种各样的面料。

第四节　竹浆纤维

一、概述

全世界竹子资源十分丰富，据统计资料，世界上共有竹子70多属1000多个品种，种植面积达1400多万公顷。中国竹子有40属500多个品种，种植面积达672多万公顷，其中毛竹448多万公顷，占竹林面积的66.6%，主要分布在长江流域及华南、西南等地区，是世界上竹资源最丰富的国家。由于我国森林资源贫乏，棉田有限，寻求新的再生纤维的原料，已成为发展的趋势。随着竹纤维产品精深加工的进行，将带动林业、纺织工业良性运行和持续发展，给纤维制造业、纺织品加工业带来良好的经济效益。

竹浆纤维是一种将竹片做成浆，然后将浆做成浆粕再湿法纺丝制成纤维，其制作加工过程基本与黏胶纤维相似。但在加工过程中竹子的天然特性遭到破坏，纤维的除臭、抗菌、防紫外线功能明显下降。

二、竹浆短纤维的生产

竹浆纤维加工工艺过程与普通黏胶纤维相近，但由于竹材原料的特性使其对设备和工艺技术的要求更高。

(一)制浆工艺流程

制浆工艺流程如下：

风干竹片→预水解→蒸煮→疏解→筛选→氯化→碱处理→第一道漂白→第二道漂白→酸处理→除砂→抄浆→烘干→竹浆粕成品

根据竹材的化学成分和生态结构制订适宜的制浆工艺，制取高品质浆粕才能制备均匀、稳定的纺丝液和性能优良的竹浆纤维。竹浆纤维浆粕生产过程中主要是脱除木质素并减少半纤维素含量，降低聚戊糖含量，直至小于4%，调整聚合度和纤维强度。

制造竹浆粕应重点把握好以下几个环节。

1. 脱除木质素　竹材中含有20%～30%的木质素，木质素是由苯基丙烷结构单元，通过碳碳键和醚键连接而成的具有三维空间结构的网状高分子聚合物，不能形成纤维，制浆时，必须将其除去，否则会给纤维制造和纤维成品质量带来不利影响。如纤维中木质素过高，丝条手感发硬，纤维漂白时生成的氯化木质素在碱介质(脱硫浴)中形成有色物质，使纤维产生斑点，木质素中含有的易被氧化的羰基与空气中的氧作用而消耗部分氧，从而延缓了老成时间，降低浆粕的膨润能力和反应性能，会延长碱浸时间，并降低了过滤效率。

视竹材原料结构的紧密程度，可在脱除木质素过程中采用预处理。竹材木质素是一种典型的草类木质素，对高温、高浓度的碱液和酸液抵抗力较弱。因此，制取工艺中温度、碱液和酸液浓度设计要适当。

蒸煮的预处理：预处理采用硫酸盐法。将合格的竹片在蒸煮器内进行预处理，木质素在酸性条件下引起α－芳基醚键部分的碎片化作用，为黄化反应奠定了基础。同时，酸型和非酸型单元$\alpha-C$上形成苯甲正碳离子，增加了木质素的亲水性，使部分木质素溶出。

蒸煮处理过程：蒸煮过程是脱除木质素的最重要反应，其结果使木质素大分子裂开生成碱木质素与硫化木质素溶于碱液中，竹纤维也溶解出来并分离成浆。蒸煮中既有木质素裂开溶出，也有裂开溶出的木质素子分子相互缩合的机会，但蒸煮过程中经多次低压小放汽，保证了蒸煮液均匀渗透，避免了缺碱升温条件下的缩合反应。同时 HS^- 与木质素反应生成的一硫化物和二硫化物，随着蒸煮温度的升高，硫能从木质素硫化物中析出，再继续参加反应，防止和减少木质素缩合，有利于已裂开的木质素小分子稳定。在蒸煮过程中加入蒸煮助剂，能更有效地促进木质素和细胞壁中残留木质素的脱除。

木质素溶出分两个阶段：

第一阶段是大量木质素脱除阶段。竹材纤维芯杆壁外层导管细，内层导管粗，造成蒸煮过程化学药剂渗透困难，不易蒸煮均匀。生产中经过多次小放汽及较长低压升温，使化学剂液均匀渗透至竹秆内部后再将温度升至155～170℃，此阶段木质素脱除率在83%以上。

第二阶段是补充脱木质素阶段。大量脱除木质素后，仍不能满足后道工序的生产要求，需要补充脱木质素阶段，即高温保温阶段，此阶段脱除木质素率在13%以上。经两个阶段处理后，竹浆料中木质素去除率在95%以上，剩余木质素将在多段漂白中去除。

2. 降低半纤维素含量　竹材中半纤维素含量在16%～21%。半纤维素是指用17.5%的氢氧化钠溶液，在20℃下处理竹纤浆45min，溶于碱液的那部分低分子化合物，其聚合度低于200，纤维素经破坏降解后变为半纤维素，生产中以聚戊糖表示。

竹浆粕中半纤维素含量过高，对纺丝工艺和竹纤维品质都有影响。

一是影响浸渍时间。浸渍时，由于半纤维素大量溶入碱液中，使碱液黏度增加，降低了碱液渗入浆粕内的速度，使半纤维素不能完全溶出。

二是影响黄化。由于半纤维素也能发生酯化反应，且反应速度比纤维素快，黄化时半纤维素会更快地消耗 CS_2，影响纤维素的黄化均匀性及生成黄原酸酯的酯化度。

三是影响纤维成品的物理性能。半纤维素的聚合度低，混入纤维成品中使纤维强度、耐磨性及耐多次变形性降低。在实际生产中，采取以下技术措施。

进行蒸煮处理：在竹材中，半纤维素结构是木糖基以1,4连接构成主链，在主链木糖基和C_3上连有阿拉伯糖基、4－O－甲基葡萄糖醛酸或葡萄糖醛酸支链。由于糖醛基的存在，蒸煮处理时，其不断溶出形成可溶性的醛酸和糖醛酸而被除去，其去除率达80%以上。

碱浸过程：在碱浸过程中，纤维素发生膨润，使浆粕中的半纤维素充分接触碱液，溶解在烧碱溶液中，通过压榨而溢出，压榨出的碱液用真空吸滤机或压滤机过滤，滤去半纤维素及其他杂质。碱液可重新回用。

竹浆纤维中木质素降至4%以内，半纤维素降至2%以内，纤维将有较好的可纺性。

3. 清除灰分 竹材化学组成中灰分较多，且含有大量的二氧化硅、氧化铁等物质，它们大部分沉积在竹表面层，给制浆时化学药剂的回收带来一定难度，还影响浆液的质量。采用蒸煮的方法可将其去除，但蒸煮的时间与温度要适宜，时间不宜过长，温度不宜过高，并加强多段漂白、水洗等工艺措施，这样可消除绝大部分灰分。

（二）纺丝工艺流程

纺丝工艺流程如下：

竹浆粕→粉碎浆粕→浸渍→碱化→黄化→初溶解→溶解→头道过滤→二道过滤→脱泡→熟成→纺前过滤→纺丝→塑化→水洗→切断→脱硫→水洗→上油→干燥→竹纤维成品

为了使纺丝过程顺利进行，必须制成质量均一、稳定，并有良好的过滤性和纺丝性能的纺丝原液。制胶过程中，由于竹浆粕的反应性能和蓬松度较差，使碱纤维素的生成速度减慢，影响了碱纤维素的均匀性，也使黄化溶解过程受到影响，造成黏胶过滤性、可纺性差，经常出现断丝现象，在加工中采用较高浓度的碱液，适当提高碱化温度和添加助剂等措施。

常用竹浆短纤维的规格见表3-8。

表3-8 竹浆纤维的规格

线密度/dtex	切长/mm	线密度/dtex	切长/mm
1.11	38	2.78	51
1.33	38		62
1.56	38	3.33	64
1.67	38		76
	51		86
2.22	45		94
	51	5.56	102

三、竹浆纤维长丝的生产

1. 纺丝工艺流程 纺丝工艺流程如下：

竹浆粕（半浆）→浆粕粉碎并注入水搅拌疏解→预酸化→半浆氯漂→半浆碱化→半浆漂白→脱氯→酸化处理→浸渍→老成→黄化→溶解→纺丝黏胶→纺丝成品

2. 主要工艺参数与工艺措施

（1）半浆的提纯。打浆池装水2/3左右，启动打浆机，运转电流小于100A。将竹浆片投入池中打碎并注水，注水量视浓度而定。装料量为300～500kg/池，竹浆片停投后运行20min左右，待竹浆片完全疏解。

（2）预酸化。预酸池内加酸前，要阶段性（4h）化验半浆黏度等指标。黏度≤16mPa·s时，直接加入盐酸进行预酸化。

(3)半浆氯漂。加酸循环均匀后，可进行60min氯化处理。氯化处理后，直接装入漂机氯漂。半浆残氯小于0.015g/L，否则需用大苏打脱氯。

(4)半浆碱化。半浆质量分数达到5%±0.2%时，开始用生产水洗涤60min，然后加温，加碱，达到一定浓度和温度后持续碱化90min，最后用水洗80～100min。

(5)半浆碱漂。半浆调碱到(170±10)g/m^3，温度调至42～45℃，添加漂液0.45～0.5g/L，半浆黏度低于14.5MPa·s时，则在加漂液前加入氨基磺酸等。

(6)脱氯。漂白结束后，白度达到工艺要求64%以上，即脱氯时其黏度为11～13MPa·s。浆液含氯量最少要达到0.6～0.8g/L，白度可稳定在70%～78%。

(7)酸化处理。调浆液温度至(40±1)℃，加酸(氯基磺酸、盐酸等)含酸是1.2～1.4g/L、加助剂(六偏磷酸钠和NaF等)，继续酸化处理。

(8)原液制备。

①浸渍：碱的质量浓度为230g/L，温度40℃，时间40min。

②老成：16℃，时间30min，黏度(铜氨溶液法)12MPa·s。

③黄化：加入CS_2(对甲基纤维)9%～12%，时间120min，检验温度20℃，最终温度32℃。

④溶解：10～15℃，时间130min。

(9)纺丝工艺。纺丝可采用FCT3000型连续式纺丝机。纺丝速度为100～200m/min。

凝固液组成为：H_2SO_4(160g/L)、Na_2SO_4(240g/L)、$ZnSO_4$(9g/L)，温度58～64℃。

四、竹浆纤维的结构与性能

1. 竹浆纤维的形态结构　纵向表面光滑，纤维表面有深浅不一的沟纹，横截面接近圆形，表皮层类似黏胶纤维的锯齿形态。

竹浆纤维的形态结构如图3-8所示。

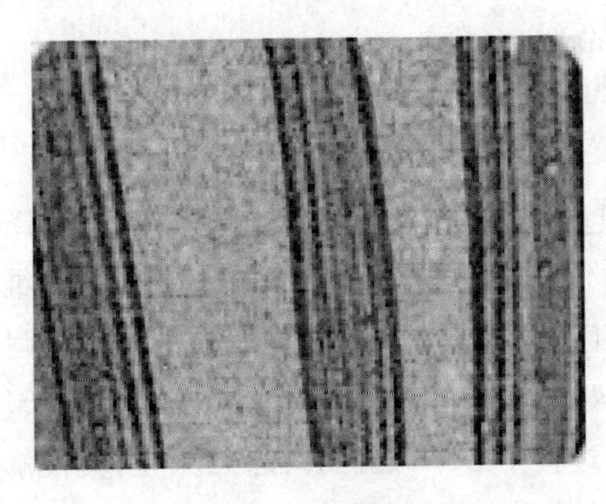

(a) 竹浆纤维的纵向形态

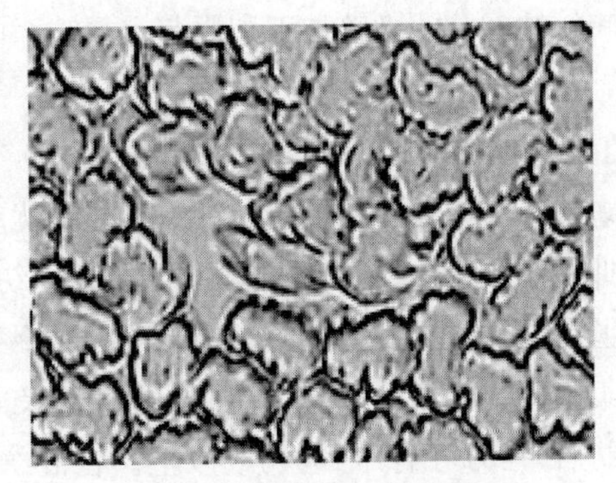

(b) 竹浆纤维的横截面形态

图3-8　竹浆纤维的形态结构

2. 竹浆纤维的力学性能　竹浆纤维与普通黏胶纤维、棉花的性能比较见表3-9。

表 3－9　竹浆纤维与普通黏胶纤维、棉花的性能比较

指　　标	竹浆纤维	黏胶纤维	棉　花
线密度/dtex	1.67	1.67	1.5～1.7
单纤干断裂强度/cN·dtex^{-1}	2.2～2.5	2.5～3.1	2.5～3.1
单纤湿断裂强度/cN·dtex^{-1}	1.3～1.7	1.4～2.0	1.5～2.1
干断裂伸长率/%	14～18	18～22	8～10
回潮率/%	13	13	8.5
吸水能力/%	90～120	90～110	45～60
密度/g·cm^{-3}	1.32	1.32	1.5～1.6
倍长纤维/mg·100g^{-1}	1.2	1.2	—

竹浆纤维因制取方法、取材种类、竹龄不同，纤维内部结构不同，纤维干湿状态不同，其力学性能也有明显的差异。竹浆纤维干态断裂强度比湿态断裂强度高 40%～50%，干态断裂伸长率比湿态断裂伸长率高 10%～15%。

竹原纤维与竹浆纤维的力学性能比较见表 3－10。

表 3－10　竹原纤维与竹浆纤维的力学性能比较

纤维种类	断裂强度/cN·dtex^{-1}		断裂伸长率/%		初始模量/cN·dtex^{-1}		断裂比功/cN·dtex^{-1}	
	干态	湿态	干态	湿态	干态	湿态	干态	湿态
竹原	2.71～10.2	1.8～8.52	3.8	4.59	2.3～59.8	10.3～52.4	0.05～0.2	0.02～0.17
竹浆	1.62～2.75	1.6～2.49	14	12.7	19.2～72.5	25.3～83	0.11～0.46	0.06～0.31

从表 3－10 可知，竹浆纤维的干态、湿态断裂强度均低于竹原纤维的干态、湿态断裂强度；竹原纤维的干态、湿态断裂伸长率都低于竹浆纤维的干态、湿态断裂伸长率。这说明竹原纤维是“高强低伸”型纤维，竹浆纤维是“低强高伸”型纤维。

竹浆纤维强度和断裂伸长率直接影响着服装的耐穿性以及尺寸稳定性，而湿态强度和湿态伸长率影响纺纱、织造、染整加工和服装重复洗涤的工艺条件。

五、竹浆纤维的应用

1. 针织面料　用竹纤维生产的针织面料最优越的性能是凉爽、柔滑、吸湿、易干、光泽好并具有天然抑菌作用，所以特别适合贴身服用。纯纺竹纤维纱或混纺竹纤维纱均可。竹纤维纱最突出的问题是纱线脆性大、弹性差，这与针织成圈工艺所希望的针织用纱应具有较好的耐弯曲性、弹性、柔软性的要求有一定的差距。在编织及染色上应特别注意，竹纤维与有机棉、天丝、莫代尔等混纺后，强力可上升 100%或以上。在混纺过程中必须做好竹纤维与天丝、莫代尔混合的均匀一致性，杜绝色差。由于竹纤维表面光滑，纱线弹性较差，带有脆性，针织织造工艺必须作相应调整，控制好喂纱张力，而且均匀一致，线圈长度不宜过短，否则易出破洞。

2. 家纺面料　竹纤维床上用品具有吸湿透气、手感柔软、光泽好、滑爽耐磨、华贵高雅、天然保健等特点。采用中粗特纯竹纤维纱线可设计生产多种大提花、中提花织物的中厚型床品系列。还可选择纯竹纱做经与纯竹或竹棉混纺纱做纬交织。经纬密度达到 680 根/10cm×470

根/10cm，这种高支高密的床品系列既有高支纯棉精梳纱的柔软、舒适及高档性能，又有细特竹棉混纺纱的柔软、滑糯和优良的吸放湿性能，适合春夏季节的床上用品。由于竹纤维单纤维强力比常规纤维略低，成纱强力也相对较低，在细特高密织物织造时容易产生纱线断头、毛羽缠绕、开口不清等问题，增加了纱线染色、浆纱、阔幅高效织造等工序的生产难度。因此，要优选织造和染整工艺。此外，竹纤维回潮率较大，缩水率也大，尺寸稳定性能要严格控制。

3. 竹纤维巾、被产品　由竹纤维与棉纱为毛经，以棉纱为地经构成的毛巾类产品。这样的结构配置，可充分体现竹纱的特性，又增加了成品的强度，由于竹纤维吸湿能力优于棉，从而使巾、被产品的吸湿性及透气性更趋优良。织造前要上轻浆，适当帖伏毛羽，提高竹纱的强力及耐磨性，以降低织造断头率。织造过程中由于竹纤维断头比棉多，对环境要求严格，车间相对湿度宜偏大达 70％～75％，这样竹纤维纱上浆膜不至于发黏或发脆。

4. 牛仔布　竹纤维和莱卡纺织制造成弹力牛仔布，合理配置工艺参数，可提高牛仔布的保形性和抗皱性。用竹纤维弹力牛仔布制作的衬衣、长短裙、长短裤等服装，具有吸湿性好，色泽鲜艳明快，仿绸风格，穿着舒适。开发竹纤维亚麻毛弹力牛仔面料，经纱用竹纤维/亚麻(65/35、55/45、75/25)混纺纱用靛蓝染色，纬纱用羊毛氨纶包芯纱织造。该产品将竹纤维、亚麻、羊毛、氨纶的特殊性能结合起来，使织物更挺括、尺寸稳定，手感柔软。达到了牛仔面料功能性、装饰性、保健性、舒适性和卫生性的要求。

5. 精纺毛织物　采用毛/竹/丝光棉/涤纶生产高支轻薄精纺羊毛织物，属于高档衬衣面料。竹纤维具有纤维素纤维的共性，身骨及弹性较差，为了克服织物易起皱，并增强织物弹性、尺寸稳定性，采用羊毛、竹纤维、涤纶进行混纺，以改善其抗皱性能。并赋予织物新的外观效果和功能，弥补毛/涤织物吸湿透气性不佳的缺陷，使其具有手感滑爽、活络、光泽好、有弹性又挺括等特点，从而提高了面料的档次和附加值。

☞思考与练习题

1. 简述再生纤维素纤维的发展历史。
2. 简述 Lyocell 纤维的生产工艺流程。
3. Lyocell 纤维具有哪些性能特点？
4. 简述莫代尔纤维的结构与性能？
5. 莫代尔纤维面料有什么特点？
6. 简述竹浆短纤维的工艺流程。
7. 简述竹浆长丝的工艺流程。
8. 竹浆纤维与竹原纤维的性能有什么不同？
9. 结合本地资源论述开发新型再生纤维素纤维的可行性。

参考文献

[1]中国化纤总公司. 化学纤维及原料实用手册[M]. 北京：中国纺织出版社，1996.

[2]朱美芳,许文菊.绿色纤维和生态纺织新技术[M].北京:化学工业出版社,2005.
[3]徐亚美.纺织材料[M].北京:中国纺织出版社,2002.
[4]陈运能,范雪荣,高卫东.新型纺织原料[M].北京:中国纺织出版社,1998.
[5]马大力,冯科伟,崔善子.新型服装材料[M].北京:化学工业出版社,2006.
[6]王曙中,王庆瑞,刘兆峰.高科技纤维概论[M].北京:中国纺织出版社,1999.
[7]邢声远.纺织纤维[M].北京:化学工业出版社,2004.
[8]杨东洁,辛长征.纤维纺丝工艺与质量控制(上册)[M].北京:中国纺织出版社,2008.
[9]王建坤.新型服用纺织纤维及其产品开发[M].北京:中国纺织出版社,2006.
[10]杨明霞,沈兰萍.新型再生纤维素纤维的现状及发展趋势[J].纺织科技进展,2011(2):16-20.
[11]乔莉.面向二十一世纪的绿色纤维——TENCEL(二)[J].纺织导报,1997(6):7-8.
[12]刘海洋,王乐军,李琳,等.再生纤维素纤维的现状与发展方向[J].纺织导报,2006(4):57-59.
[13]杨乐芳,李珏.再生纤维素纤维的物理机械性能对比[J].纺织学报,2004(5):87-88.
[14]房莉,顾平.丽赛纤维的结构性能及其产品应用[J].国外丝绸,2009(2):24-25.
[15]唐莹莹,潘志娟.再生纤维素纤维的结构与力学性能的研究[J].国外丝绸,2009(3):10-12.
[16]刘洪太,冯建永,段亚峰.再生纤维素纤维的开发进展[J].合成纤维,2009(9):11-15.
[17]顾东雅.莫代尔纤维的性能与应用[J].辽宁化工,2009(12):914-915.
[18]崔传庆.LYOCELL纤维及其应用[J].辽宁丝绸,1998(1):11-13.
[19]杨美华,杨东洁.Lyocell纤维结构与性能的关系[J].成都纺织高等专科学校学报,2002(3):10-12.
[20]王娟.竹子深加工产品的应用[J].中国城市林业,2008(2):2-3.
[21]赵家森,王渊龙,程博闻,等.绿色纤维素纤维——Lyocell纤维[J].纺织学报,2004(5):124-126.
[22]周蓉,吴保平.竹浆纤维针织产品性能测试与分析[J].纺织学报,2007(2):24-26.
[23]冯坤,杨革生,邵惠丽,等.凝固浴温度对有机溶剂法再生竹纤维素纤维结构与性能的影响[J].国际纺织导报,2006(2):12-16.
[24]罗益锋.顺应环保的新型纤维素纤维[J],高科技纤维与应用,1998(3):4-10.
[25]高露,杨建平,郁崇文.竹浆纤维与普通黏胶的性能比较[J].广西纺织科技,2007(4):30-33.
[26]吴改红.高科技服装面料的开发与应用[J].广西纺织科技,2009(3):22-24.
[27]莫冬次.Lyocell纤维纺丝工艺概述[J].广西化纤通讯,2002(1):25-29.
[28]林涛.棉、莫代尔纤维的图像识别[D].青岛大学,2010.
[29]顾俊晶.再生竹纤维结构与性能研究[D].苏州大学,2009.
[30]曹机良.竹浆黏胶纤维染整加工性能研究[D].苏州大学,2009.
[31]胡家军,赖红敏.绿色环保新型纤维的开发利用[C].2010年全国现代纺纱技术研讨会论文集,2010.
[32]夏龙全,王爱兵,杨晓星.Lyocell竹浆纤维纱线的研制[C].2010年全国现代纺纱技术研讨会论文集,2010.
[33]吴光玉.纺织纤维及其产品开发[A].2010年全国现代纺纱技术研讨会论文集[C],2010.
[34]巩继贤,李辉芹.竹纤维——一种纺织新材料[J].纺织导报,2003(3):59-62.
[35]程隆棣,徐小丽,劳继红.竹纤维的结构形态及性能分析[J].纺织导报,2003(5):101-103.
[36]阎贺静,等.再生竹纤维的结构和热性能测试[J].丝绸,2004(8):48-50.
[37]许良英,等.竹纤维及其性能的测定[J].染整技术,2004(6):31-34.
[38]李辉芹.水系列竹纤维新产品的开发设计[J].纺织导报,2004(6):96-98.

第四章　新型再生蛋白质纤维

第一节　概　述

蛋白质纤维可分为天然蛋白质纤维(如羊毛、羊绒等动物毛、羽毛和蚕丝等)和再生蛋白质纤维两大类。后者按原料来源又有再生植物蛋白质纤维(如从大豆、花生、油菜子、玉米等谷物中提取蛋白质纺制的纤维)和再生动物蛋白质纤维(如从牛奶、蚕蛹中以及利用猪毛、羊毛下脚料、羽毛等不可纺蛋白质纤维或废弃蛋白质中提取蛋白质纺制的纤维)。再生动物蛋白纤维有:酪素纤维、牛奶蛋白纤维、蚕蛹蛋白纤维、丝素与丙烯腈接枝而成的再生蚕丝、人造蜘蛛丝等;再生植物蛋白纤维有:玉米蛋白纤维、花生蛋白纤维、大豆蛋白纤维等。

我国对再生蛋白纤维研究起步比较晚,在20世纪50年代、70年代曾分别对再生蛋白纤维进行过初步探索,但未获成功。20世纪90年代,四川省曾对蚕蛹再生蛋白纤维进行了研制,虽然纤维实现了小批量生产,但蛋白质含量较低,且在织造和印染加工中存在很多问题,严重影响了该类产品的开发和技术推广。

1995年,上海正家牛奶丝科技有限公司独立开发研制出牛奶丝面料。该公司是我国较早研究牛奶蛋白纤维的民营企业,经过多年钻研,牛奶蛋白纤维的生产技术已日趋成熟,国产牛奶蛋白纤维的主要物理和化学性能指标均已达到或接近日本同类产品的水平。由于牛奶蛋白纤维柔韧、富有弹力,且与肌肤有很好的亲和力,适用于开发贴身内衣面料和睡衣。东华大学、金山石化曾对酪素/丙烯腈接枝共聚物的纺丝进行过研究,但亦停留于理论探讨。

1995年,河南李官奇先生对大豆蛋白纤维进行了深入的系统研究开发,于2000年通过了国家经贸委工业试验项目鉴定,在化纤纺织行业引起了很大震动。他的发明专利“植物蛋白质合成丝及其制造方法”,在河南遂平、江苏常熟、浙江绍兴等地建厂工业化生产出0.9～3.0dtex的大豆蛋白复合短纤维。

江苏红豆实业股份有限公司2001年成功地开发了用100%牛奶蛋白纤维织造而成的红豆牛奶丝T恤衫。用牛奶蛋白纤维生产出的T恤衫,面料质地轻柔,有悬垂感;穿着透气、导湿、爽身;外观色泽优雅。山西恒天纺织新纤维科技有限公司研制成功能与羊毛、羊绒、蚕丝、棉、竹、天丝、莫代尔等有很好的混纺性的牛奶蛋白—聚丙烯腈短纤维,这种牛奶蛋白纤维以聚丙烯腈为单体,并经瑞士纺织检定有限公司鉴定,获得国际生态纺织品Oeko-Tex Standard100绿色纤维认证书。

2002年,天津再生纤维厂利用毛纺行业产生的下脚料或动物的废毛作原料,通过化学处理方法，溶解成蛋白质溶液与黏胶原液混合，经纺丝制成蛋白质纤维素纤维。

近年，通过共混、共聚、接枝等方法对再生蛋白质纤维进行了工业化的生产，并解决了后加工中纺纱、染色等技术问题，在纺织品中得到广泛应用。

由于再生蛋白质纤维具有良好的肌肤亲和性与服用性能，其面料爽滑，悬垂性能好，又具有真丝的光洁艳丽的风格，与其他化学纤维混纺，可以开发如运动上衣、韵律健身服、美体内衣等针织产品，具有很大的市场潜力。

第二节　大豆蛋白纤维

一、概述

大豆是我国主要的农作物之一，在东北、华北平原广泛种植。大豆不仅产量高，而且富含蛋白质，可制成与蚕丝相媲美的大豆蛋白纤维。大豆蛋白纤维是到现在为止全部由我们中国人自己开发和工业化生产的唯一一种化学纤维。这和 100 年来其他的化学纤维不一样，如涤纶、锦纶、腈纶、丙纶、氨纶等，都是由外国人首先开发或者是外国人首先工业化生产的。

大豆蛋白纤维是采用化学、生物学的方法以脱去油脂的大豆豆粕作原料，提取植物球蛋白，通过添加功能性助剂，与含有羟基、氰基等基团的高分子化合物接枝、共聚、共混，制成一定浓度的纺丝原液，经湿法纺丝而制成大豆蛋白质含量达 25%～40%的初生丝，随后按湿法纺聚乙烯醇纤维的后加工工序处理，最后经干燥、切断而得到大豆蛋白纤维的短纤维。这种单丝细度细、密度小、强伸度高、耐酸耐碱性强、吸湿导湿性好。有着羊绒般的柔软手感，蚕丝般的柔和光泽，棉的保暖性和良好的亲肤性等优良性能。

二、大豆蛋白纤维的生产方法及工艺特点

大豆蛋白纤维的生产工艺流程如下：

从豆粕上提取纯蛋白质→蛋白质溶解、PVA 溶解、混合→纺丝原液→过滤→湿法纺丝→凝固浴丝条凝固→空气牵伸→湿浴牵伸→干热牵伸→半成品→半成品交联（缩醛化）→水洗→上油→烘干→卷曲定型→切断、打包→成品

（一）原料的制备

将榨过油的豆粕利用分离技术分离出豆粕中的球蛋白，再提纯球蛋白。

（二）纺前准备

将提纯出的球蛋白在一定的 pH 条件下溶解，然后添加引发剂，使部分蛋白质与含羟基等基团的高聚物进行接枝，以提高与含羟基高分子物之间的相溶性，进而用聚乙烯醇制备成稳定的共混纺丝溶液。

大豆蛋白纺丝液是将高纯度大豆蛋白质在碱的作用下，调制而成。因而蛋白质的溶解度与溶液的 pH 有直接关系。在碱性条件下，有助于分子间相互作用，蛋白质中的巯基（—SH）和二硫键（—S—S—）的交换较易进行，有利于提高蛋白质的溶解度，增加纺丝液黏度。当溶液pH<

4.6时(酸性增强),蛋白质溶解度随pH的增加而减小;当pH>4.6时(碱性增强),其溶解度明显增大。因此,大豆蛋白质溶液的pH控制在蛋白质的等电点4.6～4.8比较适宜。

(三)纺丝

利用湿法纺丝设备,经纺丝而成大豆蛋白纤维,再经过缩醛化处理成为性能稳定的纤维。

1. 纺丝溶液黏度　纺丝溶液的黏度取决于蛋白质的浓度、pH、反应时间和温度。在黏度小于410MPa·s范围内,黏度越大,可纺性越好。蛋白质浓度大于14%时,纺丝溶液黏度过大,无法纺丝;低于12.5%时,纺丝溶液黏度太低,纺不出理想纤维。

2. 喷丝孔的长径比　由于大豆蛋白质纤维的成纤为键合成纤,其可纺性较差,因而选择大的长径比有利于纤维成型,提高可纺性。在蛋白质浓度、纺丝速度一定的情况下,喷丝孔长径比为60时,纤维可纺性以及强度最好。

(四)后处理

缩醛化处理后的纤维再经冷却、水洗、上油、烘干、卷曲、定型和切断等工序制成纺织用大豆蛋白质纤维。

三、大豆蛋白纤维的结构与性能

大豆蛋白纤维光泽柔和,具有桑蚕丝样的天然光泽和悬垂感;纤维柔软、蓬松、密度小、吸湿性好,但其弹性较差、抱合力小;在化学稳定性方面,其耐碱性优于其耐酸性;纤维的耐日光稳定性好。

(一)化学组成

大豆蛋白纤维中大豆蛋白质含量为23%～55%,聚乙烯醇和其他组分含量为45%～77%。

(二)外观形态

大豆蛋白纤维的横截面呈扁平状不规则哑铃形,大豆蛋白均匀分布在聚乙烯醇组分中形成海岛型结构,中间有微孔,表面光洁,纵向表面呈现不明显的沟槽且具有一定的卷曲。

大豆蛋白纤维的形态结构如图4-1所示。

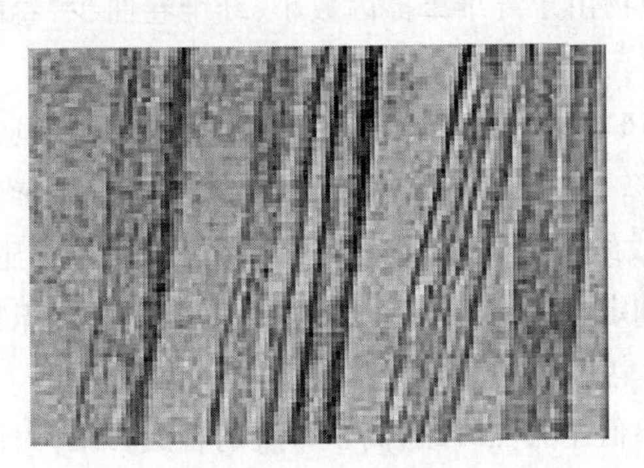

(a) 大豆蛋白纤维的纵向形态

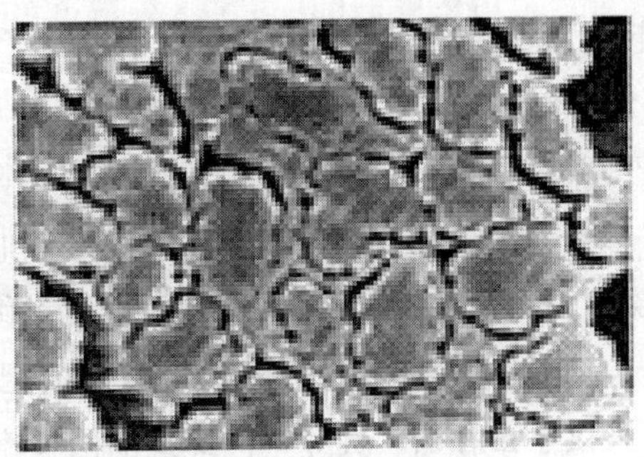

(b) 大豆蛋白纤维的横截面形态

图4-1　大豆蛋白纤维的形态结构

(三)大豆蛋白纤维的性能

大豆蛋白纤维与其他纺织纤维性能比较见表4-1。

表4-1 大豆蛋白纤维与其他纺织纤维的物理性能比较

性能		大豆纤维	棉	黏胶纤维	蚕丝	羊毛
断裂强度/cN·dtex^{-1}	干	3.8～4.0	1.9～3.1	1.5～2.0	2.6～3.5	0.9～1.6
	湿	2.5～3.0	2.2～3.1	0.7～1.1	1.9～2.5	0.7～1.3
干断裂延伸度/%		8～21	7～10	18～24	14～25	25～35
初始模量/kg·mm^{-2}		700～1300	850～1200	850～1150	650～1250	—
钩接强度/%		75～85	70	30～65	60～80	—
结节强度/%		85	92～100	45～60	80～85	—
回潮率/%		8.6	9.0	13.0	11.0	14～16
密度/g·cm^{-3}		1.29	1.50～1.54	1.46～1.52	1.34～1.38	1.33
耐热性		在120℃左右泛黄、发黏(差)	150℃长时间处理变棕色(好)	150℃以上长时间处理强力下降(较好)	148℃以下稳定(较好)	(较好)
耐碱性		一般	好	好	较好	差
耐酸性		好	差	差	好	好
抗紫外线性		较好	一般	差	差	较差

1. 力学性能 大豆蛋白纤维的干态断裂强力接近于涤纶,断裂伸长与蚕丝和黏胶纤维接近,但是变异系数较大,这说明纤维内部结构存在较明显的不匀,这给纺纱带来一定的难度。另外,大豆蛋白纤维吸湿后,强力下降明显。因此,在纺纱过程中应适当地控制其含湿量,以保证纺纱过程的顺利进行。

2. 摩擦、弯曲和悬垂性能 大豆纤维针织物由于纤维摩擦因数小、纤维卷曲少、卷曲牢度低,易起毛而不易起球。

3. 耐晒性能、耐热性能 纤维放在室外风吹雨淋日晒两个月,纤维颜色变浅,强力下降11%,不发霉。用紫外线灯照射120h,强力下降9.8%,说明纤维耐日晒能力强,且抗紫外线能力优于棉纤维,更优于黏胶和蚕丝。纤维热收缩率较大,无熔点,160℃微黄,强力明显下降,200℃深黄,300℃开始炭化,变为褐色。染色和定型温度不宜超过100℃,110℃定型,织物手感发硬。定型后如织物发硬,可用60℃以上的肥皂水水洗,织物手感会变软。

4. 吸湿导湿性能 大豆蛋白纤维的回潮率低于天然纤维,高于常规的合成纤维,因而大豆蛋白纤维织物放湿较快,这是影响织物湿热舒适性的关键因素。它的热阻较大,保暖性优于丝和棉。

5. 化学性能 大豆蛋白纤维与其他纤维的化学性能比较见表4-2。

表 4－2 大豆蛋白纤维与其他纤维的化学性能比较

纤维品种	羊 毛	大豆蛋白纤维	蚕 丝	棉
耐酸性	耐稀酸（好）	耐稀酸（好）	耐稀酸（好）	不耐热稀酸，耐稀酸（较好）
耐碱性	耐稀碱（纯碱），不耐烧碱	耐稀碱（纯碱），不耐烧碱	耐稀碱（纯碱），不耐烧碱	耐烧碱
耐霉菌性，耐虫蛀性	耐霉菌，不耐虫蛀	耐霉菌，耐虫蛀	耐霉菌，不耐虫蛀	不耐菌，耐虫蛀

由于大豆蛋白纤维大分子中含有氨基（—NH_2）和羧基（—COOH），因此，它可耐酸碱。实验表明，在强酸性条件下（pH＝1.7），处理 60min 后强度损失仅为 5.5%（与 pH＝7 相比）；在 pH＝11 时，处理 60min 强度损失 19.2%（与 pH＝7 相比）。这说明大豆蛋白纤维的耐酸性比耐碱性好。

6. 染色性能 不同类型染料对大豆蛋白质纤维针织物的染色性能见表 4－3。

表 4－3 不同类型染料对大豆蛋白质纤维针织物的染色性能

染料类型	颜 色	染料名称	匀染性	透染性
弱酸性染料	金黄	黄 RW	5	好
	大红	大红 F－3GL＋桃红 BS	5	好
	湖蓝	湖蓝 5GM	4	较好
	绿色	黄 RW＋湖蓝 5GM	4	好
中性染料	深咖啡	棕色 RL	2	较差
	蓝灰	黑 BL	3	较好
	浅枣色	枣红 GRL	3	较差
弱酸性＋中性染料	米黄	黄 RW＋棕 RL	2	较差
活性染料	浅黄	Cibacron 黄 LS－R	4	较好
	中蓝	Cibacron 蓝 LS－3R	3～4	较好
	藏青	Cibacron 藏青 FN－B	4～5	较好
	浅红	Lanasol 红 5B	5	好
	艳蓝	Megafix 艳蓝 B－RV	4～5	较好
直接染料	黑色	黑 2V25	5	好

7. 保健功能 在大豆蛋白纤维中含有大豆异黄酮、皂素、甲壳素抗菌纤维所有的低聚糖等对人体有益的微量组分，所以有以下三种功能。

（1）抗菌功能。经权威部门测试，大豆纤维具有有效抑制大肠杆菌、葡萄球菌、念珠菌、肺炎菌、淋病真菌等功能。

（2）远红外功能。大豆蛋白纤维具有较强的远红外线辐射功能。特别是对人体有益的远红外波长 6～14μm 就占到 87%左右，经检测当体表温度超过 25℃时会与皮肤产生远红外辐射，促进皮肤毛细血管血液的微循环，有效消除皮肤瘙痒。并能释放少量负氧离子，使人体皮肤细胞保持新鲜的活力。

(3)抗紫外线功能。经检测，大豆纤维织物能抵抗对人体有害的紫外线。能有效减少皮肤病变。

四、大豆蛋白纤维的应用

以50%以上的大豆蛋白纤维与羊绒混纺成高支纱，用于生产春、秋、冬季的薄型绒衫，其效果与纯羊绒一样滑糯、轻盈、柔软，能保留精纺面料的光泽和细腻感，增加滑糯手感，也是生产轻薄柔软型高级西装和大衣的理想面料。

用大豆蛋白纤维与真丝交织或与绢丝混纺制成的面料，既能保持丝绸亮泽、飘逸的特点，又能改善其悬垂性，消除产生汗渍及吸湿后贴肤的特点，是制作睡衣、衬衫、晚礼服等高档服装的理想面料。

此外，大豆纤维与亚麻等麻纤维混纺，是制作功能性内衣及夏季服装的理想面料；与棉混纺的高支纱，是制造高档衬衫、高级寝卧具的理想材料；或者加入少量氨纶，手感柔软舒适，用于制作T恤、内衣、沙滩装、休闲服、运动服、时尚女装等，极具休闲风格。

五、大豆蛋白纤维的不足

大豆蛋白纤维虽然是一类具有广阔发展空间的新型纤维。但是在纺织染加工中还应注意以下几方面的不足。

1. 可纺性较差

(1)大豆蛋白纤维强力虽大，但存在较大的强力不均，这样在纤维纺纱过程中会给纺纱带来一定的难度。纤维的卷曲率低，卷曲恢复率低，使纤维在纺纱过程中拉直后不易恢复到原来的状态，而使纤维的抱合力变小，降低了纤维的可纺性。

(2)纤维表面光滑，因此在纺织加工过程中，飞花较多、成纱毛羽、棉结和细纱断头较多，因此影响织物外观。

抱合力差、比电阻较大，静电现象比较严重，易缠附机件，因此在纺纱前应对其散纤维进行加湿，或加湿，同时添加抗静电剂。

(3)梳棉工序生产难点较多，问题主要有：剥棉转移差造成的棉网下坠或棉网漂头、烂边；抱合力差造成的机前断棉条，因此要坚持以下的工艺原则："柔和梳理、顺利转移、轻定量、低速度、中隔距"。

(4)大豆蛋白纤维长度长、弹性好、整齐度好，但立体卷曲少、抱合力差。所以并条工序以提高纤维平行伸直度、降低重量不均为重点：粗纱定量应偏轻掌握，以减小细纱牵伸，能有利于成纱毛羽减少。由于熟条抱合力差，生产上应采取措施加强巡回，严防条子起毛。络筒工序应尽量减少毛羽的产生。

2. 漂白性能差 大豆蛋白纤维自身呈米黄色，目前存在的漂白方法，甚至已经用于工业化生产的漂白工艺，无论是还原漂白还是氧化漂白或是还原漂与氧化漂的结合，都无法消除纤维固有的米黄色。因而对大豆蛋白纤维的染整加工产生影响，限制了大豆蛋白纤维产品品种的多样性。

3. 染深性能不好　大豆蛋白纤维本身含有多种基团，如—NH_2、—CN等，可用活性染料、酸性染料、阳离子染料、直接染料、Lanaset染料，甚至分散染料等进行染色，故染料的选择范围很广，比较容易染色。但是由于纤维本身所固有的米黄色所限制，而导致浅色产品色泽暗淡，又由于纤维自身染座较少的缺点，因而不易染出深浓的颜色，有的染料染色上染率虽然较高，但牢度不太理想或匀染性较差。

4. 形态稳定性差　大豆蛋白纤维抗折皱性能、湿回弹性能、耐热性能较差。大豆蛋白纤维遇热收缩率较大，当温度较高时颜色泛黄，并且强力有所下降，从而增加了织物在染整加工中的难度，并对服装生产及服用过程中织物的手感和外观形态有影响。

第三节　牛奶蛋白纤维

一、概述

牛奶蛋白纤维的研究与发展，源自于1935年意大利的SNIA公司和英国的Coutaulds公司，目的是为了人工制造出更精美、更高档的仿真丝纤维。但是当时仅利用牛乳中2.9%的蛋白质作为制取牛奶纤维的原料，不仅成本高，且制造出的纤维性能与天然真丝相比，差距很大，强度太低，没有使用价值。直到1956年，随着合成纤维的产生和发展，日本东洋纺公司发明了用牛乳蛋白溶液与丙烯腈聚合物共混、共聚、接枝的方法，开发了类似于真丝结构的新型牛奶长丝，并于1969年实现工业化生产，商品名为Chino，产品定位是手术缝合线。

我国从20世纪60年代开始研究牛奶蛋白纤维，如上海合成纤维研究所、东华大学、三枪集团、上海金山石化、黑龙江蛋白纤维研究所、山西碳纤维厂等。当时，对蛋白质接枝共聚的各项研究工作是出于对合成纤维的改性、废料的综合利用，希望制取一种手感和性能都优于合成纤维的仿真丝纤维。由于制造纤维的工艺流程复杂，技术条件有限，加之国家食品供应紧缺，不能采用牛乳作为蛋白质纤维的原材料，所以再生制造纤维被淡化。

到20世纪90年代，化学纤维分类更加细化，并向着差别化、个性化的方向发展。人们不仅要求纤维手感柔软、光泽柔和、色泽亮丽，更要具有吸湿透气、保湿滋润、抗菌抑菌、防紫外线等功能，而且便于洗涤、容易打理等。上海正家牛奶丝科技有限公司成功研制的牛奶蛋白纤维，该纤维中含有大量动物蛋白的氨基酸，具有良好的亲肤特性，纤维性能和品种可根据需要调整，具有极好的加工性能。

二、牛奶蛋白纤维的制备方法

目前，牛奶蛋白纤维按照制造方法可分为两大类，即纯牛奶蛋白纤维和含牛奶蛋白纤维。严格来说，只有纯牛奶蛋白纤维才可以称为牛奶纤维，但目前用牛奶蛋白和聚丙烯腈制成的纤维也被称为牛奶纤维。

(一)原料特性

牛奶的主要成分是蛋白质、水、脂肪、乳糖、维生素和灰分等。其中,蛋白质是制造牛奶蛋白纤维的基本原料。具有成纤高聚物的基本条件。

1. 线型大分子 蛋白质大分子的形状有两种:一种是链状的,即线型的,称为纤维蛋白;另一种是球形的,称为球蛋白。牛奶中的蛋白即酪蛋白是线型的,可以制成纤维;而血红蛋白是球蛋白,不能成纤。

2. 有适当的分子间力 所有蛋白质都含有碳、氢、氧、氮;大多数蛋白质含有硫;有些蛋白质含有磷;少数还含有铁、铜、锰、锌等金属元素;个别蛋白质含有碘。蛋白质受酸、碱或酶水解后的最终产物是氨基酸,所以组成蛋白质的基本单位是氨基酸。组成自然界蛋白质的氨基酸主要有 20 种,其化学结构具有共同的特点,即在连接羧基的 α-碳原子上,还有一个氨基,故称 α-氨基酸。氨基酸的结构通式如下:

$$H_2N-\overset{\overset{\large COOH}{|}}{\underset{\underset{\large R}{|}}{C}}-H$$

不同的氨基酸其侧链(R)各异。除甘氨酸外,其余氨基酸的 α-碳原子均为不对称碳原子,故有 L 型或 D 型之分。组成天然蛋白质的氨基酸,除甘氨酸外,都是 L-α-氨基酸。

由于蛋白质分子中含有无数个肽键。肽键使大分子具有很好的柔性,且使大分子能形成氢键,从而使其具有较大的分子间力。

3. 可纺性好 蛋白质与水形成胶体溶液,经纺丝后,随着水分的去除,大分子互相靠拢,分子间形成氢键,多肽链平行排列或相互缠绕在一起,转化为不溶于水的初生纤维。

(二)纯牛奶蛋白纤维

牛奶中水分占 85%以上,所以成纤的第一步是要去除多余的水分,使牛奶浓缩到含水 60%以下后,加碱(NaOH)使脂肪分解。反应后的乳浊液中除蛋白质外都成为可溶于水的低分子物。蛋白质相对分子质量大,不能穿过半透膜,利用这一性质,将蛋白质和低分子物通过透析法分离出来,达到蛋白质的纯化目的。此外,也可用盐析法,即在乳液中加无机盐(如 $MgSO_4$ 等),使蛋白质从中析出,达到纯化的目的。

纯牛奶纤维的生产工艺流程如下:

蒸发→脱脂→碱化→分离→揉合→过滤→脱泡→纺丝→拉伸→干燥→定型→分级→包装

1. 减压蒸发 用于浓缩牛奶,去除多余的水分。温度最好低于 70℃,70℃以上会使蛋白质变性。蒸发器内压力要低于 80kPa。浓缩到含水 60%。

2. 脱脂 去除奶中脂肪是纺前处理的一个重要过程,为减少碱化负担,降低碱耗量,在碱化前先进行离心脱脂,即根据脂肪的密度小于奶中其他成分的密度,利用离心机将大部分脂肪去除。离心机转速应高于 1000r/min。

3. 碱化 为进一步去除脂肪,在离心脱脂后的乳液中加入 NaOH 水溶液,使脂肪分解。碱液中碱和水的摩尔比为 1∶20。碱量太少,脂肪不能完全分解;太多,除使脂肪分解外,还会促使蛋白质分解。

4. 分离　用半透膜将碱化反应后的乳浊液中的蛋白质分离出来，或者加入 NaCl 使蛋白质沉淀析出。

5. 揉合　将析出的蛋白质收集，加无离子水和蛋白质黏合剂，送入揉合机并加热至 60℃，经充分混匀成特别揉合流体后即可作为纺丝原液。

6. 过滤、脱泡　经过滤去除杂质和减压脱除纺丝液中的气泡，可大大减少纺丝中的毛丝、断头，提高可纺性。

7. 纺丝　牛奶蛋白纤维采用干法纺丝法，工艺流程如下：

纺丝液 $\xrightarrow[\text{预热}]{60℃}$ 干法纺丝罐 → 喷丝头 $\xrightarrow[\text{空气固化}]{55℃}$ 长丝 $\xrightarrow[\text{烘干}]{100℃}$ 卷绕

将脱泡后的纺丝原液预热至 60℃，加入干法纺丝罐内，经齿轮计量泵输入纺丝机喷丝头（喷丝孔径为 0.15mm）。从喷丝孔挤出后，细流进入湿球温度约为 55℃的空调环境中初步固化为连续长丝，接着经过 100℃的烘干区，使水分含量降低至 20%以下，并卷绕在筒管上。

8. 拉伸　为提高纤维的断裂强度及其他力学性能，成型后的丝条还需要进行 1.5～2.0倍的热拉伸。拉伸后，大分子沿纤维轴取向排列，分子间力增强，纤维性能得到改善。

9. 干燥和定型　在定型锅内于 90℃下进一步烘干，同时也起到了定型作用。锅内要抽真空，使水分不断汽化排出，纤维含湿量低于 10%。经热处理后，蛋白质转化为变性蛋白质，成为永久的不溶性固化纤维。

(三)含牛奶蛋白的纤维

除了纯牛奶纤维外，还有一类与牛奶纤维有关的纤维是含牛奶蛋白的纤维。这类纤维的纺丝基本上均为溶液纺丝，其原液的制备一般有共混法、交联法和接枝共聚法三种方法。共混法，即以牛奶蛋白和聚丙烯腈共混纺丝，通过聚丙烯腈通常的纺丝方法制成纤维；交联法，即以牛奶蛋白和丙烯腈加入交联剂进行高聚物交联化学反应，制成纤维；接枝共聚法，即以牛奶蛋白和丙烯腈在体系中催化发生反应形成高聚物接枝共聚物，制成溶液，纺丝再制成纤维。

这三种方法的特点是：共混法制备方法简单，没有任何化学反应，牛奶蛋白的分散较差，以直径 30～50nm，长度 100nm 的圆柱状凝聚体分散，分散不均匀，影响了纤维的质量；交联法中牛奶蛋白的分散均匀，分散颗粒小于 20nm；接枝共聚法中牛奶蛋白分散是以分子状均匀地分散在丙烯腈中形成高聚物，其结合最佳，纤维的质量最好，但是原液的制备工艺比较复杂。

三、牛奶蛋白纤维的结构与性能

(一)牛奶蛋白纤维的形态结构

1. 形态结构　牛奶蛋白纤维的截面呈圆形或腰圆形，纵向有沟槽。这种结构与其他纤维相比更有利于吸湿导湿。同时蛋白质分子中存在多肽链。多肽链之间以氢键相结合，这增强了牛奶蛋白纤维的吸湿性。

牛奶蛋白纤维的形态结构如图 4-2 所示。

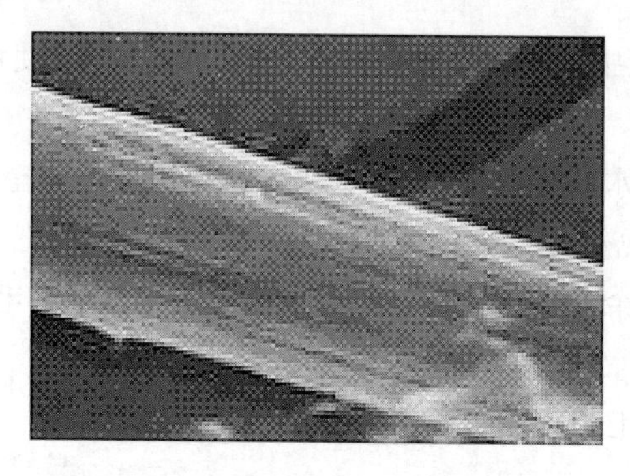

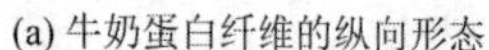

(a) 牛奶蛋白纤维的纵向形态

(b) 牛奶蛋白纤维的横截面

图 4－2　牛奶蛋白纤维的形态结构

2. 聚集态结构　牛奶蛋白纤维中含有天然的线型奶酪蛋白。大分子链具有一定的柔性和分子间力，蛋白质与水形成胶体溶液，经纺丝后，随着水分的去除，大分子互相靠拢，分子间形成氢键。氨基酸的肽键连接，形成肽链，多肽链平行排列，甚至缠结在一起，转化为不溶于水的固化丝条，再由肽键构成蛋白质。肽链排列比较整齐密集的区域称为结晶区，大分子结构以结晶结构的形式存在，赋予纤维固化成型和力学性能。另一部分肽链是无序状态，呈不整理、疏松的排列，称之为非结晶区或无定形区。大分子以相对自由的形式存在，赋予纤维柔软、易变形、能染色、有弹性的性能。

(二)牛奶蛋白纤维的性能

牛奶蛋白纤维与棉、黏胶纤维、蚕丝、羊毛等纺织纤维物理及化学性能的比较见表 4－4。

表 4－4　牛奶蛋白纤维与棉、黏胶纤维、蚕丝、羊毛等纺织纤维物理及化学性能的比较

性　能	牛奶蛋白纤维	棉	黏胶纤维	蚕　丝	羊　毛
断裂强度/cN·dtex^{-1}	2.8～4.0	1.9～3.1	1.5～2.0	2.6～3.5	0.9～1.6
干断裂伸长率/%	18～21	7～10	18～24	14～25	25～35
回潮率/%	8.6	9.0	13.0	11.0	14.6
密度/g·cm^{-3}	1.29	1.50～1.54	1.46～1. 52	1.34～1.38	1.33

1. 物理化学性质　牛奶蛋白纤维具有良好的物理化学性能，单纤断裂强度高于羊毛、棉和蚕丝等天然纤维，并具有良好的可纺性，适宜开发低特(高支)高密的高档面料。

牛奶蛋白纤维的断裂伸长率大于棉，接近于黏胶纤维。具有良好的抗形变能力，沸水收缩率小。用牛奶蛋白纤维制成的纺织品，其尺寸稳定性能良好，同时还具备易洗、快干等特点。

牛奶蛋白纤维具有较低的耐碱性，耐酸性稍好。牛奶蛋白纤维经紫外线照射后，强力下降很少，说明纤维具有较好的耐光性。

2. 染色性能　牛奶蛋白纤维本色为淡黄色，似柞蚕丝颜色。它可用酸性染料、活性染料染色。尤其是采用活性染料染色，产品颜色艳丽，光泽鲜亮，同时其日晒、汗渍牢度良好，与真丝产品相比解决了染色鲜艳与染色牢度之间的矛盾。

3. 保健功能 牛奶蛋白纤维与人体皮肤亲和性好，含有多种人体所必需的氨基酸，有良好持久的保健作用。

四、牛奶蛋白纤维的染整加工工艺

(一)牛奶蛋白纤维的染整加工工艺流程

1. 烧毛 在牛奶蛋白纤维的染整加工过程中，对烧毛应特别慎重，尤其是染色织物，可采用高速轻烧工艺。因为牛奶蛋白纤维烧毛之后，会造成布面受损，产生不易观察的熔球，虽然布面光洁度得到了提高，但是染色后容易产生色点。

2. 退浆 牛奶蛋白纤维属于再生蛋白质纤维，布面杂质少。纺织厂织造时上的浆料为淀粉和 PVA 的混合浆。由于牛奶蛋白纤维分子的多肽结构，又不耐烧碱，因此采用酶退浆进行处理。未退浆的织物由于浆料和杂质的存在，渗透性很差。可对其工作液进行多浸一轧，以达到工作液在织物内均匀渗透。

3. 漂白 由于牛奶蛋白纤维本身呈淡黄色，退浆后必须进行漂白才能满足染色的要求。但是由于它的耐碱性能和耐热性能差，所以只能选择在弱碱性条件下漂白。

另外，牛奶蛋白纤维的漂白也可以根据染色深浅的不同采用还原剂漂白、双氧水漂白+还原剂漂白，染特浅色可根据需要进行增白处理。

4. 烘干 在牛奶蛋白纤维的生产过程中，需要烘干时，应选择好设备及烘干方式，不能用直接接触式高温烘干设备，因为直接接触高温，牛奶蛋白纤维在湿热情况下，手感会变硬。可以选用松式烘干，烘干 70～80℃，织物完全干燥后，牛奶蛋白纤维织物即可进行热定形处理。

5. 定型 为了保证牛奶蛋白纤维的缩水率及控制弹性伸长，需要进行热定型工艺，可以参考氨纶弹力布工艺，具体如下：温度 185℃，时间 30s。

6. 染色 适合牛奶蛋白纤维染色的染料有活性染料、弱酸性分散染料和中性染料。选用中性染料在高温高压溢流机中对其进行染色。

经处理染色后的牛奶蛋白纤维手感柔软，动感飘逸而且具有养肌润肤的独特功能，是比较理想的高档服装面料。

(二)牛奶蛋白纤维在染整加工工艺中存在的问题

牛奶蛋白纤维存在别的纤维无法比拟的优点的同时，也存在着一些不容忽视的局限性。

1. 漂白难度大 牛奶蛋白纤维在纺丝过程中受到高温、醛化、卷曲、定型的影响，奶酪蛋白聚乳糖分解使纤维发生黄变。在牛奶蛋白纤维或其纺织品的染前漂白时，若保护蛋白质不被破坏就很难达到像棉纤维的漂白白度。如聚丙烯腈类牛奶蛋白纤维，它本身呈奶白色，但由于聚丙烯腈的不耐热和不耐碱性以及蛋白质部分的热分解性等，也很难达到像棉纤维的漂白白度，且影响其染色的鲜艳度。

2. 同色性差 牛奶蛋白纤维是由多组分组成的，虽然共聚后改变了其中合成大分子的性能，可以采用活性染料染色，但是在染中、深色时，还是会出现色差、色不匀、色不平、多色及“闪色”等现象。

3. 收缩率大 采用湿法纺丝的牛奶蛋白质纤维，横截面呈现不规则的圆形或锯齿形，布满了大大小小的空穴，纵向有许多不规则的沟槽，蛋白质覆盖在载体的表面，纤维能够吸湿透气的同时，提供了染料容易染色的染座。但是太多不规则的微孔和沟槽，导致纤维溶胀后收缩率大。

4. 匀染性差 由于湿法纺丝的牛奶纤维微孔多，对染料的吸附性强。蛋白质大分子覆盖在纤维表面，合成大分子排列于纤维内部，导致因吸附速度过快而使染料分子难以渗透、移染到纤维内部。容易产生色花、色泳移、色不匀等现象。

5. 染色后不易回修 活性染料的剥色，多数采用升温法使部分染料水解而变浅。高碱度还原法是破坏已上染的染料而变浅。高浓度氧化法是使上染的染料被氧化而去除残留的染料。无论哪种回修方法，对牛奶蛋白纤维强度、柔软度等都是不利的。

五、牛奶蛋白纤维的发展前景

牛奶蛋白纤维可以纯纺，也可以和羊绒、蚕丝、绢丝、棉、毛、麻等纤维进行混纺，织成具有牛奶蛋白纤维特性的面料，产品应用领域广泛：针织主要有大圆机类，如单面汗布、棉毛布、色织大循环彩条布、拉架布；一次成型类，如紧身内衣、文胸、健美裤；横机类，如内衣、T恤衫、精粗纺时尚针织衫；织类，如运动袜、男女常规袜、童袜、连裤袜；家纺类，如毛毯、毛巾、浴袍、浴擦等；机织类，如衬衫、床上三件套、裤料；还有非织造布类及被类、枕类填充料等。牛奶蛋白纤维正在满足人们对织物在舒适、高档和时尚方面的要求。

第四节　花生蛋白纤维

一、概述

以花生粕为原料，提取、提纯蛋白质，蛋白质与高聚物进行接枝、共聚、共混制成纺丝原液，经湿法纺丝，初生纤维通过热拉伸、热定型、交联醛化和后整理工艺，制成用于纺织的新型原料花生蛋白纤维。作为一种新型的纺织原料，具有独特的性能，其制品在光泽、手感等方面具有特殊的风格，具有吸湿、透气、柔软、光滑、干爽、光泽高雅、穿着舒适等功能。能够与羊毛、丝、棉、麻及化学纤维混纺。

二、花生蛋白纤维的生产方法

1. 原料制备 将去衣花生仁磨碎，先用有机溶剂萃取其所含的脂肪，然后用稀碱液（pH 约为 8）浸泡，提取出它所含的花生蛋白，随后调节提取液 pH 至约 4.5，花生蛋白便从提取液中沉析出来，产生率约为脱酯花生粉的 42%。经洗涤、烘干后得到花生蛋白。

2. 纺丝原液制备 用稀的氢氧化钠溶液溶解花生蛋白，配成约含蛋白质 20%～30%、氢氧化钠 0.5%的纺丝液，再经过滤、脱泡、熟成后即可得到用于纺丝的原液。

3. 纺丝及后加工 纺丝原液由计量泵定量挤出，经喷丝板进入凝固浴中，凝固浴中约含硫酸 100g/L、硫酸钠 430g/L，凝固温度为 45～50℃。在得到初生丝后，随后用氯化钠溶液（浓度约100g/L)、硫酸铝溶液(浓度约220g/L)、甲醛溶液(约30%)等分别进行处理,最后经洗涤、上油、脱水、烘干、切断而得到成品纤维。

三、花生蛋白纤维的性能及应用

花生蛋白纤维既具有天然蚕丝的优良性能,又具有合成纤维的力学性能。将花生蛋白纤维与羊毛、纤维素纤维等混纺后通过针织或机织制成各种服用面料。

1. 外观质感　使用花生蛋白纤维织造的服装面料具有真丝般的光泽,且悬垂性好,用高支纱织成的织物,表面纹路细洁、清晰。

2. 穿着舒适性　花生蛋白纤维面料不但有优异的视觉效果,而且在穿着舒适性方面更突出,其针织面料手感柔软、滑爽,有真丝与羊绒混纺的感觉,其吸湿性与棉相当而导湿透气性远优于棉。

3. 染色性能　花生蛋白纤维本色为淡黄色,很像柞蚕丝色,可用酸性染料、活性染料染色,尤其适用活性染料,产品颜色鲜艳而有光泽。

4. 力学性能　花生蛋白纤维干断裂强度比羊毛、棉、蚕丝的强度高,仅次于涤纶等高强度纤维,可开发高档低特(高支)高密面料。由于花生蛋白纤维的初始模量偏高,且沸水收缩率低,故面料尺寸稳定性好。

第五节　蚕蛹蛋白纤维

一、概述

蚕蛹在我国有一千多年的药用史。现代研究表明,蚕蛹具有较高的营养价值,而从蚕蛹中萃炼的优质蛋白是由18种不同氨基酸组成的蛋白化合物。蚕蛹蛋白质中18种氨基酸的含量都在15 mg/g以上,其中丝氨酸、苏氨酸、色氨酸、酪氨酸等对人体皮肤十分有益,具有呵护肌肤的特殊功效。

蚕蛹蛋白纤维是综合利用生物工程技术、化纤纺丝技术、高分子技术将从蚕蛹中提取的蛋白与天然纤维素按比例共混或与丙烯腈接枝共聚后进行溶液纺丝,在特定的条件下形成的具有稳定皮芯结构的全新生物质蛋白纤维。其主要成分是蚕蛹蛋白和天然纤维素或丙烯腈基本单元,其组分一般为10%~40%的蚕蛹蛋白,90%~60%的天然纤维素或丙烯腈基本单元。

二、蚕蛹蛋白纤维的生产

(一)蚕蛹—黏胶共混纤维

1. 蚕蛹蛋白的制备　首先将经过选择的新鲜蚕蛹经烘干、脱脂、浸泡,在碱溶液中溶解后,进行过滤,用分子筛控制相对分子质量,再脱色处理,调节等电点,进行水洗,最后经脱水、烘干制得蚕蛹蛋白。

2. 蚕蛹蛋白纺丝液的制备　烘干后的蚕蛹蛋白经温度为60℃左右,pH为6~7的软水漂洗，然后脱水烘干。将漂洗后的蚕蛹蛋白按蚕蛹蛋白：氢氧化钠＝(1：0.08)～(1：0.2)(固体质量比)，溶解在温度为70℃、浓度为1.2%～2%(质量比)的氢氧化钠溶液中，恒温搅拌3～5h，得到蚕蛹蛋白液。降温至40～50℃，加入0.5%～1%的双氧水进行引发后，按蚕蛹蛋白：丙烯酰胺＝(1：0.1)～(1：0.15)(固体质量比)加入丙烯酰胺，经充分搅拌后得到改性蚕蛹蛋白液。按改性蚕蛹蛋白液：黏胶＝(1：2)～(1：2.5)(质量比)将改性蚕蛹蛋白液与黏胶纺丝液进行混合得到蚕蛹蛋白纺丝液。

3. 纺丝及后处理　经脱泡、过滤处理后的蚕蛹蛋白纺丝液经计量泵的定量挤出，在以硫酸(80～130g/L)、硫酸钠(250～360g/L)、硫酸锌(10～50g/L)组成的凝固浴中凝固成初生纤维，凝固后的纤维用含甲醛(25～50g/L)、硫酸(7～25g/L)、硫酸钠(130～250g/L)的醛化液中进行醛化处理。最后经水洗、干燥、卷曲、上油、切断等工序，可得到蚕蛹—黏胶共混纤维。

(二)蚕蛹蛋白—丙烯腈接枝共聚纤维

1. 纺丝原液的制备　将一定量的蚕蛹蛋白溶于温度为50～80℃、浓度为50%～75%的硫氰酸钠水溶液中，溶解30～120min后，经过滤，加入无离子水稀释成含硫氰酸钠40%～50%、蚕蛹蛋白1.5%～5.0%的蚕蛹蛋白硫氰酸钠溶液。

按比例将蚕蛹蛋白硫氰酸钠溶液、丙烯腈、甲基丙烯酸甲酯或丙烯酸甲酯、丙烯磺酸钠或甲基丙烯磺酸钠、偶氮二异丁腈加入混合釜中，使固体物料完全溶解，然后转入反应器中。

混合液在反应器内进行接枝共聚反应。搅拌速度为50～200r/min，升温速率控制在1℃/min。当反应温度为65℃时，使温度缓慢上升，升温速度控制在5℃/min，在75～85℃时反应1.5～2.5h，聚合物经脱单、脱泡后得到相对分子质量为6.4万～8.3万的纺丝原液。

2. 纺丝成型及后处理　将纺丝原液经计量泵定量挤出，通过(80～300)×0.08mm的喷丝板，液体细流在硫氰酸钠溶液浓度为8%～15%、温度为5～15℃、凝固浴长为0.8～1.5m的凝固浴中成型，得到初生纤维。

初生纤维在硫氰酸钠溶液浓度为8%～15%、温度为60～80℃，预热浴中进一步凝固，并以1.2～2.5的倍数拉伸；预热拉伸后的纤维经水洗后，再经温度为95～100℃、拉伸倍数为1.5～4.0倍的第一沸水拉伸，拉伸倍数为2.0～4.0倍的第二沸水拉伸；最后上油、干燥，得到蚕蛹蛋白—丙烯腈共聚纤维。

三、蚕蛹蛋白纤维的结构与性能

(一)化学组成

蚕蛹蛋白纤维中的蛋白质由18种氨基酸组成。这些氨基酸大多是生物营养物质，与人体皮肤的成分极为相似，其中丝氨酸、苏氨酸、亮氨酸等具有促进细胞新陈代谢，加速伤口愈合，防止皮肤衰老的功能；丙氨酸可防止阳光辐射及血蛋白球下降，对于防止皮肤瘙痒等皮肤病有明显作用。

(二)蚕蛹蛋白纤维的形态结构

蚕蛹—黏胶共混纤维的形态结构如图4-3所示。

蚕蛹—黏胶共混纤维由纤维素和蛋白质构成，具有两种聚合物的特性，属于复合纤维中的

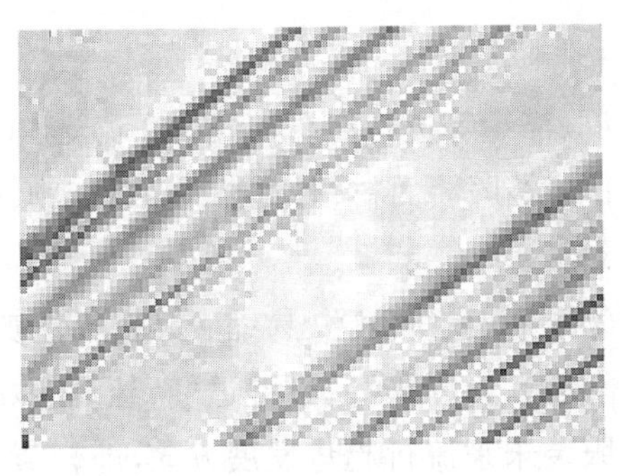

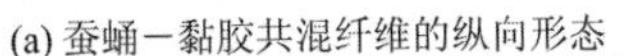

(a) 蚕蛹－黏胶共混纤维的纵向形态

(b) 蚕蛹－黏胶共混纤维的横截面

图 4－3　蚕蛹—黏胶共混纤维的形态结构

一种。该纤维有金黄色和浅黄色两种，从纤维切片染色后的照片可以看出，纤维素部分呈白色略显浅蓝，在纤维截面的中间，蛋白质呈蓝色；在纤维截面的外围，整个截面形成皮芯层结构。蚕蛹蛋白—丙烯腈接枝共聚纤维颜色呈淡黄色。

(三)蚕蛹蛋白纤维的性能

1. 力学性能　蚕蛹—黏胶共混纤维的干断裂强度为 1.32cN/dtex，干断裂伸长率 17%。

蚕蛹蛋白—丙烯腈接枝共聚纤维干强为 1.41～2.29cN/dtex，断裂伸长率为 10%～30%。

2. 吸湿性能　从分子结构来看蚕蛹蛋白中含有—COOH、—NH_2、—OH，纤维素有—OH，它们都是亲水基团，蕴含天然的保湿因子。经测定其回潮率为 15%左右。经电子显微镜观察，蚕蛹蛋白纤维表面不光滑，有无数微细凹槽；横截面为不规则的椭圆形、腰圆形，内有空腔，横截面上有大大小小的空隙，且边缘有裂纹。这些空隙、凹槽与裂纹，可形成良好的毛细管效应，将肌肤表层的湿气和汗水经由芯吸、扩散、传输作用，迅速吸收散至织物表层，是最佳的导湿、透气纤维。用这种动物蛋白和植物纤维织成的面料及加工制成的服装服饰产品，在常温下，它可以使肌肤保持水油平衡，滋养肌肤；在夏季穿着，又可迅速吸收多余水分，保持肌肤干爽。

蚕蛹蛋白与丙烯腈接枝共聚纤维中含有天然高分子化合物(蚕蛹蛋白)和合纤成分(聚丙烯腈)，它具有蛋白纤维吸湿性、抗静电性、舒适性等特点，同时又具有聚丙烯腈的手感柔软、保暖性好等优良特性。

3. 化学性能　蚕蛹—黏胶共混纤维为皮芯层结构，纤维素部分在纤维的中间，蛋白质在纤维的外层。所以很多情况下蚕蛹—黏胶共混纤维表现的是蛋白质的性质。蛋白质中含有较多的氨基等强亲核性基团，这为活性染料中温中性染色提供了基础。

蚕蛹蛋白与丙烯腈接枝共聚纤维同时含有聚丙烯腈和蚕蛹蛋白分子，它同时表现出两种纤维的化学性能。

4. 生物性能　蛋白质在蚕蛹—黏胶共混纤维的外层。人们在穿着用蚕蛹蛋白—黏胶共混纤维长丝织成的织物时，与人体直接接触的是蛋白质，所以它与皮肤有良好的相容性且具有保健性。

四、蚕蛹蛋白纤维的应用

蚕蛹蛋白纤维可以直接纯纺，也可与棉、毛、麻、涤纶等进行混纺，制成30英支、40英支、60英支、80英支、120英支等不同规格的纱线，是制作高档服装面料、T恤衫、内衣、织物、床上用品及高档装饰用品等的最佳选择。

用蚕蛹蛋白纤维制成的织物，克服了真丝织物娇嫩、色牢度差、易缩、易皱，易泛黄、遇强碱易脆损等缺陷。同时兼具真丝和生物质纤维色泽亮丽、光泽柔和、吸湿透气、悬垂性好、抗折皱性好等优点。用蚕蛹蛋白纱线制成的织物，满足服装未来流行趋势发展方向，即轻薄、飘逸、舒适、富有质感、功能性、绿色环保等。

第六节　蜘蛛丝及仿蜘蛛丝

一、概述

蜘蛛属节肢动物，蛛形纲，蛛形目。蜘蛛种类繁多，会吐丝结网的大约有2万多种。按吐出丝种类的多少分为古蛛亚目、原蛛亚目和新蛛亚目。古蛛亚目的蜘蛛只能吐出一种丝，原蛛亚目的蜘蛛可吐出3种丝，新蛛亚目的蜘蛛可吐出7种丝。一般来说，新蛛亚目所有的蜘蛛都会有7种丝腺，各个丝腺分别能产生不同性质的丝。

蜘蛛丝是多种极其特殊的氨基酸所构成的蛋白质纤维，具有超强的韧性与抗断裂机能，又同时具有质轻、抗紫外线及生物可分解等特点，制成纤维后可应用在科技、国防、医疗等领域。其优异的物理性质是一般天然纤维和合成纤维所无法比拟的。因而引起了世界各国科学家的兴趣与关注。

二、蜘蛛丝的形成及分类

蜘蛛能从食物中摄取氮素营养，在体内绢丝腺中合成蛋白腺液，经绢丝腺管从吐丝口喷吐出来，由于绢丝腺管到吐丝口之间有种特殊的细胞，它能将蛋白质腺液中取出的氢原子泵入绢丝腺管的前部形成酸浴，当浓缩的蛋白质腺液与酸浴接触时，蛋白质分子相互叠合，连接成链状，在吐丝器的作用下被牵伸，从而使丝的强度大增，形成蜘蛛丝的优良性能。

圆蛛族7种丝腺产生的丝及其功能与性质见表4－5。

表4－5　圆蛛族7种丝腺产生的丝及其功能与性质

丝腺名	丝种类	功能与性质
大囊状腺	牵引丝	蜘蛛用于悬挂自身的丝，强度在丝中是最大的
	放射状丝	无黏性，作为从网心向外辐射的纵丝
	框丝	有黏性，作为网外框与树身相连

续表

丝腺名	丝种类	功能与性质
小囊状腺	牵引丝	—
	框丝	
葡萄状腺	捕获丝	猎物触网后，用于缠绕、捕获猎物的丝
管状腺	卵茧丝	用于织造产褥，形成卵茧的丝
鞭毛状腺	横丝	即螺旋丝，在纵丝中间相连，弹性大、黏性强，可以粘住猎物
梨状腺	附着盘	—
集合状腺	横丝表面的黏性物质	—

三、蜘蛛丝的结构与性能

(一)形态结构

利用扫描电镜研究蜘蛛丝的超分子结构发现，蜘蛛丝是由一些被称为原纤的纤维束组成，而原纤又是几个厚度为120nm的微原纤的集合体，微原纤则是由蜘蛛丝蛋白构成的高分子化合物。它的横截面形态接近圆形，与蚕丝的三角形不同，横断裂面的内外层为结构一致的材料，无丝胶。蜘蛛丝是单丝，不需要丝胶来黏住两根丝，因此没有蚕丝那样覆盖于表面的水溶性物质。蜘蛛丝的纵向形态为：丝中央有一道凹缝痕迹，平均直径约6.9μm，约为蚕丝的一半。蜘蛛丝在水中会发生截面膨胀而纵向收缩。在碱性条件下，其黄色加深；在酸性条件下，其性能会受到破坏。

蜘蛛框丝的形态结构如图4－4所示。

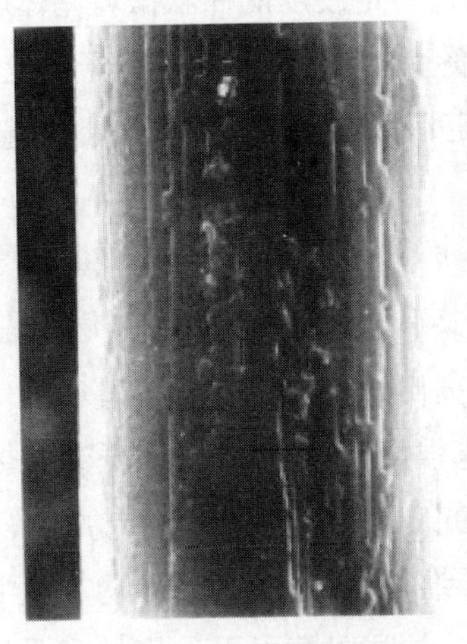

(a) 蜘蛛框丝的纵向形态

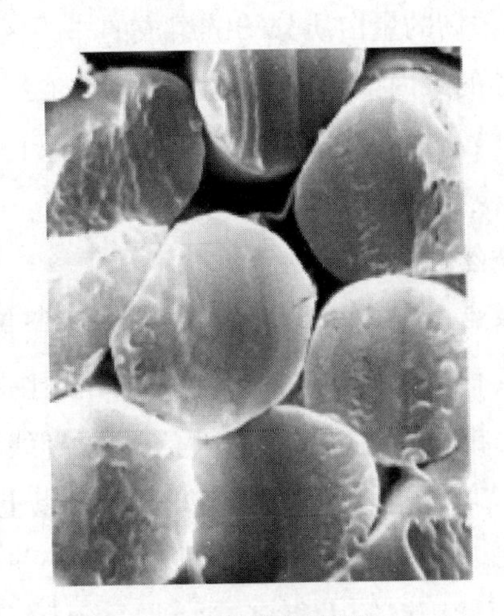

(b) 蜘蛛框丝的横截面

图4－4　蜘蛛框丝的形态结构

(二) 蜘蛛丝蛋白的化学组成

蜘蛛丝的主要成分为蛋白质，与所有的蛋白质纤维一样，其组成长链蛋白质的单元为带不同侧链R的酰胺结构，与尼龙-6结构相似。蜘蛛丝的氨基酸的摩尔分数和氨基酸的主链序列与天然聚肽如蚕丝、羊毛和人发有很大的差别。这种差异和组成取决于蜘蛛的种类、食物、气候及其他因素。不同种类的蜘蛛大囊壶腺体所产生丝蛋白质的氨基酸种类差异不大，为17种左右，各种氨基酸的含量也因蜘蛛的种类不同而有一定差异。其共同点为具有小侧链的氨基酸（如甘氨酸和丙氨酸）的含量丰富，十字圆蛛和大腹圆蛛的这两者含量之和分别达到59.6%和53.2%，与蚕丝的含量74%比显得较低。蜘蛛丝中较大的7种氨基酸含量约占其总量的91%，它们分别为甘氨酸(42%)、丙氨酸(25%)、谷氨酸(10%)、亮氨酸(4%)、精氨酸(4%)、酪氨酸(3%)、丝氨酸(3%)。丙氨酸是蜘蛛丝结晶区的主要成分。蜘蛛丝的极性侧链的氨基酸含量大大高于蚕丝。蜘蛛丝的酸性氨基酸分别为天门冬氨酸、谷氨酸、丝氨酸和苏氨酸；碱性氨基酸分别为赖氨酸、精氨酸和组氨酸。极性氨基酸的多少直接影响氨基酸的化学性质和分子取向结构。蜘蛛丝中含量较大的极性基团组分为谷氨酸、脯氨酸和丝氨酸，占构成蜘蛛丝螺旋肽链结构氨基酸的30%左右；形成β-折叠片层结构的极性氨基酸比例为5%。

(三)蜘蛛丝的取向结晶结构

蜘蛛丝的结晶度比蚕丝的结晶度小得多，为10%～15%，而蚕丝为50%～60%。蜘蛛丝优异的力学性能源于其链状分子的结构特殊的取向和结晶结构。蜘蛛丝是一种纳米微晶体的增强复合材料，晶粒尺寸为2nm×5nm×7nm的微晶体构成的蜘蛛丝结晶占纤维总质量的10%左右，它是分散在蜘蛛丝无定形蛋白质基质中的增强材料。由于蜘蛛丝的晶粒如此之小，以致当纤维丝在外界拉力作用下，随着似橡胶的无定形区域的取向，蜘蛛丝晶体的取向度也随之增加。当纤维拉伸度为10%时，纤维结晶度不变，结晶取向增加。横向晶体尺寸（即垂直于纤维轴向）有所减少，这是任何合成纤维的结构随拉伸形变无法实现的特性。蜘蛛丝结构模型可以这样描述：由柔韧的蛋白质分子链组成的非晶区，通过一定硬度的棒状微粒晶体所增强，这些晶体由具疏水性的聚丙氨酸排列成氢键连接的β-折叠片层，折叠片层中分子相互平行排列。另一方面，甘氨酸富集的聚肽链组成了蜘蛛丝蛋白无定形区，无定形区内的聚肽链间通过氢键交联，组成了似橡胶分子的网状结构。

(四)蜘蛛丝性能

1. 物理性能　蜘蛛丝是目前世界上最为坚韧且具有弹性的纤维之一，尤其是它的牵引丝在力学性能上具有蚕丝和一般合成纤维所无法比拟的突出优势。蜘蛛丝物理密度为1.34g/cm^3，与蚕丝和羊毛相近。蜘蛛丝光滑闪亮、耐紫外线性能强，而且较耐高温和低温。热分析表明，蜘蛛丝在200℃以下表现热稳定性良好，300℃以上才黄变，零下40℃时仍有弹性，只有在更低的温度下才变硬。在强度方面，它与凯芙拉(Kevlar)纤维相似，但是其断裂功却是Kevlar纤维的1.5倍，初始模量比锦纶大得多，达到Kevlar纤维的高强高模水平。蜘蛛丝的断裂伸长率达36%～50%，而Kevlar纤维的只有2%～5%，因而蜘蛛丝具有吸收巨大能量的性能。在黏弹性能方面，蜘蛛丝高于锦纶也高于Kevlar纤维。因此，蜘蛛丝具有强度高、弹性好、初始模量大、断裂功高等特性，是一种性能十分优异的材料。

蜘蛛丝与其他纤维的力学性能比较见表4-6。

表 4-6　蜘蛛丝与其他纤维的力学性能比较

项　　目	强度/GPa	延伸率/%	刚性/GPa	项　　目	强度/GPa	延伸率/%	刚性/GPa
蜘蛛丝(牵引丝)	0.7～2.3	36～50	9.5～30	高强度尼龙	1.0	20	4
蜘蛛丝(胶丝)	0.1～0.5	≤300	≤1	Kevlar	3.2	2.5～3	127.7
蚕丝	0.6	14	6	碳纤维	3.0	1.8～2.2	300
工业用聚酯纤维	1.1	12～16	19.3	Zylon(PBO)	5.5	3.5	273.8

2. 化学性能　蜘蛛丝具有特殊的溶解特性，它所显示的橙黄色遇碱加深，遇酸褪色，它不溶于稀酸、稀碱，仅溶于浓硫酸、溴化钾、甲酸等，并且对大部分水解蛋白酶具有抗性。蜘蛛丝在水中有相当大的溶胀性，纵向有明显的收缩。在加热时，蜘蛛丝能微溶于乙醇中。由于蜘蛛丝的构造材料几乎完全是蛋白质，所以它是生物可溶的，并可以生物降解和回收。

四、仿蜘蛛丝的人工生产

人们在最初使用养殖蜘蛛时遭遇到的障碍是蜘蛛很难养殖，而且在群居时会互相残杀。科学家们思考应该先研究取得这种类似蜘蛛丝成分的蛋白质，再进行纺丝。近年来，随着生物技术的发展和科学家对蜘蛛吐丝原理的深入研究，蜘蛛丝人工生产的方法有了突破性进展。

(一)蚕吐蜘蛛丝

此法利用转基因技术中“电穿孔”的方法，将蜘蛛“牵引丝”部分的基因注入只有半粒芝麻大的蚕卵中，使培育出来的家蚕分泌出含有“牵引丝”蛋白的蜘蛛丝。早在2011年，美国的研究者就通过转基因技术使普通的家蚕可以分泌出具有与蜘蛛丝相同蛋白成分的蚕丝，从而大大提高了蜘蛛丝的产量。

(二)牛羊乳蜘蛛丝

将能产生蜘蛛丝蛋白的合成基因移植给某些哺乳动物，如山羊、奶牛等，从其所产的乳液中提取一种特殊的蛋白质，这种含蜘蛛基因的蛋白质可用来生产有“生物钢”之称的光纤，其性能类似于蜘蛛丝。

美国科学家利用转基因法，将黑寡妇蜘蛛丝蛋白基因放入奶牛的胎盘内进行特殊培育，等到奶牛长大后，所产奶含有黑寡妇蜘蛛丝蛋白，再用乳品加工设备将蜘蛛丝蛋白从牛奶中提取出来，然后纺丝成纤维，其强度是钢的10倍，因此被称为“牛奶钢”，又称“生物蛋白钢”。加拿大Nexia生物技术公司科学家研究初期所用的哺乳动物细胞也是取自乳牛，但是现在他们发现，采用山羊进行转基因处理更为有利。他们将蜘蛛丝基因注入山羊卵细胞中，制备了重组的蜘蛛丝蛋白质，并用这种蛋白质与水体系完成了环境友好纺丝过程，本质上更接近于天然蜘蛛丝蛋白质的组成和纺丝过程，从而成功地模仿了蜘蛛，于2002年1月生产出世界上首例“人工蜘蛛丝”。

(三)微生物吐丝

此法是将蜘蛛丝基因转移到能在大培养容器里生长的细菌上，通过细菌发酵的方法来获得蜘蛛丝蛋白质，再把这种蛋白质从微孔中挤出，就可得到极细的丝线。一旦成功建立这种细菌的繁殖工厂,将对纺织服装业产生革命性变革。

(四)其他方法

一些国家和地区的研究者将能产生蜘蛛丝蛋白的合成基因转移给植物,如花生、烟草和谷物等,使这种植物能大量生产类似于蜘蛛蛋白的蛋白质,提取后作为生产蜘蛛丝的原料,然后进行纺丝。我国也于两年前开始了"生物钢"的研究,科学家成功地将"生物钢"蛋白基因转移到老鼠身上,并成功地从第一代小白鼠的乳汁中获得"生物钢"蛋白。

五、蜘蛛丝的应用

(一)军事方面

蜘蛛丝具有强度大、弹性好、柔软、质轻等优良性能,尤其是具有吸收巨大能量的能力,是制造防弹衣的绝佳材料。蜘蛛丝里的牵引丝是目前人类已知强度最大的材料,用牵引丝纺织出来的防弹衣将把弹头或弹片击入士兵体内的危险降到最低限度,用蜘蛛丝做的防弹背心性能比芳纶更好。目前,美国已成功地从蜘蛛体内提取蜘蛛丝用来制造防弹背心,最近,纳蒂克研究中心的工程师和分子生物学家正在研究一种能吐出很坚韧的金黄色蜘蛛丝的巴拿马蜘蛛,以便给士兵配备一种轻便的防弹背心。美国陆军和麻省理工学院正在研究用蜘蛛丝制造一种全新的军装,这种军装不仅能成为士兵的防弹装甲,还可以自动适应不同温度环境,甚至能为生病或受伤的士兵起到一定的医疗作用。我国四川川大天友生物工程股份有限公司将蜘蛛丝蛋白基因转移到家蚕上,用高蜘蛛丝蛋白含量的家蚕丝作为新防弹衣的材料。另外,蜘蛛丝还可制成战斗飞行器、坦克、雷达、卫星等装备以及军事建筑物等的防护罩,还可用于织造降落伞,这种降落伞重量轻、防缠绕、展开力强大、抗风性能好、坚牢耐用。

(二)高强度材料方面

蜘蛛丝可用于结构材料、复合材料和宇航服装等高强度材料。用蜘蛛丝编织成具有一定厚度的材料进行实验,可发现其强度比同样厚度的钢材高 9 倍,弹性比具有弹性的其他材料高 2 倍。因此,对蜘蛛丝进行进一步加工,可用于织造武器装备防护材料、车轮外胎、高强度的渔网等。在建筑方面,蜘蛛丝可用作结构材料和复合材料,代替混凝土中的钢筋,应用于桥梁、高层建筑和民用建筑等,可大大减轻建筑物自身的重量。俄罗斯科学院基因生物学研究所的专家正在积极研究利用超强度的蜘蛛丝纤维来制造高强度材料,经进一步加工后,可用于制造高强度防护服、体育器械、人造骨骼、整形手术用具等产品。

(三)医疗卫生方面

蜘蛛丝在医学和保健方面用途尤其广泛。蜘蛛丝具有强度大、韧性好、可降解、与人体的相容性良好等现有材料不可比拟的优点,因而可用作高性能的生物材料,制成伤口封闭材料和生理组织工程材料,如人工关节、蜘蛛丝有吸收巨大能量的能力,同时又有耐高温、低温与抗紫外线的特性,可广泛应用于军事(防弹衣)、航空航天(结构材料、复合材料和宇航服装)、建筑(桥梁、高层建筑和民用建筑)领域,加上它又是由蛋白质所组成,和人体有良好的兼容性与生物分解性,因而可用作医疗材料,如人工筋腱、人工韧带、人工器官、医疗缝合线、人工韧带、人工皮肤等外科植入材料等。蜘蛛丝是一种新兴的生物纤维材料,随着现代科技飞速发展和生物技术的日趋成熟，蜘蛛丝的工业生产会在不久的将来得到实现，成为新的功能纺织材料。

第七节　再生动物毛蛋白纤维

天然蛋白质纤维虽有许多优良的特性，其纺织品也深受广大消费者的青睐。但价格较高，而且数量有限，约占纤维总量的5%，难以满足现有生产的需求，故需要开发出新型的再生蛋白质纤维。在此情况下，浙江绍兴文理学院奚柏君等经过多年的艰苦努力，精心研究，利用猪毛、羊毛下脚料等不可纺蛋白质纤维或废弃蛋白质材料成功研制了几个系列的再生蛋白质纤维。该纤维性能良好，原料来源广泛，且利用了某些废弃材料（如旧的毛料服装、旧毛衣等），有利于环境保护，用这种再生动物毛蛋白纤维制成的纺织品手感丰满，性能优良，价格远低于同类羊毛面料，具有较大的经济效益和市场竞争力。

一、再生动物毛蛋白纤维的生产

现以再生动物毛蛋白/黏胶纤维共混纺丝生产的再生动物毛蛋白纤维为例，介绍再生动物毛蛋白纤维的生产过程。该纤维的生产过程一般包含两个阶段：一是再生动物毛蛋白原液的制备，二是再生动物毛蛋白纤维的生产。

1. 再生动物毛蛋白纺丝原液的制备　猪毛、羊毛等蛋白在同一肽链的羰基和氨基之间生成氢键，氨基酸侧链上的—R基则指向螺旋外边，所以羊毛中的α-角蛋白中大部分为α-螺旋的二级结构，羊毛的α-螺旋区除氢键外，还有—S—S—桥的存在，根据其结构特点，做适当的结构改性处理，使蛋白质上产生一定的亲水性的—COONa和—SO_3Na，从而溶解于水中形成水解蛋白质。

蛋白质与多肽间没有明显的界限，蛋白质是相对分子质量大的肽，经部分水解时能生成多肽，为了使蛋白液中分子的相对分子质量尽可能达到较大值，且又能溶解在稀碱水溶液中。同时还需考虑再生黏胶原液的性能指标（纤维素9%，游离碱含量4.3%），因为水解蛋白质需要与再生黏胶原液按一定比例混合纺丝。

为了制得水解蛋白质，经多次试验，得出碱性水解的条件为：稀碱（NaOH）液浓度1.0%，羊毛碱液1∶8（质量比），温度70～80℃，反应时间10～15min。

工艺流程如下：

猪毛或羊毛下脚料等→洗涤→烘干称重→过氧乙酸→水洗→脱水→稀碱水解→过滤→再生动物毛蛋白原液

2. 再生动物毛蛋白纤维的生产　在一定条件下，将一定浓度水解蛋白原液与黏胶原液，按一定的配比混合进行纺丝，并经过后处理加工制成理想的再生动物毛蛋白纤维，这样蛋白质于纤维之中的肽键（—CO—NH—）与纤维素中的—OH形成氢键，产生较强的分子结合力，且十分牢固。水解蛋白液中的蛋白质含量和黏胶原液中纤维素含量相仿，水解蛋白液与黏胶原液、助剂1、助剂2以25∶65∶6∶4（质量比）逐渐递增到50∶40∶6∶4（质量比）混合，分别制成复合纤维并对其性能进行测试，经反复多次试验确定，以 30∶60∶6∶4（质量比）最为合适，制成的蛋白复合纤维性能非常优越，集蛋白质纤维和纤维素纤维的优点于一身，而且纤维中有多种人体所需的氨基酸，具有独特的护肤保健功能。

工艺流程如下：

（再生动物毛蛋白原液、黏胶原液、助剂 1、助剂 2）静态混合→过滤→计量纺丝→塑化牵伸→切断→脱硫→漂白→酸洗→上油（氨皂洗）→脱水→烘干

二、再生动物毛蛋白纤维的结构与性能

（一）再生动物毛蛋白纤维的形态结构

纤维的结构包括形态结构和聚集态结构。形态结构又可分为横截面形态和纵向表面形态，横截面形态反映的是纤维的横截面形状和纤维内部空隙的数目、大小及分布，纵向表面形态反映的是纤维表面的光滑和粗糙情况。聚集态结构包括晶态结构、非晶态结构和取向度，它是决定纤维力学性能的主要因素。

再生动物毛蛋白纤维的形态结构如图 4－5 所示。

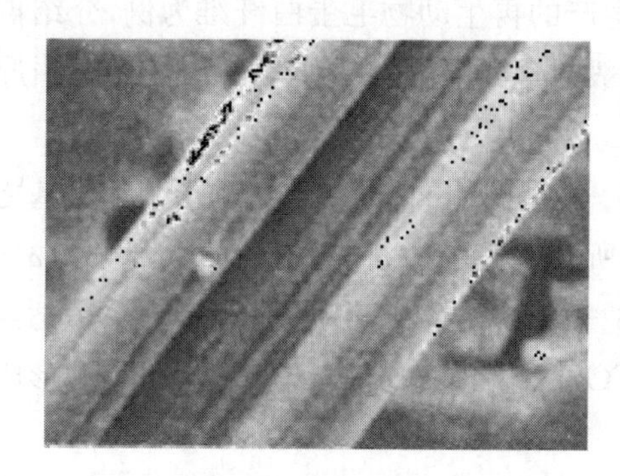

(a) 再生动物毛蛋白纤的纵向形态

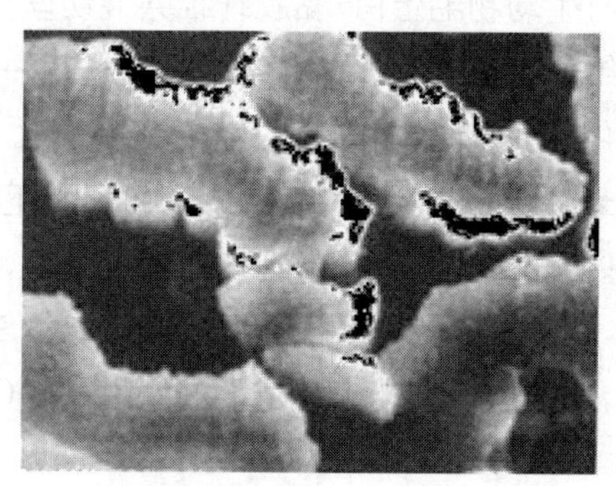

(b) 再生动物毛蛋白纤维的横截面

图 4－5　再生动物毛蛋白纤维的形态结构

由图 4－5 可以看出，该纤维的横截面形态呈不规则的锯齿形，而且随着蛋白质含量的增加，纤维中的缝隙孔洞数量越多，体积越大，还存在着一些球状气泡。纤维的纵向表面较光滑，但随着蛋白质含量的增加，表面光滑度下降，蛋白质含量过高时，纤维表面粗糙。

由于再生动物毛蛋白纤维是由再生动物毛蛋白与黏胶共混纺丝而制得，因此该纤维是由蛋白质和纤维素共同构成，它具有两种聚合物的特性，属于复合纤维的一种。复合纤维根据两种组分相互间的位置关系分为皮芯型、并列型和共混纤维型等。再生蛋白质液与黏胶的物理化学性质不同，特别是它们的黏度相差很大，由于两种高聚物结构差异较大，在凝固和拉伸过程中，黏度小的容易分布在纤维的外层。蛋白液的黏度小得多，故蛋白液与黏胶的共混丝液经酸浴凝固形成时，蛋白质主要分布在纤维的表面，该纤维属于皮芯型结构。它集蛋白纤维和再生纤维素纤维优点于一身，具有良好的吸湿透气性和较好的断裂伸长率。纤维中有多种人体所需的氨基酸（如甘氨酸、丙氨酸、脯氨酸、谷氨酸、精氨酸、天冬氨酸、丝氨酸等），同时具有独特的护肤保

健功能。

(二)再生动物毛蛋白纤维的组成与性能

1. 再生动物毛蛋白纤维的主要成分 再生动物毛蛋白纤维的主要成分见表4-7。

表4-7 再生动物毛蛋白纤维的主要成分

成　分	所占比例/%	成　分	所占比例/%
黏胶原液	50～65	助剂1	6
再生蛋白原液	40～25	助剂2	4

2. 再生动物毛蛋白纤维的性能

(1)力学性能。再生动物毛蛋白纤维与其他纤维的力学性能比较见表4-8。

表4-8 再生动物毛蛋白纤维与其他纤维的力学性能比较

性　能		再生动物毛蛋白纤维	羊　毛	蚕　丝	黏胶纤维
断裂强度/ $cN \cdot dtex^{-1}$	干态	1.7～2.4	0.9～1.5	3.0～3.5	2.2～2.7
	湿态	1.3～2.0	0.67～1.43	1.9～2.5	1.2～1.8
断裂伸长率/%	干态	20～28	25～35	15～25	16～22
	湿态	24～32	25～50	27～33	21～29
初始模量/ $cN \cdot dtex^{-1}$		22～46	8.5～22	44～88	26～62
回潮率/%		13.5～14.5	16	9	12～14
密度/ $g \cdot cm^{-3}$		1.45	1.32	1.33～1.45	1.50～1.52
体积比电阻/ $\Omega \cdot cm$		6.2	8.4	9.8	7.0

由表4-8可以看出,再生动物毛蛋白纤维的干、湿态强度均大于常规羊毛的干、湿态强度,且湿态强度大于黏胶纤维。而且纤维中的蛋白质含量越大,纤维的断裂强度越小;再生动物毛蛋白纤维的伸长率大于黏胶纤维,接近于桑蚕丝纤维,且在湿状态下的各项性能稳定;再生动物毛蛋白纤维的回潮率仅小于羊毛,而且随着蛋白质含量的增加而变大,故用其制作成服装后的穿着舒适性和抗静电性能均可达到羊毛面料的水平;再生动物毛蛋白纤维的体积比电阻随着蛋白质含量的增加而减少,并且远小于羊毛、黏胶纤维和蚕丝,因此,该纤维的导电性能好、抗静电。

(2)化学性能。再生动物毛蛋白纤维具有较好的耐酸碱性。再生动物毛蛋白纤维水解速率随着酸浓度的增加而增大,这可能是酸对纤维素分子中苷键的水解起催化作用,使纤维素聚合度降低。但纤维素的水解速率在酸的浓度为3mol/L以下时,与酸的浓度几乎成正比,由此可见,再生动物毛蛋白纤维受到酸损伤的程度比纤维素小。而纤维在碱中的溶解是先随浓度增大而增大,其后却随浓度增大而降低,这可能是由于碱除了催化肽键水解外,还与纤维素的羟基以分子间力特别是氢键结合,形成分子化合物;也可能随着碱浓度增大渗透压反而减小,氢氧化钠渗透纤维困难。

再生动物毛蛋白纤维具有一定的耐还原能力。将纤维用1%硫化钠在65℃下处理1h,溶失率仅为2.47%。而据资料介绍,羊毛用1%硫化钠在65℃下作用30min,质量损失达50%。但纤维素一般不受还原剂的影响,一般还原剂对丝素的作用也很弱,没有明显的损伤。由此可知,还原剂不会使再生动物毛蛋白纤维受到明显的损伤。

三、再生动物毛蛋白纤维的应用

再生动物毛蛋白纤维面料,具有较高的断裂强度和断裂伸长率,同时具有良好的透气性和悬垂性。再生动物毛蛋白纤维与羊毛纱、绢纱交织的面料既有羊毛面料的手感,又有桑蚕丝面料的光泽,获得了新型面料的独特风格。再生动物毛蛋白纤维面料有望成为高档时装、内衣等的时尚面料,具有良好的开发前景。

☞思考与练习题

1. 简述大豆蛋白纤维的生产工艺流程。
2. 大豆蛋白纤维有哪些性能特点?在应用上存在哪些不足?
3. 简述纯牛奶蛋白纤维的加工方法。
4. 简述共混纤维与共聚纤维的区别。
5. 简述蜘蛛丝的结构与性能特点。
6. 人工生产蜘蛛丝有哪些方法?
7. 蜘蛛丝主要应用在哪些方面?
8. 简述再生动物毛蛋白纤维的生产工艺流程。
9. 结合本地资源论述开发再生动物毛蛋白纤维的可行性。

参考文献

[1]陈运能,范雪荣,高卫东.新型纺织原料[M].北京:中国纺织出版社,1998.
[2]马大力,冯科伟,崔善子.新型服装材料[M].北京:化学工业出版社,2006.
[3]王建坤.新型服用纺织纤维及其产品开发[M].北京:中国纺织出版社,2006.
[4]邢声远.纺织纤维[M].北京:化学工业出版社,2004.
[5]阮超明,廖帼英.再生蛋白纤维的发展历史与现状[J].中国纤检, 2010(15):84-86.
[6]储云,陈峰,余旭飞,等.牛奶纤维的发展与应用[J].山东纺织经济,2007(4):63-66.
[7]杨庆斌,孙永军,于伟东.大豆蛋白纤维发展与应用综述[J].山东纺织科技,2004(2):43-45.
[8]郑宇,程隆棣.牛奶蛋白纤维的特性、应用和定性检测[J].上海纺织科技,2006(6):56-57.
[9]杨旭红.牛奶纤维 Chinon 的性能与特征[J].丝绸,1999(11):39-41.
[10]张昭环,马会芳,王泳.胶原蛋白的接枝改性及与腈纶共混纤维的研究[J].西安工程科技学院学报,2007(3):292-295.

[11]陈峰,张佩华. 蛹蛋白黏胶复合长丝针织产品的开发[J]. 针织工业,2003(1):48-49.
[12]张岩昊. 大豆蛋白纤维及其产品开发[J]. 棉纺织技术,2000(9):28-30.
[13]梅士英,唐人成,赵建平,等. 大豆蛋白纤维性能及织物练染工艺初探[J]. 印染,2001(5):5-9.
[14]纪德信. 大豆蛋白纤维纺纱织造工艺实践[J]. 棉纺织技术,2001(11):665-667.
[15]宋庆文,贾桂芹. 大豆蛋白纤维的染色性能[J]. 印染,2002(1):4-5.
[16]黄雅萍,梅立花. 大豆蛋白纤维混纺毛织物的开发[J]. 毛纺科技,2002(4):53-54.
[17]苑晓红,唐巍华,陈芳. 大豆蛋白纤维与毛混纺产品的开发[J]. 上海毛麻科技,2002(4):38-40.
[18]赵伟玲. 大豆蛋白纤维性能测试分析[J]. 棉纺织技术,2002(8):33-37.
[19]张毅. 大豆蛋白纤维性能探讨[J]. 纺织学报,2003(2):103-105.
[20]王力民. 大豆蛋白纤维织物的染整加工[J]. 印染,2003(2):13-15.
[21]赵博,石陶然. 大豆蛋白纤维/涤纶混纺纱生产工艺[J]. 现代纺织技术,2003(3):20-22.
[22]阎秀东,刘金辉,赵连敏. 大豆蛋白纤维纯纺纱的开发[J]. 棉纺织技术,2003(9):42-43.
[23]苏寿南,章潭莉,胡学超. 牛奶纤维的新崛起[J]. 合成技术及应用,1999(4):23-24.
[24]赵博. 牛奶再生蛋白纤维性能及产品开发[J]. 针织工业,2004(2):57-58.
[25]缪洪达,张建刚,李敏芳. 含牛奶纤维的毛涤混纺面料及生产方法[P]. 中国,公开号CN1528964A,2004.
[26]陈峰,张佩华. 蛹蛋白黏胶复合长丝针织产品的开发[J]. 针织工业,2003(1):48-49.
[27]闵洁. 蚕蛹蛋白纤维染色性能的研究[J]. 丝绸,2003(8):20-22.
[28]阳建斌. 蛹蛋白/黏胶复合纤维染色[J]. 丝绸,2003(10):40-41.
[29]陈峰. 蛹蛋白黏胶长丝的性能和在针织上的应用[J]. 上海纺织科技,2000(5):41-43.
[30]刘鹰. 丙烯腈—蚕蛹蛋白接枝纤维的研究[J]. 丝绸,2002(3):26-27.
[31]张迎晨. 蛹蛋白黏胶长丝面料的开发及性能测试[J]. 棉纺织技术,2003(1):31-34.
[32]刘忠. 蛹蛋白丝的性能与应用[J]. 针织工业,2003(3):48-50.
[33]李建萍,李文彦,吴健康. 蛹蛋白黏胶长丝的性能测试[J]. 丝绸,2004(5):41-42.
[34]黄君霆. 蜘蛛丝研究的动向[J]. 丝绸,1999(9):47-49.
[35]喻方莉. 蜘蛛丝纺织品的研究与开发[J]. 国外纺织技术:纺织针织服装化纤染整,2000(11):5-7.
[36]盛家镛,潘志娟,陈宇岳,等. 蜘蛛丝的化学组成与结构初探[J]. 丝绸,2000(4):8-10.
[37]郑震. 蜘蛛丝蛋白的生物制造技术及纤维加工[J]. 国外纺织技术:纺织针织服装化纤染整,2000(12):2-4.
[38]叶金兴. 蛛丝制作纺织材料的生物技术[J]. 现代纺织技术,2000(4):57-58.
[39]何家禄. 超级蛋白纤维—蜘蛛丝特性、分子结构与功能[J]. 国外农学:蚕业,1991(3):11-15.
[40]毛良,李盛贤. 蜘蛛丝蛋白的结构及其应用[J]. 生物技术,1999(5):38-41.
[41]Heine K,时淑艺,张胜兰. 蜘蛛丝蛋白的生物技术生产及其纤维的成形[J]. 国外纺织技术:纺织针织服装化纤染整,2000(9):7-10.
[42]潘志娟,陈宇岳,盛家镛,等. 大腹圆珠牵引丝的结构与性能分析[J]. 中国纺织大学学报,2000(5):82-84.
[43]Michael L,Ryder,朱红,等. 蜘蛛丝在纺织品中的运用探讨[J]. 新纺织,2001(1):14-15.
[44]潘志娟,陈宇岳,盛家镛,等. 蜘蛛丝的热性能研究[J]. 丝绸,2002(10):13-16.
[45]潘志娟,邱芯薇. 蜘蛛丝的物理性能研究[J]. 苏州大学学报(工科版),2003(1):18-22.

[46]吕靖.蚕丝和蜘蛛丝的结构与生物纺纱过程[J].现代纺织技术,2004(1):40-42.
[47]翁蕾蕾.蜘蛛丝的合成和应用概述[J].上海纺织科技,2004(1):3-4.
[48]薛涛等.转基因技术与人造蜘蛛丝[J].四川纺织科技,2004(1):33-35.
[49]潘志娟,李春萍,盛家镛.高性能蛋白质纤维蜘蛛丝的研究与应用(1)[J].丝绸,2004(10):40-43.
[50]潘志娟,李春萍,盛家镛.高性能蛋白质纤维蜘蛛丝的研究与应用(2)[J].丝绸,2004(11):44-46.
[51]奚柏君.再生蛋白纤维的研制及性能分析[J].上海纺织科技,2002(12):113-114.
[52]奚柏君.再生蛋白纤维理化性能研究[J].毛纺科技,2003(5):7-9.
[53]奚柏君.再生蛋白纤维及纺织品的研制[J].纺织学报,2003(3):75-76.
[54]奚柏君.再生蛋白纤维的成纤机理及氨基酸组分[J].纺织学报,2004(2):24-26.
[55]奚柏君.再生蛋白纤维的结构与染色性能[J].毛纺科技,2004(8):41-43.

第五章　其他再生纤维

第一节　甲壳素纤维与壳聚糖纤维

一、概述

(一)甲壳素与壳聚糖

甲壳素纤维和壳聚糖纤维是用甲壳素或壳聚糖溶液纺制而成的纤维,是继纤维素纤维之后的又一种天然高聚物纤维。

甲壳素是由虾、蟹、昆虫的外壳及菌类、藻类的细胞壁中提炼出的一种天然生物高聚物。壳聚糖是甲壳素经浓碱处理后脱去乙酰基的产物。在自然界中,甲壳素的年生物合成量在1000亿吨以上,是一种仅次于纤维素的蕴藏量极为丰富的有机再生资源。

自从1811年法国人H. Braconnot发现甲壳素,1859年Roughet发现壳聚糖以后,世界各国的科学家对甲壳素与壳聚糖的结构、性质,包括他们的生物医药特性等开展了多方面的研究,至20世纪60年代,有关甲壳素、壳聚糖及其衍生物的研究更是日趋活跃。自1977年在美国召开了有关甲壳素、壳聚糖开发研究的第一次国际学术会议,迄今,对甲壳素的研究已形成了一门独立的学科——甲壳素化学,并成为当今世界七大前沿学科领域之一。

(二)甲壳素纤维的应用及研究现状

自1992年联合国“环境与发展大会”确定了经济与环境协调发展的可持续发展战略后,绿色环保理念得到迅速强化并且影响世界各国。随着全球经济一体化进程的加快,对于纺织用品特别是贴身穿着的内衣,人们不但要求美观、舒适,而且希望有益于健康,更祈求能防病、治病。人们在穿着衣物时,会沾上汗液、皮脂以及其他各种分泌物。另外衣物也会被环境沾污,这是各种微生物的良好营养源,在高温潮湿的条件下,为各种微生物的繁殖提供了良好的环境。开发抗菌功能纤维,赋予纺织品抗菌的能力,是近年来国内外纤维改性技术研究内容之一。目前,抗菌纺织品生产主要采用两种方式:一种是在本身不具有抗菌功能的织物上进行抗菌后整理,主要是通过浸渍吸附、化学反应、树脂固着、涂层等方式将抗菌剂结合到织物或纤维上,从而赋予织物抗菌功能;另一种是通过纤维改性,制备具有抗菌性能的纤维来织成织物,一般采用共混纺丝法,即将抗菌有效成分添加到纺丝原液中进行共混纺丝。相比较而言,前者加工工艺较简单,但是抗菌效果持久性差,经多次洗涤后,织物抗菌效果下降,难以满足要求。后者抗菌效果持久,制成的织物手感好,无须后整理,但技术复杂,涉及工程领域广。

目前,甲壳素和壳聚糖纤维已经以许多不同的方式被应用在纺织服装领域。采用的方法大致有交联法、涂层法、湿法纺丝法、共混纺丝法、混纺纱线法等。

(1)交联法。即利用交联剂,使甲壳素和壳聚糖与棉纤维结合而制得纤维。这种方法由于采用化学助剂而失去了天然产品的部分特性。

(2)涂层法。即将一般纤维在甲壳素和壳聚糖溶液中浸渍后,经脱水、干燥而制得纤维。这种方法存在随洗涤次数增加而导致抗菌效果下降的问题。

(3)湿法纺丝法。即将甲壳素或壳聚糖溶解在溶剂中配成纺丝原液,经喷丝于凝固浴中制成固态原丝,再经拉伸、洗涤、干燥等后处理而得到纤维成品。

(4)共混纺丝法。目前采用的共混纺丝法有两种。日本富士纺织株式会社生产的 Chitopoly 产品所采用的是将壳聚糖磨成直径小于 5μm 的微细粉末后混入纤维素纤维内而制得共混纤维,但是由于微细粒子的混入,引起纤维部分物理指标下降。日本 Omikenshi 公司生产的 Crabyon 是将再生纤维原料与甲壳素混合后利用共同的溶剂,经湿法纺丝制得的纤维,但是由于生产中采用的是甲壳素,其抗菌效果与甲壳胺相比要差一些。

(5)混纺纱线法。即将甲壳素和壳聚糖纤维与其他纺织用纤维以一定的比例混合后纺成纱线,并进一步加工成各种类型的面料。

二、甲壳素与壳聚糖的来源、结构及性质

(一)原料来源

甲壳素与壳聚糖的原料来源有如下几种。

1. 节肢动物 主要是甲壳纲,如虾、蟹等,甲壳素含量高达 58%~85%;其次是昆虫纲,如蝗、蝶、蚊、蝇、蚕等蛹壳,甲壳素含量为 20%~60%;多足纲,如马陆、蜈蚣等;蛛形纲,如蜘蛛、蝎、蜱、螨等,甲壳素含量达 4%~22%。

2. 软体动物 主要包括双神经纲,如石鳖;腹足纲,如鲍、蜗牛;掘足纲,如角贝;瓣鳃纲,如牡蛎;头足纲,如乌贼、鹦鹉等,甲壳素含量达 3%~26%。

3. 环节动物 主要包括原环虫纲,如角窝虫;毛足纲,如沙蚕、蚯蚓;蛭纲,如蚂蟥,有的含甲壳素极少,而有的则高达 20%~38%。

4. 原生动物 简称原虫,是单细胞动物,包括鞭毛虫纲,如锥体虫;肉足虫纲,如变形虫;孢子虫纲,如疟原虫;纤毛虫纲,如草履虫等,含甲壳素较少。

5. 腔肠动物 主要包括水螅虫纲,如中水螅、简螅等;钵水母纲,如海月水母、海蜇、霞水母等;珊瑚虫纲等,一般含甲壳素很少,但有的也能达 3%~30%。

6. 海藻 主要是绿藻,含少量甲壳素。

7. 真菌 主要包括子囊菌、担子菌、藻菌等,含甲壳素从微量到 45%不等,只有少数真菌不含甲壳素。

8. 其他 动物的关节、蹄、足的坚硬部分以及动物肌肉与骨接合处均有甲壳素存在。除此之外,在植物中也发现低聚的甲壳素或壳聚糖,一种情况是植物细胞壁受到病原体侵袭时,一些细胞壁中的多糖降解为有生物活性的寡糖,其中就有甲壳六糖,典型的例子是树干受伤后,在其伤口愈合处发现了甲壳六糖;另一种情况是根瘤菌产生的脂寡糖,也即甲壳四糖、甲壳五糖和甲壳六糖。

(二)甲壳素与壳聚糖的结构

甲壳质又称甲壳素、壳质、几丁质，是一种带正电荷的天然多糖高聚物。它是由 2－乙酰氨基－2－脱氧－D－葡萄糖通过 β－(1,4)糖苷连接起来的直链多糖，它的化学名称是(1,4)－2－乙酰氨基－2－脱氧－β－D－葡聚糖或简称聚乙酰氨基葡糖，结构式如下：

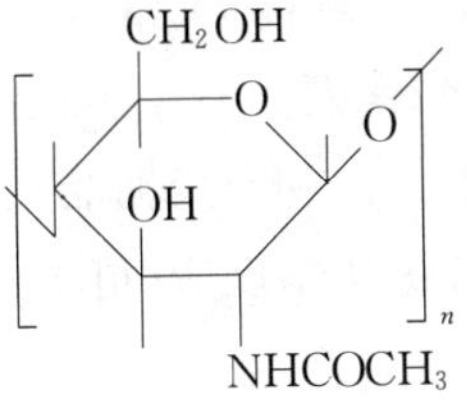

CH_2OH　O　O　OH　$NHCOCH_3$　n

甲壳素

CH_2OH　O　O　OH　H_2N　n

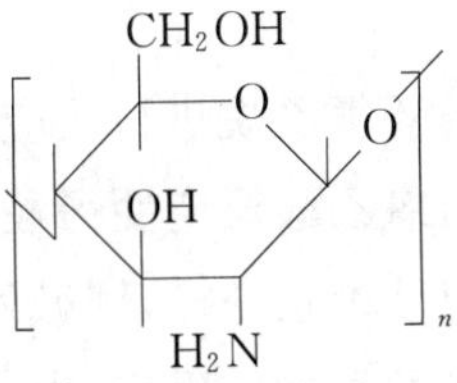

壳聚糖

壳聚糖是甲壳素大分子脱去乙酰基的产物，故又称脱乙酰甲壳质、可溶性甲壳素、甲壳胺。它的化学名称是(1,4)－2－脱氧－β－D－葡聚糖，或简称聚氨基葡糖，结构式如下。经计算壳聚糖的理论含氮量为 8.7%，而目前壳聚糖成品的含氮量仅在 7%左右，说明产品壳聚糖分子中尚有相当一部分乙酰基未脱除。壳聚糖的乙酰度一般可用甲壳素分子中脱除乙酰基的链节数占总链节数的百分数来表示。凡是脱乙酰度在 70%以上时即称壳聚糖。正是由于壳聚糖大分子中大量氨基的存在，才使壳聚糖的溶解性能大为改善，化学性质也较活泼。

甲壳素在自然界中是以多晶形态出现的，其结晶形态有 α、β、γ 三种，即其中 α－甲壳素存在于虾、蟹、昆虫等甲壳纲生物及真菌中，其结晶结构最稳定，在自然界中的蕴藏量也最丰富；β－甲壳素存在于鱿鱼骨、海洋硅藻中，在其 β－结晶中含有结晶水，故其结构稳定性较差；γ－甲壳素很少见，可在甲虫的茧中发现。α－甲壳素结晶中分子链呈平行排列，形成堆砌紧密的结晶形态。β－甲壳素中分子链呈平行排列，分子堆砌密度低于 α－甲壳素，并且在 β－结晶中存在着结晶水，因而其结构稳定性差，可以通过溶胀或溶解再沉淀转变成 α－甲壳素。γ－甲壳素结晶中每两条平行排列的分子链存在一条平行排列的分子链。

甲壳素是长链型高分子化合物，其链的规整性强并具有刚性，形成分子内和分子间很强的氢键，这种分子结构有利于晶态形成。甲壳素存在着晶区和非晶区两部分。甲壳素的分解温度、模量、硬度、吸水性和它们吸附气体、液体的能力等因素取决于结晶度。此外，抗张强度、弹性模量、伸长率和密度等也与结晶度有关。由于甲壳素有较高的相对分子质量和结晶度，因此它可以制成强度较高的纤维材料。

(三)甲壳素与壳聚糖的性质

1. 外观及相对分子质量　纯甲壳素和纯壳聚糖都是一种白色或灰白色半透明的片状或粉

状固体,无味、无臭、无毒性,纯壳聚糖略带珍珠光泽。生物体中甲壳素的相对分子质量为$(1\times10^6)\sim(2\times10^6)$,经提取后甲壳素的相对分子质量为$(3\times10^5)\sim(7\times10^5)$,由甲壳素制取壳聚糖相对分子质量则更低,为$(2\times10^5)\sim(5\times10^5)$。在制造过程中,甲壳素与壳聚糖相对分子质量的大小,一般用黏度高低的数值来表示。商品壳聚糖视其用途不同有三种不同的黏度,即高黏度产品为0.65~1.0Pa·s、中黏度产品为0.25~0.65Pa·s、低黏度产品<0.25Pa·s。制造纤维产品必须采用高黏度的甲壳素或壳聚糖。

2. 化学性质 在特定的条件下,甲壳素和壳聚糖能发生水解、烷基化、酰基化、羧甲基化、磺化、硝化、卤化、氧化、还原、缩合和络合等化学反应,可生成各种具有不同性能的甲壳素、壳聚糖衍生物,从而扩大了两者的应用范围。

甲壳素与壳聚糖大分子中有活泼的羟基和氨基,它们具有较强的化学反应能力。在碱性条件下C_6上的羟基可以发生如下反应。

(1)羟乙基化。甲壳素和壳聚糖与环氧乙烷进行反应,可得羟乙基化的衍生物。

(2)羧甲基化。甲壳素和壳聚糖与氯乙酸反应便得羧甲基化的衍生物。

(3)黄酸酯化。甲壳素和壳聚糖与纤维素一样,用碱处理后可与二硫化碳反应生成黄酸酯。

(4)氰乙基化。丙烯腈和壳聚糖可发生加成反应,生成氰乙基化的衍生物。

上述反应在甲壳素和壳聚糖中引入了大的侧基,破坏了其结晶结构,因而其溶解性提高,可溶于水,羧甲基化衍生物在溶液中显示出聚电解质的性质。

3. 溶解性质 由于甲壳素大分子内具有稳定的环状结构和大分子间存在的氢键作用,使它的溶解性能较差,它不溶于水、稀酸、稀碱和一般的有机溶剂。甲壳素在浓硫酸、盐酸、硝酸、85%磷酸等强酸中能溶解,但同时发生剧烈的降解,使相对分子质量明显下降。甲壳素的溶剂主要有六氟丙酮、六氟异丙醇、甲酸/二氯乙酸、甲酸/三氯乙酸或二乙酸与含氯烃类的混合物、二甲基乙酰胺/氯化锂、*N*-甲基吡咯烷酮-氯化锂混合溶剂等。甲壳素在这些溶剂中均能被溶解而制成具有一定浓度的稳定溶液。

壳聚糖分子中由于大量—NH_2的存在,使其溶解性能大大优于甲壳素。它能溶解在甲酸、乙酸、盐酸、环烷酸、苯甲酸等的稀酸中制得均匀的壳聚糖溶液。因为壳聚糖大分子的活性较大,所以壳聚糖溶液即使在室温条件下也易分解,使溶液黏度逐渐下降,最后可完全水解成氨基葡萄糖。虽然壳聚糖溶液的稳定性比甲壳素溶液差,但完全能满足纺制纤维之用。

4. 可纺性 甲壳素与壳聚糖均可在合适的溶剂中溶解而被制得具有一定浓度、一定黏度和良好稳定性的溶液,这种溶液具有较好的成膜或成丝强度,故它们都具有良好的可纺性,可采用湿法或干湿法成型方法纺制甲壳素与壳聚糖纤维或薄膜。

5. 生物医药性质 甲壳素与壳聚糖的生物医药性质如下。

(1)甲壳素与壳聚糖无毒性、无刺激性,是一种安全的机体用材料。

(2)从甲壳素与壳聚糖的大分子结构上来看,它们既具有与植物纤维素相似的结构,又具有类似人体骨胶原的组织结构,这种双重结构赋予了它们极好的生物特性,例如,它们与人体组织有很好的相容性,可被人体内溶菌酶分解而被人体吸收等。

(3)具有消炎、止血、镇痛、抑菌、促进伤口愈合等作用。这为甲壳素及其衍生物在医药领域的应用奠定了基础。

(四)甲壳素与壳聚糖的应用

甲壳素与壳聚糖在工业上可做纺织品防霉杀菌除臭剂，可以通过后处理附着于纺织品纤维上，是纺织品提高附加价值的方法之一，用于制造内衣裤、袜子、家用特殊功能纺织品、医用手术衣/布、伤口敷料、烧伤创面敷料或深加工为人造皮肤用于大面积烧伤的治疗。由于壳聚糖是阳离子型天然聚合物，有良好的抑制微生物、细菌、真菌的作用，可以应用于食品保鲜，食品内包装，无毒无污染。将壳聚糖制成溶液喷涂于经清洗或剥除外皮的水果上，壳聚糖干后形成的薄膜无色、无味、透气，食用时不必清除薄膜；也可应用于染料、纸张和水处理等；在农业上可做杀虫剂、植物抗病毒剂；渔业上做养鱼饲料；化妆品美容剂、毛发保护剂、毛发保湿剂等；医疗上可做隐形眼镜、人工皮肤、缝合线、人工透析膜和人工血管等。甲壳素与壳聚糖的用途见表 5－1。

表 5－1　甲壳素与壳聚糖的用途

应用领域	主要用途
化工	凝聚剂、重金属离子吸收剂、涂料、分离膜、黏合剂、吸附剂、生化酶载体、纤维
医疗	人工透析膜、人造皮肤、可吸收手术缝合线、抗菌剂、药物缓释剂、止血棉、抗凝血剂
农业	杀虫剂、土壤改良剂、促进剂
食品	增稠剂、蓬松剂、食品添加剂、生化水处理剂、保健食品、保鲜剂
其他	保湿剂、香烟滤嘴、抗静电剂、成膜剂、接触镜片、化妆品

三、甲壳素与壳聚糖的制备

(一)甲壳素的制备

从虾、蟹壳中提取甲壳素比较方便。虾、蟹壳主要由三种物质组成，即以碳酸钙为主的无机盐、蛋白质和甲壳素，另外，还有痕量的虾红素或虾青素等色素。虾、蟹壳中甲壳素的含量一般为 15%～25%，从虾、蟹壳制备甲壳素主要由两步工艺组成，第一步用稀盐酸脱除碳酸钙；第二步用热稀碱脱除蛋白质，再经脱色处理便可得甲壳素。甲壳素再用浓碱处理脱去乙酰基后，即得壳聚糖。它们的制备工艺流程如图 5－1 所示。

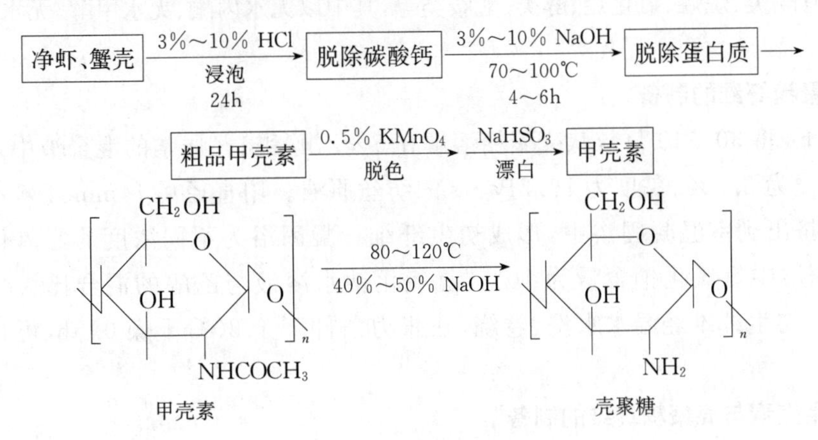

图 5－1　甲壳素与壳聚糖的制备工艺流程

即把原料虾、蟹壳用水洗净后用3%～10% HCl在室温下浸渍24h，使甲壳中所含的碳酸钙转化为氯化钙溶解除去，经脱钙的甲壳经水洗后在3%～10% NaOH中煮沸4～6h，除去蛋白质，得粗品甲壳素。把粗品甲壳素在0.5%高锰酸钾中搅拌浸渍1h，水洗后在1%亚硫酸氢钠中于60～70℃搅拌30～40min脱色，再经充分水洗、干燥后即得白色纯甲壳素成品。

(二)壳聚糖的制备

将甲壳素按固液比为1∶3浸泡于45% NaOH溶液中，于80～120℃保温12h左右，并不断搅拌，可达到脱乙酰目的。脱乙酰基完成后，过滤，滤液回收，可用于配制稀碱溶液。滤渣则用大量水洗至中性，滤干后，在70～100℃干燥，即得壳聚糖。

四、甲壳素与壳聚糖纤维的制备

目前较普遍采用的纺制甲壳素或壳聚糖纤维的方法是湿法纺丝法。把甲壳素或壳聚糖先溶解在合适的溶剂中配制成一定浓度的纺丝原液，经过滤脱泡后，用压力把原液从喷丝头的小孔中呈现细流状喷入凝固浴槽中，在凝固浴中凝固成固态纤维，再经拉伸、洗涤、干燥等后处理即可得到甲壳素或壳聚糖纤维。

(一)甲壳素纤维的制备

将4.5份甲壳素(相对分子质量约为100万)与混合溶剂(由60份三氯乙酸与40份三氯乙烯组成)混合，在0℃下进行溶解，溶解后得到透明、高黏度的甲壳素纺丝原液。经1480目不锈钢滤网于0.5GPa、0℃的条件下过滤，在0℃下减压脱泡，脱泡后将纺丝原液移入纺丝桶内，在0℃、0.5GPa的条件下通过齿轮泵计量，0℃的原液导入5mm的管内。为了加热喷丝时的纺丝原液，在进入喷嘴前的10cm长套筒内用22℃的热水循环，使纺线原液温度提高到20℃左右。加热后的纺丝原液经0.06mm的喷丝孔挤出，液态细流进入丙酮凝固浴中凝固成初生丝，初生丝经绕丝后用碱中和、水洗、干燥，即可得到甲壳素纤维。

甲壳素纺丝原液温度保持在0℃，是为了防止甲壳素聚合度下降而影响纤维质量，但是温度过低时甲壳素溶液的黏度过高，断丝严重，操作困难，因此，在纺丝前要迅速升温至20℃左右。

凝固剂有酮类、烷烃、氯化烃、醇类、酰胺类等，其中以无水丙酮、无水甲醇、无水乙醇等最为适用。

(二)壳聚糖纤维的制备

在搅拌下，将30～40目粒状壳聚糖溶解在5%乙醇和1%尿素的混合液中，经过滤、消泡后得到含量为3.5%、黏度为15.2Pa·s的纺丝原液。用直径0.14mm、180孔的喷丝板将纺丝原液挤出到室温凝固浴中，形成初生纤维。凝固浴为不同浓度的氢氧化钠和乙醇混合液[凝固浴中氢氧化钠含量为10%，氢氧化钠水溶液与乙醇的混合比为(90∶10)～(50∶50)]。初生纤维经温水水洗、卷绕，在张力条件下于80℃干燥0.5h，可得到壳聚糖纤维。

(三)含甲壳素与壳聚糖纤维的制备

甲壳素与壳聚糖除可以直接用来纺制纤维外，还可以用于其他纤维的改性，制得含甲壳素与壳聚糖的改性纤维，目前含甲壳素与壳聚糖的纤维生产方法主要有交联法、混入法、克莱比昂(Crabyon)法和涂层法等。

1. 交联法 交联法是利用交联剂，使壳聚糖与棉纤维结合而制得纤维，这种方法因采用化学助剂而失去了天然产品的特性。

2. 混入法 将壳聚糖磨成微细粉末(直径<5μm)后混入一般纤维内而制得纤维。由于微细粒子的混入，引起纤维的部分物理指标下降。如Chitoply纤维即是在黏胶纤维中混入壳聚糖微细粉末制成的。

3. 克莱比昂法 将再生纤维原料与甲壳素以7∶3比例混合，再利用共同的溶剂经纺丝而制得纤维，如日本Omikanshi公司的Crabyon纤维是采用本方法生产的。

4. 涂层法 将一般纤维在壳聚糖溶液中浸渍后，经脱水、干燥而制得纤维，但存在着随洗涤次数增加而导致抗菌效果下降的问题。

用甲壳素或壳聚糖制造纤维的工艺还很多，但其主要原理、操作过程是相似的，只是在溶剂、凝固浴的选择、溶解、纺丝及后处理工艺等方面加以调整而已。除了甲壳素与壳聚糖可以生产纤维外，它们的衍生物也可以生产不同用途的纤维。

五、甲壳素与壳聚糖纤维的结构与性能

(一)甲壳素与壳聚糖纤维的结构

1. 外观形态 甲壳素纤维的形态结构如图5-2所示。

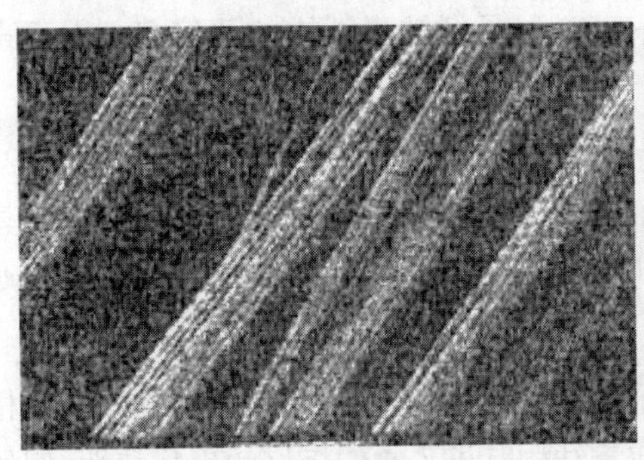

(a) 甲壳素纤维的横截面

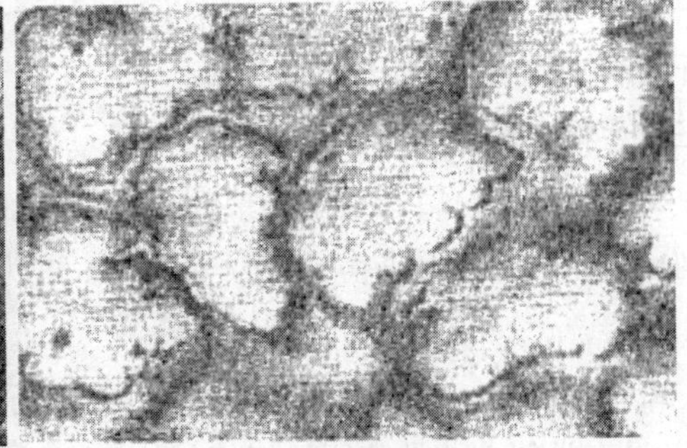

(b) 甲壳素纤维的纵向形态

图5-2 甲壳素纤维的形态结构

利用高倍显微镜和电镜可以观察到纤维的横截面为不规则的多边形，大多数为四边形或五边形。纵向有沟槽，同时纤维表面有不规则的小孔洞。

2. 晶体结构 甲壳素的结晶度与脱乙酰度有很大的关系。100%被N-乙酰化的壳聚糖即甲壳素，100%脱酰度的甲壳素为壳聚糖，分子链比较均一，规整性好，结晶度高。脱乙酰化初始时造成分子链的不均一性，结晶度下降，但随着脱乙酰度增加，分子链又趋于均一，其结晶度也相应增加。

(二)力学性能

1. 拉伸性能 甲壳素和壳聚糖纤维的质量指标见表5-2。

表5－2 甲壳素和壳聚糖纤维的质量指标

品　种	线密度/dtex	强度/cN・dtex^{-1}		伸长/%		打结强度/cN・dtex^{-1}
		干强	湿强	干伸	湿伸	
甲壳素纤维	1.7～4.4	0.97～2.20	0.35～0.97	4～8	3～6	0.44～1.14
壳聚糖纤维	1.7～4.4	0.97～2.73	0.35～1.23	8～14	6～12	0.44～1.32

由表5－2可知，甲壳素与壳聚糖纤维的干态强度大于湿态强度，比普通黏胶纤维的强度略低，但基本能够满足一定的混纺要求。

2. 卷曲性能　化学纤维表面光滑，纤维的抱合力和摩擦力差，给纺织加工带来困难。因此，一般在加工时用物理和机械加工的方法使纤维具有一定的卷曲，以满足纺织加工的需要。这不但可以提高纤维的可纺性，还可改善纤维的弹性和纤维集合体的蓬松性，使织物柔软丰满，具有良好的抗皱和保暖性。

经实验可知，甲壳素与壳聚糖纤维的卷曲数较少，卷曲率低，纤维之间的抱合力差，纺织加工困难。同时纤维的残留卷曲率低，卷曲牢度差，纤维纺纱性能差，织物的尺寸稳定性差。

3. 吸湿透气性能　甲壳素与壳聚糖纤维的大分子链上存在大量的羟基(—OH)和氨基(—NH_2)等亲水基团，而且其单位化学基团的电荷和极性基密度都比较大。另外，甲壳素与壳聚糖纤维表面的纵向沟槽也有助于吸湿，因此，甲壳素与壳聚糖纤维具有良好的吸湿和透气性能。甲壳素与壳聚糖纤维的吸湿率可达400%～500%，是纤维素纤维的两倍多。甲壳素与壳聚糖纤维制成的衣服吸汗，穿着舒适。

(三)生物医药性质

1. 生物安全性　甲壳素与壳聚糖无毒性、无刺激性，是一种安全的机体用材料，同时具有消炎、止血、镇痛、抑菌、促进伤口愈合等作用。这为甲壳素及其衍生物在医药领域的应用奠定了基础。

2. 生物相容性　从甲壳素与壳聚糖的大分子结构上来看，它们既具有与植物纤维素相似的结构，又具有类似人体骨胶原的组织结构，这种双重结构赋予了它们极好的生物特性，例如它们与人体组织有很好的相容性，可被人体内溶菌酶分解而被人体吸收等。

3. 生物可降解性　壳聚糖在生物界由壳聚糖酶合成，在生物体内可以被溶菌酶降解为对人体无毒的*N*-乙酰氨基葡萄糖，壳聚糖分子中含有氨基、羟基等活性基团，利用这些基团通过各种反应可制备各种壳聚糖衍生物。

4. 抗菌性　甲壳素与壳聚糖纤维本身带有正电荷，其分子中的氨基阳离子与构成微生物细胞壁的磷壁酸或磷脂阴离子发生离子结合，限制了微生物的生命活动。壳聚糖分子还能分解成低分子，穿入微生物细胞壁内，抑制遗传因子从DNA到RNA的转移而阻止细菌和真菌的发育，达到天然抑菌的目的。

同时，甲壳素与壳聚糖纤维与人体皮肤汗液接触时可激活体液中的溶菌酶，防止微生物有害细菌侵入人体内，因此，甲壳素纤维具有优良的抗菌活性。

六、甲壳素纤维与壳聚糖纤维的应用

(一)服用面料

甲壳素纤维和壳聚糖纤维是用甲壳素或壳聚糖溶液纺制而成的纤维,是继纤维素纤维之后的又一种天然高聚物纤维。目前有甲壳素纤维/棉、甲壳素纤维/涤纶/黏胶纤维、甲壳素纤维/棉/毛等混纺面料。

1. 甲壳素纤维针织面料　采用甲壳素纤维(182dtex、145dtex)与远红外功能纤维混纺纱线织成的面料。面料手感柔软,染色后色泽鲜艳,适用于男女内衣、睡衣、休闲装、童装、袜子、手套等。

2. 甲壳素纤维机织面料　采用40%毛条、20%大豆蛋白纤维、40%甲壳素纤维混纺,利用变化组织或斜纹组织开发的甲壳素抗菌舒适呢是一种高档服用机织面料。面料具有呢面细洁,手感舒适,光泽自然,抗菌、抑菌和保健功能,适宜制作高档衬衫和女装。

(二)医用纺织品

甲壳素纤维与壳聚糖纤维可纺制成长丝或短纤维两大类。长丝主要用于捻制或编织成可吸收医用缝合线,切成一定长度的短纤维,经开松、梳理、纺纱、织布制成各种规格的医用纱布。将开松的甲壳素或壳聚糖短纤维经梳理加工成网,再经叠网、上浆、干燥或用针刺即成医用非织造布。这种纱布或非织造布由于多孔,有良好的透气性和吸水性,透气量为1500L/(m^2・s),吸水性为15%,裁剪成各种规格,经包装消毒,即成为理想的医用敷料。

(三)过滤材料

可把甲壳素纤维与壳聚糖纤维制成各种规格与用途的纤维纸和纤维毡等,用于水和空气的净化。

第二节　聚乳酸纤维

一、概述

聚乳酸纤维(PLA Fiber)是一种新型的可生物降解的合成纤维,本质上还是一种聚酯纤维。该纤维主要是以玉米、小麦、甜菜等含淀粉的农产品为原料,经发酵生成乳酸后,再经缩聚和熔融纺丝制成。聚乳酸纤维制品废弃后在土壤或海水中经微生物作用可分解为二氧化碳和水,燃烧时不会散发毒气,不会造成污染,因此是理想的绿色高分子材料。

聚乳酸是以乳酸为主要原料聚合得到的聚合物。单个的乳酸分子中有一个羟基和一个羧基,多个乳酸分子在一起,—OH 与其他分子的—COOH 脱水缩合,—COOH 与别的分子的—OH脱水缩合,就这样,它们手拉手形成了聚合物,叫作聚乳酸。聚乳酸也称为聚丙交酯,属于聚酯家族。

聚乳酸是由生物发酵生产的乳酸经人工化学合成而得的聚合物,但仍保持着良好的生物相容性和生物可降解性。具有与聚酯相似的防渗透性,同时具有与聚苯乙烯相似的光泽度、清晰度和加工性。并提供了比聚烯烃更低温度的可热塑性,可采用熔融加工技术,包括纺纱技术进

行加工。因此聚乳酸可以被加工成各种包装用材料，像农业、建筑业用的塑料型材、薄膜，以及化工、纺织业用的非织造布、聚酯纤维等。而聚乳酸的生产耗能只相当于传统石油化工产品的20%～50%，产生的二氧化碳气体则只为相应的50%。

除了作为包装材料以外，聚乳酸可成为药物包裹材料、组织工程材料。聚乳酸可制成无毒并可进行细胞附着生长的组织工程支架材料，其支架内部可形成供细胞生长和运输营养的多孔结构，还可为支持和指导细胞生长提供合适的机械强度和几何形状。其缺点是缺乏与细胞选择性作用的能力。聚乳酸在生物医用材料中应用广泛，可用于医用缝合线（无须拆线）、药物控释载体（减少给药次数和给药量）、骨科内固定材料（避免了二次手术）、组织工程支架等。

聚乳酸在纺织领域的研究应用开发是最近10年左右开始的。聚乳酸可用纺粘法或熔喷法直接制成非织造布，也可先纺制成短纤维，再经干法或湿法成网制得非织造布。聚乳酸非织造布用于农业、园艺方面，可用作种子培植、育秧、防霜及除草用布等；在医疗卫生方面，可用作手术衣、手术覆盖布、口罩等，也可用作尿布、妇女卫生用品的面料及其他生理卫生用品；在生活用品方面，可用作衣料、擦揩布、厨房用滤水、滤渣袋或其他包装材料。

1993年，美国田纳西大学开始研究基于聚乳酸的纺粘和熔喷非织造布；1994年，日本Kanebo公司开发了"Lactron"纤维和熔喷非织造布；1997年法国Fiberweb公司采用聚乳酸为原料制备了100%聚乳酸非织造布。2004年，东华大学研制了超细聚乳酸纤维非织造布，平均纤维细度为217～9107μm，可作为过滤材料。

二、聚乳酸

（一）聚乳酸的原料

聚乳酸是由乳酸聚合而成。乳酸（2-羟基丙酸）是自然界中最广泛存在的羟基酸，1780年由瑞典科学家Scheele发现。它以两种立体异构体的形式存在：能使平面偏振光右旋的为S或L-(+)-乳酸，使偏振光左旋的为R或D-(-)-乳酸，如图5-3所示。D-乳酸和L-乳酸除对手性试剂及酶有不同反应外，绝大多数的物理和化学性能都相同。相同比例的D-乳酸和L-乳酸混合后，对偏振光的旋转相互抵消，称为消旋乳酸或DL-乳酸。

乳酸结构如图5-3所示。

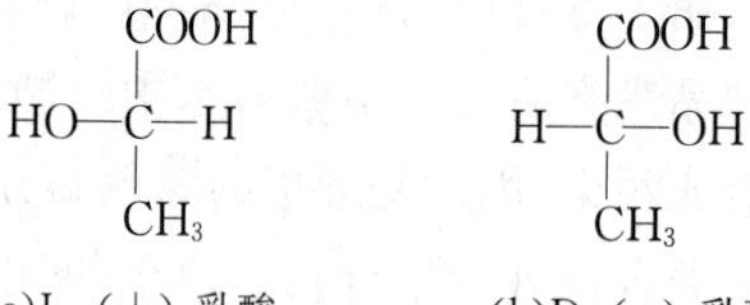

(a) COOH / HO—C—H / CH_3　　(b) COOH / H—C—OH / CH_3

(a)L-(+)-乳酸　　(b)D-(-)-乳酸

图5-3　乳酸的结构

成纤聚乳酸以L-乳酸为单体。L-乳酸的工业化生产主要有微生物发酵法和化学合成法两大类。由于化学合成法所用原料为乙醛和剧毒物氢氰酸，因此生产受到一定限制，其产品一般只适用于制革工业和化学工业。酶转化法和拆分DL-乳酸的方法由于工艺复杂和难以得到纯净的L-乳酸，也无法用于工业大生产。发酵法成本低、产酸纯，目前，国内外的L-乳酸均通过发酵法生产。反应方程式如下：

$$\underset{\text{淀粉}}{(C_6H_{10}O_5)_n} + nH_2O \xrightarrow{\text{酶}} \underset{\text{葡萄糖}}{nC_6H_{12}O_6}$$

$$\underset{\text{葡萄糖}}{C_6H_{12}O_6} \xrightarrow{\text{发酵}} \underset{\text{乳酸}}{CH_3-CH(OH)-C(=O)-OH}$$

所有碳水化合物富集的物质，如粮食、有机废弃物（如玉米或其他农作物的根、茎、叶、皮，城市有机废物，工业下脚料等）都是乳酸生产的原料，它们所含有的淀粉可转化成葡萄糖，而葡萄糖又可转化成乳酸钠。经提纯后，得到聚乳酸溶液。工艺流程如下：

淀粉水解→葡萄糖发酵→乳酸钠洗涤和电渗析→乳酸

我国主要采用玉米、大米、薯干粉等为发酵原料，以谷糠、麦皮等为辅料，以α-淀粉酶、糖化酶为液化、糖化剂，$CaCO_3$为中和剂发酶生产乳酸钙，再进一步纯化得到乳酸产品。

(二)聚乳酸的合成

聚乳酸有两种合成方法，即丙交酯（乳酸的环状二聚体）的开环聚合和乳酸的直接聚合。

1. 丙交酯开环聚合法　丙交酯开环聚合法的反应式如下：

$$\underset{\text{乳酸}}{2HO-CH(CH_3)COOH} \xrightarrow{\text{脱水、环构化}} \underset{\text{丙交酯}}{\text{(3,6-二甲基-1,4-二氧六环-2,5-二酮)}}$$

$$\underset{\text{丙交酯}}{\text{(3,6-二甲基-1,4-二氧六环-2,5-二酮)}} \xrightarrow[\text{催化剂}]{\text{开环聚合}} \underset{\text{聚乳酸(PLA)}}{\left[O-CH(CH_3)-C(=O) \right]_{2n}}$$

先将乳酸脱水环化制成丙交酯，再将丙交酯开环聚合制得聚乳酸。其中乳酸的环化和提纯是制备丙交酯的难点和关键，这种方法可制得高分子量的聚乳酸，也较好地满足成纤聚合物和骨固定材料等的要求。

2. 直接聚合法　直接聚合法的反应式如下：

$$n\,HO-CH(CH_3)-COOH \rightleftharpoons HO-CH(CH_3)-C(=O)\left[O-CH(CH_3)-C(=O)\right]_{n-1}OH + (n-1)H_2O$$

乳酸直接缩聚是由精制的乳酸直接进行聚合，是最早也是最简单的方法。该法生产工艺简单，但得到的聚合物相对分子质量低，且相对分子质量分布较宽，其加工性能等尚不能满足成纤聚合物的需要；而且聚合反应在高于 180℃的条件下进行，得到的聚合物极易氧化着色，应用受到一定的限制。

(三)聚乳酸的结构与性能

1. 聚乳酸的结构 聚乳酸的结构式如下：

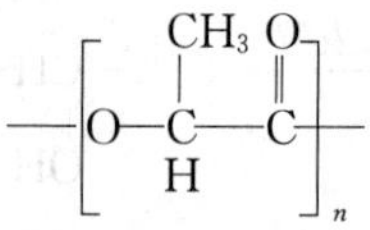

$$\left[-O-\underset{H}{\overset{CH_3}{\overset{|}{\underset{|}{C}}}}-\overset{O}{\overset{\|}{C}}- \right]_n$$

由于原料的原因，聚乳酸有聚 D-乳酸(PDLA)、聚 L-乳酸(PLLA)和聚 DL-乳酸(PDLLA)之分。生产纤维一般采用 PLLA。

2. 聚乳酸的基本性质 几种聚乳酸的基本性质见表 5-3。

表 5-3 聚乳酸的基本性质

基本性质	PLA 的种类		
	PDLA	PLLA	PDLLA
固体结构	结晶	结晶	非结晶
熔点/℃	180	170~200	—
T_g/℃	55~60	55~65	50~60
热分解温度/℃	200	200	180~200
拉伸率/%	20~30	20~30	—
断裂强度/cN·$dtex^{-1}$	3.6~4.5	4.5~5.4	—
溶解性	溶于乙腈、氯仿等	溶于四氢呋喃等，不溶于脂肪烃、甲醇、乙醇等	溶于四氢呋喃、氯仿等，不溶于正庚烷
水解性(37℃生理盐水中强度减半时间)/个月	4~6	4~6	4~6

聚乳酸在所有生物可降解聚合物中熔点最高，结晶度大，透明度好，适合用于制作纤维、薄膜及模压制品等。

与标准的热塑性聚合物相比，聚乳酸可发生水解，最终生成无害的水和二氧化碳，而二氧化碳和水通过光合作用又可变成淀粉，这样可在自然界中循环，如图 5-4 所示。因此，聚乳酸纤维具有可持续发展的广阔前景。

三、聚乳酸纤维的制备

聚乳酸及其共聚物的纺丝可采用溶液纺丝和熔体纺丝工艺。

(一)聚乳酸的溶液纺丝

聚乳酸的溶液纺丝主要采用干纺—热拉伸工艺，而干纺纤维的力学性能要优于熔纺纤维。采用二氯甲烷、三氯甲烷、甲苯为溶剂，溶解聚乳酸作为纺丝液进行干法纺丝。工艺流程

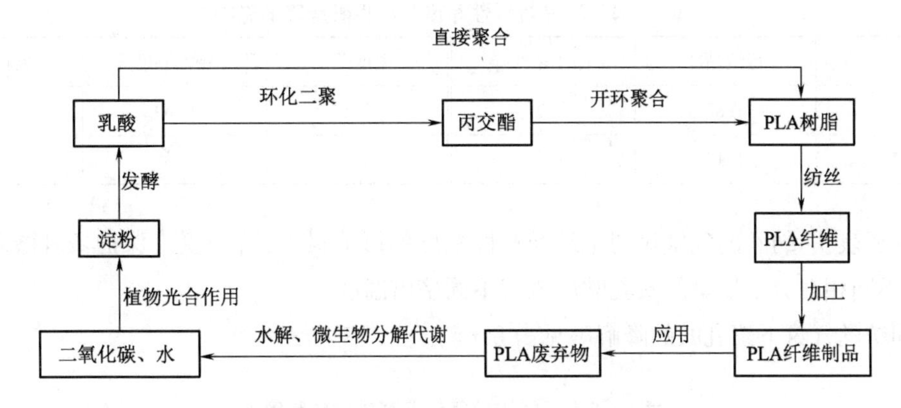

图 5-4　聚乳酸的自然循环系统

如下：

聚乳酸溶解→纺丝液过滤、计量→喷丝板挤出→溶剂蒸发→纤维成型→卷绕→拉伸→后处理→成品纤维

研究表明，聚乳酸的相对分子质量及其分布、纺丝溶液的组成及浓度、拉伸温度、聚乳酸的结晶度和纤维直径，都影响成品纤维的性能。

干法纺丝过程中聚乳酸热降解少，纤维强度较高，但由于溶液纺丝法的工艺较为复杂，所用二氯甲烷、三氯甲烷、甲苯等有机溶剂毒性大，溶剂回收困难，纺丝环境恶劣，纤维的生产成本高，从而限制了其应用。因此采用溶液纺丝制备聚乳酸纤维还停留在中试阶段。

(二)聚乳酸的熔体纺丝

1. 纺丝原理　聚乳酸在所有生物可降解聚合物中熔点最高，结晶度大，热稳定性好，加工温度在 170～230℃，有良好的抗溶剂性，因此能用多种方式进行加工，如挤压、纺丝、双轴拉伸、注射吹塑。

PLA 纤维具有与 PET 纤维相似的物理特性，不仅具有高结晶性，还具有相似的透明性。由于具有高结晶性和高取向性，PLA 纤维具有高耐热性和高强度，且无须特殊的设备和操作工艺，应用常规加工工艺便可进行纺丝。但 PLA 纤维不同于芳香酯的 PET，其熔点 175℃[由差示扫描量热(DSC)法测定]与 PET 的 260℃差距较大。

PLLA 对温度非常灵敏，在升温过程中特性黏度(η)有较大幅度的下降，而且温度越高，$\Delta\eta$ 越大。因此成纤聚合体中的金属、单体、水等的含量必须严格控制，尤其是残留金属及水分子在纺丝前必须严格去除，否则在纺丝过程中会引起相对分子质量的急剧下降和腐蚀加工机械，制得的纤维性能降低。

在熔融纺丝前，把聚乳酸末端的—OH 用醋酸酐和吡啶进行乙酰化，结果发现其热稳定性有所提高，纺丝温度低于 200℃，聚乳酸基本不发生热降解。采用二步法，即第一步熔融挤压，第二步热拉伸，可制得断裂强度高于 7.2cN/dtex 的聚乳酸纤维。

温度对特性黏度及特性黏度降的影响见表 5-4。

表 5-4 温度对特性黏度及特性黏度降的影响

温度/℃	特性黏度	特性黏度降	温度/℃	特性黏度	特性黏度降
室温	1.35	0	215	0.89	0.46
205	1.16	0.19	225	0.82	0.53

研究还表明，纺丝的气氛对初生纤维特性黏度的影响极大，若用氮气保护聚乳酸降解率明显降低，不同相对分子质量的聚乳酸应该有不同挤出温度。

不同纺丝气氛下聚乳酸的降解率见表 5-5。

表 5-5 不同纺丝气氛下聚乳酸的降解率

纺丝的气氛	原料特性黏度/$dL \cdot g^{-1}$	初生纤维特性黏度/$dL \cdot g^{-1}$	降解率/%
空气	4.45	1.05	76.4
氮气	4.45	3.36	25.6

2. 工艺流程 聚乳酸纤维的熔体纺丝工艺流程如下：

PLA 切片→干燥→螺杆挤压→预过滤→纺丝箱→冷却上油→POY 卷绕→热盘拉伸→DT 纤维

(1)切片干燥。像 PET 一样，PLA 切片必须经过干燥处理后才能进行熔体纺丝。PLA 属聚酯类产品，由于其聚合物在活跃和潮湿的环境中会通过酯键断裂发生水解而产生降解，造成相对分子质量大幅下降，从而严重影响成品纤维的品质，因此纺丝前要严格控制 PLA 聚合物的含水率(<50mg/kg)。PLA 切片干燥后含水率与干切片特性黏度的控制尤为重要，因为含水率控制不当引起的相对分子质量损失将给正常的熔融纺丝带来困难。

从生产试制 55dtex/24f PLA 纤维的工艺来看，长丝生产要求 PLA 干切片的含水率最好在 30mg/kg 以下。适用的干燥条件为：结晶温度控制在 105℃左右，切片经过脉动阀板和两面隔开的结晶热风循环通道的气流；再由氧化铝分子筛脱湿器和夹套式闭式热空气干燥；由于其熔点和玻璃化温度较低，干燥温度可控制在 120℃左右，干燥时间 6h 以上，实现露点温度-60℃。而从 108dtex/48f PLA 纤维的试纺情况来看，其预结晶和干燥温度比 55dtex/24f 的略高 3~4℃，干燥时间可略短。

(2)熔体纺丝。PLA 纤维具有与 PET 纤维相似的物理特性，不仅具有高结晶性，还具有相似的透明性。由于具有高结晶性和高取向性，PLA 纤维具有高耐热性和高强度，且无须特殊的设备和操作工艺，应用常规的加工工艺便可进行纺丝。但 PLA 纤维不同于芳香酯的 PET，其熔点 175℃，且熔融纺丝成型较 PET 困难，主要表现在 PLA 的热敏性和熔体高黏度之间的矛盾。例如，可用于纺丝成型的 PLA 相对分子质量达 10 万左右，但其熔体黏度远高于 PET 熔体的黏度。要使 PLA 在纺丝成型时具有较好的流动性和可纺性，必须达到一定的纺丝温度，但 PLA 物料在高温下，尤其是经受较长时间的相对高温时极易发生热降解，因此造成 PLA 熔融成型的温度范围极窄。

由于 PLA 聚合物的热稳定性较差，为避免较大量的聚合物热降解，在保证熔体流变性好的情况下，需要设定较低的纺丝温度。从纺丝实例看，冷却区设定为 41℃，螺杆各区温度控制在 205～212℃，而联苯加热气相温度控制在 210～213℃为宜(为便于低温控制，必须用低沸点联苯)；从生产实例看，熔体温度宜控制在 216℃以内，高于 216℃时，预取向纤维拉伸较为困难，而当该温度较低时，毛丝、断头严重，生头困难。同时，在保证均压和纤维均匀挤出的前提下，可降低预前压力至 7.5MPa，以减少熔体在螺杆的回流，从而减少熔体在高温区的停留时间，减少熔体热降解的程度，进而降低纤维成品质量特别是强度指标的下降。

(3)纺丝组件。由于 PLA 熔体的表观剪切黏度随剪切速率的增大而下降，表现为切力变稀流动现象。因为在剪切应力的作用下，大分子构象发生变化，长链分子偏离平衡构象而沿熔体流动取向，表现出预取向性，从而使体系解缠并使大分子链彼此分离，导致 PLA 熔体的表观剪切黏度下降。因此，必须通过加强剪切来降低其表观黏度，进而解决 PLA 聚合物热敏性和熔体高黏度之间的矛盾，实现纺丝的顺利进行。

经试纺比较，发现 24f 和 48f 喷丝板在孔径适当降低而长径比同步提高的情况下(ϕ0.25 调整为 ϕ0.18～ϕ0.22)，熔体破裂现象比未调整前有明显改善的趋势。这种情况与 PET 相似：熔体具有一定的储能模量，大分子的伸展与已伸展的大分子弹回最低能态处需一定的松弛时间，为了取得大分子的净伸展或净取向效果，剪切速率必须大于大分子的松弛速率。在纺丝时，调整后的孔径和长径比有利于剪切速率的加强，从而为纺丝稳定创造条件。建议 PLA 纺丝用喷丝板长径比控制在 2.3～3.0，高于同规格的 PET 纺丝用喷丝板的长径比为 2.0～2.5；在组件安装上，把 24f 和 48f 喷丝板分别装 20%～35%的金属砂，跟海砂分层混装，在可纺性相同的情况下降低初始压力。实测组件的初始压力要小，为 2.0～2.5MPa，此时纺丝情况尚可，断头较少，组件滴浆能有效控制。

(4)纺丝速率和卷绕超喂。Mezghani K 等通过在环境温度(25±3)℃的条件下进行的 PLA 纤维高速纺丝的研究表明：从纺丝速率(0～5000m/min)对 PLA 初生纤维结晶度和力学性能的影响来看，初生纤维的结晶度随纺丝速率的增加呈线性增加趋势，并在纺丝速率为 3000m/min时达到最大；此后随着纺丝速率的继续增大，初生纤维的结晶度和力学性能有所下降。这是因为随着纺丝速率的增加，初生纤维的拉伸形变速度梯度变大，即初生纤维的声速取向因子变大，从而使拉伸强度等增加；而较高的纺丝速率会导致分子取向并使纤维发生诱导结晶，过高的纺丝速率使 PLA 结晶时间过短，结晶不完全。

在生产过程中，为保证 PLA 纤维有一定的取向度，同时希望拉伸应力和卷绕应力在纺丝过程中得到及时有效地消除，有效控制卷绕张力是关键。另外，由于 PLA 纤维的玻璃化温度较低，易造成卷绕过程中应力松弛加剧，使纤维沿轴向发生一定尺寸的收缩。在尽可能保证卷绕稳定的情况下，适当增大卷绕超喂率，在不影响成型的前提下，减少卷绕张力，相应调整摩擦辊与筒子的接触压力，可以得到优质的大卷装丝。

从 55dtex/24f PLA 纤维的纺制情况看，丝层厚度和卷绕角度宜分 8～12 步配套完成，超喂率控制在 2.0%左右(比同规格 PET 略大)，以实现表面成型和卷绕张力的平衡；纺 108 dtex/

48f PLA 纤维的卷绕参数基本跟 55dtex/24f 的相似，且两者的环境、侧吹风温度和湿度也基本一致。

(5)拉伸温度、速度。在平牵机上，热盘的温度即为拉伸温度，作为影响纤维的重要条件之一，选择合适的拉伸温度是提高纤维力学性能的关键。

在试纺过程中，与 PET 的初生纤维一样，低温时，拉伸初生 PLA 纤维时易发生脆性断裂，随着拉伸温度的提高，塑性变形越来越明显，PLA 纤维结构单元包括链段和大分子的活动性随温度升高而增大。同时，随着温度的提高，一方面，由于 PLA 大分子在拉伸过程中发生取向，伸直链段的数目增多，而折叠链段的数目减少；另一方面，由于拉伸过程中发生了结晶，片晶之间的连接链相应增加，从而提高了 PLA 纤维的强度和抗拉性，表现在纤维的物理性能上是纤维的断裂强度明显增大，断裂伸长率也增加。

实践表明：当拉伸温度高于 75℃时，PLA 纤维冷拉发生的脆性断裂现象基本消除；但温度过高，结晶速度和拉伸应力上升过快，解取向增大，有效取向反而减少，导致拉伸不能正常进行。实践表明，拉伸温度宜在 80～85℃。

适当降低拉伸速度的影响类似于升高温度的影响，纤维的断裂伸长率、断裂强度及取向度均向有利于成纤的方向发展；但速度过低，易产生缓慢流动，导致纤维的拉伸应力不足，未能破坏不稳定结构，使分子链取向未向有利于成纤的方向发展，造成断裂强度下降而伸长增大。

从实际试纺 55dtex/24f 和 108dtex/48f PLA 纤维的情况来看，当拉伸速度在 680m/min 左右时，牵伸断头率尚可，成品退卷状况尚佳，成型情况良好；108dtex/48f 的拉伸温度可比 55dtex/24f 的略高 1～2℃，速度略高 10～20m/min。

(6)拉伸倍率。随着拉伸倍率的增大，PLA 纤维的初始模量和断裂强度均有所提高，而断裂伸长有所降低。这是因为在拉伸过程中，纤维无定形区域的大分子链结构发生不同程度的取向，同时不完善的结晶结构也可能发生一定的重排。随着拉伸的进行，拉伸倍率增大，纤维取向度提高，纤维的双折射率增大；由于分子取向诱导了大分子结晶，结晶度和密度增加，使拉伸丝的杨氏模量和断裂强度增加；而断裂伸长由于纤维大分子伸展能力的下降而下降，从而使纤维稳定性提高。但过大的拉伸倍率易破坏分子的链段连接，从而产生大面积毛丝而导致丝束缠辊，难以顺利拉伸。从试纺情况来看，稳定张力、将热拉伸均匀的一区的拉伸倍率控制在 1.012 以下，二区的拉伸倍率可根据 POY 原丝的指标进行调整。

四、聚乳酸纤维的结构与性能

(一)形态结构

对聚乳酸纤维进行显微镜观察，其横截面为近似圆形，纵表面纤维光滑、有明显斑点，其形态结构如图 5－5 所示。

(二)性能

聚乳酸纤维与涤纶、锦纶 6(PA6)的性能比较见表 5－6。

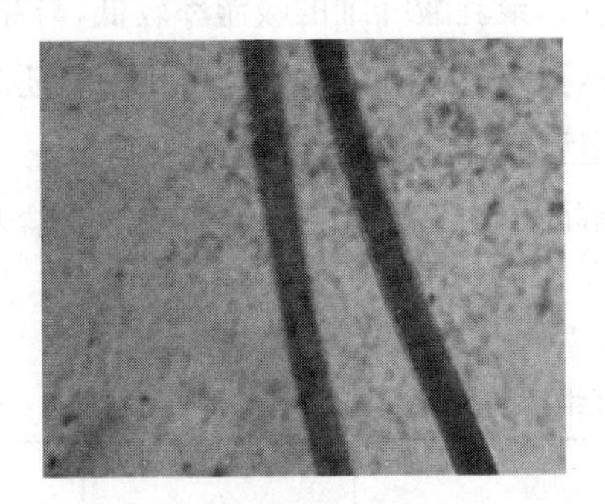

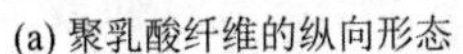

(a) 聚乳酸纤维的纵向形态

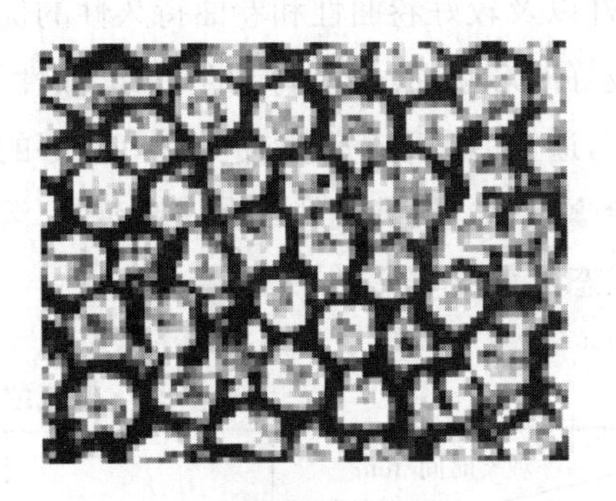

(b) 聚乳酸纤维的横截面

图 5－5　聚乳酸纤维的形态结构

表 5－6　聚乳酸纤维与涤纶、锦纶 6 的性能比较

性能		聚乳酸纤维	涤纶	锦纶 6
物理性质	T_g/℃	57	70	40
	熔点/℃	175	265	215
	吸湿率/%	0.6	0.4	4.5
	燃烧热/kJ·g^{-1}	18.8	23.0	30.9
	密度/g·m^{-3}	1.27	1.38	1.14
	沸水收缩率/%	8～15	8～15	8～15
	折射率	1.4	1.58	1.57
	限氧指数	24～26	20～22	20～24
力学性能	断裂强度/cN·$dtex^{-1}$	3.9～5.4	3.5～5.4	3.9～5.9
	断裂伸长率/%	25～35	25～35	30～40
	弹性回复率/%(拉伸 5%)	93	93	89
	初始模量/cN·$dtex^{-1}$	59～69	88～110	20～39
染色性能	染色温度/℃	100	130	100
	适用染料	分散染料	分散染料	酸性染料
完全降解时间/年 (在土壤和水中微生物的作用下)		1～2	—	—

1. 熔点　聚乳酸纤维的熔点在 170～180℃，涤纶的熔点一般在 255℃左右，锦纶 6 的熔点在 215℃左右，锦纶 66 的熔点在 260℃左右，丙纶的熔点在 180℃左右，乙纶的熔点在 160℃左右。

2. 力学性能　聚乳酸纤维属于高强、中伸、低模纤维。它具有足够的强度可以做一般通用的纤维材料，实用性高；具有较低的模量，使得其纤维面料具有很好的加工性能。聚乳酸纤维的断裂强度和断裂伸长率都与涤纶接近，这使得其面料具有高强力、延伸性好、手感柔软、悬垂性好、回弹性好以及较好卷曲性和卷曲持久性的优点。聚乳酸纤维的吸湿率较低，与涤纶接近，但是它具有较好的芯吸性，故水润湿性、水扩散性好，具有良好的服用性。同时，它还具有良好的弹性回复率，适宜的玻璃化温度使其具有良好的定型性能和抗皱性能。

3. 化学溶解性 聚乳酸纤维在一定温度、溶解时间条件下，在一定的酸、碱、盐及有机溶剂中的溶解状态见表5-7。

表5-7 聚乳酸纤维溶解性能表

溶剂 \ 观察时间/min	1	5	10	30
硫酸(98%)，常温	SO	S	S	S
硫酸(75%)，50℃	I	I	I	I
硫酸(59.5%)，60℃	I	I	I	I
盐酸(36%)，常温	I	I	I	I
盐酸(20%)，常温	I	I	I	I
甲酸(98%)，常温	I	I	I	I
甲酸(80%)，常温	I	I	I	I
甲酸/氯化锌，75℃	I	I	I	I
冰醋酸，常温	I	I	I	I
冰醋酸，80℃	I	I	P	S/P
冰醋酸，煮沸	P	S	S	S
氢氧化钠(5%)，常温	I	I	P	P
氢氧化钠(5%)，煮沸	P	P	S	S
氢氧化钠(2.5%)，煮沸	P	P	P	S
次氯酸钠(1mol/L)，常温	I	I	P	P
二甲基甲酰胺，常温	I	△	△	△
二甲基甲酰胺，煮沸	SO	S	S	S
二氯甲烷，常温	SO	S	S	S
丙酮，常温	I	I	I	I

注 SO—立即溶解，S—溶解，P—部分溶解，I—不溶解，△—溶胀。

4. 防火性 依据燃烧性试验评价了聚乳酸纤维或纺粘非织造布的限氧指数(LOI值)，结果显示：聚乳酸纤维为24～26(聚酯纤维为20～21)，聚乳酸纺粘非织造布更惊人，显示出接近芳纶纤维的28～30，具有优异的防火性能。另外，从ASTM E1354和美国联邦汽车安全规格FMVSS 302的燃烧试验(水平法)也表明，聚乳酸纤维一旦着火后的自熄性好，燃烧时产生的气体量也比聚酯纤维少。本特性是聚乳酸纤维及其纺粘非织造布具有的固有特性，有害的卤族系和磷系等防火剂、阻燃剂都没有添加。

5. 耐光、耐候性　聚乳酸纤维是脂肪族聚酯，耐紫外线和高能量放射线的能力不能认为强。但是，与作为相同聚酯同类的聚酯纤维相比，不仅是耐光性，而且在伴随降雨的促进耐候试验也发现显示出优异的耐候性。这些倾向在包括聚乳酸纤维、纺粘非织造布的实际室外暴露试验中也被确认，作为在室外使用的农林、园艺、土木、建筑材料具备必要的条件。

6. 抗菌性（静菌性）　根据使用金黄色葡萄球菌（Staphyloccocus Aureus）的纤维制品抗菌防臭加工新标准评价了聚乳酸纤维（泰拉马克：尤尼吉卡公司商标），结果发现，显示出远远高于合格值（静菌活性值 2.2 以上）的静菌活性值及杀菌活性值。事先进行 10 次洗涤之后或者混合一半天然棉等其他纤维，抗菌活性也基本上能够保持。聚乳酸的抗菌作用不仅是上述作为标准菌的葡萄状球菌，对大肠菌和绿脓菌等革兰氏阴性杆菌也已确认。这是由于在聚乳酸中含有极微量的乳酸或低聚物这些物质的静菌作用。也就是说，由于材料中的极微量乳酸在材料表面浸出一部分，将材料表面与人的肌肤同样保持弱碱性，从而防止了细菌和真菌等微生物的附着和繁殖。

五、聚乳酸纤维的应用

PLA 纤维融合了天然纤维和合成纤维的特点，其性能是聚乳酸本身所独有的，因而无论是在加工过程中还是具体的最终应用过程中，其优异性能均可很好地保持。聚乳酸纤维优异的性能包括可生物降解性，优异的触感、导湿性、回弹性、耐燃性、紫外线稳定性以及抗污性等。聚乳酸纤维废弃后，可降解成二氧化碳和水；即使燃烧，燃烧能也很小，不产生有害气体；聚乳酸纤维降解后，生成的二氧化碳和水重新被生物体利用进行光合作用。主要应用在以下几个方面。

1. 服用纺织品　聚乳酸纤维具有良好的芯吸性能以及快干效应，具有较小的体积密度，强伸性与涤纶接近，适合用于制作运动服装。

聚乳酸纤维与棉混纺做内衣，有助于水分的转移，不仅接触时有干爽感，且可赋予织物优良的形态稳定性和抗皱性。

聚乳酸长丝与棉、羊毛或黏胶纱线混用，制成的织物具有丝感外观，可用于 T 恤衫、夹克、长袜及礼服的制作。

2. 家用纺织品　聚乳酸纤维具有耐紫外线、稳定性好、发烟量少、燃烧热低、自熄性较好、耐洗涤性好的特点，特别适合制作沙发布、窗帘、帷幔、地毯等。

3. 产业用纺织品　聚乳酸可用纺粘法或熔喷法直接制成非织造布，也可先纺制成短纤维，再经干法或湿法成网制得非织造布。聚乳酸非织造布用于农业、园艺方面，可用作种子培植、育秧、防霜及除草用布等；在生活用品方面，可用作衣料、擦揩布、厨房用滤水、滤渣袋或其他包装材料。

4. 医用纺织品　聚乳酸的降解产物为乳酸，也是人体葡萄糖的代谢产物，易于被人体吸收，因此，聚乳酸纤维与皮肤具有良好的相容性。在医疗卫生方面，可用于制作手术缝合线、手术衣、手术覆盖布、口罩等，也可用作尿布、妇女卫生用品的面料及其他生理卫生用品。

第三节　海藻纤维

一、概述

海藻纤维是指从海洋中一些棕色藻类植物中提取得到的海藻酸为基本原料，经过纺丝加工而成的一种天然高分子功能性纤维。

世界海洋中估计有25000多种海藻，按颜色可粗分为红藻、褐藻、绿藻和蓝藻四大类。海藻纤维的原材料来自天然海藻，如海带、巨藻、墨角藻、昆布和马尾藻等褐藻类中所提取的海藻多糖。其有机多糖部分由β－D－甘露糖醛酸（β－D－mannuronic acid，简称M）和α－L－古罗糖醛酸（α－L－guluronic acid，简称G）两种组分构成。海藻酸分子中这两个组分以不规则的排列顺序分布于分子链中，两者中间以交替MG或多聚交替$(MG)_n$相连接。

1883年，人们就发现了海藻材料的结构致密性及粘连性，有关专利也研究了对海藻酸的提取，并研究了其大分子产品的物理化学性能及工业应用。后来发现，海藻酸经碱处理后，可以得到工业用稳定剂、增稠剂、胶料等。1912～1940年期间，一些德国、日本和英国专利纷纷发表了海藻酸盐经挤压可得到可溶性海藻纤维的报道。1947年有报道称，以海藻酸钙和海藻酸钠为原材料的海藻纤维可以制成毛纺织品、手术用纱布和伤口包覆材料。最近，各种各样的海藻创伤医用材料已商品化，其中大部分是以海藻酸钙纤维的形式出现的。英国在20世纪60年代与70年代的研究表明，Steriseal公司销售的SORBSON，就是利用海藻纤维制备的保暖、保湿性好的创伤被覆材料，可治疗严重感染的溃疡，这种材料中的海藻纤维与伤口渗出物接触，形成吸湿性的凝胶，可使伤口保持湿润，促进伤口快速愈合。

近年来，美国、德国、意大利、秘鲁等国家也对海藻纤维进行了深入的研究，其优越性已得到证实，海藻纤维敷料能加快伤口治愈，减少伤口气味的散发，加速创面止血，效果明显；其次，海藻纤维敷料生物相容性好，长期使用不会引起伤口部位皮肤敏感或过敏反应等不良症状，效果良好。

在我国，青岛大学公开了一种壳聚糖接枝海藻纤维及其制备方法与用途的专利，这种纤维由于表面包覆一定的壳聚糖，因而具有良好的吸湿性和抗菌性，且无毒、无害、安全性高及生物可降解性，在医药、环保等领域均有良好的应用前景，作为止血治疗的新型材料，尤其适合于制造纱布作伤口敷料用。

目前，我国每年消耗纤维6000万吨左右，生产途径主要来源于棉、麻、毛、丝等动植物天然纤维及其再生纤维以及取自石油的合成纤维，但随着经济发展和人口增长，纤维的获取越来越受到土地和石油资源短缺的制约；人类生存对经济可持续发展的要求，使得生物技术合成新材料成为当今新材料研究的热点。我国是世界上最大的海藻养殖与加工国，海藻酸盐产量占世界的一半以上，非常有利于海藻纤维原料的获得和大规模开发生产。

二、海藻酸钠

在可用作制备海藻纤维的原料中，最常用的是可溶性海藻酸钠盐粉末。

(一)海藻酸钠的结构与性质

1. 结构 海藻酸钠$(C_6H_7O_8Na)_n$主要由海藻酸的钠盐组成，由b－D－甘露糖醛酸(M单元)与a－L－古罗糖醛酸(G单元)依靠1,4－糖苷键连接并由不同比例的GM、MM和GG片段组成的共聚物。其分子结构式如图5－6所示。

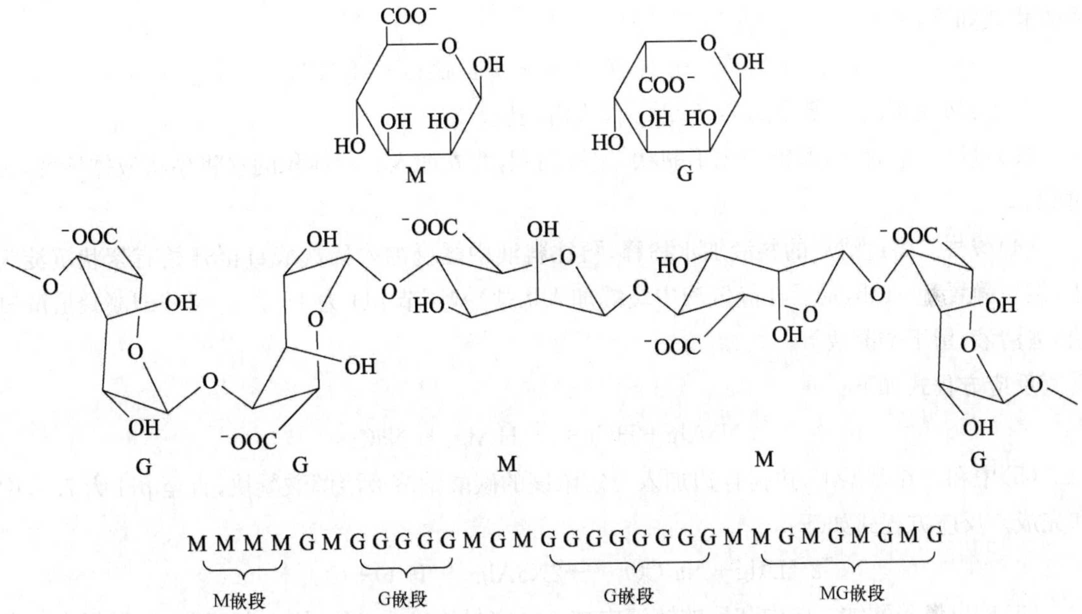

MMMMGMGGGGGMGMGGGGGGGGMMGMGMGMG

M嵌段 G嵌段 G嵌段 MG嵌段

图5－6 海藻酸钠分子的结构式

2. 性质

(1)形态。海藻酸钠为白色或淡黄色粉末，几乎无臭、无味。

(2)溶解性。海藻酸钠易溶于水，糊化性能好，加入温水可使之膨化，吸湿性强，持水性能好。不溶于乙醇、乙醚、氯仿等有机溶剂。

(3)稳定性。海藻酸钠的稳定性以pH在6～11较好，当pH＜6时析出海藻酸，不溶于水；pH＞11时又要凝聚；黏度在pH＝7时最大，但随温度的升高而显著下降。

(4)耐化学性。海藻酸钠不耐强酸、强碱及某些重金属离子，因为它会使海藻酸凝成块状，但碱金属(钠、钾)并不会使海藻酸钠浆发生凝冻。海藻酸钠水溶液遇酸会析出海藻酸凝胶，遇钙、铁、铅等二价以上的金属离子会凝固成这些金属的盐类，不溶于水而析出。海藻酸钠无毒，$LD_{50}>5000mg/kg$。

(二)海藻酸钠的提取

海藻酸钠的提取方法主要有酸凝—酸化法、钙凝—酸化法、钙凝—离子交换法以及酶解法等。

1. 酸凝—酸化法 该提取方法的工艺流程如下：

浸泡→切碎→消化→稀释→过滤、洗涤→酸凝→中和→乙醇沉淀→过滤烘干→粉碎→成品

(1)浸泡。加 10 倍于海带得量的水，在常温下浸泡 4h，并加适量的甲醛，使甲醛溶液初始浓度为 1.0%，将海带色素固定在表皮细胞中，不致因海带色素溶于水而导致产品色泽加深。同时，甲醛对植物细胞壁纤维组织有破坏作用，有利于消化过程中海藻酸盐的置换与溶出。浸泡结束后，取出海带，用水洗涤直至洗涤液无色。

(2)消化。将切碎的海带在一定温度下，加入一定浓度、体积的 Na_2CO_3 溶液进行消化。反应方程式如下：

$$2M(Alg)_n + n\ Na_2CO_3 \longrightarrow 2n\ NaAlg + M_2(CO_3)_n$$

其中：M 为 Ca、Fe 等金属离子；Alg 代表海藻胶。

(3)过滤。消化后，海带变成了糊状，比较黏稠，要先加入一定体积的水将糊状液体稀释，再过滤。

(4)酸凝。将过滤后的料液加水稀释，再往料液中缓慢加入稀盐酸直至开始有絮状沉淀为止，然后静置 8～12h，最后往静置液中缓缓加入稀盐酸，调节 pH 为 1～2，海藻酸即凝聚成酸凝块，去清液，留下酸凝块。

反应方程式如下：

$$NaAlg + HCl \longrightarrow HAlg + NaCl$$

(5)中和。在常温下，边搅拌边加入一定浓度的碳酸钠溶液溶解酸凝块，直至 pH 为 7.5，中和完成。反应方程式如下：

$$2\ HAlg + Na_2CO_3 \longrightarrow 2NaAlg + H_2O + CO_2\uparrow$$

(6)析出海藻酸钠。向中和后的溶液中加入一定量浓度为 95% 的乙醇溶液，结果析出了白色的沉淀。由于海藻酸钠易溶于水，不溶于乙醇，为了得到尽可能多的海藻酸钠产品，可以用乙醇将部分溶解在水中的海藻酸钠一并析出，这样可以提高提取率。最后经过过滤、干燥、粉碎即可得到产品。

在此工艺流程中，酸凝的沉降速度很慢，需要 8～12h，而且胶状沉淀的颗粒也很小，不好过滤，生产的中间产物海藻酸不稳定，易降解，因此，所得到的产品收率和黏度都比较低。

2. 钙凝—酸化法 该提取方法工艺流程如下：

浸泡→切碎→消化→稀释→过滤、洗涤→钙析→盐酸脱钙→碱溶→乙醇沉淀→过滤→烘干→粉碎成品

该方法的其他步骤与酸凝—酸化法相同，不同之处在于以下两点。

(1)钙析。将滤液用盐酸调节至 pH 为 6～7，加入一定量 10% $CaCl_2$ 溶液进行钙析。

反应方程式如下：

$$2NaAlg + CaCl_2 \longrightarrow Ca(Alg)_2\downarrow + 2NaCl$$

(2)盐酸脱钙。将钙凝得到的海藻酸钙经水洗除去残留的无机盐类后，用一定体积 10% 左右的稀盐酸酸化 30min，使其转化为海藻酸凝块，去清液，留下酸凝块。反应方程式如下：

$$Ca(Alg)_2 + 2HCl \longrightarrow 2HAlg\downarrow + CaCl_2$$

在此工艺流程中，钙析的速度比较快，沉淀颗粒也比较大，但在脱钙过程中，由于采用盐酸洗脱的方式，生产的中间产物海藻酸不稳定，易降解。因此所得到的产品收率和黏度都不是很高。

3. 钙凝—离子交换法　该提取方法的工艺流程如下：

浸泡→切碎→消化→稀释→过滤、洗涤→钙析→离子交换→脱钙→乙醇沉淀→过滤→烘干→粉碎→成品

该提取方法的其他步骤与钙凝—酸化法相同，只是采用了离子交换脱钙，即将钙析后的产品过滤后，再往里加入一定量浓度为15%的NaCl溶液脱钙。此过程的反应方程式如下：

$$Ca(Alg)_2 + 2NaCl \longrightarrow 2NaAlg\downarrow + CaCl_2$$

利用交换生成的海藻酸钠，由于盐析作用而不溶于交换液中，仍为絮状凝胶，最后经过滤、干燥、粉碎即得成品海藻酸钠。

在此工艺流程中，钙析的速度比较快，沉淀颗粒也比较大，采用离子交换脱钙法所得的产品收率较高，黏度可达2840mPa·s，高于目前国际上工业产品黏度（150～1000mPa·s），而且所得产品均匀性好，储存过程中黏度稳定。

4. 酶解法　以海带为原料，在纤维素酶的作用下，将其中的纤维素水解，然后加入碱液，使不溶解的海藻酸钙转化为可溶性的海藻酸钠，在盐酸作用下，海藻酸钙转化为海藻酸，水洗除去杂质，然后脱水粉碎，加入碳酸钠中和酸性环境同时得到海藻酸钠。

三、海藻纤维的制备

（一）湿法纺丝的基本原理

海藻纤维是以聚合度在180～930，相对分子质量在32000～250000的海藻酸钠为原料，用湿法纺丝而制备的纤维。

海藻酸钠是一种具有高相对分子质量的线型高聚物。纯海藻酸钠溶解在水中，可以形成均匀的、能流动的溶液。由于海藻酸钠的溶解比小分子物质的溶解要慢得多，一般需要50～60℃下1h才能完全溶解。由于海藻酸钠大分子与水分子的尺寸相差悬殊，两者分子的运动速度存在着数量级的差别。因此，当海藻酸钠与水混合后，水分子很快渗透进入海藻酸钠中，而海藻酸钠大分子向水的扩散速度却非常慢，这就使得海藻酸钠的溶解过程分为两个阶段：首先是水分子扩散进入海藻酸钠的外层，并逐渐由外层进入内层，使海藻酸钠体积膨胀，称为溶胀阶段；然后，海藻酸钠大分子逐渐分散在水中，直至形成均匀的海藻酸钠溶液，最后完全溶解。

海藻酸钠很容易与某些二价阳离子键合形成水凝胶，它是典型的离子交联水凝胶，在海藻酸钠水溶液中加入Ca^{2+}、Sr^{2+}、Ba^{2+}等阳离子后，海藻酸钠中G单元上的Na^{+}与二价离子发生离子交换反应，大分子中的G基团堆积形成交联网络结构，从而转变成水凝胶。在海藻纤维的制备过程中，常使用含钙离子的水溶液作为凝固浴。

海藻酸钠大分子中两均聚的G嵌段经过协同作用相结合，中间形成了钻石形的亲水空间。当这些空间被Ca^{2+}占据时，Ca^{2+}与G上的多个O原子发生螯合作用，使海藻酸链间结合得更紧密，协同作用更强，链链间的相互作用最终将会导致三维网络结构即凝胶的形成。海藻酸与

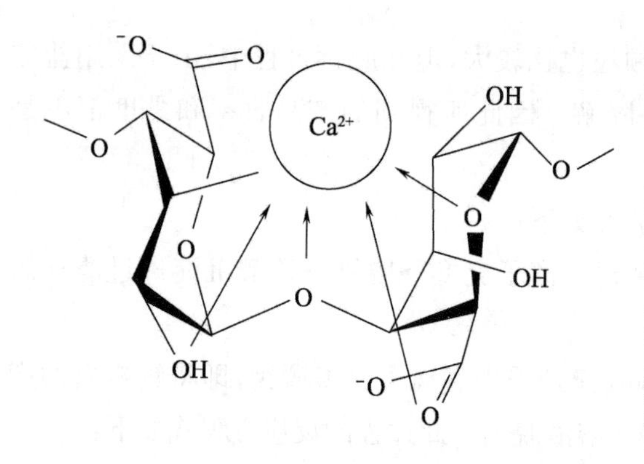

图 5-7　海藻酸与 Ca^{2+} 的结合方式

Ca^{2+} 的结合方式如图 5-7 所示。

(二)纺前准备

海藻酸钠可由 1%～10%(最好是 3%)的氯化钠溶液溶解,海藻酸钠浓度控制在 8%～9%。海藻酸钠溶液浓度越高,需脱除的溶剂越少,纤维成型速度越快,但是纺丝溶液的浓度越高,原液出喷丝孔后极易粘在喷丝板上。这是因为其相对分子质量分布很宽,杂质与不溶物很多,而纺丝原液的浓度过低,则纤维凝固时难以形成具有可牵伸性的初生丝,所以,在海藻纤维的纺丝过程中,必须要严格控制海藻酸钠纺丝溶液的浓度。

溶解后的海藻酸钠纺丝溶液中,还存在一定的未溶解的高分子以及原料、设备和管道中带入的各类杂质的微粒。这些微粒在纺丝过程中会阻塞喷丝孔,造成单丝断头或在成品纤维结构中形成薄弱环节,使纤维强度下降。纺丝原液一般采用板框式压滤机,过滤材料先用能承受一定压力,并密度较大的各种织物,一般为绒布和细布。一般要连续进行 2～4 道过滤。

纺丝原液因搅拌、输送和过滤而带入大量尺寸不一的气泡,如果不去除将影响海藻酸钠的纺丝成型,造成纤维断头、毛丝,而且微小的气泡则容易形成气泡丝,降低纤维的强度,甚至使纺丝无法正常进行。因此,必须严格控制纺丝液中的气泡含量。脱泡过程可以在常压或真空状态下进行。在常压下静止脱泡,因气泡较小,气泡上升速度很慢,脱泡时间很长;而在真空状态下脱泡,真空度越高,液面上压力越小,气泡会迅速胀大,脱泡速度可大大加快,一般采用抽真空的方法加速气泡的除去,控制气泡在溶液中的体积分数为 0.001%以下。

(三)纺丝成型

海藻酸钠纺丝原液,经过计量泵的定量挤出从喷丝头进入一定浓度的 $CaCl_2$ 凝固液中,发生离子交换,形成海藻酸钙初生纤维。初生纤维经拉伸后被导入洗涤浴中,再经热空气烘干,卷绕到筒管上。

当海藻酸钠从喷丝孔进入 $CaCl_2$ 凝固液时,Ca^{2+} 与海藻酸钠丝条中的 Na^+ 进行离子交换,在丝条表面形成不溶于水的海藻酸钙皮层。如果 $CaCl_2$ 浓度太低,则 Ca^{2+} 与 Na^+ 的交换速度缓慢,导致凝固能力过弱,皮层很薄,当牵伸力稍大时,导致纺丝线的断裂,因此,成型不够稳定;反之,如果 $CaCl_2$ 浓度太高,则双扩散速度快,凝固能力太强,外层的凝固十分迅速,在内层固化之前形成十分致密的皮层,阻碍了凝固剂向内层的继续扩散和内层的充分固化,造成初生丝的皮芯结构明显,使得纤维的强度降低。

凝固浴的温度直接影响凝固浴中凝固剂和溶剂的扩散速度,从而影响成型过程。凝固浴温度降低,凝固速度下降,凝固过程比较均匀,初生纤维的结构紧密,成品纤维的强度和钩接强度提高。随着凝固浴温度的上升,分子运动加剧,双扩散过程加快,成型凝固速度亦快,但会造成与凝固剂浓度过低类似的弊病,如初生纤维结构疏松、皮芯层差异大及纤维强度下降等。

在纺丝成型过程中,纺丝原液中的溶剂不断地进入凝固浴中,使凝固浴中溶剂的浓度不断变化，同时凝固浴的温度也有所变化，因此必须不断地使凝固浴循环，以保证凝固浴浓度和温度在工艺要求的范围内波动，以确保纤维品质的稳定。

纺丝流体的纺丝速度低、在凝固浴中的浸长大，丝条在凝固浴中的停留时间长，凝固充分，有助于改善纤维的质量。

初生纤维从凝固浴出来后经拉伸浴进行拉伸，使纤维中大分子取向度提高，以提高纤维的力学性能。再经洗涤浴洗涤去除杂质，最后经热空气烘干、卷绕。

海藻纤维生产工艺流程如图 5－8 所示。

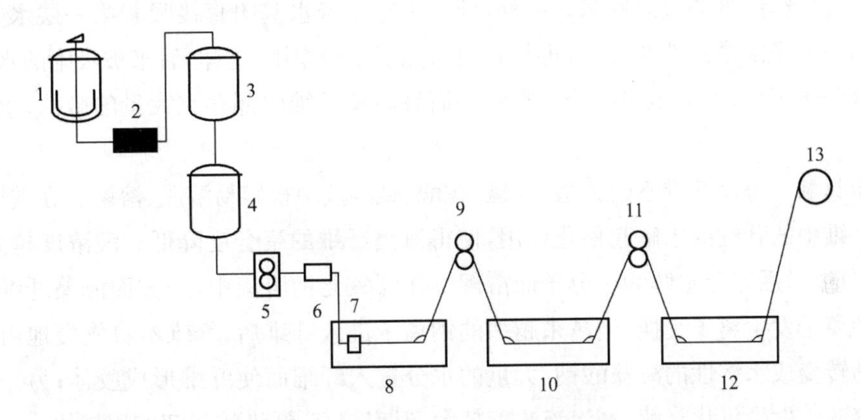

图 5－8　海藻纤维生产工艺流程

1—溶解釜　2，6—过滤器　3—中间桶　4—储浆桶　5—计量泵　7—喷丝头　8—凝固浴　9—受丝辊　10—拉伸浴　11—拉伸辊　12—洗涤浴　13—卷绕辊

四、海藻纤维的结构与性能

（一）海藻纤维的形态结构

海藻纤维粗细均匀，且纵向表面有沟槽，横截面呈不规则的锯齿状且无较厚的皮层存在，与普通黏胶纤维的截面比较相似，纤维的微观形貌主要取决于凝固的条件，固化成型过程要脱除大量溶剂，使得纤维横截面收缩，呈不规则的锯齿状。

图 5－9　海藻纤维的纵向形态结构

海藻纤维的纵向形态结构如图 5－9 所示。

（二）海藻纤维的性能特点

1. 力学性能　海藻纤维力学性能见表 5－8。

表 5－8　海藻纤维力学性能表

项　目	线密度/dtex	断裂强度/cN·dtex^{-1}	断裂伸长率/%
海藻纤维	1.68	2.90	18.50
黏胶纤维	1.68	2.25	17.78

由表5－8可以看出，海藻纤维的断裂强度和断裂伸长率都优于黏胶纤维，因此海藻纤维比普通黏胶纤维有更好的纺织加工性能。

海藻纤维成型过程中，凝固浴中的钙离子和海藻酸钠分子中的钠离子进行交换，在钙离子的作用下，海藻酸钠大分子中的两个G单元通过配位键形成具有六元环的稳定螯合物，相当于纤维的结晶区，同时海藻纤维大分子间通过钙离子形成新的作用力，增强了纤维大分子间的作用力，使得海藻纤维力学性能较好。

2. 吸湿性能 海藻纤维大分子在每一个重复单元中都有四个羟基、两个羧基，容易与水分子形成氢键，因此，纤维的吸湿性强。此外，纤维中除了亲水基团直接吸着第一层水分子外，已经被吸附的小分子因是极性的，也可再与其他水分子互相作用，这样，后来被吸附的水分子积聚在第一层水分子表面，形成多层的分子吸附。而且海藻纤维内部存在大量的微孔，也有利于吸水和保水。

3. 化学性能 海藻纤维不耐强酸、强碱，在酸、碱溶液中很容易溶胀、溶解。在酸性溶液中，酸对海藻纤维中的苷键的水解起催化作用，使得海藻纤维的聚合度降低。酸浓度越大，海藻纤维水解越严重，最后完全水解为小分子而溶解。在氢氧化钠溶液中，一方面海藻纤维中钙离子与溶液中钠离子发生离子交换，当越来越多的钠离子进入纤维后，纤维本身慢慢地由水不溶性的海藻酸钙转变成水溶性的海藻酸钠，大量的水分进入纤维而使纤维形成胶体；另一方面海藻纤维在碱溶液中发生氧化降解，碱溶液浓度越大，温度越高，纤维的降解作用越快。

4. 燃烧性能 海藻纤维较难燃烧。在火焰中阴燃，燃烧过程中纤维的炭化程度高，有白烟，离开火焰即熄灭。海藻酸钠热分解过程中能释放出大量的水和二氧化碳，水分子的汽化吸收大量的热量，降低纤维表面的温度。另外，生成的水蒸气和二氧化碳属惰性气体，将海藻纤维分解出的可燃性气体浓度稀释，达到阻燃的效果。另外，燃烧过程中羧基又可与羟基反应，脱水形成内交酯，改变其裂解方式，减少可燃性气体的产生，提高炭化程度。所以，海藻纤维自阻燃性起源于海藻酸钠大分子结构中羧基的存在。

5. 其他特性

(1)易去除性。海藻纤维为医用纱布、绷带和敷料时，海藻酸盐纤维与渗出液接触后膨化形成柔软的水凝胶。高M海藻酸盐纤维可用温热的盐水溶液淋洗去除；高G海藻酸盐绷带膨化较小可整片去除，对新生伤口的娇嫩组织有保护作用，防止在取出纱布时造成伤口的二次创伤。

(2)高透氧性。吸湿后形成亲水性凝胶，与亲水基团结合的“自由水”成为氧气传递的通道，氧气经吸附—扩散—解吸过程，从外界环境进入伤口组织内；而纤维的高G段是纤维的大分子骨架连接点，水凝胶的硬性部分(氧气可通过的微孔)避免了伤口的缺氧状况，促使伤口愈合。

(3)凝胶阻塞性。海藻酸盐绷带与渗出液接触时膨化，大量的渗出液滞留在凝胶纤维中，而单纤维膨化会减少纤维间的细孔使流体的散布停止，因海藻酸盐绷带的“凝胶阻塞”特殊性，可使伤口渗出物散布，相应的浸渍作用减小。

(4)生物降解性和相容性。海藻酸盐纤维属生物可降解纤维，对环境友好，与生物相容可避免手术时二次拆线，减轻了病人的痛苦。

(5)金属离子吸附性。海藻纤维可吸附大量金属离子形成导电链，可提高大分子链的聚集能，适宜制造防护纺织品。

五、海藻纤维的应用

(一)民用纺织品

海藻纤维可以加工成任意长度和纤度的短纤或长丝，也可以与其他纤维混纺，如与天然纤维或再生纤维混纺，应用在运动衫、床单、被子、内衣及家饰用品。海藻纤维在内衣上的应用充分体现了海藻纤维能反射远红外线，产生负离子保暖和保健作用的特性。海藻纤维还具有吸收性，它可以吸收 20 倍于自己体积的液体，所以可以使伤口减少微生物滋生及其可能产生的异味。

海藻纤维有一定的防辐射效果。由于海藻酸钠在水溶液中存在着—COO—和—OH，能与多价金属离子形成配位化合物。离子在纤维基质中含量增加到一定程度时，离子间的结合力增强，足以克服离子间的静电斥力作用而使其相互连接起来，形成导电粒子链，提高了织物的电磁屏蔽和抗静电能力。海藻纤维中含有的大量金属离子，使海藻纤维具有屏蔽电磁波的功能，尤其是对于低频电磁波效果非常好，可以应用于孕妇装生产。

海藻纤维的阻燃性良好，海藻纤维在空气中不会起明火，产品安全性好，可以用于生产防护服、儿童玩具等。海藻纤维的自阻燃性，既免去了高成本的阻燃剂，也不会像以往的阻燃材料那样遇火之后产生有害气体。

(二)医用被覆材料

当人们受伤时，总是认为保持伤口的干燥可以提供伤口愈合的较佳环境，进而使伤口容易愈合。因此在传统治疗方式中主要使用纱布来避免伤口遭受到外面脏东西的感染以及保持伤口干燥及清洁。但常会因为伤口与创伤膏粘连而在将创伤膏撕起时会造成伤口疼痛，甚至更换敷料时沾黏到刚愈合的伤口造成伤口的二次伤害。由于海藻纤维创伤被覆材料本身具有优异的亲和性，能帮助伤口凝血、吸除伤口过多的分泌物、保持伤口维持一定湿度继而增进愈合效果。海藻纤维被覆材料在与伤口体液接触后，材料中的钙离子会与体液中的钠离子交换，使得海藻纤维材料由纤维状变成水凝胶状，由于凝胶具亲水性，可使氧气通过、阻挡细菌，进而促进新组织的生长。这使得海藻纤维材料使用在伤口上较为舒适，在移除或更换敷材时也会减少病人伤口的不适感。因而作为纱布、敷料、创可贴等，在医疗中得到广泛的应用。

☞思考与练习题

1. 简述甲壳素、壳聚糖、纤维素的结构特点。
2. 简述甲壳素与壳聚糖的制备过程。
3. 甲壳素与壳聚糖纤维有什么特点?
4. 简述聚乳酸的合成方法。
5. 在纤维加工中，什么是溶液纺丝、熔体纺丝?
6. 简述聚乳酸纤维的熔体纺丝工艺流程。
7. 聚乳酸纤维有什么性能特点?

8. 海藻酸钠的提取有哪些方法?

9. 简述海藻纤维的溶液纺丝工艺流程。

10. 论述开发生物质再生纤维对纺织原料开发及环境保护的重要性。

参考文献

[1]邢声远. 纺织纤维[M]. 北京:化学工业出版社,2004.

[2]王建坤. 新型服用纺织纤维及其产品开发[M]. 北京:中国纺织出版社,2006.

[3]中国化纤总公司. 化学纤维及原料实用手册[M]. 北京:中国纺织出版社,1996.

[4]陈运能,范雪荣,高卫东. 新型纺织原料[M]. 北京:中国纺织出版社,1998.

[5]沈新元. 化学纤维手册[M]. 北京:中国纺织出版社,2008.

[6]董纪震,孙桐,古大治,等. 合成纤维生产工艺学[M]. 北京:纺织工业出版社,1981.

[7]杨东洁. 辛长征. 纤维纺丝工艺与质量控制(上册) [M]. 北京:中国纺织出版社,2008.

[8]肖长发. 化学纤维概论[M]. 北京:中国纺织出版社,2009.

[9]翁毅. 甲壳素纤维结构与性能[J]. 现代纺织技术,2011(6):7-10.

[10]罗先珍. 甲壳素和壳聚糖纤维的制造与应用[J]. 广西化纤通讯,1999(1):23-28.

[11]吴昌祥,吴恒银. 甲壳素纤维的纺纱试验[J]. 棉纺织技术,2000(6):36-38.

[12]董瑛. 甲壳素纤维抗菌织物的染整工艺[J]. 印染,2003(2):7-9.

[13]周建萍. 黏胶基甲壳素纤维的性能测试分析[J]. 棉纺织技术,2004(2):40-43.

[14]刘丽艳,曹秀明,陈丽芬. 甲壳素抗菌舒适呢的研制开发[J]. 江苏纺织,2004(2):44-45.

[15]吴东来. 甲壳素纤维的开发与应用[J]. 针织工业,2004(2):55-56.

[16]董卫国,李广军,谢松才. 棉毛甲壳素纤维混纺纱的开发[J]. 棉纺织技术,2004(6):34-36.

[17]赵博,石陶然. 甲壳素纤维/涤/粘混纺纱工艺的研究探讨[J]. 化纤与纺织技术,2004(2):7-10.

[18]吴清基. 甲壳质与壳聚糖纤维[J]. 高科技纤维与应用,1998(2):3-15.

[19]刘世英,吴清基,王鹤忠,等. 医用甲壳质与壳聚糖纤维的开发现状及前景[J]. 产业用纺织品,1994(3):6-12.

[20]赵伯. 玉米纤维的特点及其产品开发[J]. 江苏丝绸,2005(3):6-8.

[21]张浩传. 玉米纤维纯纺纱的开发[J]. 棉纺织技术,2005(1):42-43.

[22]赵清福. 玉米纤维与 Modal 纤维混纺纱的生产实践[J]. 棉纺织技术,2004(9):40-41.

[23]王素娟,景秋艳. 玉米纤维纱的开发[J]. 河北纺织,2004(2):27-30.

[24]魏小娅. 玉米纤维的研究进展[J]. 重庆大学学报(自然科学版),2003(12):145-148.

[25]杨树明. 玉米纤维的开发与利用[J]. 中小企业科技,2002(7):7-10.

[26]展义臻,朱平,张建波,等. 海藻纤维的性能与应用[J]. 印染助剂, 2006(6):9-12.

[27]张传杰,朱平,郭肖青. 高强度海藻酸盐纤维的制备[J]. 合成纤维工业,2008(2):23-27.

[28]刘昌龄,王秀玲. 海藻酸盐纤维和绷带[J]. 印染译丛,2000(4):99-103.

[29]秦益民. 甲壳胺和海藻酸纤维在医用敷料中的应用[J]. 针织工业,2004(10):60-63.

[30]秦益民. 海藻酸医用敷料吸湿机理分析[J]. 纺织学报,2005,26(1):113-115.

第六章　差别化纤维

第一节　概　述

“差别化纤维”一词源于日本，通常是指在常规纤维的基础上，通过化学或物理等改性处理，使其化学结构、物理形态等特性发生改变，从而使其性能上获得一定程度的改善或具有了某种(多种)特殊功能的纤维。差别化纤维以改进织物服用性能为主，主要用于服装和装饰织物。

纤维的差别化加工处理是化学纤维发展的需要。随着化纤和纺织工业的发展，化纤产品在衣着用品及其他领域的运用越来越广泛。在合成纤维广泛使用的过程中，人们在充分欣赏其诸多优良性质的同时，其作为服装及装饰用品的不足也暴露无遗，人们必然要对合成纤维进行改造。改造衣用合成纤维的主要目的是改善其与天然纤维相比较的不足之处，从而赋予其更高的附加价值。因此，纤维改性总的原则是：在保持纤维原有优势的前提下，提高乃至赋予纤维更优良的品质。然而，由于纤维结构与性能之间的关系错综复杂，当为改善其某一性能而采用某种方法时，极可能会因此引起纤维其他性能的连锁变化。所以，对纤维进行改性时，应该全面考虑，防止纤维有价值的性质过多地流失，通过改性使纤维材料具有更高的使用价值和更广泛的用途。

一、差别化纤维的分类

从形态结构上划分，差别化纤维主要有异形纤维、中空纤维、复合纤维和超细纤维等。从物理化学性能上划分，差别化纤维有抗静电纤维、高收缩纤维、阻燃纤维和抗起毛起球纤维等。

一般来说，改性处理主要是为了改善纤维下列性能中的某一项或几项，包括：原始色调、上染性能、光泽与光泽稳定性、热稳定性能、抗静电性、耐污性、抗起球性、收缩性、吸湿性能和覆盖性能(卷曲性)等。纤维的改性处理，主要针对目前应用最广泛的几种合成纤维进行，如聚酯纤维、聚丙烯腈纤维、聚酰胺纤维等。随着聚丙烯纤维地位的日渐提高，也有了一定数量的聚丙烯纤维改性品种，并有不断增多的趋势。另外，对其他常见纤维，如黏胶纤维、棉、苎麻、亚麻、羊毛及其他动物毛、蚕丝等的改性，人们也在进行着积极的探索实验。

一般服用型差别化纤维开发的途径有两个，一是改进纤维的外观及结构；二是改善纤维纺织面料的穿着舒适性。其中，通过第一个途径，已开发了仿丝、仿毛、仿麻、仿麂皮及可深染的各种织物；通过第二个途径已开发出吸湿性优良、防水透湿、隔热、防菌、防臭及抗紫外线等新型织物。

1. 外观与结构的改性

(1)仿丝：截面形状改性纤维。

(2)仿毛:超细截面改性纤维。

(3)仿麻:混纺(或混纤)丝,异纤度混纺丝、异截面混纺丝、异缩率混纺丝、异材质混纺丝、变形的混纤丝粗细节花式丝、微膨体结构丝表面微凸丝、截面改性中空纤维、相对密度大的丝。

(4)仿革:超细纤维、尖头纤维。

(5)呈深色高光泽的丝:微凹凸纤维、高光泽纤维、热致变色纤维、光反射纤材。

2. 穿着舒适改性

(1)吸汗与吸水:亲水性合纤、亲水/疏水混纺纱、微孔纤维、表面积增加纤维。

(2)防水/透湿织物:微孔膜叠层物、微孔树脂涂层物、高密织物。

(3)绝缘织物:超细纤维绝缘材料、金属或陶瓷镀层物、储热材料的镀层物或共混物。

(4)防臭/香味织物:抗菌纤维、除臭纤维(活性炭、金属络合物)、芳香剂纤维。

(5)抗紫外线织物。

(6)微生物保健织物。

二、纤维的改性方法

纤维的差别化实际上就是纤维的变性或改性,即改变纤维某些方面的性能。为了既保持原来纤维品种的基本性能,又使其某一方面性能加以改善,进行改性途径主要有以下三个。

(一)物理改性

采用改变纤维高分子材料的物理结构使纤维性质发生变化的方法,属于物理改性。目前,物理改性的主要内容如下。

1. 改进聚合与纺丝条件 通过改进聚合过程中的工艺条件,如温度、压力、时间、介质、浓度等,以改变高聚物相对分子质量及相对分子质量分布;改进溶液纺丝中的纺丝液浓度、凝固浴组成等成型条件,以改变纤维结晶度及分布、取向度等来达到改性的目的。

2. 改变截面 可采用特殊喷丝孔的形状来开发的异形纤维,或通过改良工艺条件获得超细纤维。

3. 表面物理改性 采用高能射线(γ射线、β射线)和低温等离子体进行纤维表面刻蚀、涂膜以及物理改性接枝共聚、电镀等。

4. 复合 即将两种或两种以上的聚合物或性能不同的同种聚合物通过一个喷丝孔纺成一根纤维的技术。通过复合,在纤维同一截面上可以获得双组分的并列型、皮芯型、海岛型和其他复合方式的复合纤维以及多组分纤维。复合纺丝法可以使纤维同时具有所含组分聚合物的特点。且通过截面内不同组分的适当配置,使各组分聚合物的优良性能得到充分利用,可制成高卷曲、易染色、难燃、抗静电、高吸湿等特殊功能的纤维。复合需要特殊的喷丝板结构。它是一种目前普遍采用的合成纤维物理改性方法之一。

5. 混合 利用聚合物的可混溶性和溶解性,将两种或几种聚合物混合后纺成丝。它是化学纤维改性的常用方法之一,例如制造超细纤维时就常采用混合法。

如果要在聚合物中加入各种添加剂,如消光剂、荧光增白剂、抗老化剂、阻燃剂、抗静电剂、染色颜料等,则可以将添加剂在聚合时或纺丝成型前与纺丝原液或熔体充分混合,然后喷纺成丝。由此可获得有色、抗静电、阻燃、抗紫外线等性能的改性纤维。

(二)化学改性

化学改性是指通过改变纤维高分子的化学结构来达到改性目的的方法,改性方法包括共聚、接枝、交联等。

1. 共聚 共聚是采用两种或两种以上单体在一定条件下进行聚合的方法。共聚得到的高聚物大分子上含有两种或两种以上的单体。由于新单体的引入,因而改变了原高聚物纤维的性质。例如,丙烯腈与氯乙烯或偏氯乙烯共聚可以提高聚丙烯腈纤维的阻燃性能。而对苯二甲酸乙二酯与间苯二甲酸磺酸钠或对苯二甲酸磺酸钠共聚则可以改善聚酯纤维的染色性能。

采用共聚方法改性时,所引入的共聚单体种类可以达 2～4 种。这些单体按其在聚合物中所占的比例分别称为第一单体、第二单体、第三单体和第四单体。如果引入的单体适当,可以改善合成纤维的染色性、吸湿性、防污性、阻燃性等,同时还可能引起其他物理性能,如玻璃化转变温度、熔点、熔体黏度等的变化。

2. 接枝 接枝就是通过一种化学的或物理的方法,使纤维的大分子链上能接上所需要的基团。接枝可以在聚合体内进行,也可以在成型纤维表面进行。表面化学性的接枝是用一种特殊化学溶液处理纤维或织物,然后经过一种活化过程,产生接枝变性;表面物理性接枝通常将纤维或织物与一种化学品同时经过电子流或其他高能辐射线的活化作用,如等离子体法、γ 射线法等,从而产生接枝反应,使纤维变性。

3. 交联 交联是指控制一定条件使纤维大分子链间用化学键连接起来(交联化)。当聚合物交联时,所有的单个聚合物分子链通常在几个点上彼此连接,从而形成一个相对分子质量无限大的三维网状结构。这种交联结构将影响纤维高聚物的玻璃化温度,使玻璃化温度有所提高。同时,通过交联作用可以使纤维的耐热性、抗皱性、褶裥保持性、尺寸稳定性、弹性和初始模量获得改善。而且对纤维拉伸强度和伸长也产生一定影响。

(三)工艺变性

工艺变性是通过提高工艺技术水平、改变纤维生产工艺和过程来达到改性的目的,可采用的工艺变性方法如下。

(1)采用新的聚合方法和对聚合物进行特殊控制。

(2)根据新的成型原理采用新的成型方法,如制成海岛型复合纤维后,用溶出法生产超细纤维和多孔纤维等。

(3)改进纺丝成型和后加工工艺,如可生产出某些抗起球型聚酯纤维等。

(4)后续工艺过程的联合,如染色与纺丝工艺过程的联合,生产出有色纤维等。

纤维的改性可以在聚合、纺丝成型、后加工等各个阶段甚至在形成织物后进行。通过改性使纤维许多方面的性质得以改善,从而提高了化纤产品的品质和档次,使其经济和使用价值都得到提高。应该指出纤维改性方法的划分并不是绝对的。在实际使用中往往既含有物理因素,又含有化学或其他因素。而无论哪一种改性方法,其根本目的都是为了改善纤维的综合性能。

第二节 异形纤维

异形纤维是指经一定几何形状(非圆形)的喷丝孔纺制的具有特殊横截面形状的化学纤维,也称“异形截面纤维”。目前已应用于生产的异形纤维主要有三角形、Y形、五角形、三叶形、四叶形、五叶形、扇形、中空形等。

天然纤维一般都具有非规则的截面形态,这一特征使天然纤维及其产品有了特定的风格性能。例如,蚕丝的三角形截面,使它具有特殊的光泽;棉纤维腰圆形和有中腔的截面形状使它具有保暖、柔软、吸湿等特点。所以,简单地改变合成纤维的截面形状,有时就能带来用化学方法所不能获得的一些特性。

美国杜邦公司于20世纪50年代初最早推出三角形截面的异形纤维。继而,德国又研制出五角形截面。60年代初,美国又研制出保暖性好的中空纤维;日本也开始研制异形纤维,之后,英国、意大利和苏联等国家也相继研制出该类产品。

我国异形纤维的研制是在20世纪70年代中期开始。首先在喷丝板制造方面改进了加工技术,提高了板的可纺性,并在纺丝工艺上,逐渐成熟、完整,其纺织产品主要是仿各种天然纤维。进入80年代,异形纤维生产逐步向异形复合化、中空化和多功能化方向发展,这样既提高了纤维的保暖蓬松性,又解决了起球钩丝、吸湿和透气等问题。

一、异形纤维的分类

异形纤维的品种相当丰富,常见的异形纤维品种及其主要特性和用途见表6-1。

表6-1 异形纤维品种、主要特性及用途

纤维截面形状	用途	特征
三角形(三叶、T形)	仿丝	闪光性强、耐污、覆盖性强
	供闪光毛线混纺用	光泽优雅、耐污性强、覆盖性好、染色后鲜艳明亮
多角形(五星、五叶、六角、支形)	仿毛	高蓬松度、手感好、覆盖性好、抗起球
	弹力丝用	手感滑爽、覆盖性好、回弹性好、高蓬松度、抗起球
扁平形、带状(狗骨形、豆形)	仿麻	手感似麻、覆盖性好、具有闪光光泽
	仿毛	透气性好
中空形(圆、三角、梅花)	填充料	质轻、保暖、有弹性

从表6-1可以看出,异形纤维按其截面形态大体可以分为三角形(三叶、T形)、多角形(五星、五叶、六角、支形)、扁平带状、中空纤维等几种类型。这些异形纤维的截面形状显然取决于纺丝时喷丝板上喷丝孔的形状,同时,还受到纺丝方法与其他一些因素的影响,成品丝的截面形状之间也存在较大的差异。

二、异形纤维的加工

(一)制造方法

1. 异形喷丝孔法　将喷丝孔加工成所要求的截面形状,在纺丝过程中熔体从异形孔中喷出,经冷却凝固成异形纤维。该方法是目前加工异形纤维最普遍使用的方法。

喷丝板异形孔图如图 6-1 所示,喷丝板异形孔与纤维截面关系如图 6-2 所示。

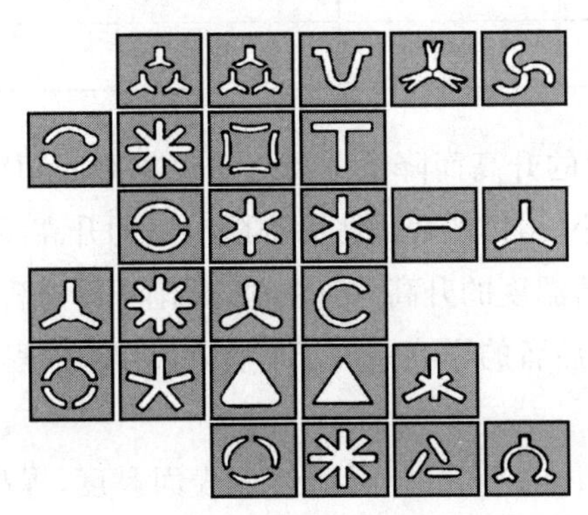

图 6-1　喷丝板异形孔图

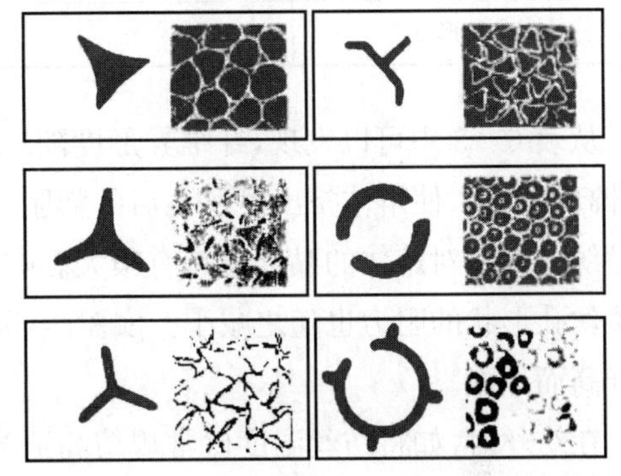

图 6-2　喷丝板异形孔与纤维截面关系图

2. 黏着法　利用具有异形喷丝孔的喷丝板或一组距离较近的喷丝孔板纺丝进行加工,当纺丝时,熔体(纺丝液)以一定的速度从喷丝孔喷出,熔体被挤压离开喷丝孔的瞬间,由于压力突然降低,发生出口胀大现象,相邻喷丝孔液流相互粘接,在适宜的纺速和冷却条件下而形成空心或豆形截面的纤维。

3. 挤压法　纺丝熔体经喷丝孔挤出后,在尚未完全固化时用特殊热辊挤压成型的异形纤维。

4. 复合纤维分离法　将两种或两种以上的成纤高聚物制成分离型复合纤维以后,在后加工过程中通过机械剥离各组分或用溶剂溶掉某一组分而制成异形截面纤维。

5. 孔形(径)变化法　用两块重叠的喷丝板,每块喷丝板上的喷丝孔形状各异,但中心线基本吻合。在纺丝过程中,两块板相对移动或旋转,因而纺出的纤维截面和外形也随之相应变化。

(二)异形纤维的纺丝工艺及其影响因素

用熔体纺丝法生产异形纤维时,纺丝流体从喷丝孔中挤出后,在空气浴中冷却、细化、成型。

1. 原料性质　异形截面纤维与圆形截面纤维相比,由于前者的比表面积大,体系的能量较高,而表面张力具有使细流表面曲率平均化的倾向,表面张力越大成型后的纤维异形度越小;熔体黏度对成型过程中的丝条截面形状也有很大的影响,黏度越大,对细流及丝条偏离喷丝孔形状的阻力越大,因此成型过程中使细流及丝条黏度增加的各种因素都可使纤维的异形度增加。不同特性黏度聚酯对纤维异形度的影响见表 6-2。

表 6-2　不同特性黏度聚酯对纤维异形度的影响

纺丝温度/℃	切片特性黏度	无油丝特性黏度	熔体黏度/Pa·s	异形度/%
290	0.68	0.61	173.8	30
298	0.91	0.78	741.3	47

由表6－2可以看出，尽管在较高的温度下进行纺丝，但由于高分子量聚酯的熔体黏度高，所得纤维的异形度仍很高。

2. 纺丝温度 纺丝温度对纤维异形度的影响情况，见表6－3。

表6－3 纺丝温度对纤维异形度的影响

纺丝温度/℃	280	290	300	310	320
三叶形丝异形度/%	37	35	23	15	2

从表6－3中可以发现，纤维异形度随纺丝温度的升高而降低。虽然熔体松弛时间随温度的升高而下降，使熔体挤出喷丝孔后的膨胀现象减小，熔体的表面张力亦随温度的升高而减小；但是纺丝温度对熔体的黏度还是有很大影响的，随着温度的升高，熔体黏度逐渐下降，挤出物偏离喷丝孔形状的阻力也随之减小。实验表明温度对后者的影响要大于前者，纤维异形度随温度的升高而下降。

在纺丝时，如将纺丝温度比常规纺高适当提高1～2℃，可以降低熔体表面黏度，提高熔体均匀性，延缓丝条的固化，减少纺程的速度梯度和纺丝张力，同时改善后拉伸性能。

另外，纺丝温度的变化对卷绕丝的性能也存在很大的影响。随着熔体温度的升高，熔体细流的凝固长度增加，轴向速度梯度减小，使卷绕丝的预取向度降低，表现为纤维的干热收缩值减小，自然拉伸比增大。

3. 熔体压力 熔体压力对纤维异形度的影响情况见表6－4。在相同的纺丝温度下，随熔体压力的提高，纤维异形度相应降低，高压低温下纺丝可得到与低压高温下纺丝相近的异形度。

表6－4 熔体压力对纤维异形度的影响

熔体压力/MPa	纺丝温度/℃	纤维异形度/%	熔体压力/MPa	纺丝温度/℃	纤维异形度/%
3.9	292	30	27.4	278	30
21.6	292	20			

4. 纺丝速度 当喷丝板的熔体挤出速度一定，改变纺丝速度时，喷丝头预拉伸倍数虽然变化不大，但对纤维的剩余拉伸倍数影响较大，见表6－5。纺丝速度从1000m/min增加到2000m/min，喷丝头预拉伸倍数由139倍增加到278倍，剩余拉伸比由3.74倍降至2.5倍，而对纤维异形度影响不大。

表6－5 熔体挤出速度、纺丝速度对纤维异形度及后拉伸倍数的影响

熔体挤出速度/$m \cdot min^{-1}$	7.2	7.2	7.2	7.2	2.2	5.8	17.5
纺丝速度/$m \cdot min^{-1}$	1000	2000	3500	4000	800	800	800
喷头拉伸倍数	139	278	486	556	364	138	46
喷丝板流量/$cm^3 \cdot s^{-1} \cdot 孔^{-1}$	0.0417	0.0417	0.0417	0.0417	0.0127	0.0317	0.094

续表

剩余拉伸倍数	3.74	2.50	1.60	1.50	4.0	4.0	4.0
单丝纤度/dtex	31.1	15.6	9.2	8.6	10.2	28.1	8.3
异形度/%	28	30	30	30	20	26	35

当纺丝速度一定，改变熔体挤出速度时，虽然喷丝头预拉伸倍数变化很大，但对纤维的剩余拉伸倍数影响很小。熔体挤出速度由2.2m/min增至17.5m/min，喷头拉伸倍数由364倍降至46倍，纤维剩余拉伸倍数基本不变，而纤维异形度变化则由20%增至35%。

纤维的剩余拉伸倍数主要取决于纤维成型中形变区的轴向速度梯度。随着纺丝速度的增加，速度梯度增加，大分子预取向度明显增加，以致剩余拉伸倍数下降，这种形变对纤维的异形度影响不大。纤维异形度对成型中温度的变化较为敏感，当熔体挤出速度较快时，细流能加速进入纤维成型的低温区，使丝条黏度迅速增加，松弛时间延长，这样有利于纤维异形度的增加。而挤出速度的增加主要是使成型中处于流动区的细流速度梯度减小，因此，对纤维的剩余拉伸倍数影响不大。

5. 冷却吹风条件　选择正确的冷却条件，对纤维顺利形成及最终获得优质纤维具有十分重要的意义。熔体自喷丝头喷出后，随即向周围介质释出热量，从而使熔体细流冷却固化成初生纤维。高聚物熔体细流与空气冷却介质之间的热交换过程直接影响纺丝速度、丝条进行中的速度梯度分布、温度分布、应力分布等，从而影响丝条的纤度均匀性、表面形态的稳定性以及固化区距离的稳定等。

在纺丝时应保证冷却条件稳定、均匀，可使聚合物熔体细流在冷却成型过程中温度变化、速度变化、凝固点位置以及所受的轴向拉力保持稳定。

通常冷却吹风使用18～20℃的露点风，送风速度一般为0.3～0.8m/s，相对湿度为80%±3%。

丝室的温度和湿度对冷却成型过程和丝条的品质影响较大，应严格加以控制。丝室温度通常控制在30～40℃的范围内，相对湿度控制在70%～80%的范围内，过高过低都会使纤维的拉伸性能变坏，纤维结构的均匀性变差。

实验表明，卷绕丝随着冷却条件的加剧，如风速的增大、风温的降低及吹风点距喷丝板的距离缩短，异形度增大；随着吹风点距喷丝板距离缩短，纤维的异形度增大；随着冷却风速的提高，纤维的异形度增加。如纺制三叶形纤维时，由于三叶形纤维的比表面增大，散热快，冷却速度加快，为控制纺丝张力，风速控制在0.35m/min，风温在18℃时，异形度可达30%～40%，可纺性较好。

三、异形纤维的性质

与普通纤维相比，异形纤维的化学组成和结构并未发生根本改变。因此，异形纤维总体上具有与普通化学纤维最相似的一些力学性能。但是，由于截面形态的改变，异形纤维与一般化学纤维相比，在某些方面又具有自己的特点。

(一)几何特征

异形纤维在横截面上具有特殊的截面形状,同时对纤维纵向形态也产生重要的影响。为了表征异形纤维横截面的不规则程度,通常采用异形度和中空度等指标来表示。所谓异形度是指异形纤维截面外接圆半径和内切圆半径的差值与外接圆半径的百分比,即纤维异形度(B):

$$B=(1-r/R)\times 100\%$$

式中:r 为异形截面内切圆半径;R 为异形截面外接圆半径。

在纺丝过程中,由于纤维异形度发生了变化,因此可以将卷绕丝的异形度与异形喷丝孔的异形度之比,称为纺丝时的异形保持率。

$$K=(B/B_0)\times 100\%$$

式中:B 为卷绕丝的异形度;B_0 为异形喷丝孔的异形度。

此外,异形纤维截面的异形化程度也可以用圆系数、周长系数、表面积系数和充实度等表示。

中空纤维的截面特征可以用中空度来表示。所谓纤维中空度是指中空纤维内径(或空腔截面积)与纤维直径(或纤维截面积)的百分比。那么,中空纤维的中空度为:

$$H=(d/D)\times 100\%$$

或

$$H^*=(a/A)\times 100\%$$

式中:H、H^* 分别为内外径中空度和截面积中空度;d、a 分别为中腔圆直径和截面积;D 和 A 分别为中空纤维直径和纤维截面积(含空腔截面积)。

中空纤维的中空度与纤维壁厚有关。中空度越大,纤维壁厚越薄,此时纤维很易压扁而成为扁平带状的纤维。因此,中空纤维的中空度必须适当,过大则会影响其性能的发挥。

(二)光泽

异形截面纤维的最大特征是其独特的光学效果,这也是生产这类纤维的主要目的之一。圆形纤维表面对光的反射强度与入射光的方向无关。异形纤维表面对光的反射强度却随着入射光的方向而变化。异形纤维的这一特点增强了纤维的光泽感,使人眼在不同方向、不同位置接收到不同的光学信息而产生良好的感官感受。利用异形纤维的这种性质可以制成具有真丝般光泽的合纤织物。另外,不同截面的异形纤维的光学特性也各有不同。从光反射性质上看,三角形、三叶形、四叶形截面纤维反射光强度较强,通常具有钻石般的光泽;而多叶形(如五叶形、六叶形、八叶形)截面纤维光泽相对比较柔和,闪光小。异形聚酯丝的光泽感更接近于蚕丝,说明异形纤维比圆形纤维仿真丝效果更好。

(三)抗弯性和手感

在截面积相同的情况下,异形截面纤维比同种圆形纤维难弯曲,这与异形纤维截面的几何特征有关。对锦纶和涤纶三角形、三叶形、菱形和豆形几种不同异形截面纤维织物和圆形纤维织物的抗弯刚度进行测定对比表明:三角形等异形截面纤维织物都具有比圆形纤维织物更高的抗弯刚度。而这些异形纤维之间,其织物的抗弯性能呈现如下规律:

三叶形>三角形和豆形>菱形>圆形

这表明纤维异形化不仅改善了纤维的光泽效果，而且在很大程度上引起了力学性质的变化，从而引起风格手感的改变，使异形纤维织物比同规格圆形纤维织物更硬挺。

众所周知，天然纤维的截面形状是不规则的，纤维粗细也很不均匀，再加上天然纤维表面一般有许多很细的条纹存在，因此，天然纤维具有风格良好的手感，它们或者硬挺、丰满，或者柔软、舒适。纤维异形化后，合成纤维有了类似于天然纤维的非圆形截面，因而手感方面也有所提高，这样就消除了圆形纤维原有的蜡状手感，织物也更丰满、挺括、活络了。

对中空纤维而言，其硬挺度、手感等受到纤维中空度的影响。在一定范围内，中空纤维的硬挺度随中空度增加而加大；但倘若中空度过大，纤维壁变薄，纤维也变得容易挤瘪、压扁，其硬挺度反而降低。

（四）蓬松性与透气性

一般情况下，异形纤维的覆盖性、蓬松性要比普通合成纤维好，做成的织物手感也更厚实、蓬松、丰满、质轻，透气性也好。异形纤维截面越复杂，或者异形度越高，纤维及其织物的蓬松性和透气性就越好。例如，据测定三角形和五星形聚酯纤维织物的蓬松度比圆形纤维织物高5%～8%。因此，在织物平方米重量相同的情况下，异形纤维织物会显得更厚实、更蓬松，保暖性和透气性也更好，见表6-6。

表6-6　聚酰胺异形纤维织物的透气性

指　标	圆　形	三角形	菱　形	三叶形	豆　形
透气性/mL·s^{-1}·cm^{-2}	36	41	43	47	51

同样，中空纤维也具有更好的蓬松性和保暖性，表6-7给出了两种涤纶蓬松性和保暖性的实测数据。

表6-7　圆形与圆中空聚酯纤维蓬松性和保暖性的比较

纤维试样	规格/dtex×mm	蓬松性/%	保暖性/%
圆形涤纶	2.75×51	67.74	70.13
圆中空涤纶	2.75×51	76.64	81.64

中空纤维的蓬松性还与纤维中空度有关。对同规格纤维而言，中空度增加，中空部分面积增大，纤维蓬松度也增大，纤维集合体的蓬松性也增加，有时甚至蓬松度可增加50%以上。

（五）异抗起球性与耐磨性

普通合成纤维易起毛起球。而且由于纤维强力高，摩擦产生的球粒不易脱落。球粒会越积越多，严重影响了织物的外观和手感。

纤维异形化后，由于纤维表面积增加，丝条内纤维间的抱合力增大，起毛起球现象大大减少。试验表明，锯齿形、枝翼形截面纤维游离起球的倾向最小；五角星形、H形、扁平截面纤维和羊毛等纤维混纺，比纯纺起球要少得多。

异形截面纤维会使纤维耐弯曲性下降。但中空纤维，包括中空异形纤维的耐磨次数和耐弯曲次数却明显提高，中空纤维的这种性质与其中空化后纤维内部应力的减小相关。

(六)染色性与防污性

异形纤维由于表面积增大，上染速度加快，上染率明显增加。但由于异形化后纤维反射光强度增大，而使色泽的显色性降低，颜色深度变浅。因此，对异形纤维染色时，要想从外观上获得同样的深度，必须比圆形纤维增加10%～20%的染料，这样就导致染色成本增加。不过，生产上可以通过适当地确定纤维的线密度和单丝根数，在一定程度上降低染料的消耗而保证足够的颜色深度。

由于异形截面纤维的反射光增强，纤维及其织物的透光度减小，因而织物上的污垢不易显露出来，这样就提高了织物的耐污性能，表6-8为几种聚酯纤维污染前后反射光的保持率，由此可知，异形纤维污染后反射光变化较小，光线较强，即不易觉察，耐污性也就提高。

表6-8　异形截面聚酯纤维织物的光学性质

织物试样	三角形	圆形(中空)	三角形(中空)	圆　形
透光率/%	6.07	7.37	4.50	7.53
反射率/%	70.9	59.6	73.0	57.2
污染后反射光保持率/%	69.6	61.4	69.9	62.4

此外，从上表还可以看出，异形纤维(包括中空纤维)透光率也比圆形纤维低。表明异形、中空纤维透光性较差，纤维和织物透明度较低。

四、异形纤维的应用

异形纤维仍主要用在民用纺织品领域。尤其是涤纶仿真丝、锦纶仿真丝、涤纶仿毛等产品中。其中，以涤纶异形纤维种类最多，其次是锦纶和腈纶异形纤维。异形纤维的截面形状多以三角形、三叶形、五叶形、六叶形、豆形和中空纤维为主。且有向异形中空化组合等方向发展的趋势。

(一)变形三角截面纤维

这类纤维的应用最为广泛，仿丝绸、仿毛料都是这类纤维。它以三角形截面为基础，根据产品要求变形为各种形状，这类纤维具有均匀性的立体卷曲特性，可以与毛或黏胶纤维混纺，特别适合做仿毛法兰绒，其手感温和、色泽文雅。

为使织物获得闪光效果，可将该纤维应用于灯芯绒生产中。生产中该纤维的用量不宜过大，一般混用量不宜超过20%。这样的织物不仅具有绒毛丰满、绒条清晰圆润、手感弹滑柔软等灯芯绒的基本风格特征，而且还可降低成本。织物既可用作服装衣料，也可用于挂、垫、罩、靠、套等装饰织物。

(二)中空异形纤维

这类纤维一般指三角形和五角形中空纤维。其性能优越，可以用来制造质地轻松、手感丰满的中厚花呢,制造有较高耐磨性、保暖性、柔软性的复丝长筒袜,也可以用来制造具有透明度低、保暖性好、手感舒适、光泽柔和的各种经编织物。

另外,用异形纤维参与混纺织制仿毛织物也能够获得较好的仿毛效果。如用圆中空涤纶与普通涤纶、黏胶纤维三者混纺后,其仿毛感、手感和风格都优于普通涤黏混纺织物。有实验曾经对相同组织、相同规格的圆中空涤纶/普通涤纶/黏胶纤维织物和普通涤纶/黏胶纤维织物进行比较、测试,前者不但具有一般仿毛织物的风格特征,而且蓬松性、保暖性好,织物厚实、重量轻。若再结合织物结构的变化,还兼具有良好的透气性,比较适合用于夏季衣料。

国内已将异形仿羽绒纤维用于生产室内床上用品和时装。如踏花被、睡袋、床罩、靠垫、羽绒服等,其性能与天然羽绒相仿,而价格仅为天然羽绒的 1/3。杜邦公司开发的一种聚酯中空纤维(DACRON),被用作枕头芯、被子的填料,蓬松、柔软、保暖、舒适,被誉为会呼吸的床上用品,还具有防霉、防菌、防过敏等优点,深受人们的喜爱。

(三)三角形截面纤维

这种纤维光泽夺目,如三角形尼龙长丝有钻石般的闪烁光泽,用其制造的长筒丝袜具有金黄色的华丽外观。这类纤维一般作为点缀性用途与其他纤维混纺或交织,可以制作毛线、围巾、春秋羊毛衫、女外衣、睡衣、晚礼服等,所有这些产品均有闪光效应。如银枪大衣呢是一种花式的顺毛大衣呢,其规格、组织、工艺与顺毛大衣呢相同,唯原料配比有区别。最早的银枪大衣呢要用 10%左右的白马海毛(马海毛是一种安哥拉山羊的毛,光泽极好)。银枪大衣呢使用白马海毛与染成颜色的其他纤维均匀混合,经纺、织和洗、缩、拉、剪等工艺整理而成,织物在乌黑的绒面中均匀地闪烁着银色发亮的枪毛,美观大方,是大衣呢中高档的品种之一。

由于我国马海毛产量极少,生产中可用有光的三角形截面异形聚酯纤维替代马海毛,织制彩色仿银枪大衣呢,如墨绿银枪、咖啡银枪、玫红银枪,专用于制作女式大衣。这类织物强度大,反光效果好,用鲜艳的荧光染料染色,在阳光的作用下绚丽多彩。该织物经过涂层处理后又可增强其防雨功能,它既能装点风景又经济耐用,是用作户外风景区旅游帐篷的理想材料。

(四)五角形截面纤维

这类纤维是星形和多角形纤维的代表。它最适合制作绉织物,往往用来制作仿乔其丝绸。多角形低弹丝可以制作仿毛、仿麻、针织或外衣织物,产品光泽柔和,手感糯滑、轻薄、挺爽。另外,因多叶形截面纤维手感优良,保暖性好,有较强的羊毛感,而且抗起球起毛,其绒毛既能相互缠结,又能蓬松竖立,富有立体感和丰满厚实感,也适宜制作绒类织物。

(五)三叶形截面纤维

这类纤维除具有优良的光学特性外,还具有较大的摩擦因数,因此织物手感粗糙、厚实、耐穿,比较适合用作外衣织物。尤其是三叶形长丝更适合用作针织外衣料,它不会出现钩丝和跳丝,即使出现了也不会形成破洞。三叶形纤维制作的起绒织物,其绒面可以保持丰满、竖立,具有较好的机械蓬松性。较高捻度的三叶形长丝制作的仿麻织物手感脆爽,更宜用作夏季衣料。

(六)Y 形截面纤维

Y 形异形纤维的横截面能够形成许多单纤间孔隙,其截面纤维孔隙率达 40%,较三角形截面的 20%及圆形截面的 15%均高出许多。这些孔隙提供了汗水湿气导流的毛细孔道,因此是吸湿排汗布种中的最佳素材。此外，Y形截面纤维织物与皮肤接触点较少，可减少出汗时的黏腻感。Y形异形纤维最大特点是质轻、吸水吸汗、易洗速干，运用复合纺丝技术可变化原料种类，创造出多样化的视觉与手感。产品可用于女装的衬衣、裙装及运动休闲服、训练装等面料的生产。

(七)双十字截面纤维

这类纤维编织的袜子具有许多优点，服用性能好，不仅解决了袜子脱垂下落，而且在相同线密度下，因这类纤维截面大，用料将大大节省。

(八)扁平形截面纤维

这类纤维具有优良的刚性，可以作为仿毛皮中的长毛用纤维。扁平黏胶长丝制成的绒类织物具有丝绒风格。

第三节　复合纤维

一、概述

复合纤维是指由两种及两种以上的聚合物或性能不同的同种聚合物，按一定的方式沿纤维轴向复合而成的纤维。这种纤维既不同于异种纤维的混纺或异种长丝的混纤，也不同于各独立组分在进入喷丝组件前就充分混合，而是在挤出成型的相容性聚合物的共混体纤维。由于复合纤维横截面上同时含有多种组分，因此，复合纤维往往同时具有所含几种聚合物组分的特点。聚酰胺和聚酯制成的复合纤维，既具有锦纶耐磨性好、强度高、易染色、吸湿性较好的优点，又有涤纶弹性好、模量高、织物挺括等特点。目前复合纤维及其纺丝技术已被广泛采用，日渐成为重要的合成纤维物理改性技术，它在差别化纤维及其产品的开发中担当重要的角色。

复合纤维最早在1940年代，Avisco公司的Sisson等提出，但当时没有得到足够的重视。1959年，美国杜邦和日本钟纺相继推出了“并列型”的复合纤维；1960年代中期，日本又在双组分的基础上开发了多层次复合纤维，在织物的后整理中进行纤维分裂和剥离，使织物的柔软性、质感性、悬垂性、透气吸水性等发生明显的改善；1970年代初，溶解性超细聚酯复合纤维研发成功，由此开发的人造麂皮等高档面料也相继进入日本和欧美市场。我国对复合纤维的研究始于1970年代，并成功地研制出了聚丙烯腈类并列型复合纤维；1980年代又成功研制出聚酯—聚酰胺皮芯型复合纤维、聚酰胺类并列型复合纤维等；1991年成功研制出0.20～0.33dtex的超细纤维，可以用于仿桃皮织物、仿高级丝绸、人造麂皮织物等。

二、复合纤维的分类

复合纤维的分类方法有多种，但大体上按复合纤维内部组分间的几何特征进行分类。图6－3所示为其中的一种分类方法。

复合纤维根据组分的数目可分为双组分和多组分复合纤维。目前开发的主要是双组分纤维。双组分纤维根据纤维内两种组分相互间的位置关系可分为并列型、皮芯型、海岛型和裂片型。

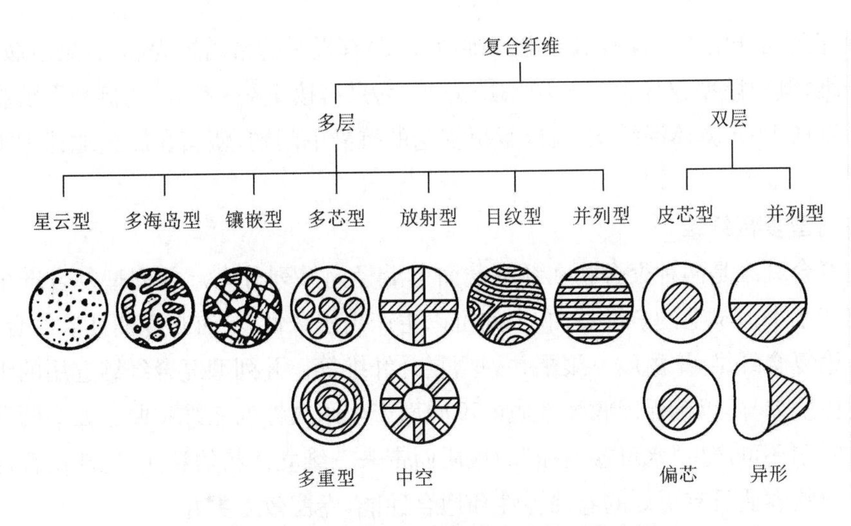

图 6-3　各种类型复合纤维的横截面示意图

因复合纤维的组成、结构不同，其性能上差别很大。表 6-9 列出了几种常见的双组分纤维的基本结构及其性能特征。

表 6-9　几种双组分复合纤维的基本结构及其性能特征

纤维截面	并列型	皮芯型	海岛型	裂片型
性能特点	自卷曲性好，可制取导电纤维等	一定的卷曲性，可用于制取导电纤维和阻燃纤维等	综合性能提高，可用于制取超细纤维、多孔纤维	综合性能提高，可用于制取超细纤维等
结构稳定性	复合比例较稳定，容易剥离	比例不易稳定，难以剥离	比例较稳定，溶解除去组分	复合比例不稳定，结构复杂。可剥离可溶去其中一组分

(一)皮芯型复合纤维

皮芯型复合纤维的皮层和芯层各为一种聚合物，也称芯鞘型复合纤维，它兼有两种聚合物的优点。如以锦纶为皮、涤纶为芯的复合纤维，便兼具锦纶染色性好、耐磨性强和涤纶模量高、弹性好的优点。利用皮芯结构，还可以制造特殊用途的纤维。如将阻燃的聚合物作芯、普通聚酯为皮制造阻燃纤维。皮芯纤维还可以用来制造非织造布、抗静电纤维和光导纤维等。偏心型复合纤维是皮芯各为一种聚合物，但并不同芯。由于两种组分的不对称分布，纺得的纤维经拉伸和热处理后产生收缩差，从而使纤维产生螺旋状卷曲。

日本开发的一种复合型热粘接纤维，又称热塑性纤维，这种纤维用聚乙烯与聚丙烯复合制成，外层用聚乙烯(熔点为 110～130℃)，内层用聚丙烯(熔点为 160～170℃)。经过热处理后，外层一部分熔融而起黏结作用，另一部分则仍保留纤维状态。这种纤维可用于非织造布、空气过滤材料、衬里、缝纫材料、填充材料、吸油毡、餐巾、布、绷带、防毒口罩、合成纸、茶叶袋、包装袋等，做成的产品手感柔软，强度、尺寸稳定性好，耐水洗和干洗，且加工方便，节省能源，效率高。

美国杜邦公司开发了一种有机导电纤维，它以含有炭黑的聚乙烯为芯层，聚酰胺 66 为皮层制成复合纤维，其电阻率仅为 $10^{-3}\sim10^{-5}\Omega\cdot cm$。它只需按 1%～2%的比例与聚酰胺丝一起进行变形加工制成 BCF 膨体混纤丝，就能解决锦纶的抗静电问题，使其在簇绒地毯中得到了广泛的应用。

（二）并列型复合纤维

并列型复合纤维是两种聚合物在纤维截面上沿径向并列分布。并列型复合纤维最重要的特征是能够产生类似羊毛的三维卷曲，由此可以生产出永久性、具有自卷曲性质的合成纤维，如三维卷曲腈纶复合纤维，聚酰胺—聚酯并列型复合纤维等。并列型复合纤维选用的组分多要求具有一定的性质差异，以确保因收缩性质的不同而产生永久性的三维卷曲。如果两种复合组分的亲水性不同则还可产生“水可逆卷曲”的性质而带来三维立体状的卷曲，比起用普通的填塞箱法产生的平面状卷曲具有更好的卷曲弹性和抱合性能，卷曲效果更好。

由两种不同组成的丙烯腈共聚物制成的并列型腈纶复合纤维，具有良好的卷曲稳定性，其弹性和蓬松性与羊毛类似。聚酰胺类的并列复合纤维可用来制作长筒丝袜和其他针织品。将聚酰胺 66 与聚对苯二甲酸乙二酯（占 90%）和聚间苯二甲酸乙二酯（10%）的聚合物一起进行复合纺丝，并经过如拉伸、汽蒸等的处理就可以制得卷曲数为 5.8～7.9 个/cm，卷曲度可达 60%～79%的立体卷曲纤维，且具有较好的卷曲稳定性。由于合成纤维卷曲性提高，尤其是在卷曲形态和卷曲稳定性方面，永久性三维卷曲纤维比原来的填塞箱法卷曲纤维性质优越得多。因此，由它制成的产品外观更蓬松、手感更丰满、更富有弹性，回弹性、保暖性更好。

（三）海岛型复合纤维

海岛型复合纤维也称原纤—基质型复合纤维，一种岛相组分为原纤结构，另一种海相组分为无定形结构。在横截面方向上原纤结构的组分包埋于无定形结构组分上，似海岛形式分布；在纤维纵向上两种组分的聚合物连续密集、均匀分散；从整根纤维来看，它具有常规纤维的细度和长度。

海岛型复合纤维的岛组分一般采用聚酯（PET）或聚酰胺（PA），与其复合的海组分可以用聚乙烯（PE）、聚酰胺（PA6 或 PA66）、聚丙烯（PP）、聚乙烯醇（PVA）、聚苯乙烯（PS）以及丙烯酸酯共聚物或改性聚酯等。岛的数目从 16、36、64 到 200 甚至可以达到 900 或 900 以上。海与岛的比例从原来的 60∶40 变为 20∶80 甚至 10∶90。海岛型复合纤维的品种也已从长丝发展到短纤且产量不断增加。如可将海岛型复合纤维的海相溶解掉，剩下线密度为 0.01～0.2dtex 的一束超细纤维。若把岛相抽掉，可制成空心纤维，又称藕形纤维。海岛纤维可用来做人造麂皮、过滤材料、非织造布、针织品和机织品。

（四）裂片型复合纤维

将相容性较差的两种聚合物分隔纺丝所得纤维的两种组分可自动剥离，或用化学试剂、机械方法处理，使其分离成多瓣的细丝，单丝线密度为 0.3～1.0dtex，丝质柔软，光泽柔和，可织制高级仿丝织物。

国内某纺织研究所研制开发的一种橘瓣形涤—锦复合纤维，它共有 12 瓣，分别由聚酯和聚酰胺 6 相间交替复合而成，其纺丝时的体积比为 50/50。复合纤维经拉伸等后处理后，即可以用于织造成布。成布后再经热处理、磨毛等适当的后加工，最后分裂成 12 根呈锐角三角形的超细纤维。分裂后单丝线密度为 0.2dtex。这种纤维纤细、柔软，有光泽。用于织成高密织物，经过砂洗等处理后，呈现出桃皮般的表面效果，可用于滑雪衫、防风运动服、衬衣、夹克等高级服装。

三、复合纤维的生产方法

复合纤维的生产要根据纤维的类型采用不同的纺丝方法和设备。复合纺丝法的基本原理是：将两种性质不同的高聚物，用两根螺杆分别熔融、计量后，共同进入特殊设计的纺丝组件。按照预定的要求在喷丝孔中有规律地排列成熔体流，经喷丝孔喷出冷却成型后，再通过卷绕、拉伸而成为复合长丝。复合纺丝组件是生产复合纤维的关键部件，复合纺丝组件由过滤系统、分配板和喷丝板组成。

（一）皮芯型复合纤维

纺制皮芯型复合纤维是将两种组分分别在螺杆挤压机熔融后，熔体通过各自特定的分配管道进入复合组件的两根导管中，最后在一个喷丝孔中挤出成型。可通过调节双螺杆的挤出量来控制复合比，改变喷丝孔的形状，使皮或芯或两者同时都纺成异形纤维的复合皮芯型纤维。皮芯型复合喷丝板组件结构如图 6－4、图 6－5 所示。

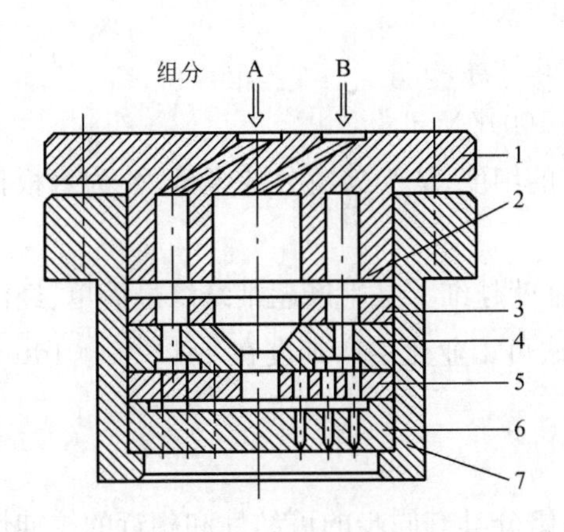

图 6－4　皮芯型复合喷丝板组件结构图

1—上盖板　2—滤网　3—支承板　4—分配板

5—复合板　6—喷丝板　7—外圈

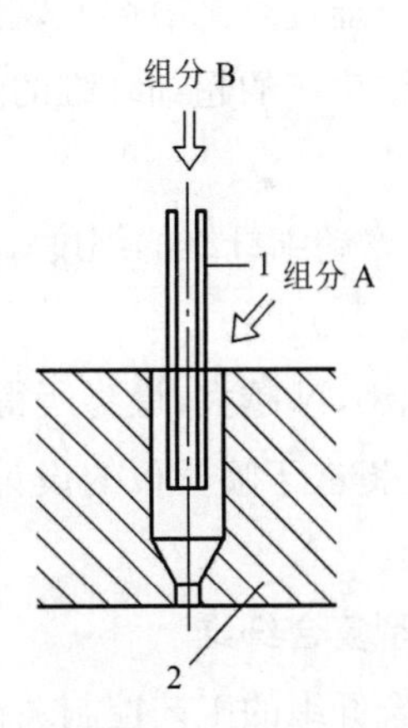

图 6－5　皮芯组分在使用导管插入式的复合板—喷丝板处复合原理图

1—导管　2—喷丝板

（二）并列型复合纤维

纺制并列型复合纤维是将两种组分以熔体的方式，通过分配管道喂入复合纺丝组件的喷丝孔，在喷丝孔或接近喷丝孔的地方汇合，然后挤出冷却，形成复合纤维。两组分的比例可对称，也可不对称，通过调节两组分的流量，可以控制它们在复合纤维中的比例。

（三）海岛型复合纤维

先使两种或两种以上聚合物流体以皮芯型或并列型的方式形成复合细流，再把它们汇集在一起，像生产单一成分纤维那样从喷丝孔挤出，得到海岛型纤维。这种方法的技术关键之一是如何使各复合细流之间，保持着均匀的海—岛复合比，以形成众多均一的复合细流。利用细径导管，对岛成分、海成分的流量分别进行严密的控制，特别是作为海成分的流量控制。可以采用设计一种具有比导管外径稍大的孔的嵌合的间隙，加大海成分流动阻力的方法。这时的海成分无论是从双重管上部向下流动的方式，还是从双重管的下部涌上来的方式都可以得到很好的流动效果。另一技术关键是在将复合细流汇集在一起形成一体化的时候，如何使全部流畅的复合细流不发生紊乱。其中影响最大的是汇集众多复合细流分配板的收敛角度。如果汇集过于剧烈，岛之间就会慢慢地汇聚，就不能得到理想的纤维形态。所以流体应尽量缓慢地汇集。另一方面，如果流体过于缓慢，聚合物的滞留时间就会延长，聚合物熔体的降解就会加剧，又将影响纤维的性能。因此这个收敛角度要适中，不宜太慢也不宜太快。

海岛型复合纤维通常以未拉伸丝的状态卷绕，然后再进行后拉伸。拉伸时，由于作为岛成分的超细纤维得到海成分的保护，超细纤维不会产生毛羽，具有良好的可拉伸性。得到的超细纤维也具有均一质量的良好特性。除去这种拉伸丝的海成分后，很容易得到超细纤维。不过为了回避超细纤维加工性能差的缺陷，一般采用先进行织造加工，然后再进行超细化处理的办法。

聚合物的海、岛组分，分别从喷丝板的上方和侧面进入。目前用于制造海岛型超细纤维的海组分通常包括聚烯烃或聚酯及其共聚物等，岛组分通常有聚酰胺和聚丙烯等，然后在后续的加工中海组分可通过有机溶剂或碱性化合物溶液除去。

用这种方法生产的超细纤维的细度可通过下式计算：

$$d=dl\times(R/100)/N$$

式中：d 为所生产超细纤维的细度；dl 为挤出纤维的细度；R 为岛组分的含量；N 为每根长丝中岛组分的数量。

dl 和 R 越小，N 越大，最终所得到的超细纤维就越细。是生产超细纤维最简单、经济的方法，其技术的关键在于喷丝板的设计。目前此方法可工业化生产细度在 0.1～0.001dtex 的超细纤维。

(四)裂片型复合纤维

裂片型复合纤维的工艺控制关键是要保证两组分具有同步的可纺性和相近的拉伸性。因此在制订加工工艺时，要特别注意既保持丝条截面清晰，又要保持两组分间有足够的结合牢度，如果丝条过早剥离，将会影响其后加工性能。

复合喷丝板由分配板和喷丝板组成，分配板的结构形式决定了两组分熔体的流动路线、分配形式和汇合状况。当两组分熔体汇合成一定的复合形状后，由于高聚物熔体的雷诺指数很小，熔体处于良好的层流流动状态，就能保持汇合时的形状直至丝条固化，从而形成所需要的截面形状。

目前生产最多的裂片型复合纤维是 PET—PA6 复合纤维，其长丝工艺流程如下：

PET 切片 → 预结晶 → 干燥 →螺杆挤压机 → 主箱体 → 计量泵—┐
　　　　　　　　　　　　　　　　　　　　　　　　　　　　├→ 纺丝组件→冷却成型→
PA6 切片 → 干燥 →螺杆挤压机 → 副箱体 → 计量泵————┘
上油→卷绕→后加工→成品

裂片型复合纤维的截面形状取决于所设计的喷丝板结构。

PET — PA6 两种组分的比例可以在较大范围内调节。在保证纤维截面清晰的前提下，降低 PA6 组分含量有利于降低生产成本，从工艺控制的角度来说，锦纶组分最低可达 15%。由于 PET 和 PA6 两种高聚物的熔点相差 40℃左右，在纺丝过程中，PET 动态黏度为 200～300 Pa·s，PA6 动态黏度为 80～250Pa·s，纺丝时的适宜黏度相差近 100Pa·s，因此，必须选择合适的纺丝温度，以保证纺丝时两种组分的表观黏度接近。确定纺丝温度还要考虑纤维的截面形状，理想的纤维截面是两组分界面清晰、形状规整。如纺丝温度选择不当，可能因纤维截面不均匀对称而出现弯头角现象，无法稳定纺丝；或因纤维中两组分界面结合力太小，极易剥离，增加了后加工的难度。因此，如何稳定控制纤维截面形状，并保证纤维截面形状在整个纺丝过程中稳定一致，是确定工艺温度的关键所在。

裂片复合纤维的拉伸时大分子沿着纤维轴取向，并发生相态或其他结构的变化，从而提高纤维的力学性能。与单一组分涤纶相比，涤—锦复合超细短纤维的牵伸倍数较低。如果牵伸倍数选择过高，易使纤维中两组分提前分离，则后加工难以进行。但牵伸倍数设定太低，会出现拉伸不足丝，也会使纤维的断裂强度达不到后加工工序的要求。

四、复合纤维的应用

(一)服用

复合纤维主要用于加工毛线、毛毯、毛织物、保暖絮绒填充料、丝绸织物、特殊工作服等。

(二)产业用

利用复合纺丝技术，可为高档人造革基布、高级洁净布、衬垫材料、离子交换材料、汽车彩色外罩、卫生用品、纸类等产品提供优质原料。

如两种成纤聚合物通过海岛纺丝、拉伸、切断得到海岛型复合短纤维，再制成三维立体交络结构的非织造布，然后用聚氨酯配制的浸渍液进行处理，待聚氨酯凝固后，将纤维中的一种成分溶出，形成超细纤维或多孔状的藕形纤维(以前者方式为多)。根据是否进一步在其表面涂敷聚氨酯发泡层，可以得到不同的产品：二层基体结构皮革和一层基体结构皮革。最后再经染色、着色、拷花等表面处理，而得到人造皮革产品。

(三)医疗用

复合纤维由于其单位重量的比表面积特别大，具有优良的持久性、力学性能好等特点，可广泛用于生物工程、医疗的各个领域，如可用于人造动脉、人造血管等。

第四节 超细纤维

一、概述

超细纤维是指单纤维线密度小于 0.3dtex(直径约 5μm)的化学纤维。线密度是纺织纤维的重要品质特征，它与成纱支数、强度、条干均匀度、织物手感、风格等密切相关。

超细纤维的研究开发源于涤纶长丝，在涤纶织物的加工中采用碱减量的方法降低涤纶长丝的线密度，同时改善了涤纶仿真丝织物的光泽、手感和悬垂性。到20世纪60年代中期，采用常规熔体纺丝技术生产0.4～1.1dtex的低线密度涤纶长丝。1964年，美国杜邦公司利用复合纺丝技术生产并列复合超细纤维。1962～1965年间，日本东丽、钟纺、帝人、可乐丽等公司各自研发了多层结构化的特殊纺丝法和剥离法，成功制造出各具特色的超细纤维，如多芯型、木纹型、放射型、中空放射型等各种复合纤维。进入20世纪70年代后期，应用超细纤维的仿真丝织物和超高密度织物层出不穷。东丽公司从分析天然纤维中受到启发，开发出一种制造细长达到极限且非常均匀的纤维生产技术。用该技术制造的纤维称为高分子相互排列纤维。进入20世纪80年代以后，由于超细纤维的优越性受到大众热捧，以致掀起一股人造麂皮热。到了20世纪90年代后，众多企业纷纷推出聚酯、聚酰胺、聚丙烯腈以及聚丙烯等细旦长丝。

目前，我国已具备生产0.13～0.3dtex超细纤维的能力。超细纤维线密度极低，丝的刚度大大降低，做成织物成品手感极为柔软。纤维细还可增加丝的层状结构，增大比表面积和毛细效应，使纤维内部反射光在表面分布更均匀细腻，更具真丝般的高雅光泽，而且吸湿散湿性能良好。用超细纤维做成服装舒适、美观、保暖、透气，有很好的悬垂性和丰满度；疏水性和防污性也有明显改善。同时，利用比表面积大及松软等特点可以设计出不同的组织结构，使之能更多地吸收阳光热能或更快散失体温，起到冬暖夏凉的作用。

二、超细纤维的性能

超细纤维的主要特征是单纤维直径小。由于单纤维细，其比表面积明显增大，产品中许多纤维交织在一起，相互之间的缝隙小、孔极细，纤维的聚集更加紧密。因此，超细纤维本身及其成品具有许多独特的品质性能。

(一)手感柔软、细腻

从理论上分析，纤维的抗弯刚度与纤维直径的4次方成正比。当纤维细度变细时，纤维抗弯刚度会迅速减小。例如，当涤纶线密度从1.1dtex降至0.11dtex时，纤维细度为原来的1/10，而单从单纤维本身考虑其纤维的抗弯刚度只有原来的1/100000。尽管丝的总线密度可能不变，但纤维及其产品的柔软度仍然大大地增加。同时，由于纤维变细，纤维的弯曲强度和重复弯曲强度明显提高，因而超细纤维具有柔韧性高、手感柔软细腻的特点。

(二)光泽柔和

光泽柔和是超细纤维的又一显著特点。化学纤维反射光一般较强。当纤维较粗时，反射光过于集中，易产生极光，而超细纤维细度很细，对光线的反射比较分散，光泽自然比较柔和。

(三)高清洁能力

用超细纤维制成的织物擦拭物体时，由于单纤维很细，一根根纤维就像一把把锋利的刮刀，很容易将污物刮去。而众多的纤细纤维，增大了与细小的污物接触面，毛细芯吸作用很强，可将附着的油污吸纳，避免污物散失再次污染物体。织物的超细纤维能深入肌肤毛孔深处，高效清除污垢、油脂、死皮、化妆品残留物等。

超细纤维织物擦拭物体原理如图 6－6 所示。

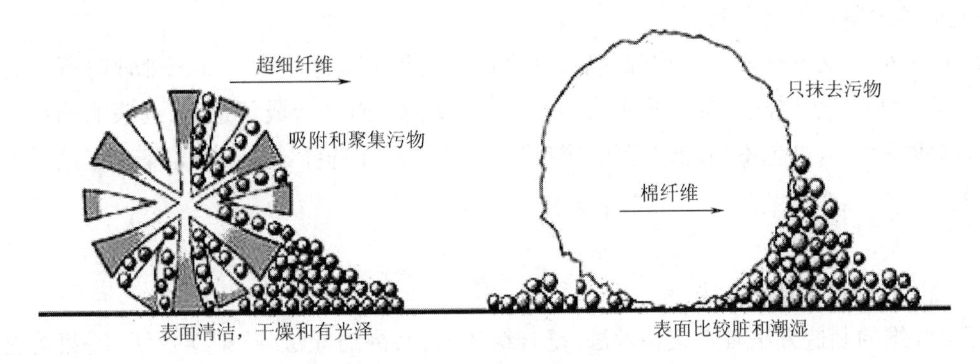

图 6－6　超细纤维织物擦拭物体原理图

(四)高吸水性和吸油性

纤维变细后，它的比表面积增大，而且形成更多尺寸更小的毛细孔洞。纤维比表面积增大，一方面可使材料吸湿性提高，另一方面使超细纤维织物的毛细芯吸能力大大增强，能吸收和储存更多的液体——水或油污。根据超细纤维的这个特性，可以开发高吸水毛巾、高级吸水笔芯和其他高吸水性产品。

(五)防水透气性

细纤维经纬丝在织物中比粗纤维丝更易被挤压变形和贴紧，以形成密度更高的织物结构。使用微细长丝进行高密度织造，并进行收缩处理，可得到无须任何涂层即可防水的织物。高密度织物的经纬密度能达到普通织物的好几倍，可耐 3.92kPa(400mm H_2O)以上的压力。而通常雨滴的直径在 100～200μm，人体的水气大约为 0.1μm。控制收缩率，改变适当的纤维间隙，可织成间隙仅为 0.2～10μm 的海岛高密织物，达到优良的防水透气性能。可用于运动服、休闲服、风衣、雨衣、时装、鞋靴面料以及无尘衣料、轻便苫布等衣着及日用纺织品。

(六)高保暖性

质量一定的超细纤维，长度更长，根数更多，集绕时能形成更多的空隙，在纤维集合体内就能保持更多的静止空气，所以超细纤维又是很好的保暖材料。用于这一用途时，混入一些粗纤维丝，可使它具有良好的蓬松和抗压缩性能。

由于超细纤维几何及力学性能上的改变，使它在纺织加工和使用中也暴露出一些问题，主要有以下几点。

1. 纺织加工困难　单纤维强度变小，摩擦因数增大。纤维细化后，虽然纤维的相对强度并没有降低，但其拉伸性变差，且单根纤维的强度变小，丝条与丝条、丝条与金属之间的摩擦因数增大，在加工和使用中易出现毛丝、断丝，造成网络、织造加工的困难。在使用中需加以特别注意。

2. 织物硬挺性降低　纤维抗弯刚度变小，织物挺括性变差。纤维在柔软度增加的同时，纤维的抗弯性能相应下降，使织物的硬挺性相应降低。

3. 蓬松性降低 卷缩性下降，蓬松性降低。超细纤维抗弯刚性小，影响了其变形纱的卷缩率，使变形纱的蓬松性有所降低。

4. 上油率、上染率增加 纤维细化后，纤维比表面积成倍地增大。加工处理时所需的上油量、上浆量、着色量也随之增加。这不仅使物料消耗增多，而且造成了退油、退浆的困难。染色时纤维吸收染料多，染色不易均匀，耐光牢度较差。因此，在选择染料和确定染色工艺时也要充分考虑。

三、超细纤维的制造方法

超细纤维的制造方法有直接纺丝法、复合纺丝法、共混纺丝法、喷射纺丝法、闪蒸纺丝法和离心纺丝法等。

（一）直接纺丝法

直接纺丝法是指在常规纺丝设备的基础上，直接采用熔融纺丝、湿法纺丝或干法纺丝法制取超细纤维。该方法后加工简单，无须化学或机械处理，可直接获得单组分的超细纤维。如采用直接纺丝法生产涤纶超细纤维时，除了对高聚物切片的质量以及纺丝设备有一定的要求外，还要合理选择纺丝过程的工艺条件，包括喷丝板的选择和组件安装工艺，纺丝温度、冷却条件、纺丝速度、拉伸倍数、上油率、卷绕速度等。

1. 切片 由于超细纤维的单纤较细，对原料的要求较高，尤其是含水率要低，相对黏度要稳定，灰分含量要小。

2. 纺丝工艺 生产超细旦纤维所用的喷丝板与常规丝的稍有不同，一般喷丝板直径较小，常用的有 ϕ80mm 的。由于涤纶在生产时有低聚物气体产生，为降低纺丝出口膨胀率和防止粘板，喷丝孔直径应在 0.2mm 左右。同时要提高纺丝组件的过滤能力，以滤去所有与熔体细流直径相近的微粒。

纺丝温度恰当与否，直接影响纤维的质量和纺丝过程的正常进行。为增加熔体的流动性，超细纤维的纺丝温度比常规纺丝温度稍高。

在纺超细旦涤纶丝时，要获得好拉伸性能的卷绕丝，必须使它具有较低的预取向度和结晶度。因超细纤维比普通纤维的表面积增加很多，散热较快，因此在喷丝板下加装缓冷装置，以降低熔体细流的冷却速率，延长丝条的塑性区，增大冷却距离，使平均轴向温度梯度减小，从而使初生纤维的预取向度减小。

（二）复合纺丝法

复合纺丝法又可分为机械（或化学）剥离法及溶解（或水解）剥离法。机械（或化学）剥离法制得的超细纤维中保留有两种组分，溶解（或水解）法则只保留其中一种组分。

1. 机械（或化学）剥离法 该方法是将两种亲和性有差异的聚合物通过复合纺丝制备成橘瓣形、米字形、十字形、中空橘瓣形等复合纤维，然后利用两组分的相容性和界面黏结性较差的特点，采用机械或化学剥离法得到超细纤维。该方法的关键技术是如何提高两组分的分割数，以达到超细化的要求。目前常采用 PA 和 PET 制备复合纤维，然后采用苯甲酸处理使 PA 组分收缩而剥离。米字形复合纤维的横截面结构如图 6－7 所示。

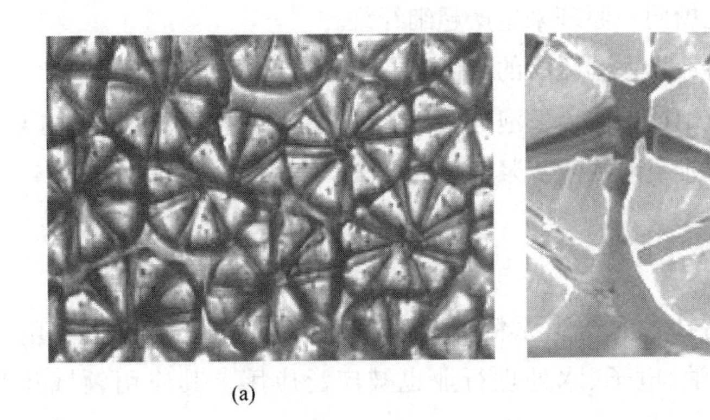
(a) (b)

图 6－7　米字形复合纤维的横截面

该方法与直接法相比有一定局限性，需使用复杂的复合纺丝设备，且如果复合纤维剥离不完全，会影响织物的染色效果。

2. 溶解(或水解)剥离法　溶解剥离法是选用对某种溶剂有不同溶解能力的两种聚合物，如PA6(PET)—PE 或 PA6(PET)—PS，制取海岛型复合纤维，所得纤维截面为海组分的 PE 或 PS 皮层包围着岛组分为 PA6 或 PET 的芯层，用苯、甲苯或二甲苯等有机溶剂溶解去除海组分后，即可得到岛组分的芯层，制得的超细纤维的线密度为 0.005dtex 左右。也可以复合丝的形态加工成织物，在后加工时除去海组分，在纤维间出现微孔隙而容易相互滑移，适合制作桃皮绒、仿真丝绸、人造革等。

该方法的不足之处是需使用有毒、易燃、易爆的有机溶剂，因此在生产过程中需采用密封设备，还存在 PE、PS 和有机溶剂的回收问题。

水解剥离法是溶解剥离法的改进，它以热碱液或热水代替有机溶剂溶解海组分。如用易水解的聚酯代替海组分 PE 或 PS，纺制成丝并纺织加工后，通过水解去除海组分，获得线密度为 0.05dtex 左右的超细纤维。

采用水解剥离法，避免使用有机溶剂，且可在印染厂的碱减量过程中完成水解剥离，无须专门的减量处理设备，操作过程简化，减少了环境污染。

(三)其他方法

1. 喷射纺丝法　从刀口状喷丝板端开出一排细孔，熔融的聚合物从众多微小喷丝孔中吐出，再用热风吹散的方法。由于该方法采用吹散熔融聚合物的形式，因此主体是细纤维，也适用于制造粗细不均匀的短纤维相互熔融黏着的薄片。将细纤维与粗纤维同时喷出制成混合物，可得到蓬松性和保湿性优良的薄片，但缺点是纤维的分子取向度低，本方法主要用于丙纶非织造布的生产。

2. 闪蒸纺丝法　将聚合物溶解于低沸点溶剂(如氟碳化合物)中，加热、加压从喷丝板喷出，溶剂瞬间汽化，聚合物则固化和拉伸成高强微线密度纤维，纤维线密度可达 0.01dtex。

3. 聚合物混合法　将两种聚合物进行混合，经纺丝拉伸后，用溶解法去除基质成分制造短纤维的方法。得到的纤维长短、粗细不一致，有较大的离散度。

4. 离心纺丝法 与制造棉花糖同一原理来生产超细纤维。

5. 湍流成型法 把高分子溶液投入湍流状的凝固液中而制得纤维。

6. 爆发法 在聚合物溶液或熔体中注入发泡剂或汽化剂，使其剧烈膨胀而喷出的方法。

7. 原纤化法 把原纤化的纤维或薄膜经打浆细化的方法。

四、超细纤维的应用

超细纤维是一种高品质、高技术的纺织原料，独特的性能优势使它不仅在衣用纺织品领域独领风骚，而且在生物、医学、电子、水处理行业也被广泛应用。其应用领域及产品主要如下。

（一）仿真丝织物

超细纤维技术是合成纤维仿真丝的重要手段之一。随着合成纤维纺丝及其加工技术的发展，合成纤维仿真丝及仿其他天然纤维的水平越来越高，仿真效果越来越逼真。20 世纪 80 年代后开发的所谓“新合纤”（日本名称 Shin—Gosen），甚至达到了超越天然纤维材料，具备天然纤维所不能达到的质地、手感和风格的效果。

（二）高密度防水透气织物

使用超细纤维可以织成供雨衣等使用的高密织物。这种织物既防水，又具透气、透湿和轻便易折叠易携带的性能，是一种高附加价值的纺织产品。

（三）仿桃皮绒织物

复合纤维开纤后的低线密度使织物经磨毛处理后，表面形成极短的微纤绒毛，织物外观独特、手感温暖、厚实，例如，仿桃皮绒织物成为近年来国内、国际市场上十分流行的面料。

（四）洁净布、无尘衣料

超细纤维制成的洁净布的清洁性能超强，除污快且彻底，不掉毛。洗涤后可重复使用，在精密机械、光学仪器、微电子、无尘室乃至家居等领域使用前景广阔。

（五）高吸水性材料

高吸水性材料，如高吸水毛巾、纸巾，高吸水笔芯、卫生巾等。例如，日本小材制药公司推出的一种由 20%锦纶和 80%涤纶超细纤维制成的高吸水毛巾，其吸水速度比普通毛巾快 5 倍以上，吸水快且彻底，接触非常柔软舒适。

（六）仿麂皮及人造皮革

用超细纤维做成针织布、机织布或非织造布后，经过磨毛或拉毛再浸渍聚氨酯溶液，并经染色和整理，即可制得仿麂皮和人造皮革。超细纤维制成的人造麂皮和人造皮革与天然麂皮相比，人造麂皮不仅具有天然麂皮的手感和外观，而且在织物的轻、薄，染色性、可洗性、抗皱性、透气性等诸方面均已超过了天然麂皮，而且有天然麂皮无法比拟的防霉性、防虫蛀性及耐洗涤性。人造麂皮主要用于外套、夹克、高尔夫手套及家具用织物。

此外，超细纤维广泛应用于保温、过滤、离子交换、人造血管等医用材料、生物工程等领域。

第五节　易染纤维

一、概述

染色性能是化学纤维的一项重要指标。染色性能好，是指它可用不同染料染色；在采用同类染料时，具有色泽鲜艳、色谱齐全、色调均匀、着色牢度好、染色条件温和（常压无载体条件下即可染色）等特点。

在常见纤维中，天然纤维与再生纤维一般具有很好的染色性能，这是因为这些纤维的分子结构中含有可与染料结合的官能团，如纤维素纤维（棉、黏胶纤维等）中的羟基，羊毛和蚕丝中的羟基、羧基、氨基等，它们可与染料中的活性基团或酸性基团等形成牢固的结合。另一方面，天然纤维内部一般有一定的缝隙、孔洞，这也利于溶液中的染料分子向纤维内部扩散，使天然纤维容易染色。

合成纤维则一般很少或没有可与染料易于结合的官能团，而且纤维结构也较致密，染料分子不易进入纤维内部。因此，除聚酰胺纤维和共聚丙烯腈纤维较易染色外，大多数合成纤维染色都很困难。改善染色性能是民用合成纤维改性的一项重要内容。因此它一直受到各化纤生产国的普遍重视，多年来已开发了不少易染合成纤维品种。

易染纤维的制备需从改变合成纤维的化学组成和纤维内部结构着手。一般采用单体共聚、聚合物共混、嵌段共聚、接枝处理、低温等离子体处理、纤维表面处理等方法。例如，由对苯二甲酸二甲酯（DMT）、乙二醇（EG）和 2%（摩尔分数）3，5－间苯二甲酸二甲酯磺酸钠共缩聚制得改性涤纶，这种涤纶可用阳离子染料染色，同时又不影响涤纶优良的物理性能。

二、聚酯纤维的染色改性

（一）分散染料常压可染聚酯纤维

普通聚酯纤维结晶度高、取向度高，缺少能与直接染料、酸性染料、碱性染料等结合的官能团，虽然具有能与分散染料形成氢键的酯基，但染色很困难，一般要在高温、高压或载体存在条件下才能用分散染料染色。

这种易染纤维采用共聚或嵌段共聚、共混等方法，通过引入第三、第四和第五组分。破坏大分子的规整性，降低玻璃化温度，增大无定形区和分子链的活动能力，从而使染料能够扩散到纤维的内部以提高纤维吸收染料的能力，达到无载体沸染。常用的改性剂有两大类。

1. 间位结构改性剂　如聚间苯二甲酸乙二醇酯。

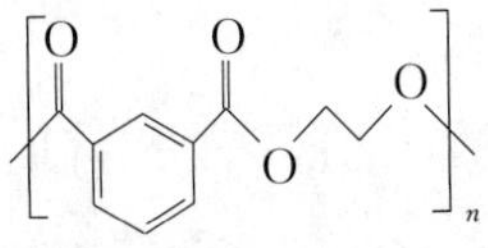

2. 柔性结构改性剂　如聚乙二醇和癸二酸等二元醇、二元酸类。例如，用少量间苯二甲酸等其他二元酸或二元醇与对苯二甲酸、乙二醇共聚制得的聚酯纤维［PETI（85/15）］，100℃，

60min 对氨基偶氮苯染料的吸收率可达 7～9mol/100g，比普通聚酯纤维在 130℃，60min 染色条件下的染色吸收率增加 60%左右。

采用共混的方法，将两种不同的共聚物进行充分混合来增加聚酯纤维对分散性染料的可及性，也能提高聚酯纤维的染色性能。

例如，聚对苯二甲酸乙二酯与聚乙二醇（PEG）的共混纤维，其分散性染料的染着率比普通聚酯纤维高 25%，而熔点等其他物理性质几乎不变。

（二）阴离子染料可染聚酯（ADP）

通过引入含有碱性基团的共聚组分，使共聚酯对酸性染料具有亲和性，通常引入的第三组分为含氮的二元酸、二元醇或羟基酸，或者是胺（叔胺、季铵）类化合物。这一改性方法对改性 PET 纤维与羊毛混纺织物同浴染色有益，但是由于含氮的第三单体的热稳定性差，因此染成的纤维耐热性较差，色牢度差，这一缺点限制了它的发展前景。

（三）阳离子染料可染聚酯纤维

阳离子染料因染料色素离子上带有正电荷而得名。阳离子染料是一类较早生产的合成染料，但它的充分应用是在聚丙烯腈纤维出现以后。与非离子型分散染料相比，阳离子染料具有色谱齐全、色泽鲜艳、价格低廉、染色工艺简单等优点。同时，阳离子型染料可染合成纤维，还可以与天然纤维，如羊毛实现同浴染色，使其混纺织物的染色工艺大大简化。

赋予 PET 纤维阳离子染料可染性的方法有多种，如：共聚，在 PET 大分子链中引入含酸性基的单体；接枝共聚，在 PET 纤维上接上聚羧酸支链；添加剂法，用可结合阳离子型染料的物质与 PET 进行混合纺丝。目前最成熟、应用最普遍的是共聚法。

阳离子染料可染聚酯纤维主要分为高压型（CDP）和常压型（ECDP）两种。

1. 高温高压型阳离子染料可染聚酯纤维 高温高压型阳离子染料可染聚酯纤维（CDP）是聚酯纤维的一个重要改性品种，它自 1958 年由美国杜邦公司研制成功以来，在世界各国已得到长足的发展。它是通过在聚合过程中加入带有阴离子基团的第三组分共聚而得，第三组分有苯磺酸盐化合物、磷化物和稠环磺化物，其中应用较为广泛的是 3,5 -间苯二甲酸二甲酯磺酸钠（SIPM）。

SIPM 的分子结构式如下：

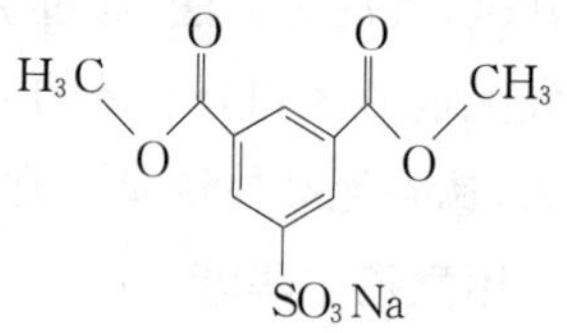

共聚物的分子结构式如下：

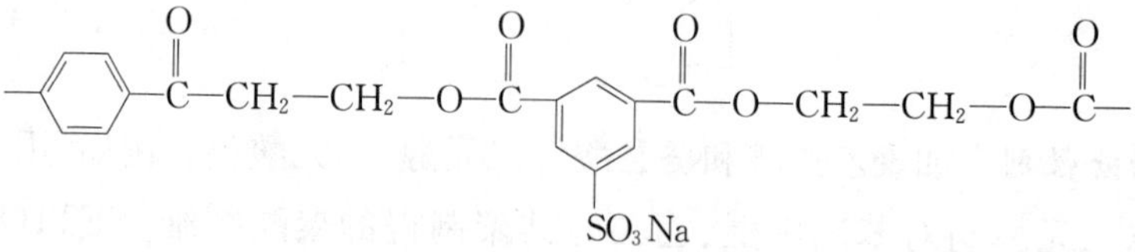

PET 主链中引入 SIPM 组分后，由于破坏了大分子结构的规整性及—SO_3Na 的极性和空间位阻作用，使玻璃化温度略有上升，冷结晶温度上升。由于链结构规整性的破坏及磺酸基团的极性和空间位阻作用，使分子链的活动能力减弱，另外，CDP 的最大结晶速度所对应的温度随共聚组分的引入及含量的增加而向低温移动，因而结晶速度比 PET 小，且随 SIPM 加入量的增加而下降，结晶度均随共聚组分的引入及含量的增加而下降。这种化学结构及物理结构的变化可使 CDP 纤维采用阳离子染料染色，但由于其玻璃化温度较高，只能在沸点温度以上进行染色。

CDP 纤维的特点如下。

(1)熔点和结晶温度。阳离子染料可染涤纶的性质与选用的共聚单体及其含量有关。当聚酯纤维中，共聚单体 SIPM 的含量为 2%时，CDP 纤维的部分性质与普通聚酯纤维性质的比较见表 6－10。

表 6－10　CDP 与 PET 部分性质的比较

品　种	结晶温度/℃	熔点/℃	吸湿率/%
PET	133	259	0.35
CDP	168	230	0.55

注　表中 CDP 纤维中，SIPM 的含量为 2%。

从表 6－10 中可以看出，CDP 纤维的熔点比普通聚酯纤维低，吸湿率比普通聚酯纤维略有提高，而它的结晶温度明显提高。

(2)染色性。染色性是阳离子染料可染涤纶的主要特点。阳离子染料与阳离子染料可染聚酯纤维的染色，实质上是两者离子交换的过程，即阳离子染料的阳离子与共聚酯纤维的磺酸盐中的钠离子进行交换而使纤维着色。由于结构上的原因，并非所有的阳离子染料都适合，阳离子染料可染涤纶对阳离子染料有一定的要求。一般来说，适合于阳离子染料可染聚酯纤维的阳离子染料应具有如下特性。

①色调鲜明，深染性好。

②吸尽率高。

③耐日光坚牢度和烟褪色牢度好。

④拼色染色时，染料相容性好。

⑤在高温染浴中，稳定性好。

⑥对包括普通聚酯纤维在内的其他纤维的沾污性小。

⑦向纤维内部的扩散速率快，无环染现象。

⑧染浴中 pH 变化时，染料稳定性高。

因此，需对染 CDP 纤维的阳离子染料进行适当选择。

普通的阳离子染料可染涤纶对阳离子染料的可及性比较小，因此，用阳离子染料染阳离子染料可染聚酯纤维时需用高温高压染色法或载体染色法。高温高压染色的温度为 120～

140℃，它要求使用热稳定性好的阳离子染料。使用载体染色法时，常压100℃就能染成深色，但会影响颜色的耐光坚牢度。

阳离子染料可染涤纶还可以与其他纤维，如普通涤纶进行混纺、交织，可以产生异色、留白和多色、深浅色效果，大大扩大了花色品种及应用范围。

(3)其他性能。除了以上特点外，阳离子染料可染聚酯纤维还具有其他一些性能特点。首先，阳离子染料可染聚酯纤维的断裂强度比普通聚酯纤维低10%～20%。其次，阳离子染料可染聚酯纤维的杨氏模量一般也比普通聚酯纤维低10%～30%，因而比普通聚酯纤维柔软，特别适合于制作具有柔软风格的妇女服装。由于阳离子可染聚酯纤维的相对分子质量、结晶度、强度降低，其织物的抗起球性也比普通聚酯纤维好，织物在后加工中可以免去烧毛工序，因而可以得到柔软、丰满，具有羊毛般手感的纺织品。

另外，与普通聚酯纤维相比，阳离子染料可染聚酯纤维的碱性水解速度要大得多。涤纶织物在碱处理时，相同温度下CDP纤维的碱减量率要比普通聚酯纤维织物高得多。

2. 常压沸染型阳离子染料可染聚酯纤维 普通的阳离子染料可染聚酯纤维(CDP)必须在高温、高压或加入载体的条件下才具有良好的染色性。高温会促使阳离子染料水解，而且设备复杂，能耗大，不能与羊毛、蚕丝等混纺或交织而染色。因此，在引入具有染座结构的同时，又引入了柔性的第四组分，增大纤维中的非晶区并改善非晶区大分子的活动性，从而获得阳离子染料常压沸染的聚酯纤维。常用的第四组分有脂肪族羧酸及其衍生物、脂肪族二元醇及其衍生物、脂肪族羟基酸类化合物、脂肪族聚醚类化合物等。

例如：用聚乙二醇与对苯二甲酸二甲酯、乙二醇、间苯二甲酸二甲酯磺酸盐合成的改性聚酯分子中，因含有柔性大的聚乙二醇链段，故玻璃化温度降低较多，但熔点变化不大。这种改性聚酯纤维在100℃沸染可获得良好的染色效果，吸尽率在90%以上。也可由对苯二甲酸(TPA)、乙二醇(EG)、3，5-双(β-羟乙酯)苯磺酸钠(SIPE)与聚乙二醇(PEG)直接进行酯交换、缩聚、纺丝，制得阳离子染料常压染色上染率高、对分散染料的可染性较好，且具有一定抗起球性的改性聚酯纤维。其阳离子染料和分散性染料染色性能均大大超过普通CDP纤维和普通聚酯纤维。

三、可染聚丙烯纤维

聚丙烯纤维具有许多优良的性能，但聚丙烯分子中无亲染料基团，分子聚集结构紧密，常规聚丙烯纤维一般难染。目前聚丙烯纤维大都需通过纺前着色而获得颜色，但因色谱不全，不能印花，限制了其在民用纺织品中的应用。易染聚丙烯纤维改性技术有两类：一是通过接枝共聚将含有亲染料基团的聚合物或单体接枝到聚丙烯分子链上，使之具有可染性；二是通过共混纺丝破坏和降低聚丙烯大分子间的紧密聚集结构，使含有亲染料基团的聚合物混到聚丙烯纤维内，使纤维内形成一些具有高界面能的亚微观不连续点，使染料能顺利渗透到纤维中去并与亲染料基团结合。

目前多采用用共混改性法生产可染丙纶。共混法中用的高聚物主要有以下三类。

(1)聚酯聚烯烃类，包括聚对苯二甲酸乙二酯、聚对苯二甲酸丁二酯、聚苯乙烯、聚乙烯、聚乙烯—醋酸乙烯等，适用于分散染料或阳离子染料。

(2)含氮化合物,包括聚酰胺类、聚酰亚胺、乙烯吡啶聚合物等。适用于酸性染料、分散染料。

(3)磺酸类聚合物,包括苯二甲酸磺酸钠、萘甲酸磺酸钠等。适用于阳离子染料和分散染料。

因共混的添加剂类型不同,制得的易染丙纶的染色性能也有所不同,应选用不同的染料进行染色。现已开发的共混改性可易染丙纶主要有分散染料易染丙纶、酸性染料可染丙纶和阳离子染料可染丙纶三大类。

(一)分散染料可染丙纶

分散染料可染丙纶是将改性添加剂掺入聚丙烯熔体中进行纺丝,由添加剂形成的微纤分散在聚丙烯基质中,使纤维内部形成大量的相界面或固熔区,构成基体—微纤型共混纤维。这种纤维破坏了原有的大分子规整结构,使其内部结构疏松,无定形区扩大。由于微纤的内表面有较高的能量,对分散染料具有一定的分子间作用力,有助于吸附染料。

分散染料可染型的改性添加剂主要有聚酯类、共聚酯类和聚烯烃类,聚酯类改性剂的改性效果优于聚烯烃类。在共混纺丝中,共混纺丝温度应接近或略低于常规纺丙纶纺丝温度。若纺丝温度过高,则改性剂熔体与聚丙烯熔体的相容性差,相界面张力较大,易产生液滴和漫流现象。分散染料可染丙纶的制造过程相对比较简单,能用常压沸染染得均匀的中浅色。

(二)酸性染料可染丙纶

酸性染料可染丙纶是将含氮的碱性基团引入聚丙烯中,使丙纶获得酸性染料可染的一种方法。在分子中含有胺或酰胺高聚物、碱性聚酰胺及含氮的聚合物都可用作酸性染料可染添加剂。如以二乙烯三胺、己二胺、己二酸等为原料合成的碱性聚酰胺,以马来酸酐改性聚丙烯为增溶剂,与聚丙烯共混纺丝,可纺性良好,纤维的力学性能优良,常压沸染的上染率大于85%,染色牢度4级以上。该改性纤维的熔点与纯丙纶变化不大,说明添加剂的加入对丙纶的热性能无太大的影响。而且改性丙纶的吸湿性有较大的提高,吸湿率可达0.8%～1.4%。吸湿性能的改善提高了丙纶的抗静电性,有利于纤维的后加工和改善织物手感。

(三)阳离子染料可染丙纶

通过加入带有磺酸基的共聚酯与等规聚丙烯共混纺丝,制取具有阳离子染料可染的丙纶。在常压染色时染浴中需加入渗透剂,以提高染料的可及性,增加上染速度和上染量。

对于纺丝工艺与可染丙纶染色性能的研究表明,未经热定型的纤维在结构上是不稳定的,染色时染料上染率较低,得色浅,随着纤维热定型温度的升高上染率增加,纤维色泽也逐渐加深。阳离子染料可染丙纶可与腈纶、毛等混纺,制成毛毯、毛织物、绒线、服装等产品。

第六节　阻燃纤维

一、概述

据有关部门统计,因易燃性的纺织品如地毯、窗帘、床上用品等直接或间接引发的火灾事故约占火灾总数的40%以上，导致人身安危和财产巨大损失。为此，一些发达国家自20世纪60年代起就相继立法对纺织品的阻燃性提出了明确要求，要求学校、医院、旅馆等公共场所的窗帘、帷帐以及老人、儿童、残疾人的服装必须达到一定的阻燃标准。

我国的纺织品阻燃技术始于20世纪50年代，以研究棉织物暂时性阻燃整理起步，但发展缓慢，直至60年代才出现耐久性纯棉阻燃纺织品；70年代开发出阻燃剂后进入对合成纤维及混纺织物阻燃技术的研究阶段；80年代，我国阻燃织物进入了繁荣的发展时期，许多科研单位、院校及工厂相继对阻燃纤维进行了研究，并逐渐开发出一系列阻燃纤维产品。

阻燃纤维除了应用于民用纺织品以外，在钢铁铸造业、消防服务业、化学制造业、运输业电子通信业等产业纺织品中也有着广阔的发展前景。

二、纤维的燃烧性

各种纺织纤维在化学组成、结构上的差异性决定了它们的燃烧性能也各不相同。纤维的燃烧性能是指纤维在空气中燃烧的难易程度。为了测定和表征纤维及其制品的燃烧性能，国际规定采用极限氧指数(Limiting Oxygen Index，简称LOI)法。所谓极限氧指数，就是使着了火的纤维离开火源，而纤维仍能继续燃烧时，环境中氮和氧混合气体中所含氧的最低百分率。

根据纤维燃烧时引燃的难易程度、燃烧速度、离开火焰后的续燃性等特征，可以将纺织纤维分为易燃纤维、可燃纤维、难燃纤维、不燃纤维四类，见表6－11。表6－11中还给出了这四类纤维极限氧指数(LOI)的大概范围。

表6－11　纤维燃烧性的分类

分　类	燃烧特征	极限氧指数	常见纤维品种
不燃纤维	不能点燃	>35%	玻璃纤维、金属纤维、硼纤维、石棉纤维、碳纤维
难燃纤维	接触火焰能燃烧或炭化，离开火源后自熄	26%～34%	氟纶、氯纶、偏氯纶、改性腈纶、芳纶、酚醛纤维等
可燃纤维	容易点燃。会延燃，但燃烧速度较慢	20%～26%	涤纶、锦纶、维纶、蚕丝、羊毛、醋酯纤维
易燃纤维	容易点燃，燃烧速度很快，并蔓延迅速	<20%	棉、麻、黏胶纤维、丙纶、腈纶

由表6－11可以看出，除了部分无机纤维之外，常见的纺织纤维大多数是可燃的，甚至是易燃的。因此，只有对它们进行必要的改性处理，才能够达到所期望的阻燃要求。

(一)纤维的燃烧机理

纤维的燃烧一般经历三个阶段。

第一阶段是热引发阶段，来自外部热源或火源的热量首先导致纤维材料发生相态变化和化学变化。

第二阶段是纤维热降解过程，这一过程为吸热反应，当外部热量足以克服纤维分子内原子间键合能时，纤维材料开始降解。一般来说，纤维材料的热降解反应是按自由基链式反应方式进行的，氧的存在是不可缺少的条件，其结果得到气相或固相产物，气、固相产物的组成往往因纤维材料的聚合物类别不同而异，气相产物可能由聚合物单体、各种易燃烃类及不燃性气体组成，固相炭质残余物可能是交联反应的产物。

第三阶段是引燃阶段，热降解阶段产生的可燃性气体与氧气充分混合，当达到着火极限或受外界因素的影响，如火焰、火花、炽热余烬刺激足以使可燃性气体自燃的环境温度，都能诱发纤维材料的燃烧。燃烧部分的纤维材料所释放的部分热量可通过传导、辐射和对流的方式被另外一部分纤维材料吸收，导致热降解过程发生并挥发可燃性气体。

显然纤维材料燃烧必需的条件是：高聚物分解产生的可燃性气体、有氧气（氧化剂）存在、有热源。纤维燃烧过程如图6-8所示。

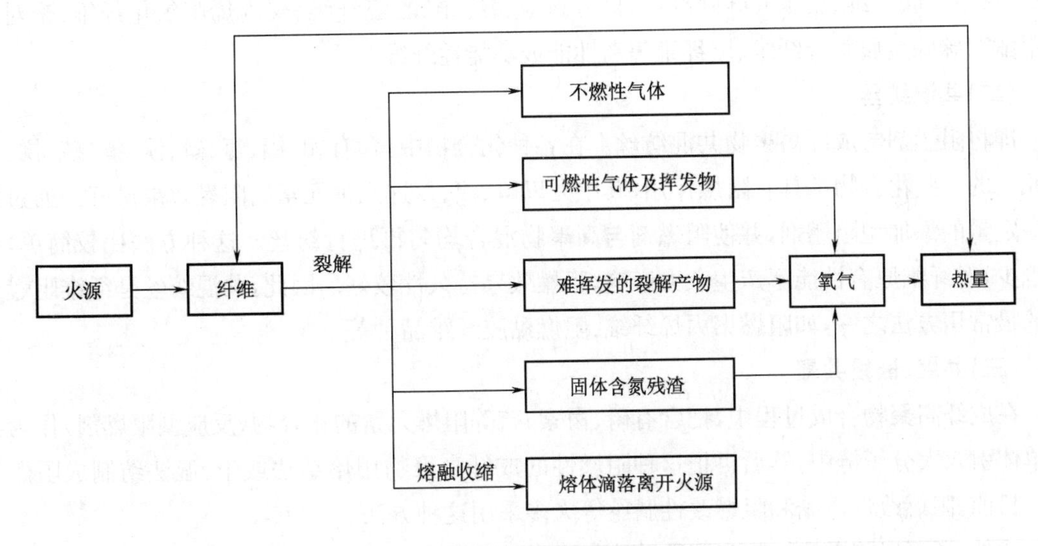

图6-8　纤维燃烧过程模式示意图

当已经燃烧的纤维材料离开火源若要继续燃烧，则必须具备以下条件：一是，由燃烧产生的热源足以加热高聚物，使之连续不断地产生可燃性气体；二是，所产生的可燃性气体能与氧气混合，并扩散到已燃部分；三是，燃烧部分蔓延到可燃性气体与氧气的混合区域中。在着火状态中，会有许多高活性的分子碎片存在，其中较重要的是自由基，它们是燃烧链式反应的载体，所释放的能量传递给周围使液体挥发，使固体热解，使燃烧继续。

（二）纤维的阻燃机理

所谓阻燃是指降低材料在火焰中的可燃性，减缓火焰的蔓延速度，使它在离开火焰后能很快地自熄，不再阴燃。从纤维燃烧的机理来看，纤维的燃烧实质上是纤维受热分解出可燃性物质并与氧气激烈反应的过程，在这一连续循环的反应过程中，热和氧气是纤维燃烧的两个基本要素。要达到阻燃目的，只要切断由可燃物、热和氧气构成的燃烧循环即可实现。

三、纤维的阻燃方法

纤维的阻燃处理是在一些本身是可燃的原丝（如涤纶、锦纶、腈纶）中加入某种阻燃剂，使其抑制燃烧过程中的游离基;或是改变纤维的热分解过程,促进其脱水炭化;或者是使阻燃剂分解释放出不燃气体覆盖在纤维表面,实现隔绝空气作用。也就是从提高纤维材料的热稳定性,改变纤维的热分解产物,隔离或稀释氧气,吸收或降低燃烧热等方面达到阻燃目的。主要有以下方法。

(一)提高成纤高聚物的热稳定性

采用热稳定性高的成纤高聚物制取纤维,或对纤维进行交联、氧化、环化、脱氢炭化等方法改变成纤高聚物及其纤维的分子组成结构,从而提高纤维的热稳定性。抑制纤维受热时可燃性气体的产生,增加炭化程度,使纤维不易着火燃烧。

采用这种方法生产的阻燃纤维品种主要有耐热性能和阻燃性能都很好的芳纶1313、芳纶1414、聚酰亚胺纤维、聚苯并咪唑纤维、聚芳砜酰胺纤维、酚醛纤维、聚丙烯腈氧化纤维、聚对苯二甲酰双脒腙金属整合纤维、碳纤维等高性能或功能性纤维。

(二)共混纺丝

即将阻燃剂与成纤高聚物共混纺丝。在各种化合物中,含有硼、铝、氮、磷、溴、氯、硫、锑、铋等元素的一些化合物都具有阻燃作用,其中尤以磷、溴、氯这几种元素的阻燃效果最好。通过混入一定量的添加型阻燃剂,并使阻燃剂与高聚物混合均匀再进行纺丝。这种方法比较简单,投资也少,对纤维原有性能不产生太大影响,阻燃效果持久性较好。因此,共混纺丝是纤维阻燃改性的最常用方法之一,如阻燃聚丙烯纤维、阻燃黏胶纤维品种等。

(三)共聚、嵌段共聚

在成纤高聚物合成过程中,把含有磷、卤素、硫等阻燃元素的化合物(反应型阻燃剂)作为共聚单体引入大分子链中,然后再把这种阻燃性的成纤高聚物用熔纺法或干、湿法纺制成阻燃纤维。目前,阻燃改性涤纶和阻燃改性腈纶等大多采用这种方法。

此外,还可以将需改性的高聚物单体与阻燃性单体的预聚物一起进行嵌段共聚,如维氯纶就是由聚乙烯醇(PVA)和聚氯乙烯(PVC)嵌段共聚而得的。此外,经共聚或嵌段共聚得到的成纤高聚物与另一种成纤高聚物以一定比例共混进行纺丝,也能达到阻燃改性的目的。

(四)复合纺丝法

以阻燃性的高聚物组分为芯部,普通的高聚物组分为皮层,制成皮芯型复合纤维。这种纤维一方面较好地保持了纤维原有的外观、白度和染色性,又可防止阻燃剂过早分解与脱落,从而保证了纤维的阻燃效果及持久性。

(五)接枝改性

用放射线、高能电子束或化学引发剂使纤维(或织物)与乙烯基型的阻燃单体发生接枝共聚,也是一种比较有效的阻燃改性方法。接枝改性得到的纤维,其强度基本保持不变。而阻燃效果则与接枝程度有关。

(六)后处理改性

高聚物经过纺丝形成初生纤维后,再用合适的阻燃剂溶液对纤维进行处理,使阻燃剂渗入纤维表面及纤维内部,也能使纤维阻燃性提高,如在凝固浴中添加六溴苯、三氯乙酸等制取的阻燃腈纶,但用此种方法制得的阻燃纤维其阻燃耐洗涤性能通常较差。

四、阻燃纤维的主要品种及用途

(一)阻燃黏胶纤维

黏胶纤维是再生纤维素纤维，它与棉、麻纤维一样很容易燃烧，闪点为 327℃，点燃温度为 420℃，极限氧指数只有 17%～19%。它燃烧时不熔融、不收缩，燃烧速度很快，很容易蔓延，是一种易燃性的纺织纤维。

阻燃黏胶纤维品种大多采用磷系阻燃剂，通过共混法，即将添加型阻燃剂混入黏胶原液中，再经纺丝凝固而制成。所得的阻燃黏胶纤维强力约比普通黏胶纤维降低 20%～30%，因此通常采用高湿模量黏胶制造工艺，以弥补强力降低。这样纺成的阻燃黏胶纤维强度可达到或稍超过普通黏胶纤维的水平，纤维的极限氧指数一般可达到 27%～30%。且具有良好的手感和耐洗涤性能。阻燃黏胶纤维的吸湿性比普通黏胶纤维略低，回潮率 10%～12%，但仍能用直接、还原和活性染料染色。

(二)阻燃聚丙烯腈纤维

常规聚丙烯腈纤维(腈纶)是指由聚丙烯腈或丙烯腈占 85%以上的共聚物制得的纤维。这种纤维具有许多优良的性能，如具有很好的弹性、染色性等。但腈纶属易燃纤维，容易受热燃烧。它的裂解温度只有 290℃。闪点为 331℃，点燃温度为 560℃，燃烧热达 35.9kJ/kg，极限氧指数仅为 17%～18.5%，容易点燃，燃烧速度较快。腈纶的燃烧是一个循环过程，在低温下腈纶发生环化分解产生梯形结构的杂环化合物，这些化合物在高温下发生裂解产生 OH·和 H·自由基，自由基进一步引发断链反应，并放出可燃性挥发气体，这些气体在氧的作用下着火燃烧，生成含 HCN、CO、CO_2、NH_3等有毒烟雾。燃烧时放出的热量，除了部分散发外，还会进一步加剧纤维的裂解，从而使燃烧过程得以不断继续循环。

腈纶的阻燃改性一般采用共聚法。共聚单体以氯乙烯基系单体居多，如偏二氯乙烯(VDC)、氯乙烯等。共聚单体含量一般为 33%～36%，此时其极限氧指数一般在 26.5%～30%之间。如果改性时共聚单体氯乙烯的含量达到 40%～60%，丙烯腈的含量为 40%～60%，这样得到的改性腈纶一般称它为腈氯纶。而改性时共聚单体偏氯乙烯的含量达到 20%～60%，丙烯腈的含量为 35%～80%，并可含有 1%～3%的带染色基团的第三单体组分，由此得到的改性腈纶在我国商品名为偏氯腈纶。这两种纤维的极限氧指数都可达到 28%以上，因而具有很高的阻燃性，散纤维和织物可用分散染料或阳离子染料染色，常用于制造地毯、帷幕、窗帘、化工用过滤布以及童装等。

(三)阻燃聚酯纤维

聚酯纤维受热分解时产生大量的可燃性物质、热和烟雾。在受热初期，分子内通过链端的—OH 进攻分子链中的酯键或通过交联生成环状低聚物，经过分子内 β－H 转移过程生成羧酸和乙烯基酯，生成的对苯二甲酸通过脱羧生成苯甲酸、酸酐和二氧化碳或者苯等，乙烯基酯分子链之间发生经过聚合反应和链脱离过程生成环烯状交联结构，同时还可以经过进一步的降解直接生成小分子的酮类物质、一氧化碳、乙醛、酸酐等，依然可能产生活泼的自由基。

普通聚酯纤维的可燃性要比腈纶弱一些。聚酯纤维的裂解温度为 420～449℃，着火点为 480℃，燃烧热为 23.8kJ/g，极限氧指数为 20%～22%。其发烟量中等，燃烧气的毒性相对较低。但涤纶是热塑性材料，当它提高温度时会发生熔融，因此燃烧时有可能造成人体皮肤烫伤。

聚酯纤维的阻燃改性可以采用共聚法和共混法，但以共聚居多。所用的阻燃剂主要有磷系反应型阻燃剂和溴系反应型阻燃剂，如磷酸酯和苯基磷酸衍生物、四溴双酚A双羟乙基醚、溴代芳香族二元酸等。

卤素类阻燃剂主要是通过阻燃剂受热分解生成卤化氢等含卤素气体，一方面在气相中捕获活泼的自由基，另一方面由于含卤素的气体的密度比较大，生成的气体能覆盖在燃烧物表面；一定程度上起到隔绝氧气与燃烧区域接触的作用。溴类阻燃剂的作用比氯类要大；锑类化合物与卤素有阻燃协效作用；磷系阻燃剂对含碳、氧元素的合成纤维具有良好的阻燃效果，主要是通过促进聚合物成炭，减少可燃性气体的生成量，从而在凝聚相起到阻燃作用。磷系阻燃剂改性的阻燃涤纶燃烧时，在燃烧表面生成的无定形碳能够有效地隔绝燃烧表面与氧气以及热量的接触，同时磷酸类物质分解吸收热量，也在一定程度上抑制了聚酯的降解反应。

阻燃聚酯纤维的物理性质与普通聚酯纤维基本相同，且具有与普通聚酯纤维相似或比它更好的染色性能。例如，日本东洋纺公司20世纪70年代开发的Heim阻燃聚酯纤维，它有很好的阻燃性能，阻燃效果持久，物理指标与普通聚酯纤维完全相同，可用于家具布、帷幔、窗帘、地毯、汽车沙发布、儿童睡衣、睡袋、工作服和床上用品等。90年代初，日本东洋纺公司还开发了一种抗起球型的阻燃聚酯纤维。据称这种聚酯纤维不仅具有原先阻燃纤维良好的阻燃性能，而且还具有较高的强度、耐磨性和抗起球效果。它经纺纱、织造直至染色和后整理加工后仍保持着足够的强力。

（四）阻燃聚酰胺纤维

聚酰胺纤维遇火燃烧比较缓慢，纤维强烈收缩，容易熔融滴落，而且燃烧过程容易自熄，这主要是由于锦纶的熔融温度与着火点温度相差较大的缘故。但聚酰胺纤维熔融滴落容易引起火苗在其他易燃材料的蔓延，从而引起更大的危害。由于其熔融温度较低，熔融后黏度较小，燃烧过程中生成的热量足以使纤维熔融，因此，聚酰胺纤维比许多天然纤维容易点燃。虽然聚酰胺纤维燃烧收缩，熔融滴落而具有自熄灭的性质，但当其与其他非热塑性纤维混纺或交织时，由于非热塑性纤维起到“支架”作用，聚酰胺纤维更易燃烧。聚酯纤维也是这种情况。

聚酰胺纤维大分子主链上含有氧、氮等杂原子，热分解时由于不同键的断裂形成各种产物，裂解比较复杂。真空条件下，聚酰胺在300℃以上裂解主要生成非挥发性产物和部分挥发性产物，挥发性产物主要为二氧化碳、一氧化碳、水、乙醇、苯、环戊酮、氨及其他脂肪族、芳香族碳氢化合物和饱和及不饱和化合物等。

聚酰胺纤维的阻燃机理有两种，一是凝聚相阻燃，即通过促进聚酰胺燃烧过程成炭量的增加，降低可燃性气体的生成；二是通过气相自由基捕获机理，阻燃剂分解后与空气中的氧结合，减少活泼自由基的生成，达到阻燃目的。

（五）阻燃聚丙烯纤维

聚丙烯纤维属于易燃性纤维，燃烧时不易炭化，全部分解为可燃性气体，气体燃烧时释放出大量热量，促使燃烧反应迅速进行。

普通丙纶的闪点为448℃，点燃温度为550℃，燃烧热高达43.9kJ/g，极限氧指数为17%～

18.6%。聚丙烯纤维的改性一般要采用共混法，即将常规聚丙烯树脂与含阻燃剂的阻燃母粒充分混合再熔融纺丝，或者直接将阻燃剂、聚丙烯和聚酯及其共聚物按一定比例混合造粒再进行纺丝。例如，利用国内有关单位研制的丙纶阻燃母粒开发的阻燃丙纶，其极限氧指数可达到26%～28%，而聚丙烯和聚酯共混纤维的极限氧指数可达到26%以上。用于室内装饰织物，如针刺地毯、壁毯、沙发布、窗帘和床上用品等领域，也适用于工业领域，如阻燃过滤布、滤油毡、绳索和缆绳等。

(六)阻燃聚乙烯醇纤维

常规的聚乙烯醇缩甲醛纤维，即维纶，也是一种可燃性纤维。据测定，它的极限氧指数在19.5%左右。当维纶加热到熔点(约237℃)以上时，它会发生熔融、变色然后慢慢燃烧，燃烧时还释放出一种特殊味道的气体，它对人的眼睛、皮肤以及呼吸系统有很强的刺激作用。

维纶的阻燃有许多种改性方法，例如可以采用60%～95%的氯乙烯(VC)与40%～50%的醋酸乙烯(VAc)共聚制得阻燃的氯醋纶；也可以将聚乙烯醇(PVA)与聚氯乙烯(PVC)以及其他添加剂共混纺丝制取阻燃维纶等。维氯纶就是一种PVA和PVC以及PVA/PVC接枝共聚物共混制得的阻燃性PVA/PVC共混纤维。这种纤维中氯乙烯的含量在35%～65%，这时它的极限氧指数可达到28%～33%，在明火中发生剧烈收缩并炭化，当离开明火时纤维即停止燃烧。维氯纶的断裂强度介于普通维纶和氯纶之间，打结强度则比这两种纤维稍低。此外，维氯纶具有很好的染色性，它可以用分散染料、阳离子染料和金属络合染料染色，所染的颜色色彩鲜艳，色牢度可达5级以上。另外维氯纶也有良好的弹性和卷曲性能。

维纶主要用在篷帆布、绳缆、渔网、帘子线和纤维增强材料、包装材料等方面。通过阻燃改性后，维纶的强度虽有所降低，但与阻燃涤纶、阻燃腈纶相比仍具有较高的强度，而且它有很高的阻燃性。因此，改性后的阻燃维纶和维氯纶主要用于对阻燃性有特殊要求的产业领域，如船舶、车辆、军事装备等所用的篷盖布、防火帆布工作服及劳保用品等。此外，由于维氯纶和阻燃改性维纶具有柔软的手感、良好的吸湿性和染色性，也可用于童装、毛毯、地毯、窗帘等衣用及装饰织物领域。

第七节　水溶性聚乙烯醇纤维

一、概述

20世纪30年代初期，德国瓦克化学公司首先制得聚乙烯醇纤维。1939年，日本樱田一郎、矢泽将英和朝鲜的李升基将这种纤维用甲醛处理，制得耐热水的聚乙烯醇缩甲醛纤维，1950年由日本仓敷人造丝公司(现为可乐丽公司)建成工业化生产装置。60年代初，日本维尼纶公司和可乐丽公司生产的水溶性聚乙烯醇纤维投放市场。水溶性聚乙烯醇纤维是差别化纤维的主要品种之一。

比较低分子量聚乙烯醇为原料经纺丝制得的纤维是水溶性的，称为水溶性聚乙烯醇纤维。由于聚乙烯醇大分子链中含有大量的亲水性基团(—OH)，所以水溶性是聚乙烯醇纤维的原有特性。

水溶性聚乙烯醇根据其在水中的溶解温度可分为低温溶解(0～40℃)、中温溶解(41～70℃)和高温溶解(71～100℃)三种类型。水溶性聚乙烯醇纤维具有良好的耐酸、耐碱、耐干热性能,溶于水后无味、无毒,水溶液呈无色透明状,在较短时间内能自然生物降解。广泛应用于造纸、医用非织造布、日用卫生用品,可纺低线密度纱、制无捻纱、作绣花底布等。

二、水溶性聚乙烯醇纤维的制备

根据溶解温度的不同,水溶性聚乙烯醇纤维的制造工艺有湿法纺丝、干法纺丝、增塑熔融纺丝、硼酸凝胶纺丝、溶剂湿法冷却凝胶纺丝等类型。

(一)湿法纺丝

按常规聚乙烯醇纤维生产工艺,以水为溶剂制备纺丝原液,纺丝原液经喷丝板挤出进入高浓度 NaS_2O_4 溶液中凝固成初生纤维,初生纤维在湿热条件下牵伸、干燥,再经干热牵伸热处理后制得。

如果选择合适的原料聚合度(如 500～1700)和醇解度(如 50%以上),以水为溶剂,可制得水溶温度 70～90℃的水溶性聚乙烯醇纤维。但不适合制备水溶温度低于 60℃的水溶性聚乙烯醇纤维。

如果以毒性较小的有机溶剂二甲基亚砜(DMSO)为溶剂,原液的黏度一般控制在 5～200Pa·s,采用 DMSO 与甲醇混合溶液作沉淀剂,可生产出水溶温度在 30～45℃的水溶性聚乙烯醇纤维。

(二)干法纺丝

以醇解度达 80%以上的聚乙烯醇为原料,以水或有机溶剂为溶剂,配制成高浓度的聚乙烯醇溶液,原液的黏度一般控制在 500～5000Pa·s。纺丝原液经喷丝板挤出进入热空气中,溶剂蒸发而凝固成固态纤维,再经干热拉伸、热处理而得水溶温度在常温以上的水溶性聚乙烯醇纤维。这种纺丝方法主要用于制备长丝。

(三)增塑熔融纺丝

由于聚乙烯醇的熔点与其分解温度非常接近,无法进行熔融纺丝,当聚乙烯醇加入适量的增塑剂(如水、乙二醇、甘油等)后,其熔点降低,在 120～150℃下使其成为半熔化状态,以高压从喷丝孔中挤出,进入空气中冷却凝固。选用不同聚合度和醇解度的聚乙烯醇原料,可制得水溶温度不同的水溶性聚乙烯醇纤维。

(四)硼酸凝胶纺丝

将已添加硼酸的聚乙烯醇凝胶液,挤入 NaOH 和 NaS_2O_4 溶液中成型、交联。交联的纤维在湿热条件下经牵伸、热处理得到成品纤维。这种纤维的交联可使水溶性聚乙烯醇纤维在中等湿度的大气中具有较好的稳定性,而在水中很快发生水解而脱开,因此对其水溶性不发生影响。

(五) 溶剂湿法冷却凝胶纺丝

这是日本可乐丽公司 1996 年开发的一种新型纺丝方法,用于生产可乐纶 K－Ⅱ纤维。纺丝原液经喷丝孔挤出后，经急速冷却成为“均匀的凝胶流”，再进入低温凝固浴逐渐固化。这种方法的特点是采用有机溶剂DMSO为溶剂代替常规的水，纺丝工艺为冷却凝胶（冻胶）纺丝，凝固剂为甲醇，制成的纤维具有低温水溶性。可乐纶K－Ⅱ纤维的纺丝工艺流程如下：

聚合物→原液→纺丝→拉伸→脱溶剂→干燥→拉伸→卷曲

这种初生纤维成型缓和、结构均匀，可以经受较大倍数的拉伸和热处理，纤维的性能较好。另外，由于该工艺所使用的溶剂和沉淀剂均为有机溶剂，可以通过回收系统循环使用，没有废液排出，不污染环境。

三、水溶性聚乙烯醇纤维的性能特点

（一）聚乙烯醇的化学组成

聚乙烯醇的化学结构式如下：

$$\left[-CH_2-\underset{\displaystyle OH}{\underset{|}{CH}}- \right]_n$$

聚乙烯醇的大分子主链上有许多亲水性羟基，从而使纤维具有良好的水溶性和高亲水吸湿性。水溶性聚乙烯醇纤维的公定回潮率为5%，是合成纤维中最高的。

（二）溶解性

PVA溶于水，水温越高则溶解度越大，但几乎不溶于有机溶剂。PVA溶解性随醇解度和聚合度而变化。部分醇解和低聚合度的PVA溶解极快，而完全醇解和高聚合度PVA则溶解较慢。一般规律，醇解度对PVA溶解性的影响大于聚合度。PVA溶解过程是分阶段进行的，即亲和润湿→溶胀→无限溶胀→溶解。

水溶性聚乙烯醇纤维的水溶性除与原料的性质有关外，在制造加工过程中所采用的加工工艺及其形成的结构，对其也有决定性的影响。在水溶性聚乙烯醇纤维的生产过程中，主要靠控制湿热拉伸、预热、干热拉伸、热定型等工艺条件来调整水溶性聚乙醇纤维的水溶温度。降低干热拉伸倍数，使纤维的结晶度降低，从而降低纤维的水溶温度。

（三）力学性能

一般的水溶性聚乙烯醇纤维的强度≥3.0cN/dtex，单纤维线密度为1.5～10dtex，断裂伸长15%～30%，可满足纺织加工的要求。由于水溶性纤维除用作高吸湿卫生用品外，通常都不作为结构材料而保留在最终成品中，它们总是在加工过程的某一个阶段，为取得某种效果而被溶去。因此，一般而言，对其力学性能要求不高。

四、水溶性聚乙烯醇纤维的应用

（一）无捻毛巾

用水溶性维纶长丝生产的无捻绒毛毛巾具有手感丰满、柔和、高吸水性等特点。这种毛巾具有不割绒但微微发光的特点，目测和手感像丝绒毛巾一样，十分高档。

(二)织袜

水溶性维纶长丝可在无任何化学助剂的纯热水中很容易地溶解掉，并具有优秀的编织稳定性，广泛用于织袜。将水溶性维纶长丝代替普通纱织进两个要分离的短袜之间，如代替棉纱或藻酸盐类纤维。所有遗留在短袜中的水溶性长丝在染色或水洗过程中会完全溶解。水溶性长丝溶解温度为50℃，操作中可将温度提高到60℃。取消自动分离机或剪子分离短袜的工序。

(三)渔网

用水溶性长丝作为分离纱代替普通的牵伸纱(棉纱或尼龙)时，网体就很容易变成单片，只需将其放在足够的热水或沸水中清除即可。这样，渔网的宽度可按照设计容易地获得，而不会有手工拉伸带来的麻烦。可以生产高质量的渔网以提高劳动效率。

(四)精细窄花边织物

将水溶性长丝织入要分离的两窄花边织物之间，在织造完成后，水溶性长丝在染色或漂白过程中溶去，随后，通过手工整理窄花边上的意外牵伸纱线。推荐使用 SL75 或 SL/SX100 型号的水溶性维纶长丝。用这种方法可以获得美观、舒爽的花边，同时可以提高生产效率，减少产品损伤。

(五)羊毛面料

羊毛面料上使用水溶性维纶长丝可提高织造效率，增加纱线强度，减少纱线绒毛；同时可给予纱线特殊的弱捻或无捻效果、起皱效果、装饰图案效果。

水溶性长丝和羊毛纱按照最终用途要求加上适当的捻度然后用作经纱、纬纱，或者在经纱和纬纱中都使用，随后织布，在后处理过程中，水溶性长丝被溶解除去，剩下 100%羊毛。

(六)提高亚麻、苎麻纱的织造性能

用亚麻和苎麻进行纺织通常较为困难，因为亚麻、苎麻多绒毛且条干均匀度差，特别是在用它们作经纱时，断纱严重。水溶性长丝和亚麻纱并捻后，可提高纱线的纺织性能，并捻后的麻纱将有足够的强度作为经纱，包覆方法可用水溶性长丝单根包覆或双根包覆。

(七)针织品原料

用水溶性长丝纤维并混或包覆纺的生产方法成纱，可适应织制各种针织结构面料。

(八)在胶印印刷紧身(胶皮、帆布)布套上的应用

利用水溶性长丝在冷水或常温水中的收缩率在 25%～35%的特殊性能，使用 SL 型(溶解温度低于 65℃)66.67tex(600 旦)水溶性长丝和 111.11tex(1000 旦)人造丝，生产绒毛针织紧身滚筒布套，将人造丝放于表面，这有利于修剪起绒，如果不考虑紧度适应性，输水滚筒的直径应当比紧身滚筒布套直径稍小，以便使滚筒布套能较轻松地插入，系紧滚筒的两头，将其放入热水中(温度不高于 35%)，布套将立即开始收缩，在几分钟内，紧紧贴在滚筒表面。

(九)在无纬毛毯上的应用

用维纶水溶性长丝代替不溶的普通纱作纬纱生产针织毛毯基布，经过洗涤、烘干、缩绒后，维纶丝在热水中溶解并被洗掉，从而获得无纬毛毯的效果，搭接纤维将使布料有足够的强度满足后道生产的需要。

(十)缝纫线

为防止针织布边和毛织物在漂洗或染色过程中发生卷缩，假缝不可少。水溶性缝纫线也可用于洗衣房收集被洗衣物的粗布袋的缝纫。水溶性长丝缝纫线在热水中迅速溶解消失，通过这种方式把粗布袋松开，并且把衣服和粗布袋子一起洗净。

(十一)在刺绣上的应用

水溶性长丝织成布后用作刺绣基布特别流行，因常用的丝织物和再生纤维织物基布要溶解必须靠化学助剂作用。这种水溶性长丝基布可以帮助确定刺绣色样，减少色样变异风险。在刺绣机架上和整个刺绣过程中保持相同张力和紧度，布面从头到尾张紧合适，富有弹性。

(十二)窄花边织物

窄花边织物包括刺绣花边、荷叶花边、镶边、饰带花边，它们当中薄纱网作为基布的刺绣花边增长很快。这些刺绣花边的应用都超出了简单的刺绣。使用水溶性长丝织物的工艺过程为：薄纱网上面覆水溶性长丝布，再覆刺绣薄纱网，一起放入热水中溶解，并粘接在一起。等刺绣完后，水溶性长丝布用适当的温水处理使其完全溶解。

(十三)有色水溶性长丝的应用

水溶性长丝可染成红色、蓝色等。这种色丝用作紧身衣裤、紧身短衬裤、短统袜产品的一种标识。

(十四)在绒面针织物上的应用

流行的绒面针织起圈织物可在双面圆纬机上通过使用水溶性长丝生产。编织时，绒毛纱圈通过水溶性长丝被紧紧固定，水溶性长丝溶解后，绒毛纱圈便自由飘浮起来，形成绒面。

第八节　其他差别化纤维

一、PBT 纤维

(一) 概述

PBT 纤维是聚对苯二甲酸丁二酯纤维的简称，由高纯度对苯二甲酸(TPA)或对苯二甲酸二甲酯(DMT)与 1,4 -丁二醇酯化后缩聚的线型聚合物，经熔体纺丝制得的纤维，属于聚酯纤维的一种。生产中常采用对苯二甲酸二甲酯与 1,4 -丁二醇通过酯交换，并在较高的温度和真空度下，以有机钛或锡化合物和钛酸四丁酯为催化剂进行缩聚反应，再经熔融纺丝而制得 PBT 纤维。PBT 原用于工程塑料领域，1979 年日本帝人公司首先推出了 PBT 纤维制品。随着差别化纤维的发展，PBT 作为纤维的使用价值逐步被人们认识。

(二)PBT 纤维的性能

(1)PBT 纤维的强度为 30.91～35.32cN/tex，伸长率为 30%～60%，熔点为 223℃，其结晶化速度比聚对苯二甲酸乙二酯快 10 倍，有极好的伸长弹性回复率和柔软易染色的特点。

(2)由 PBT 制成的纤维具有聚酯纤维共有的一些性质，但由于在 PBT 大分子基本链节上的柔性部分较长，因而使 PBT 纤维的熔点和玻璃化温度比普通聚酯纤维低，导致纤维大分子链的柔性和弹性有所提高。

(3)PBT 纤维具有良好的耐久性、尺寸稳定性和较好的弹性,而且弹性不受湿度的影响。

(4)PBT 纤维及其制品的手感柔软,吸湿性、耐磨性和纤维卷曲性好,拉伸弹性和压缩弹性极好,其弹性回复率优于涤纶。PBT 纤维在干湿态条件下均具有特殊的伸缩性,而且弹性不受周围环境温度变化的影响。

(5)具有良好的染色性能,可用普通分散染料进行常压沸染,而无须载体。染得纤维色泽鲜艳,色牢度及耐氯性优良。

(6)具有优良的耐化学药品性、耐光性和耐热性。

(三)PBT 纤维的应用

(1)特别适用于制作游泳衣、连袜裤、训练服、体操服、健美服、网球服、舞蹈紧身衣、弹力牛仔服、滑雪裤、长筒袜、医疗上应用的绷带等高弹性纺织品。

(2)PBT 与 PET 复合纤维具有细而密的立体卷曲、优越的回弹性、手感柔软和优良的染色性能,穿着舒适,是理想的仿毛、仿羽绒原料。

(3)PBT 纤维的长丝经变形加工后使用,而短纤维可与其他纤维进行混纺,也可用于包芯纱制作弹力劳动布。还可用于织制仿毛织品。

(4)若用 PBT 纤维制成的多孔保温絮片,具有可洗、柔软、透气、轻薄等优点,用 PBT 纤维生产的簇绒地毯,触感酷似羊毛地毯。鬃丝可作牙刷丝等,具有很好的抗倒毛性能。

(四)PBT 纤维的市场情况

自 2010 年以来,PBT 受到了另一种与之相类似的 PTT 纤维的挑战,PTT 的弹性性能更好,其他性质两者互相接近,两者价格接近,所以其发展受到一定制约。

二、PTT 纤维

(一)概述

PTT 纤维是聚对苯二甲酸丙二酯纤维的英文缩写,最早是由壳牌化学公司(Shell Chemical)与美国杜邦公司分别从石油工艺路线及生物玉米工艺路线通过对苯二甲酸(PTA)与 1,3-丙二醇(PDO)聚合、纺丝制成的新型聚酯纤维,壳牌公司的商品名是 Corterra。杜邦公司的商品名是 Sorona。Sorona 中的原料 PDO 即 1,3-丙二醇的成本较高,现在用玉米提炼使其成本有所下降。由于 PDO 的引入,使纤维结构上有了一个亚甲基($—CH_2—$),从而使纤维呈螺旋状,这就是 PTT 纤维具有弹性的原因。

我国的 PTT 树脂年生产能力已高达 330 万吨以上,除主要用于工程塑料外,也有少量用于纤维的生产。我国于 20 世纪 80 年代中期开始 PBT 合成与纤维生产的研究,并有小批量生产,近年来仪征化纤股份公司引进了年产万吨的生产装置。国外 1,3-丙二醇生产技术的新突破为 PTT 纤维的生产提供了技术条件。最近上海石化股份公司研究院已开始进行 PTT 合成的研究工作,在不久的将来我们会看到国产的 PTT 纤维被广泛应用。1,3-丙二醇是合成 PTT 的主要单体。目前比较可行的生产 1,3-丙二醇办法有羟甲基法、环氧乙烷法、甘油生化法、酸氢化法、丙烯醛法及山梨糖醇法等,其中目前已具备商业化生产条件的有环氧乙烷法、丙烯醛法和甘油生化法。PTT树脂的合成技术与PET、PBT相似,也可以采用DMT法或PTA法。由制得的PTT树脂采用熔融纺丝技术加工成PTT纤维,可生产长丝与短纤。

PTT纤维与PET纤维、PBT纤维同属聚酯纤维,PTT纤维兼有涤纶、锦纶、腈纶的特性,除防污性能好以外,还有易于染色、手感柔软、富有弹性;伸长性与氨纶一样好,与弹性纤维氨纶相比更易于加工,非常适合纺织服装面料,除此以外,PTT还具有干爽、挺括等特点。

(二)PTT纤维的结构与性能

1.化学及大分子链结构　PET和PTT同属于聚酯系列,其分子链中同时存在刚性链苯环和柔性亚甲基($—CH_2—$),并由酯基($—\overset{\overset{O}{\|}}{C}—O—$)连接,是典型的刚柔性共存的线型大分子。两者化学结构主要差异在于:PET分子链链节上有两个亚甲基,而PTT分子链链节上有三个亚甲基。

PTT分子链的三个亚甲基使其具有“奇碳效应”,分子链呈现类似于羊毛蛋白质分子链的螺旋结构,具有明显的“Z”形构象,导致其大分子链具有如同弹簧一样的形变和形变回复能力,在纵向外力的作用下,分子链很容易发生伸长,且在外力去除后又恢复原状,赋予其优良的回弹性。

2.结晶和取向结构　PBT和PTT都属于高速熔融纺丝取向诱导结晶,但是PET纤维的晶区模量高达108GPa,而PTT晶区模量只有3.16GPa,基本接近于无定形区的模量值。这导致PTT纤维的模量并不会随着牵伸比而发生变化,基本恒定。由于模量低,导致PTT纺丝过程中,更容易添加各种功能性粉体、色母粒等,从而获得功能性PTT和原液着色PTT。总后军需装备研究所据此利用壳牌化学公司的PTT切片,研发了原液着色PTT短纤维及部分功能性PTT短纤维,其中部分产品已成功应用于我军07式新一代军官服装面料中,实现了批量装备。

3.热学性能　与PET纤维相比,PTT纤维具有较低的玻璃化温度(45～65℃)和熔融温度(228℃)、较高的沸水缩率(14%左右)。玻璃化转变温度较低导致了PTT纤维可常压染色,建议在100～110℃染色,上染率高于PET,利于工厂实现节能减排。熔融温度低要求在PTT织物的定型过程中,温度要低于PET织物,建议在160℃左右。沸水缩率差异表明了PTT纤维具有较大的解取向能力,所以,如将PTT和PET进行复合纺丝,可获得具有永久卷曲的弹性纤维。

4.力学性能　由于PTT独特的结构特征导致了其具有优于其他聚酯纤维的回弹性能、较低的拉伸模量、较高的断裂伸长。同样线密度条件下,PTT纤维的弹性回复率、杨氏模量和断裂伸长率分别为22%、22.01cN/dtex、55%,而PET纤维分别为4%、81.56cN/dtex、27%。但是,PTT纤维的杨氏模量与羊毛纤维(20～30cN/dtex)接近。

(三)PTT纤维的应用

1.地毯　由于PTT纤维蓬松性和回弹性好,抗污性又十分优良(尤其经适当的化学整理后),因此PTT纤维比较适合制作地毯。

2.弹性织物　PTT弹性织物与其他弹性织物不同,它具有腈纶的蓬松性,涤纶的防污性及锦纶的柔软性，PTT长丝和短纤可用于生产各种高弹伸缩及手感柔软的弹性针织和机织物，其生产工艺和方法比氨纶更加简便。

3. 纯纺或混纺织物 纯纺织物可以很容易地从PTT的拉伸变形丝(DTY)、全拉伸丝(FDY)和预取向丝(POY)制得。拉伸性良好的织物也可以在合适的支数条件下，通过机织制得，手感良好。另外，还可以通过PTT和其他纤维(如PET、醋酸纤维、丙烯酸纤维、棉、毛或锦纶等)的混纺来制得性能良好的织物。

PTT纤维具有分散染料常压可染性，一般建议的染色温度为110℃，染色温度可根据分散染料的类型作适当的上下调节，正因为这个原因它在与羊毛、蚕丝、棉、锦纶等纤维混纺或交织方面有较大的优势。

三、高收缩性纤维

将沸水收缩率在20%左右的纤维称为一般收缩纤维，而把沸水收缩率为35%～45%的纤维称为高收缩纤维。目前，常见的有高收缩型聚丙烯腈纤维(腈纶)和聚酯纤维(涤纶)两种。如果以沸水收缩率的高低来区分合成纤维的话，那么可将其分为普通收缩纤维和高收缩纤维。而普通收缩纤维的沸水收缩率一般在20%左右。

(一)高收缩纤维的制备

高收缩纤维的制法一般分两种：包括化学改性法和物理改性法。

化学改性法是在构成涤纶和腈纶的聚合物分子中加入共聚物组分，以降低大分子内旋活化能，提高拉伸时的高弹形变量，降低结晶速率和结晶度，从而提高纤维的收缩率。

物理改性法是通过改变纤维成型的纺丝、拉伸和后处理等工艺，如采用低温、低倍拉伸和低温干燥工艺，使纤维具有适当取向而不结晶或极少结晶，从而提高纤维的收缩率。

1. 高收缩聚酯纤维的制法 高收缩纤维具有低结晶、高取向的超分子结构。因此，在工艺实施过程中必须采用化学改性与物理改性相结合的措施，以保证其高收缩性及其稳定性。所以，应当采用化学改性的共聚切片，使其具有难结晶的特点；同时在拉伸、热定型过程中采用低温拉伸、低温定型工艺，使其能得到高取向、低结晶的结构。再者，制作高收缩聚酯纤维企业所用原料厂家的切片不同，所用工艺也不同，纺丝参数更不同。一般生产厂家主要通过两条途径来生产高收缩聚酯纤维。

(1)采用特殊的纺丝与拉伸工艺，如用市售的POY丝经低温拉伸、低温定型等工艺可制得沸水收缩为15%～50%的高收缩性涤纶。其工艺路线如下：

常规切片—纺制POY—低温低速牵伸(空变)—高收缩聚酯纤维

(2)采用化学变性的方法，如以新戊二醇制取共聚聚酯纺丝，以这种纤维制成精梳毛条或纺成纱线进行染色，制成织物后在180℃左右的温度下，使其收缩，收缩率可达40%。

2. 高收缩聚丙烯腈纤维制法 与结晶性高聚物纤维相比，聚丙烯腈纤维具有独特的结构，不存在严格意义上的结晶区和无定形区，而只有准晶态高序区和非晶态的中序区或低序区。这种独特的结构使它具有独特的热弹性，可以制成高收缩腈纶，用于腈纶膨体纱的生产。

制造高收缩聚丙烯腈纤维，常采用下列方法。

(1)增加聚丙烯腈共聚物中第二单体丙烯酸甲酯的含量，可大幅度提高聚丙烯腈纤维的沸水收缩率。

(2)采用热塑性的第二单体与丙烯腈共聚，能明显提高聚丙烯腈纤维的沸水收缩率。

(3)采用高于聚丙烯腈玻璃化转变点的温度下，进行多次热拉伸，使纤维中的聚丙烯腈大分子链舒展，并沿纤维轴向取向，然后骤冷，使纤维中的聚丙烯腈大分子链的形态和张力暂时被固定下来。在聚丙烯腈纱松弛状态下，对其成纱进行湿热处理，此时聚丙烯腈大分子链因热运动而卷缩，于是引起纤维在长度方向的显著收缩。

(二)高收缩纤维的用途

高收缩纤维在纺织产品中的用途十分广泛，它可以与常规产品混纺成纱，然后在无张力的状态下水煮或汽蒸，高收缩纤维收缩变短，而常规纤维由于受高收缩纤维的约束而卷曲成圈，则纱线蓬松如毛纱状。高收缩腈纶就采用这种方法与常规腈纶混纺制成腈纶膨体纱(包括膨体绒线、针织绒和花色纱线)，或与羊毛、麻、兔毛等混纺以及纯纺，做成各种仿羊绒、仿毛、仿马海毛、仿麻、仿真丝等产品，这些产品具有毛感柔软，质轻蓬松、保暖性好等特点。另外，也有利用高收缩纤维丝与低收缩及不收缩纤维丝织成织物后经沸水处理后，使纤维产生不同程度的卷曲呈主体状蓬松，使用这种组合纱也是生产仿毛织物的常规做法。还可用高收缩纤维丝与低收缩丝交织，以高收缩纤维织底或织条格，低收缩纤维丝提花织面，织物经后处理加工后，则产生永久性泡泡纱或高花绉。

1.高收缩聚酯纤维的用途　高收缩聚酯纤维一般是与常规聚酯纤维、羊毛、棉花等混纺或与涤/棉，纯棉纱交织生产具有独特风格的织物。高收缩聚酯纤维还可以制造人造毛皮、人造麂皮及毛毯等，它具有毛感柔软、绒毛致密等特点。其典型产品如下。

(1)涤纶仿毛织物。利用高收缩涤纶丝与低收缩及不收缩纤维丝织成织物，以后经沸水处理，使织物内的纤维产生不同程度的卷曲并呈主体上蓬松，用这种方法制成的组合纱通常用于生产涤纶仿毛织物。

(2)泡泡纱和高花绉。用高收缩涤纶丝与低收缩丝交织，以高收缩涤纶丝织底或织条格，低收缩丝制提花织面，这种织物经后处理加工后，可制成永久性的泡泡纱或高花绉。

(3)合成皮革。用于制造合成皮革的高收缩涤纶，其沸水收缩率需在50%以上。

高收缩涤纶一般是与常规涤纶、羊毛、棉花等混纺或与涤/棉，纯棉纱交织生产具有独特风格的织物。高收缩涤纶还可以制造人造毛皮、人造麂皮及毛毯等，它具有毛感柔软、绒毛致密等特点。

2.高收缩聚丙烯腈纤维的用途　高收缩聚丙烯腈纤维产品具有毛感柔软、质地蓬松、保暖性好等特点，以往高收缩聚丙烯腈纤维是用于制造人造毛皮的短绒或与普通腈纶(即普通聚丙烯腈纤维)混纺可制造膨体纱等，而现在的用途十分广泛。

(1)用高收缩聚丙烯腈纤维与普通腈纶混纺成纱，然后在无张力的状态下进行水煮或汽蒸，高收缩聚丙烯腈纤维产生卷曲，而常规纤维由于受高收缩纤维的约束而卷曲成圈，则纱线蓬松圆润如毛纱状，从而制成了腈纶膨体纱线。

(2)高收缩聚丙烯腈纤维既可纯纺，也可与羊毛、麻、兔毛等混纺制成各种仿羊绒、仿毛、仿马海毛、仿麻、仿真丝等产品。

另外，由于高收缩纤维具有更低的回潮率和绝缘性能，所以它比棉纱更适合作为电缆、变压器的包覆材料，市场前景广阔。

☞思考与练习题

1. 什么是差别化纤维？
2. 简述差别化纤维的制造方法。
3. 异形纤维的主要品种有哪些？各有什么特性及用途？
4. 什么是复合纤维？主要有哪些类型？
5. 简述海岛型复合纤维的生产方法。
6. 超细纤维有什么性能特点？
7. 超细纤维有哪些制备方法？
8. 简述阳离子染料可染聚酯纤维的染色机理。
9. 什么是极限氧指数？
10. 通过查找资料，对比各国对纺织品燃烧性能的要求。
11. 简述纤维燃烧机理。
12. 阻燃纤维有哪些加工方法？
13. 水溶性聚乙烯醇纤维有哪些特点？主要应用在哪些方面？
14. 分析 PET、PBT、PTT 的结构与性能差异？

参考文献

[1]陈运能，范雪荣，高卫东. 新型纺织原料[M]. 北京：中国纺织出版社，1998.
[2]马大力，冯科伟，崔善子. 新型服装材料[M]. 北京：化学工业出版社，2006.
[3]陈继红，肖红. 服装面辅料及服饰[M]. 上海：东华大学出版社，2003.
[4]中国化纤总公司. 化学纤维及原料实用手册[M]. 北京：中国纺织出版社，1996.
[5]徐亚美. 纺织材料[M]. 北京：中国纺织出版社，2002.
[6]倪如青. 国内外差别化及功能性纤维的生产现状及发展趋势[J]. 合成纤维，2001(3)：11－15.
[7]王建平. 纤维的差别化技术[J]. 合成纤维，2000(2)：3－9.
[8]朱建民，何铮. 差别化纤维现状分析与发展建议[J]. 合成纤维工业，2005(5)：1－4.
[9]顾超英. 浅析国内外差别化纤维的生产开发与应用[J]. 纺织指导，2005(6)：40－48.
[10]赵博，石陶然. 超细旦黏胶纤维纺纱产品的开发[J]. 现代纺织技术，2003(2)：28－31.
[11]解德诚，王企章. 0.56dtex 细旦涤纶短纤维生产工艺探讨[J]. 合成纤维，2002(2)：42－44.
[12]赵博，石陶然. 细旦涤纶/棉精梳混纺纱生产工艺的探讨[J]. 现代纺织技术，2001(4)：42－44.
[13]范振庆. 细旦涤纶高密品种的开发与生产[J]. 现代纺织技术，2002(2)：13－14.
[14]郭依. 复合超细短纤维开发探讨[J]. 合成纤维，2003(3)：30－31.
[15]孙俊科，徐国华. 18.5tex 针织用抗菌中空涤纶纤维纱的纺制[J]. 上海纺织科技，2005(1)：29－30.

[16]徐斗峰，黄长根. 水溶性 PVA 纤维的溶解过程及其影响因素分析[J]. 印染助剂，2011(6):24-27.
[17]胡邵华，章悦庭，闵延兵. 新型聚乙烯醇水溶性纤维在毛纺中的应用[J]. 毛纺科技，1999(4):20-24.
[18]陈金山. 水溶 PVA 纤维在毛纺中的应用[J]. 毛纺科技，1999(5):57-59.
[19]毛应鹏. 水溶性 PVA 纤维及其制法[J]. 合成纤维，2000(6):40-47.
[20]梁明江. 水溶维纶在棉纺中的应用和开发[J]. 上海纺织科技，2001(2):10-11.
[21]王琛. 利用水溶性纤维生产高支轻薄毛织物[J]. 上海纺织科技，2001(5):51-52.
[22]徐乐均. 水溶无捻线的开发[J]. 新纺织，2002(7):26-27.
[23]敖利民，唐雯，李向红，等. 水溶性聚乙烯醇纤维在传统纺织领域的应用[J]. 山东纺织科技，2003(1):8-11.
[24]蒋国华. 大麻/水溶性聚乙烯醇纤维混纺工艺探讨[J]. 上海纺织科技，2003(1):44-46.
[25]陈振洲. 新型功能纤维及其应用[J]. 北京纺织，2004(1):36-38.
[26]白杉，周浩. 纺织品的抗静电技术及市场[J]. 宁波化工，2003(3):8-12.
[27]冯继斌. 阻燃纤维、阻燃纱线与阻燃织物的研究[J]. 广西纺织科技，2004(3):35-39.
[28]程博闻. 环境友好型阻燃纤维素纤维的阻燃性能及机理研究[J]. 天津工业大学学报，2005(1):1-3.
[29]许赤峰，郑利民. 酸性可染丙纶染色工艺的探讨[J]. 东华大学学报(自然科学版)，1998(5) :104-106.
[30]林福海，徐德增，郭静，等. 分散染料与阳离子染料可染型聚丙烯纤维的研究[J]. 大连轻工业学院学报，1997(3):8-12.
[31]俞成丙，厉雷，陈彦模. 共混纺丝丙纶的染色性能研究[J]. 合成纤维工业，2000(4) :9-12.
[32]汤俊宏，宋安泰，林福海，等. 可染型聚丙烯纤维的研究[J]. 合成纤维工业，1998(1) :24-26.
[33]步怀天，朱谱新，吴大诚. 氯化超细聚丙烯纤维的染色性能研究[J]. 合成纤维工业，1999(1):12-14.
[34]马敬红，梁伯润，许赤峰，等. 阳离子可染聚丙烯纤维的研究[J]. 合成纤维，2001(4):29-31.
[35]朱庆松，王利生. 阻燃聚酯纤维的现状和发展[J]. 高分子材料科学与工程，2000,16(1):5-7.
[36]崔隽，姜洪雷. 阻燃剂的现状与发展趋势[J]. 山东轻工业学院学报，2003,17(1):14-17.
[37]欧育湘. 使用阻燃技术[M]. 北京:化学工业出版社，2002.
[38]王永强. 阻燃材料及应用技术[M]. 北京:化学工业出版社，2003.
[39]张志德，陈玉琴，张存兰. 溴系阻燃剂的国内外新进展[J]. 精细石油化工，1999(5):59-63
[40]欧育湘. 国外阻燃剂发展动态及对发展我国阻燃剂工业浅见[J]. 精细与专用化学品，2003(2):3-6.
[41]田红. 我国阻燃聚酯研究和生产的发展[J]. 阻燃材料与技术，2002(1):14-16
[42]王新龙，韩平. 有机磷阻燃剂的研究进展[J]. 精细石油化工进展，2002,3(6):33-36.
[43]贡长生，朱丽君. 磷系阻燃剂的合成和应用[J]. 化工技术经济，2002,(2):9-14.
[44]鲍志素. 一种大分子有机磷酸酯阻燃剂的合成[J]. 塑料助剂，2003,(2):24-25.
[45]熊友情. 一种新型含磷阻燃剂的合成[J]. 应用化工，2003,32(2):41-43.
[46]果学军，吴宝庆，娄影. 新型含磷化合物膦菲的开发与应用[J]. 化工时刊，2001,15(2):5-10.
[47]吴宝庆，果学军，吴茫. 涤纶磷系共聚阻燃剂及阻燃聚酯的制备方法[J]. 合成纤维工业，2002,25(6):39-40.
[48]宋键，陈磊，李效军. 微胶囊化技术及应用[M]. 北京:化学工业出版社，2001.
[49]舒万艮，熊联明，刘又年. 微胶囊红磷阻燃剂的研究进展[J]. 中国塑料，2002,16(1):12-14.
[50]齐鲁，江辉. 阻燃纤维材料的现状与发展趋势[J]. 材料导报，2003,17(1):39-41.
[51]江海红，姜志国. 阻燃 PET 的结晶性能研究[J]. 北京化工大学学报，2000,27(1):26-29.

第七章 高性能纤维

第一节 概 述

“性能”是指材料对于来自外部的应力、热、光与电等物理作用或化学药品的化学作用的抵抗能力。高性能纤维的研究和生产开始于20世纪50年代，首先投入工业化生产的是含氟纤维。随着航天和国防工业的发展，60年代出现了各种芳杂环类的有机耐高温纤维，如聚间苯二甲酰间苯二胺纤维等，以及碳纤维、硼纤维等无机高强度高模量纤维，后来又研制出有机抗燃纤维如酚醛纤维等。到70年代由于环境保护和节约能源的需要，高强度高模量纤维等各种功能纤维得到较为广泛的应用。到了80年代高科技产业的进一步兴起，特别是大型航空器材、海洋开发、超高层建筑、医疗及环境保护、体育和休闲业的发展，由于这对多种高性能纤维产生更多需求，从而促进了高性能纤维的蓬勃发展。

一、高性能纤维的分类

(一)按化学结构分

高性能纤维按化学结构可分为有机高性能纤维、无机高性能纤维两大类，如图7-1所示。

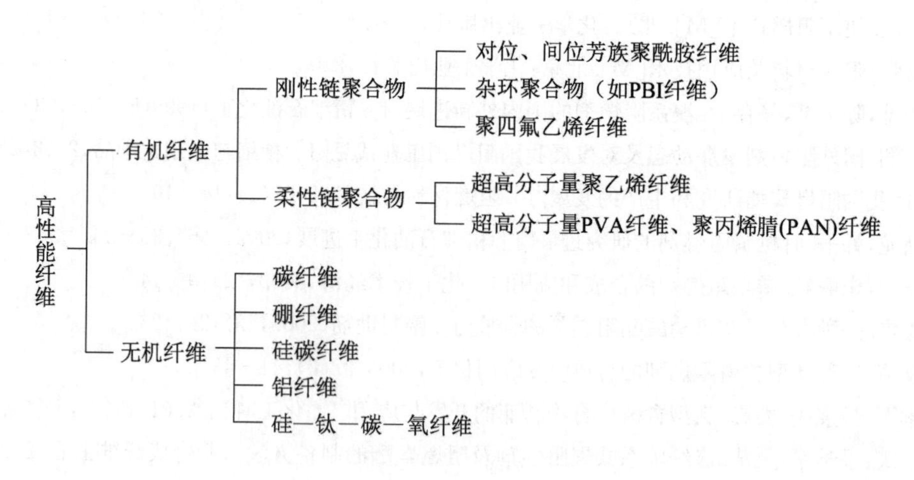

图7-1 高性能纤维分类图

(二)按性能分类

高性能纤维按性能可分为耐腐蚀性纤维、耐高温纤维、抗燃纤维、高强度高模量纤维、功能纤维和弹性体纤维等。

1. 耐腐蚀纤维　耐腐蚀纤维即含氟纤维。有聚四氟乙烯纤维、四氟乙烯—六氟丙烯共聚纤维、聚偏氯乙烯纤维、乙烯—三氟氯乙烯共聚纤维等。

2. 耐高温纤维　耐高温纤维有聚间苯二甲酰间苯二胺纤维、聚酰亚胺纤维、聚苯砜酰胺纤维、聚酰胺酰亚胺纤维、聚苯并咪唑纤维等。

3. 抗燃纤维　抗燃纤维有酚醛纤维、芳香族聚酰胺表面化学处理纤维、金属螯合纤维、聚丙烯腈预氧化纤维等。

4. 高强度高模量纤维　高强度高模量纤维有聚对苯二甲酰对苯二胺纤维、芳香族聚酰胺共聚纤维、杂环族聚酰胺纤维、碳纤维、石墨纤维、碳化硅纤维等。

5. 功能纤维　功能纤维有中空纤维半透膜、活性炭纤维、超细纤维毡、吸油纤维毡、光导纤维、导电纤维等。

6. 弹性体纤维　弹性体纤维有聚酯型和聚醚型聚氨基甲酸酯纤维、聚丙烯酸酯类纤维、聚对苯二甲酸丁二醇酯纤维等。

二、高性能纤维的制备方法

大多数高性能特种纤维采用湿法纺丝制成。有些纤维制备工艺难度较大，如先要用传统的纺丝技术纺出线型或相对分子质量较低的纤维，然后再分别进行环化、交联、金属螯合、高温热处理、表面物理化学处理或等离子体处理等工序方能制得成品纤维；还有的需要采用乳液纺丝、反应纺丝、液晶纺丝、干喷湿纺、相分离纺丝、高压静电纺丝、高速气流熔融喷射和特殊的复合纺丝技术等新型纺丝工艺；还有的利用现有的合成纤维，通过功能团反应获得各种离子交换基团或转化为纤维。

高性能纤维主要应用在有特殊要求的工业和科学技术领域，如用作航天航空工业中飞行器的结构材料，高温、腐蚀性气体、液体的过滤材料，各种复合材料及特种防护服等。

第二节　芳族聚酰胺纤维

一、概述

芳族聚酰胺纤维是指由酰胺基团直接与两个苯环基团连接而成的线型高分子所纺制的纤维，我国简称芳纶。主要品种有聚对苯二甲酰对苯二胺纤维（PPTA）、聚间苯二甲酰间苯二胺纤维（PMIA）和聚对苯甲酰胺纤维等。

对位芳酰胺纤维主要集中在日本、美国和欧洲等地，如美国杜邦的 Kevlar 纤维，日本帝人公司的 Twaron、Technora 纤维，我国的烟台泰和新材的泰普龙（Taparan）纤维等。其中，美国杜邦、日本帝人的产能均为 3 万吨左右，在对位芳纶市场中处于垄断地位；烟台泰和新材于 2011 年实现了对位芳纶的商业化运营，处于全国前列。

间位芳酰胺纤维的品种有美国杜邦的 Nomex、烟台泰和新材的泰美达（Tametar）、日本帝人的 Conex 等，还有美国 Tametar 间位芳纶本白短纤。

由于国外技术封锁等原因，我国芳纶的生产和应用起步较晚。2004 年，烟台氨纶（现改名泰和新材）实现了间位芳纶的产业化生产，并逐步发展成为全球第二大间位芳纶供应商，对芳纶在国内市场的发展应用起到了极大的推动作用；2011 年，泰和新材实现了对位芳纶的商业化运营。目前芳纶被列入“国家鼓励发展的高新技术产品目录”和“十二五战略新兴产业发展规划”，其发展步伐将明显加快。

芳纶种类比较多，其划分的方法也有多种。

（1）第一种命名方法根据结构划分，分为对位芳纶、间位芳纶和邻位芳纶。对位芳纶的单体是对苯二甲酸和对苯二胺，单体上的功能团为对位，聚合得到的链段比较规整，耐高温性能好，高强度、高模量，对位芳纶主要以杜邦的 Kevlar 系列产品为代表。间位芳纶的单体是间苯二甲酸和间苯二胺，单体上的功能团为间位，聚合得到的链段呈锯齿状，耐高温，但强度模量都略低。间位芳纶主要有以杜邦的 Nomex 系列产品为代表。邻位芳纶的单体是邻苯二甲酸和邻苯二胺，单体上的功能基团为邻位，邻位芳纶主要有以杜邦的 Korex 系列产品为代表。

（2）第二种命名方法也是根据结构划分，如对位就是苯环上的 1、4 位置，间位就是苯环上的 1、3 位置，如芳纶 14 的就是对氨基苯甲酸苯环上 1、4 位置的连接，芳纶 1414 就是前面所说的对位芳纶，芳纶 1313 就是前面所说的间位芳纶。

（3）第三种命名方法是根据聚合单体的种数，如前面所说的芳纶 14 又叫芳纶Ⅰ型，芳纶 1414 和芳纶 1313 又叫芳纶Ⅱ型。当在对苯二甲酸和对苯二胺、间苯二甲酸和间苯二胺等常见结构加入第三单元单体，如 4,4－二氨基二苯醚、5(6)－氨基－2－(4－氨基苯基)苯并咪唑等得到的芳纶可称为芳纶Ⅲ型。当第三单元单体为杂环结构时，人们还常称为杂环芳纶。主要的芳香族聚酰胺纤维见表 7－1。

表 7－1　几种主要的芳香族聚酰胺纤维

学　名	结　构　式	商　品　名
聚间苯二甲酰间苯二胺纤维	$\left[\overset{O}{\overset{\|}{C}}-C_6H_4-\overset{O}{\overset{\|}{C}}-\overset{H}{N}-C_6H_4-NH \right]_n$	HT－1，芳纶 1313
聚对苯二甲酰对苯二胺纤维	$\left[\overset{O}{\overset{\|}{C}}-C_6H_4-\overset{O}{\overset{\|}{C}}-NH-C_6H_4-\underset{H}{N} \right]_n$	纤维－B，芳纶 1414
聚对氨基苯甲酰纤维	$\left[NH-C_6H_4-\overset{O}{\overset{\|}{C}} \right]_n$	PRD－49，芳纶 14
聚对苯二甲酰己二胺纤维	$\left[\overset{O}{\overset{\|}{C}}-C_6H_4-\overset{O}{\overset{\|}{C}}-NH-(CH_2)_6-NH \right]_n$	尼龙 6T
聚对苯二甲酰对氨基苯甲酰肼纤维	$\left[\overset{O}{\overset{\|}{C}}-C_6H_4-\overset{O}{\overset{\|}{C}}-NH-NH-\overset{O}{\overset{\|}{C}}-C_6H_4-NH \right]_n$	X－500

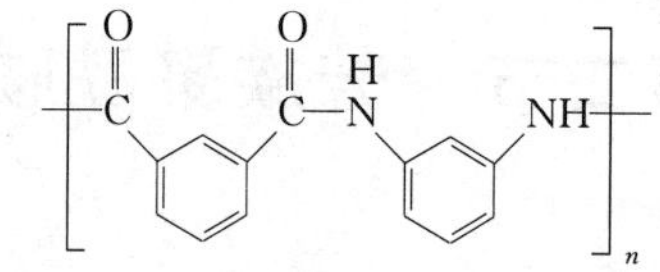

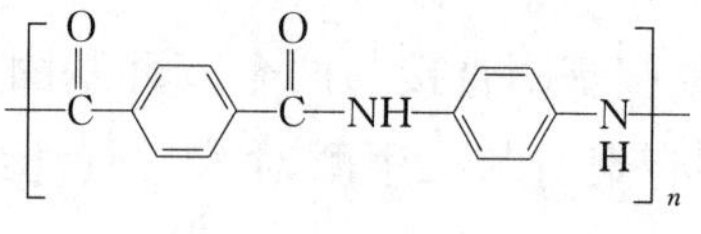

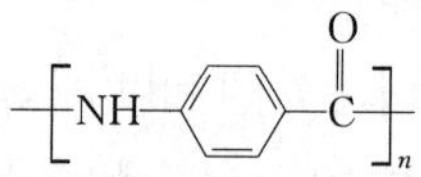

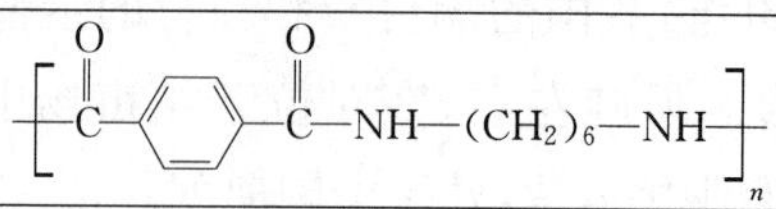

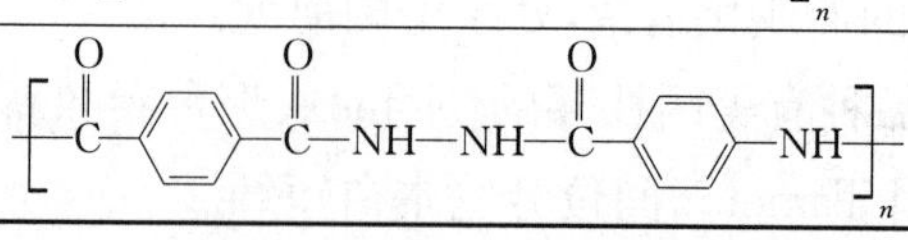

二、聚间苯二甲酰间苯二胺纤维

聚间苯二甲酰间苯二胺纤维是一种由芳族二胺和芳族二酰氯缩聚所得的全芳聚酰胺纤维，我国称为芳纶1313，美国称诺曼克斯，日本称康纳克斯，苏联叫菲尼纶。这种纤维于1960年首先由杜邦公司试制成功，1967年正式工业化生产，是世界上第一种耐高温纤维，也是目前所有耐高温纤维中产量最大、应用面最广的一种纤维。

（一）单体与合成

生产聚间苯二甲酰间苯二胺纤维的单体是间苯二甲酰氯和间苯二胺。这两种单体可通过界面缩聚法或低温溶液缩聚法合成聚间苯二甲酰间苯二胺。

$$n\,\mathrm{Cl{-}\overset{O}{\overset{\|}{C}}{-}C_6H_4{-}\overset{O}{\overset{\|}{C}}{-}Cl} + n\,\mathrm{H_2N{-}C_6H_4{-}NH_2} \xrightarrow{\text{在一定条件下}} \left[\mathrm{\overset{O}{\overset{\|}{C}}{-}C_6H_4{-}\overset{O}{\overset{\|}{C}}{-}NH{-}C_6H_4{-}NH}\right]_n$$

1. 界面缩聚法　将间苯二甲酰氯溶于四氢呋喃溶剂中，然后在室温下将它加入强烈搅拌着的间苯二胺和碳酸钠水溶液中，在水和四氢呋喃的有机相界面立即发生缩聚反应。反应速度极快，只需几分钟，产生的酸被碳酸钠中和，将体系冷却，经分离、水洗、干燥后制得聚间苯二甲酰间苯二胺聚合物。

有机相溶剂除了用四氢呋喃外，还可以采用二氯甲烷、四氯化碳等与间苯二甲酰氯不起反应，而能溶解的有机溶剂，在水相中可加入少量酸吸收剂，如三乙胺、无机碱类化合物，以中和反应生成的盐酸，增加缩聚反应程度，以得到高相对分子质量的聚合物。

2. 低温溶液缩聚法　以二甲基甲酰胺或二甲基乙酰胺为溶剂，将间苯二胺溶于其中，并添加少量酸接受剂，冷却至0～1℃，而后在不断搅拌下加入间苯二甲酰氯进行反应，并逐步升温到50～70℃直至反应结束。然后再加水进行沉析，分离得到的固体物料经洗涤、干燥后，即得聚间苯二甲酰间苯二胺聚合物。

在二甲基乙酰胺中也可加入少量叔胺添加剂，促进缩聚反应，反应完成后向溶液中加入氧化钙，以中和部分生成的盐酸，使溶液体系成为二甲基乙酰胺—氯化钙酰胺盐溶剂系统，增加聚合物溶液的稳定性，经过浓度调整，这种溶液可直接进行湿法纺丝。

3. 两种聚合方法的比较　界面缩聚和低温溶液缩聚相比较，各有优缺点。界面缩聚反应速度快、相对分子质量高，聚合物经过洗涤，可以配制高质量的纺丝原液。采用干法纺丝技术，纤维质量优良，纺丝速度较高，但设备比较复杂，工艺技术要求严格，纺丝机台数多，投资大。低温溶液缩聚反应比较缓和，聚合物直接溶解在缩聚溶剂中，反应得到的浆液直接纺丝，工艺简单，适宜用湿法纺丝技术，产量大，但纤维质量没有干法纺丝好。

（二）纺丝成型

通过以上方法得到的聚合物可采用干纺法或湿纺法纺丝成型。

1. 干法纺丝　将缩聚物溶解在加有某种氯化物的二甲基甲酰胺或二甲基乙酰胺中，制得纺丝原液后，用干法纺丝，得到的初生纤维表面带有大量无机盐，经多次水洗后，在300℃的条件下进行4～5倍拉伸。产品有长丝和短纤维。

2. 湿法纺丝 纺前原液温度控制在22℃，经孔径为0.07mm、孔数为34000的喷丝头压入60℃、密度为1.366g/cm³、含二甲基乙酰胺和氯化钙的凝固浴中，得到的初生纤维经水洗后，在热水中拉伸2.73倍，接着再用热辊进行干燥，并在320℃的热板上再拉伸1.45倍后即得成品。产品主要为短纤维。

3. 干湿法纺丝 将聚合物溶解后制得高浓度的纺丝原液，加热纺丝原液使温度升高，达到可纺性良好的黏度区域，在喷出纺丝孔后，在空气层中伸长流动，提高喷头拉伸倍数，纺丝细流进入冷的凝固浴成型，保留了纤维中大分子取向的效果，从而使纤维强度高，结构紧密，耐热性更好。

(三)纤维的结构与性能

1. 化学结构 聚间苯二甲酰间苯二胺纤维是由酰胺基团相互连接间位苯基构成的线型大分子，结构式如下：

$$\left[-NH-C_6H_4-NH-CO-C_6H_4-CO- \right]_n$$

2. 力学性能 两种纺丝法所制得的聚间苯二甲酰间苯二胺纤维的力学性能见表7－2。

表7－2 干法纺丝和湿法纺丝所得纤维的性能

指 标	干法纺丝		湿法纺丝	
密度/g·cm⁻³	1.38		1.38	
强度/cN·tex⁻¹	44.2		44.2	48.6
延伸度/%	17		35	50
弹性模量/cN·tex⁻¹	1324.5		529.8	794.7
回潮率/%	4.3	4.9	5.0	5.5

芳纶1313的断裂强度和韧性与锦纶和涤纶在同一个等级。

3. 耐热性能 聚间苯二甲酰间苯二胺纤维有良好的耐热性能，这些性能即使在长时间高温作用下也不会丧失。此纤维在180℃下放置3000h之后不会损失其强度；在260℃下持续使用1000h以后，剩余强度仍能保持原强度的65%；当温度提高到400℃以上，纤维并不熔融，而是发生变型、炭化与发脆，但是炭化层还能起绝缘和保护作用；在热蒸气中保持400h以上，其强度仍保持原强度的50%。

芳纶1313是难燃纤维，具有较好的阻燃性，只在置于明火中才能勉强燃烧，当火焰移开以后，它即停止燃烧。

此外，芳纶1313具有良好的尺寸热稳定性，在260℃的干燥空气中收缩率约为1.7%，在沸水中达到2%左右，经过热定型的织物在沸水中实际上根本不收缩。

4. 耐化学性能 芳纶1313能耐大多数酸的作用，只有长时间和盐酸、硝酸或硫酸接触，强度才有所降低。对碱的稳定性亦好，只是不能与氢氧化钠等强碱长期接触；另外，它对漂白剂、还原剂、苯酚、甲酸（蚁酸）和丙酮之类的有机溶剂等有良好的稳定性，芳纶 1313 还具有良好的抗辐射性能。

（四）应用

芳纶 1313 目前主要用于制作高温下使用的过滤材料、输送带以及电绝缘材料等；另外也用于制作防火帘、防燃手套、消防服、耐热工作服、降落伞、飞行服、宇宙航行服及防热辐射和防化学药品的防护服等；还可用于制作民航客机或某些高级轿车用的阻燃装饰织物。芳纶 1313 中空纤维还可按反渗透原理用于咸水与海水淡化处理。

芳纶 1313 用作绝缘纸，可做成大功率电机和发动机的励磁线圈，用作电枢的绝缘材料或加工成蜂窝状结构材料应用于飞机上；还可用作各种防护服或与聚丙烯腈预氧化纤维等混织，以提高抗燃性；也可作长期高温（220℃）使用的流体滤材；其中空纤维可用作反渗透膜和过滤膜。

三、聚对苯二甲酰对苯二胺纤维

聚对苯二甲酰对苯二胺（PPTA）纤维于 1972 年由美国杜邦公司实现工业化生产，商品名凯芙拉（Kevlar），我国称芳纶 1414，是美国杜邦公司专为增强轮胎和其他橡胶制品而开发的高强芳族聚酰胺纤维。它有三种类型，即 Kevlar（用作轮胎帘线和橡胶制品补强材料）、Kevlar－29（用作特种绳索和工业织物）、Kevlar－49（用作塑料增强材料，如航天材料和导弹壳体材料等）。荷兰恩卡公司和日本帝人公司也生产三元共聚的这类纤维。

自 20 世纪 70 年代美国杜邦研发成功对位芳纶产业化之后，芳纶始终被作为一种战略性材料进行使用，其主要生产技术始终掌握在美、日、苏等国手中，其军用领域纤维更是作为战略物资，对中国实行禁运禁售。2016 年，全球对位芳纶产能约 8.1 万吨，主要集中在美国、亚洲和欧洲。生产企业也较为集中，主要有美国杜邦、日本帝人、韩国科隆，中国烟台泰和新材料、蓝星（成都）新材料等公司。

我国对位芳纶研制开发从 20 世纪 80 年代开始，起步较晚，先后有多家单位进行研究开发，但发展较慢。直到 2010 年，中国仅有 2 家公司实现了千吨级产量的工业化生产。近年，我国对位芳纶产业发展迅速，打破了国外对位芳纶的技术垄断。我国对位芳纶产能由 2009 年的 255 吨，增长至 2016 年的 4200 吨。

芳纶是强度最高的合成纤维，主要用作轮胎帘子线、橡胶补强材料、特种绳索和工业织物（如防弹衣），制成增强塑料用于航天器、导弹壳体等高技术领域。对苯二胺与对苯二甲酰氯缩合聚合而成的全对位聚芳酰胺具有刚性链结构，它能形成各向异性的高分子液晶溶液，用于纺丝可得性能特别优异的高强度、高模量纤维。

芳纶 1414 的结构如图 7－2 所示。

（一）单体与合成

制备聚对苯二甲酰对苯二胺纤维所用的单体为对苯二甲酰氯和对苯二胺。这两种单体可通过界面缩聚法、低温溶液缩聚法或固相聚合法合成聚对苯二甲酰对苯二胺，结构式如下：

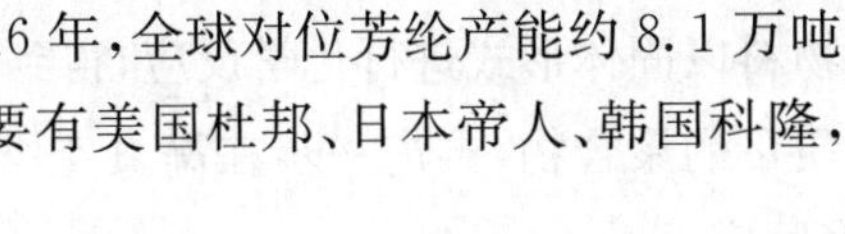

$$\left[-\overset{O}{\overset{\|}{C}}-C_6H_4-\overset{O}{\overset{\|}{C}}-NH-C_6H_4-NH- \right]_n$$

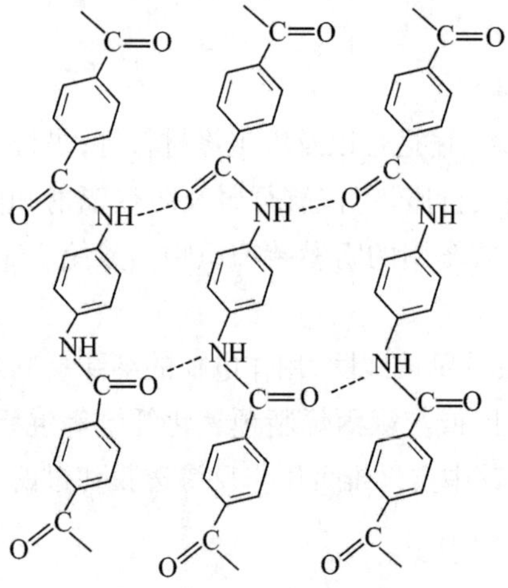

1. 界面缩聚　界面缩聚法是两种单体分别溶解在两个不相混溶的溶剂中，即把对苯二甲酰氯溶解于与水不相溶的有机溶剂中，对苯二胺溶解在水相中，当两种溶液相互混合时，在相界面就发生缩聚反应生成聚合物，因为聚合物不溶解在两个溶剂里，因此以沉淀形式析出。在界面缩聚中，反应发生在界面层中，因此界面的产生、更新及二胺的扩散速率等反应条件起了重要作用，对聚合物的相对分子质量影响很大。

图 7－2　芳纶 1414 的结构

2. 低温溶液缩聚　采用具有弱碱性的六甲基磷酰胺、二甲基乙酰胺或 *N*－甲基吡咯烷酮(NMP)等酰胺型溶剂，在温和的条件下进行缩聚反应。一般采用混合溶剂进行缩聚，有助于产品相对分子质量的提高，所以在实际生产中，采用六甲基磷酰胺和 *N*－甲基吡咯烷酮的混合物(质量比为 1∶2)为缩聚溶剂。

聚合温度 0～20℃，聚合体系必须严格保证无水。聚合时，先将对苯二胺溶于混合溶剂中，在搅拌下加入等摩尔比的对苯二甲酰氯，经数分钟后体系黏度变稠，接着再继续反应 1.5h，而后用水进行沉析，经分离、洗涤、粉碎和干燥，即得所需要的成纤高聚物。

3. 固相缩聚　缩聚过程物料以固体形式进行化学反应，得到高相对分子质量的方法。一般先把单体缩聚成低相对分子质量的聚合物，再进一步在高真空下，或在惰性气体保护下加热到熔点附近，发生链增长的缩聚反应。

(二)纤维纺制

聚对苯二甲酰对苯二胺纤维是由刚性链聚合物形成液晶性纺丝溶液，采用干喷湿纺的液晶纺丝方法，制得的高强度、高模量纤维。

1. 纺丝原液的制备　刚性链的 PTTA 在大多数有机溶剂中不溶解，也不熔融，只在少数强酸性溶剂中，例如浓硫酸、氯磺酸和氟代醋酸等强酸溶剂里才溶解成适宜纺丝的浓溶液。研究表明，浓度为 99%～100%的硫酸对 PPTA 的溶解性最好。随着 PPTA 浓度的增加，溶液黏度上升，当到达临界浓度以后，黏度又开始下降，因为刚性棒状大分子，在低浓度时，溶液是各向同性体，所以黏度随浓度而上升。当浓度过了临界浓度以后，刚性分子聚集形成液晶微区，在微区中大分子呈平行排列状，形成向列型液晶态，但各个微区之间的排列呈无规状态。当溶液受到一点外力场作用时，这些微区很容易沿着受力方向取向，因此黏度又开始下降。

液晶高聚物和普通高聚物在成型加工中的取向情况如图 7－3 所示。

将聚合物溶解在 90℃的热浓硫酸中，原液浓度一般在 18%～22%的范围内，可得到具液晶结构的各向异性纺丝原液。

2. 纺丝成型　纺丝时预先把纺丝原液加热至70～90℃，压出喷丝头后，先经0.52cm长的空气层，而后进入温度约10℃、含硫酸量为20%～27%的凝固浴中。由于聚合物已高度预取向，初生纤维可不必进行拉伸就已具有优良的性能，只需充分水洗，并在150℃的空气中干燥即得可作帘子线用的聚对苯二甲酰对苯二胺纤维。对于专供制作复合增强材料用的纤维，还需要在550℃下，于氮气流的保护下进行补充热处理，以进一步提高弹性模量和降低延伸度。

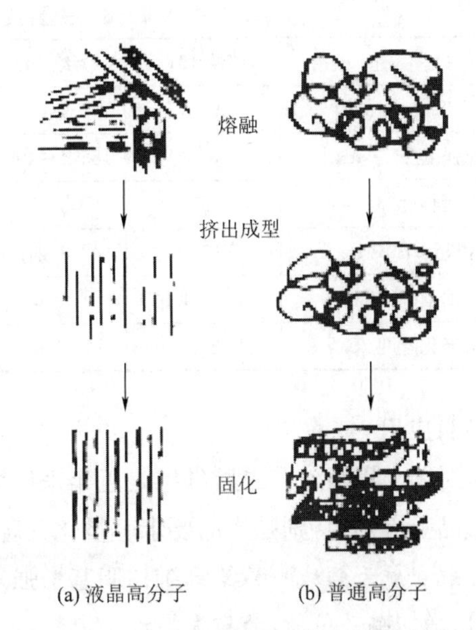

图7－3　液晶和普通高聚物在成型加工中的取向

旭化成公司生产对位芳纶工艺流程如图7－4所示。

(三)纤维的结构与性能

聚对苯二甲酰对苯二胺纤维与聚间苯二甲酰间苯二胺纤维一样，由亚苯基单元和酰胺键构成，区别仅在于酰氨基的空间排列。聚间苯二甲酰间苯二胺纤维的酰氨基在亚苯基单元的间位，而聚对苯二甲酰对苯二胺纤维全部是对亚苯基取向，这微小的差别对纤维的纺织工艺性能有巨大的影响。由于链型分子的刚性，聚对苯二甲酰对苯二胺纤维显示有较高的分解温度(约550℃)，高断裂强度和模量。因此，聚对苯二甲酰对苯二胺纤维的玻璃化温度约340℃，在160℃时的热收缩率仅为0.2%。此纤维不熔融，在氮气中从550℃起开始分解，具有金黄色的本色。聚对苯二甲酰对苯二胺纤维像无机纤维一样具有卓越的尺寸稳定性。此纤维尽管断裂伸长低，但有良好的耐疲劳强度，与轮胎加固带中所用的其他高模量纤维相比，具有良好的弯曲性能和韧性，强度可达22.07cN/dtex以上，弹性模量高达477cN/dtex(68.1GPa)，约为一般锦纶的9～10倍，是涤纶的3～4倍；加之它的密度不大，与橡胶有良好的黏着力，所以被认为是一种比较理想的帘子线纤维。

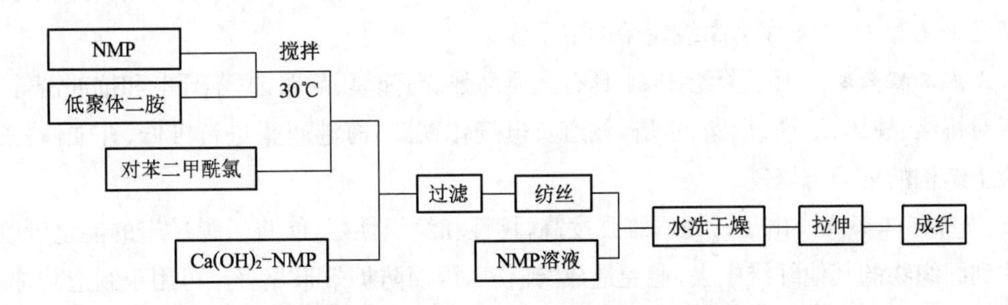

图7－4　旭化成公司生产对位芳纶工艺流程

主要聚芳酰胺纤维的物理性能见表7－3。

表 7－3　主要聚芳酰胺纤维的物理性能

指　标	芳纶 1313	芳纶 1414	指　标	芳纶 1313	芳纶 1414
密度/g·cm^{-3}	1.38	1.43	熔点(分解点)/℃	410(370)	600(500)
抗拉强度/cN·tex^{-1}	48.56	185.4～194.3	零强温度/℃	440	455
延伸度/%	17	3～5	常用最高使用温度/℃	200～230	240
弹性模量/cN·tex^{-1}	1324.5	4238～4768	极限氧指数(LOI)/%	26.5～30	26
回潮率/%	4.2～4.9	2.0	特征	耐高温	高模量
玻璃化温度/℃	270	340			

(四)应用

聚对苯二甲酰对苯二胺纤维是近年来纤维材料中发展最快的一类高科技纤维，主要在产业用纺织品上应用，特别是产品要求轻量化、高性能化的场合。

1. 航空航天领域　芳纶纤维树脂基增强复合材料用作宇航、火箭和飞机的结构材料，可减轻重量，增加有效负荷，节省大量动力燃料，如波音飞机的壳体、内部装饰件和座椅等成功地运用了芳纶 1414 材料，质量减轻了 30%。

2. 汽车轮胎　用于高强轮胎帘子线，芳纶 1414 密度小，强度高，耐热性好，并且对橡胶有良好的黏附性，从而成为最理想的帘子线纤维。目前世界几大轮胎巨头米其林、固特异、倍耐力等公司都已采用芳纶 1414 作为高级轮胎的帘子线。

3. 土木工程领域　由于芳纶 1414 具有轻质高强、高弹模、耐腐蚀、不导电和抗冲击等性能，可用于对桥梁、柱体、地铁、烟囱、水塔、隧道及电气化铁路、海港码头进行维修、补强，特别适合对混凝土结构的加固与修复。

4. 国防军工领域　由于芳纶纤维强度高，韧性和编织性好，能将子弹冲击的能量吸收并分散转移到编织物的其他纤维中去，避免造成“钝伤”，因而防护效果显著。可用于制造防弹衣、防弹头盔、防刺防割服、高强度降落伞、防弹车体、装甲板等，有效地提高了防护能力。

5. 其他领域　芳纶 1414 还可在充气胶皮制品(如充气救生筏、充气舟桥等)、耐腐蚀容器、轻型油罐及大口径原油排吸管中作骨架材料；用于制作耐高温、耐切割防护手套；利用其自润滑性、耐热性和韧性，可代替有致癌物质的石棉制造隔热防护屏、防护衣及密封材料；还可替代石棉和玻璃纤维来补强树脂，用作耐摩擦、绝热和电绝缘材料；制作舰船绳缆，海底电缆、雷达浮标系统和光导纤维增强绳缆；制造高强度低重量的运动器材，如滑雪板、划艇和皮艇等。总之，凡要求高强度、耐拉伸、抗撕裂、防穿刺及耐高温的环境条件下芳纶 1414 均具有不可替代的优越性。

第三节　超高分子量聚乙烯纤维

一、概述

超高分子量聚乙烯(UHMWPE)一般指相对分子质量在 150 万以上的聚乙烯。超高分子量聚乙烯纤维是由超高分子量聚乙烯制备而成，具有高强度、高模量的纤维。

20 世纪 70 年代末期，荷兰帝斯曼公司采用凝胶纺丝方法纺制超高分子量聚乙烯纤维获得成功，并于 1990 年开始工业化生产，商标为 Dyneema，该公司是该纤维的创始公司，也是目前世界上该纤维产量最高、质量最佳的制造商，年产量约 5000 吨。80 年代，美国 Allied-Singal 公司购买了荷兰帝斯曼公司的专利，开发出了自己的工业化生产工艺。1990 年，Allied Signal 公司被霍尼韦尔公司兼并后，继续生产超高分子量聚乙烯纤维，商标为 Spectra，年产量约 3000 吨。日本东洋纺公司和荷兰帝斯曼公司合资在日本生产超高分子量聚乙烯纤维，商标为 Dyneema，销售地区仅限日本和中国台湾，年产量约 600 吨。

我国自 1985 年开始进行超高分子量聚乙烯纤维的研究，东华大学、盐城超强高分子材料工程技术研究所先后加入研发行列，并取得了一系列重大理论突破。随即部分企业投入中试及小规模工业化生产，目前我国在超高分子量聚乙烯纤维性能上达到国际中等水平，并形成了自己的特色，并进入了规模化生产阶段。郑州安泰防护科技有限公司、北京同益中特种纤维技术开发有限公司、湖南中泰特种装备有限公司、宁波大成新材料股份有限公司、山东爱地高分子材料有限公司 5 家生产超高分子量聚乙烯纤维，都取得了较好的成绩，但由于这 5 家公司所采取的工艺方式和设备路线不尽相同，导致产品质量和单机产量仍然存在较大差距。

超高分子量聚乙烯纤维的高端市场是绳网制造业，其次是用于军工装配上防弹片(UD)。我国超高分子量聚乙烯纤维年产量已经接近 3000 吨，但每年的市场需求量约在 10000 吨以上。主要用于制造防刺服、防弹衣、防弹头盔、绳缆、远洋渔网、渔线、劳动防护等，部分纤维出口欧美及亚洲等地。随着超高分子量聚乙烯纤维在我国实现规模化工业生产，以及生产成本和产品价格的下降，必将迅速带动其国防和民用应用领域的研究和发展，尤其是在民用领域(绳缆、远洋渔网、海上养殖、劳动防护等)，随着应用范围将不断扩展，市场需求保持旺盛增长，而且超高分子量聚乙烯纤维的发展对我国国防建设和军事装备将有着非比寻常的战略意义。

二、超高分子量聚乙烯纤维的制造

(一)单体与合成

超高分子量聚乙烯是由乙烯聚合而成，其反应式如下：

$$n\,H_2C{=}CH_2 \longrightarrow [\!-CH_2-CH_2-]_n$$

超高分子量聚乙烯的生产过程与普通高密度聚乙烯的生产过程类似，都是采用齐格勒催化剂在一定条件下使乙烯聚合。

(二)纺丝原理

纤维的理论断裂强度相当于高分子链完全伸展时的极限强度。根据一般的纤维结构模型，普通聚乙烯纤维由排列在纤维轴向的许多原纤组成，各原纤由聚集在结晶边界的部分折叠链和连接结晶间相互缠绕的分子组成。在这种结构中，纤维的强力由相互缠绕的分子维持，所以柔性链高聚物纤维的高强化就在于如何减少折叠分子链，增多相互缠绕分子的含量。随着聚乙烯相对分子质量的提高，熔体黏度剧增，用常规的熔融法纺丝工艺制造纤维有着一定难度。为了解决这个问题，人们进行了大量的研究，开发出许多新的成纤方法，其中最有实用价值的方法是凝胶纺丝—超拉伸法。

超高分子量聚乙烯的溶解是大分子的解缠过程，而凝胶原丝的形成实际上是超高分子量聚乙烯大分子在冻胶原丝中保持着解缠状态，并为其后的大分子充分伸展奠定了基础。超拉伸不仅使纤维的结晶度和取向度提高，而且使折叠链片晶结构向伸直链转化，从而极大地提高了纤维的强度和模量。聚乙烯的凝胶纺丝工艺在国外已实现工业化，而且还可用于其他聚合体，如聚乙烯醇等。

超高分子量聚乙烯凝胶纺丝工艺流程：首先把超高分子量的聚合体溶解成半稀溶液，使它依次经过脱泡、过滤、计量、纺丝及凝固浴的冷凝，形成含有大量溶剂的凝胶丝条；然后使凝胶丝条经受超倍热拉伸，同时去除溶剂；拉伸之后，残留在纤维中的溶剂可以用萃取的方法除去，也可以在超倍热拉伸之前，先进行萃取，去除溶剂以后进行。超高分子量聚乙烯凝胶纺丝工艺流程如图 7－5 所示。

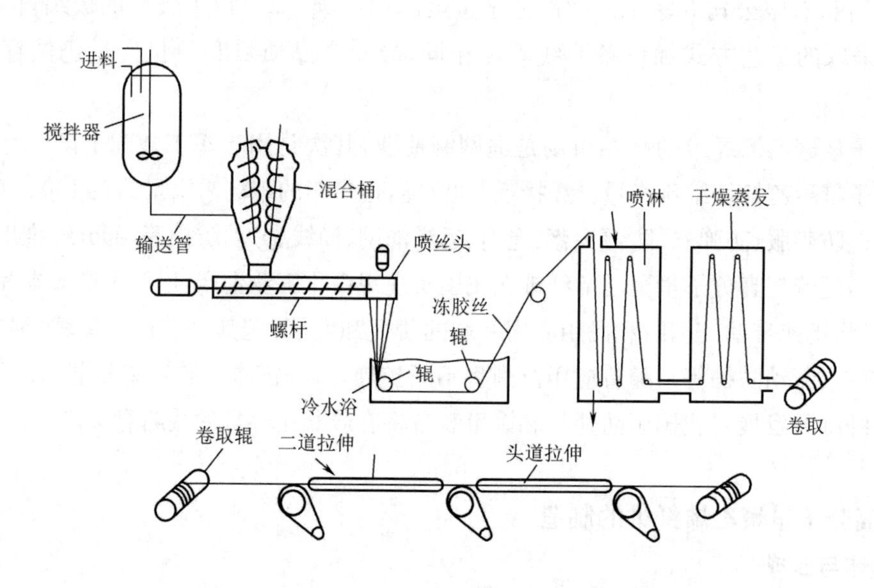

图 7－5　超高分子量聚乙烯凝胶纺丝工艺流程图

(三)纤维成型

1. 纺丝原液的制备　将相对分子质量大于百万的超高分子量聚乙烯置于溶解釜中，加入十氢萘或石蜡作溶剂，浓度在 2%～10%，加热到一定温度(100℃以上)。为避免长时间加热引起聚乙烯降解而使相对分子质量变小，溶解时一般加入抗氧化稳定剂；为保证纺丝溶液均匀，溶解良好，可使用捣和器或双螺杆挤出机，以进行混练与捏和，制备出黏稠透明的纺丝原液。

2. 纺丝成型　将溶液经喷丝板挤出，先经空气冷却，随即进入冷水槽冷却，纺丝液便骤冷固化为凝胶状的丝条。溶解时使用的溶剂几乎全部被包含在凝胶原丝中，外观像湿粉条。

3. 溶剂的萃取 萃取的目的是把凝胶丝中的溶剂分离出来。因为使用的萃取剂也是一种有机溶剂，为了将溶剂从凝胶丝条中置换出来，萃取剂对溶剂应有良好的相混与相溶性能。为便于将萃取剂从丝条中分离出来，萃取剂应具有较低的沸点和较高的挥发性。萃取装置由多根管道组成，凝胶丝条在管道内向一方向运动，而萃取剂的运动方向则相反，作为萃取剂的有汽油、己烷及三氯三氟乙烷等，其中由于三氯三氟乙烷对地球臭氧层有破坏作用，已不再使用。萃取液中同时含有溶剂和萃取剂，经分离精制后可重复使用。

4. 干燥 经萃取后的凝胶丝条中仍包含大量的萃取剂，必须进行干燥，即通过加热使凝胶丝条中的萃取剂挥发掉，干燥温度不宜过高，否则会影响纤维的质量，干燥一般连续进行，含萃取剂的凝胶丝条连续进入干燥箱，干燥好的原丝从干燥箱的另一头连续引出，含有萃取剂的空气从干燥箱顶部抽出，冷却后，可回收再利用。

如果所使用的溶剂本身具有较低的沸点和较高的挥发性，则可省去萃取工序，直接将凝胶丝条送入干燥工序即可。

5. 超倍拉伸 超倍拉伸是制备高强高模聚乙烯纤维的关键工序，普通的干法、湿法纺丝过程一般只有3～4倍的拉伸，生产高强度纤维最多也就10倍左右的拉伸，而超倍拉伸需30倍以上。在超倍拉伸中，可以将拉伸分为3～4个阶段进行，在每个阶段只拉伸几倍。拉伸的作用是将原来呈无规线团状的聚乙烯长分子链尽可能拉直，减少缠结，使聚乙烯分子彼此平行而整齐地排列起来，得到强度高、模量大的聚乙烯纤维。在拉伸时必须加热，一般加热到结晶温度90～150℃以上，以增加聚乙烯分子的运动能力，在张力作用下，使聚乙烯分子从缠结卷曲状态转变到伸直状态。经超倍拉伸的聚乙烯纤维卷装成筒。

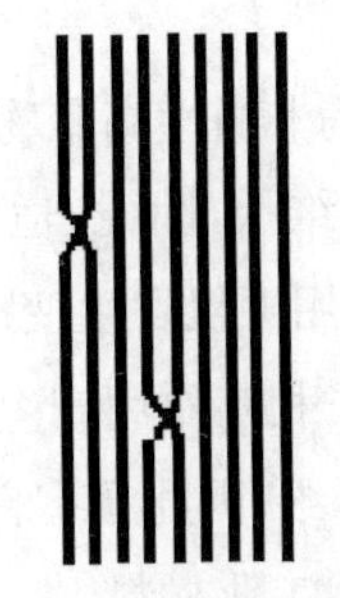

(a) UHMWPE分子取向

(b) 常规PE分子取向

图7-6 UHMWPE分子与常规PE分子的取向

UHMWPE分子与常规PE分子的取向情况如图7-6所示。

三、超高分子量聚乙烯纤维的性能

超高分子量聚乙烯纤维是目前世界上强度最高的纤维之一，其强度是钢丝的15倍以上，比芳纶还高。纤维密度小，只有0.97g/cm³，用它加工的缆绳等制品质轻，可漂浮在水面上。超高分子量聚乙烯纤维与其他纤维的物理性能比较见表7-4。

表7-4 超高分子量聚乙烯纤维与其他纤维的物理性能比较

纤维名称	密度/g·cm⁻³	强度/N·tex⁻¹	模量/N·tex⁻¹	伸长率/%
超高分子量聚乙烯纤维	0.97	3.15	99	2.3
芳纶	1.44	2.07	42.3	3.6
碳纤维(高强)	1.78	1.98	135	1.4

续表

纤维名称	密度/g·cm^{-3}	强度/N·tex^{-1}	模量/N·tex^{-1}	伸长率/%
碳纤维(高模)	1.85	1.26	216	0.5
E玻璃纤维	2.6	1.35	28.4	4.8
聚酰胺纤维	1.14	0.72	5.0	20
聚酯纤维	1.38	0.72	9.0	13
聚丙烯纤维	0.9	0.54	5.4	20
钢纤维	7.86	0.18	20.2	1.8

1. 强度和模量 目前生产的这种纤维比强度大于3N/tex，比模量大于100N/tex，它在伸长3.5%以后的比强度是合成纤维中最高的，其模量也接近于碳纤维。

2. 耐冲击性和比能量吸收能力 它具有较大的耐冲击性和比能量吸收能力，其耐冲击强度仅次于聚酰胺6，比能量吸收能力优于所有合成纤维，这是由聚乙烯C—C键的柔性特征所决定的。

3. 电性能 聚乙烯为非极性高聚物，在外电场的作用下，分子的极化属于电子极化，介电常数为2.3左右，较其他纤维低，因此，适合在高频电波下使用。聚乙烯大分子中不存在偶极分子，其大分子在外电场作用下仅发生变形极化和诱导极化，而且极化速度很大，分别为10^{-10} s和10^{-13}～10^{-5} s，克服大分子相互作用产生弹性形变仅用较少的电能，这亦决定了聚乙烯纤维的损耗正切($\tan\delta$)低于其他纤维，因此具有良好的电波透射率，电波透射率达85%以上，且与入射角无关，是优良的电子、电器工业材料。

4. 可加工性 聚乙烯由亚甲基单元组成，C—C键的自由内旋转决定了这种纤维的柔韧性，聚乙烯纤维的钩接强度和打结强度优于其他纤维，这也是它被广泛用于绳索和高强度缆绳的直接原因。

5. 热性能 根据所施应力不同，超高分子量聚乙烯纤维能在145～155℃温度范围内短时间保持固态。因此用它制成的纤维增强材料的使用温度可达树脂的固化温度(约130℃)。

6. 其他性质 结晶度高、取向度大、大分子截面极小、聚乙烯分子链排列极为紧密。因其分子结构中仅有C—C、C—H两种结构，无活性基团，所以具有良好的耐化学试剂和耐紫外线照射特性，并具有低吸湿性。但在某些特殊场合也存在蠕变严重、黏结力低、熔点低等缺点。

四、超高分子量聚乙烯纤维的用途

由于超高分子量聚乙烯纤维具有众多的优异特性，它在高性能纤维市场上极具优势，包括海上油田的系泊绳到高性能轻质复合材料等方面，在现代化战争和航空航天、海域防御装备等领域也有得天独厚的优势。

1. 国防军工装备方面 由于该纤维的耐冲击性能好，比能量吸收大，在军事上可以制成防护衣料、头盔及防弹材料，如直升机、坦克和舰船的装甲防护板、雷达的防护外壳罩、导弹罩、防弹衣、防刺衣、盾牌等，其中以防弹衣的应用最为引人注目。它具有轻柔的优点，防弹效果优于芳纶，现已成为占领美国防弹背心市场的主要纤维。另外，超高分子量聚乙烯纤维复合材料的比弹击载荷值 U/p 是钢的 10 倍，是玻璃纤维和芳纶的 2 倍多。国外用该纤维增强的树脂复合材料制成的防弹、防暴头盔已成为由钢盔和芳纶增强的复合材料头盔的替代品。

2. 航空航天方面的应用　在航空航天工程中，由于该纤维复合材料轻质高强和抗冲击性能好，适用于各种飞机的翼尖结构、飞船结构和浮标飞机等。该纤维还可以用作航天飞机着陆时的减速降落伞和飞机悬吊重物的绳索，取代了传统的钢缆绳和合成纤维绳索。

3. 民用方面

（1）绳索、缆绳。该纤维制成的绳索，在自重下的断裂长度是钢绳的 8 倍，是芳纶的 2 倍。该纤维诞生之初用其制成的绳索、缆绳、船帆和渔具用于海洋工程，特别用于负力绳索、重载绳索、救捞绳、拖拽绳、帆船索和钓鱼线等；另外该绳索用于超级油轮、海洋操作平台、灯塔等的固定锚绳，很好地解决了以往钢缆的锈蚀和尼龙、聚酯缆绳的腐蚀、水解、紫外降解等诱发缆绳强度降低乃至断裂而需频繁进行更换的问题。

（2）体育器材。在体育用品上，已经制成安全帽、滑雪板、帆轮板、钓竿、球拍及自行车、滑翔板、超轻量飞机零部件等，其性能较传统材料为好。

（3）用作生物材料。该纤维增强复合材料用于牙托材料、医用移植物和整形缝合等方面，它的生物相容性和耐久性都较好，并具有高的稳定性，不会引起过敏，已作临床应用。还用于医用手套和其他医疗措施等方面。

（4）其他应用。工业上，该纤维及其复合材料可用作耐压容器、传送带、过滤材料、汽车缓冲板等；建筑方面，可以用作墙体、隔板结构等，用它作增强水泥复合材料可以改善水泥的韧度，提高其抗冲击性能。

第四节　聚氨酯弹性纤维

一、概述

聚氨酯弹性纤维是指由含氨基甲酸酯 85%以上的嵌段线型高聚物制成的、具有高弹性的纤维，我国简称氨纶。氨纶共有两个品种：一种是由芳香双异氰酸酯和含有羟基的聚酯链段的镶嵌共聚物（简称聚酯型氨纶）；另一种是由芳香双异氰酸酯与含有羟基的聚醚链段镶嵌共聚物（简称聚醚型氨纶）。

聚氨基甲酸酯纤维首先由德国 Bayer 公司于 1937 年研究成功，美国杜邦公司于 1959 年开始工业化生产，最初的商品名为斯潘德克斯（Spandex），后来更名为莱卡（Lycra）我国氨纶生产起步较晚，直到 1987 年才由山东烟台氨纶厂引进日本东洋纺公司的干法纺丝技术建成了一套 320 吨/年的装置。经过三十年的发展，目前我国氨纶生产能力占世界总生产能力的 70%。2017 年中国氨纶产能 75 万吨/年，产量 58 万吨。中国氨纶生产企业 30 余家，产能 1 万吨/年以上的企业有 17 家，主要生产企业有浙江华峰氨纶股份有限公司、诸暨华海氨纶有限公司和江苏双良氨纶有限公司等。

二、聚氨酯纤维弹性的产生机理

氨纶的优良弹性是由组成纤维的高分子结构决定的，它是一种由嵌段共聚物制成的纤维。在它的高分子链结构中有两种链段，一种是柔性软链段，由不具有结晶性的低分子量聚酯（相对分子质量为1000～5000）或聚醚（相对分子质量为1500～3500）组成。其玻璃化温度很低（-70～-50℃），链段长度15～30nm，常温下处于高弹态，在外力的作用下，它很容易发生变形，从而赋予纤维容易被拉长变形的特征，由于其质量占总质量的65%～90%，故在纤维的形态结构中构成连续相。另一种链段为刚性硬链段，它由具结晶性能并能产生横向交联的二异氰酸酯链段组成，它的相对分子质量为500～700，链段短，苯环的刚性和强的氢键及结晶性的相互作用，使若干硬链段聚集成簇状或形成交联点，使聚合物形成三维的网状结构，起着大分子链间的交联作用。在外力作用下，这种链段基本上不发生变形，从而防止了分子间发生滑移，并赋予纤维足够的回弹性。氨纶大分子结构如图7-7所示。

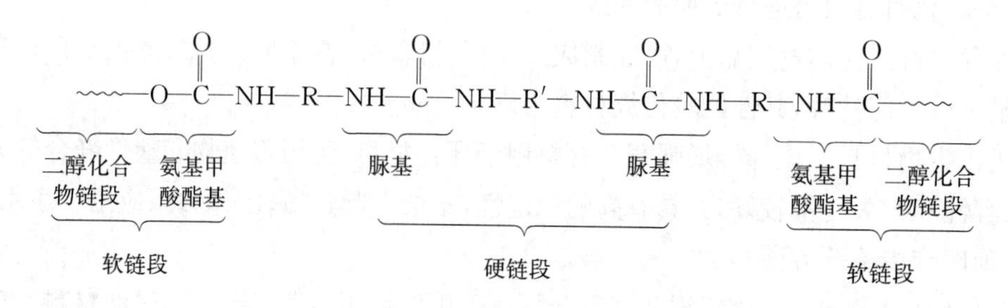

图7-7　氨纶大分子结构示意图

在氨纶中氨基甲酸酯链段应不低于80%～85%。聚氨酯弹性纤维又分为聚酯型和聚醚型两种，美国橡胶公司生产的维林（Vyrene），是一种聚酯型的聚氨酯弹性纤维，而美国杜邦公司生产的莱卡（Lycra）则为聚醚型聚氨酯弹性纤维。

三、聚氨酯的合成

（一）主要原料

1. 芳香族二异氰酸酯　生产聚氨酯弹性纤维一般采用芳香族二异氰酸酯，以组成大分子结构中的硬链段。常用的芳香族二异氰酸酯有4,4-二苯基甲烷二异氰酸酯（MDI）、2,4-甲苯二异氰酸酯（TDI）、2,6-甲苯二异氰酸酯、1,4-苯二异氰酸酯等。

MDI　　TDI

2. 二羟基化合物　一般选用相对分子质量为800～5000，分子两末端均为羟基的脂肪族聚酯或聚醚。脂肪族聚醚，即聚醚多元醇，也称为聚烷醚或聚氧化烯烃，用环氧化合物水解开环聚合制得。用于合成聚氨酯的聚醚二醇有聚氧乙烯醚二醇、聚氧丙烯醚二醇和聚四亚甲基醚二醇等。聚醚是构成聚氨酯弹性纤维的软链段部分，其相对分子质量越大，聚合物的分子极性越小，分子链越柔软。一般将其相对分子质量控制在1500～3500。

脂肪族聚酯，即聚酯多元醇，用二元羧酸和二元醇缩合制得。用于合成聚氨酯的聚酯二醇有聚己二酸乙二醇酯、聚己二酸丙二醇酯、聚己二酸丁二醇酯等。聚酯构成聚氨酯弹性纤维的软链段部分，其相对分子质量一般控制在1000～5000。

3. 扩链剂　扩链剂在化学反应中起分子链增长作用，几乎不起交联作用。用于纤维级聚氨酯生产的扩链剂主要为低分子化合物，有二胺类、二肼类或二元醇。

4. 添加剂　在聚合过程中需添加叔胺类化合物或有机锡化合物作为催化剂，还需加入抗氧化剂、抗静电剂（烷基三甲基氯化铵）、光稳定剂、消光剂、润滑剂等。

(二)聚氨酯嵌段共聚物的制备

聚氨酯嵌段共聚物的制备一般分两步进行，首先由脂肪族聚醚或脂肪族聚酯与二异氰酯加成生成预聚体，预聚体的端基为异氰酯酯基(—NCO)，平均分子量较低，一般在5000以下，然后在预聚体中加入扩链剂进行反应，扩链剂中的双官能团(—OH或—NH_2)与预聚体分子中的异氰酸酯基反应，使分子链进一步扩展，生成相对分子质量在20000～50000的嵌段共聚物。

氨纶的确切分子结构因厂家而异，但大分子的框架、共性部分是基本一致的。

以烟台氨纶厂生产的聚醚型氨纶为例，它的合成过程大致分如下几个阶段。

1. 预聚体的制备　以芳香族二异氰酸酯，如MDI及中等分子量的聚醚为原料，在无水的溶剂中进行预缩聚反应。溶剂为二甲基甲酰胺，为了保持无水状态，以防止空气中的水分与二异氰酸酯发生副反应，而使反应过程失控，一般都是在密闭体系中进行的。

$$H\text{-}[O-CH_2-CH_2-CH_2-CH_2]_n\text{-}OH$$

聚丁二醇

式中：$n\approx40$，聚丁二醇属聚醚的一种，分子链全部为单键连接而成，柔软，内旋转好，其典型形态为锯齿折叠状，可形象地表示如下：

HO┈∿∿∿┈OH

为了保证所生成的反应产物的分子两端是具有反应活性的异氰酸酯基团(以备进一步缩合之用)，它们的摩尔比应严格地控制为2∶1，具体分子式及反应式如下：

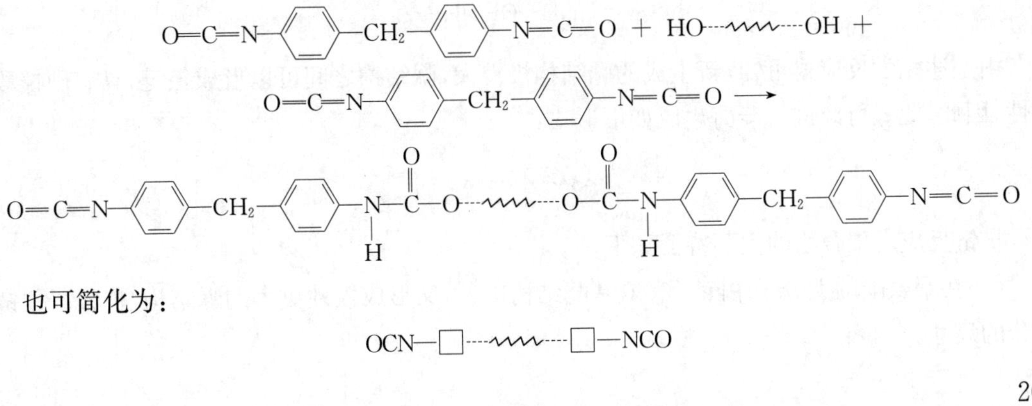

$$O{=}C{=}N-C_6H_4-CH_2-C_6H_4-N{=}C{=}O + HO\cdots\sim\sim\sim\cdots OH +$$
$$O{=}C{=}N-C_6H_4-CH_2-C_6H_4-N{=}C{=}O \longrightarrow$$
$$O{=}C{=}N-C_6H_4-CH_2-C_6H_4-NH-\overset{O}{\overset{\|}{C}}-O\cdots\sim\sim\sim\cdots O-\overset{O}{\overset{\|}{C}}-NH-C_6H_4-CH_2-C_6H_4-N{=}C{=}O$$

也可简化为：

OCN—□┈∿∿∿┈□—NCO

预聚体的主要特征如下。

(1)在分子的主链中形成了聚氨酯类纤维的特征官能团——氨基酯基团。

(2)预聚体分子的两端仍然是活性极大的异氰酸酯基团。

(3)预聚体相对分子质量已超过3000。

(4)预聚体分子的力学性能像一架手风琴,它的两端有芳香环,刚性大,酰氨基极性大,可以形成氢键,这些都是构成整个大分子中硬链段部分的基础,可以比喻为手风琴的琴键部分。分子的中间部分为聚醚部分,它的相对分子质量大,而且全是单键结构,极性又小,分子内旋转十分容易,是典型的柔性链,因此聚醚部分在自由状态总是呈现锯齿形的折叠状态,是构成整个大分子中软链段部分的基础,可以比喻为手风琴的风箱部分,可随外力大小而伸缩,为氨纶的高弹性打下了结构的基础。

2. 扩链反应 众所周知,作为成纤的高分子物,其相对分子质量必须达到数万时才能满足力学性能及其他多种性能的要求。为此,在上述预缩聚反应的基础上,必须利用两端含有活泼氢的双官能团的低分子物作为扩链剂,将预聚体连接起来,形成相对分子质量高达数万的嵌段共聚型的高分子物。为了保证最终产物(氨纶)具有足够的强度和软化点,必须选用极性高的扩链剂,目前世界上各公司都采用二胺类作为扩链剂。如国产氨纶的生产中沿用日本东洋纺的方法,采用异丙二胺,作为扩链剂而杜邦公司则采用乙二胺作为扩链剂。

$$\underset{\text{异丙二胺}}{NH_2—\underset{\underset{\displaystyle CH_3}{|}}{CH}—CH_2—NH_2} \qquad \underset{\text{乙二胺}}{NH_2—CH_2—CH_2—NH_2}$$

反应仍需在DMF溶剂中进行,为保证形成足够大的相对分子质量,预聚体与扩链剂的摩尔比应为1∶1左右,扩链反应可表示如下:

$$OCN—\square\cdots\sim\sim\sim\cdots\square—NCO + NH_2—R—NH_2 + OCN—\square\cdots\sim\sim\sim\cdots\square—NCO \longrightarrow$$

$$\cdots\square\sim\sim\sim\square—NH—\overset{\overset{\displaystyle O}{\|}}{C}—NH—R—NH—\overset{\overset{\displaystyle O}{\|}}{C}—NH—\square\sim\sim\sim\square\cdots$$

脲基:

$$—NH—\overset{\overset{\displaystyle O}{\|}}{C}—NH—$$

由上述化学反应式可知,新生成的脲结构极性大,脲结构之间可以形成氢键,具有硬链段的特性,因此,此式可以进一步简化成如下形式:

$$\cdots\square\sim\sim\sim\cdots\square\sim\sim\sim\cdots\square\cdots$$

扩链反应后聚合物的主要特征如下。

(1)在聚氨酯的大分子中除了有氨基酯结构以外,又形成极性更大的脲结构,扩大了硬链段部分的尺寸。

(2)大分子的相对分子质量已达数万,符合成纤高分子的要求。

(3)整个聚氨酯大分子的结构及力学特性,好似无数架手风琴串联在一起。琴键部分为硬链段,极性大,尺寸较短;风箱部分为软链段,极性小,尺寸长,伸缩性大。

这种软段与硬段交替出现就是嵌段共聚型高分子物所产生的效果。如果说一个手风琴间箱的伸缩性还不够大的话,那么无数个手风琴串联在一起就给整个大分子提供了相当大的伸缩性。这种分子结构微观上的伸缩性,反映在氨纶宏观上就是高延伸性和高弹性回复百分率。

3. 封闭(或封锁)活泼性大的异氰酸酯基端基的过程　此过程又称为“端封”。由于在扩链反应后所得产物的大分子两端仍保留着相当数量的异氰酸酯基团,如果在最后阶段不把它们彻底除掉,在纺丝过程中将会与空气中的水分反应,进而影响氨纶成品丝质量的稳定性,因此,必须在最后阶段用封闭的办法将它们除去,或者说使它们失去活性。

此过程分成两步进行:第一步先采用醇胺类化合物进行处理。由于氨基与异氰酸酯的反应速度比羟基的反应速度快,因此反应后,大分子的端基从异氰酸酯基转化为羟基。反应式可以表示如下:

$$\mathrm{PU\sim\sim N{=}C{=}O + NH_2{-}R^*{-}OH \longrightarrow PU\sim\sim NH{-}\underset{\substack{\|\\O}}{C}{-}NH{-}R^*{-}OH}$$

此过程产物的主要特征如下。

(1)将水解反应活泼性大的异氰酸酯基转化成不会发生水解反应的羟基。

(2)大分子主链上再次出现极性大的脲结构,进一步扩大了硬段部分的尺寸。

(3)大分子的相对分子质量增加得很少。

第二步是选用乙酐将具有一定反应活泼性的羟基进一步转化成稳定性好的酯基,完成最后的端封反应。反应式如下:

$$\mathrm{PU\sim\sim NH{-}\underset{\substack{\|\\O}}{C}{-}NH{-}R^*{-}OH + (CH_3{-}\overset{\substack{O\\\|}}{C})_2O \longrightarrow}$$

$$\mathrm{PU\sim\sim NH{-}\underset{\substack{\|\\O}}{C}{-}NH{-}R^*{-}O{-}\overset{\substack{O\\\|}}{C}{-}CH_3 + CH_3{-}\overset{\substack{O\\\|}}{C}{-}OH}$$

此过程产物的特征如下。

使聚氨酯大分子的端基最终转换成稳定性较好的酯基。由于酯基极性小,增加了大分子的疏水性,对氨纶的染色性也会产生一定的影响。

经过上述的三个过程,聚氨酯嵌段共聚物的整个合成过程宣告完成。在正式纺制氨纶以前,还必须调整整个体系的 pH,并加入抗氧剂,耐光稳定剂及消光剂等必要的添加剂。

合成聚酯型聚氨酯与合成聚醚型聚氨酯的唯一不同之处，就在于第一阶段预缩聚反应时，用相对分子质量为3000左右的脂肪族聚酯代替聚醚。常用的脂肪族聚酯由脂肪族的二元酸与二元醇缩合而成。

四、聚氨酯弹性纤维的制备

聚氨酯弹性纤维的纺丝方法有：干法纺丝、湿法纺丝、熔体纺丝和反应纺丝等四种方法。四种方法的流程示意图如图7－8所示。

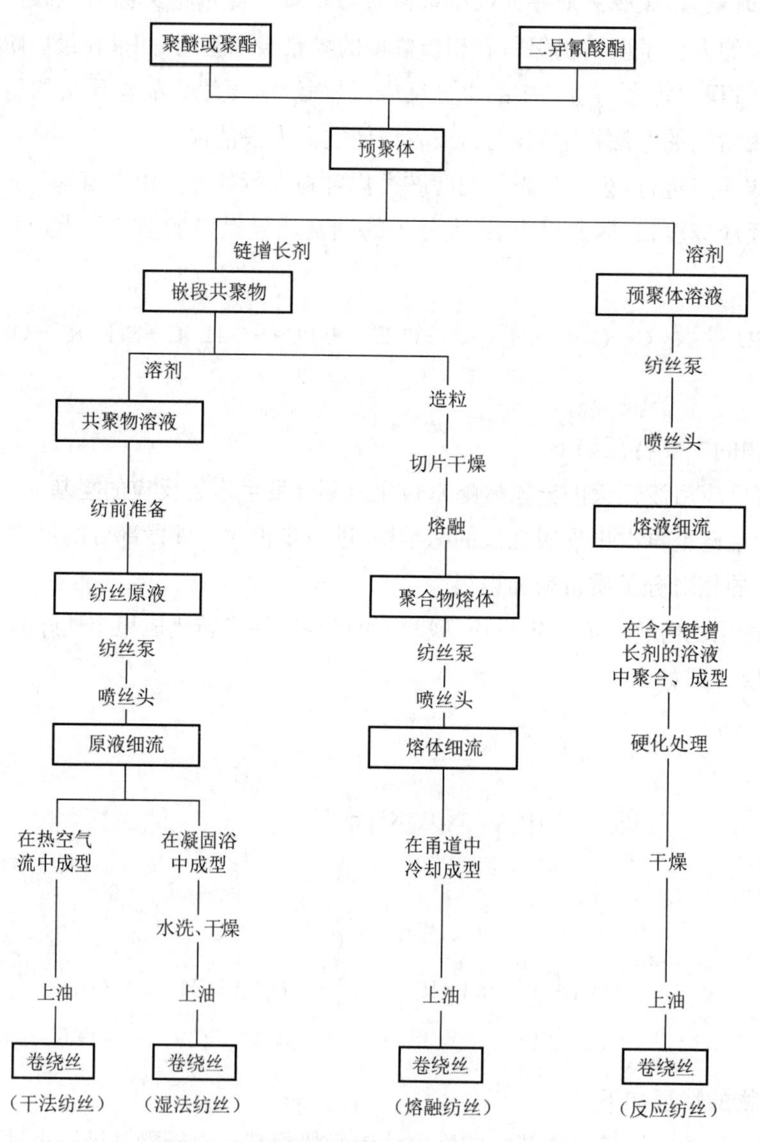

图7－8　聚氨酯弹性纤维纺丝流程示意图

（一）干法纺丝

干法纺丝是目前世界上应用最广泛的氨纶纺丝方法，世界氨纶总产量的80%是由干法纺丝法制得的。其线密度为1.1～12.3tex，纺丝速度一般为200～600 m/min，有的甚至可高达1200 m/min。干法纺丝工艺技术成熟，制成的纤维质量和性能都很优良。杜邦、拜耳、东洋纺等企业及国内大部分厂家均采用溶液干法纺丝技术生产氨纶，聚氨酯弹性纤维干法纺丝工艺流程如图7-9所示。

将一定量的聚氨酯嵌段共聚物和溶剂注于溶解装置中，适当加温和搅拌下使聚合物溶解，制成浓度为25%～35%的溶液，再经混合、过滤、脱泡等工序，制成性能均一的纺丝原液。

聚氨酯纺丝原液由纺丝泵在恒温下定量压入喷丝头，从喷丝孔挤出的原液细流进入直径30～50cm、长3～6m的纺丝甬道，由溶剂蒸气/惰性气体N_2组成的热气体，由甬道的顶部引入并通过位于喷丝板上方的气体分布板向下流动。甬道上部温度280～320℃，下部温度200～240℃，由于甬道和甬道中的气体高温，丝条细流内的溶剂迅速挥发，并移向甬道底部，丝条中聚氨酯浓度提高直至凝固。

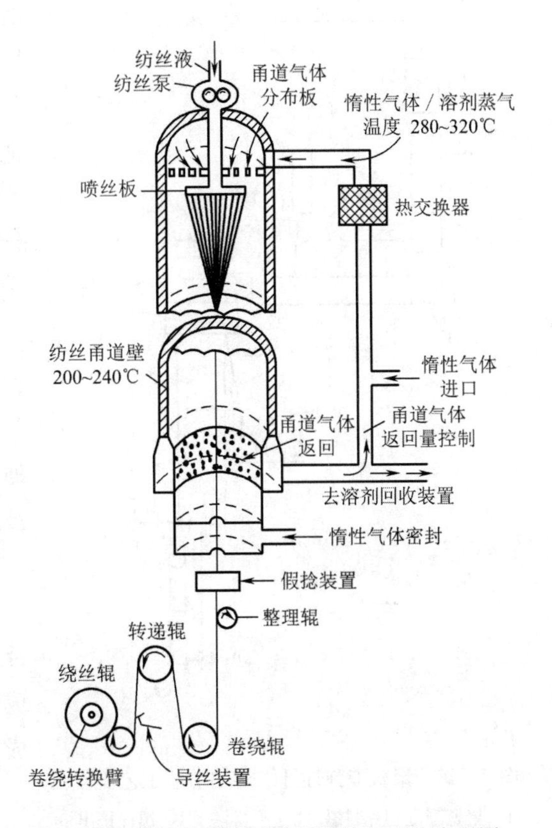

图7-9 聚氨酯弹性纤维干法纺丝工艺流程图

与此同时，丝条被拉伸变细，单丝线密度6～17dtex，纤维在离开甬道时被加捻，捻度向纺程上方传递，在甬道上方纤维被集束合股，在集束加捻装置内丝束被压缩空气的涡旋加捻，丝条被捻成圆形截面。由于丝条尚未完全固化，单丝之间相互形成化学键合点。从纺丝甬道下部抽出的热气体，进入溶剂回收系统中回收以备重新使用。在甬道上设有氮气进口，可以不断地向体系内补充氮气。集束后的丝束经第一导丝辊后经上油装置上油，再经第二导丝辊调整张力后卷绕成卷装。

工艺流程如下：

溶液→纺丝泵(过滤)→干燥箱(100℃热风吹过，使溶液挥发)→纺丝→卷绕成型

此生产方法的缺点：生产过程污染大，工艺复杂，成本高。

(二)熔融纺丝

熔融纺丝法是利用高聚物熔融的流体进行纤维成型的一种方法。熔融纺丝只能适用于热稳定性良好的聚氨酯嵌段共聚物，如由4,4-亚甲基二苯二异氰酸酯和1,4-丁二醇缩聚所获得的聚氨酯嵌段共聚物等。纺丝温度为160～220℃，纺丝速度一般为200～800m/min。由于在高温挤出过程中会有一些大分子降解，因此在挤出设备中还要添加一定的交联剂，使含有活性的—NCO端基的分子链再重新连接起来。聚氨酯弹性纤维熔融纺丝工艺流程如图7-10

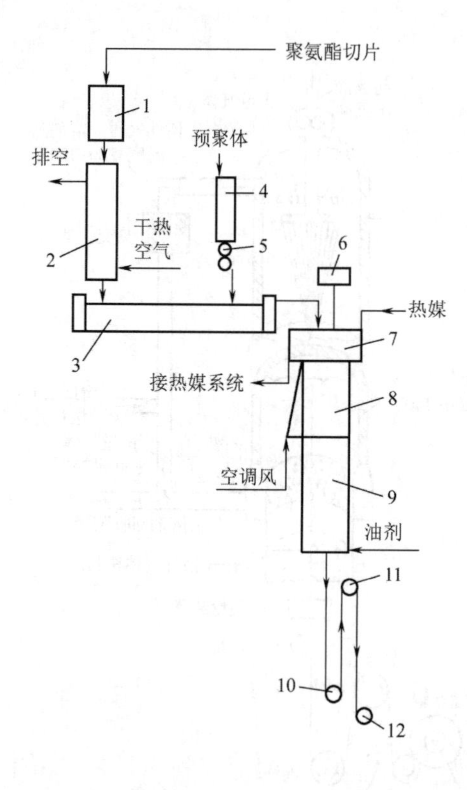

图7-10　聚氨酯弹性纤维熔融纺丝工艺流程图

1—聚氨酯湿切片料罐　2—干燥塔　3—螺杆挤出机　4—预聚体罐　5—预聚体计量泵　6—熔体计量泵　7—纺丝箱　8—侧吹风装置　9—纺丝甬道　10—第一导丝辊　11—第二导丝辊　12—卷绕头

所示。

熔融纺丝的工艺特点决定了其产品的断裂伸长率可以达到很高，但由于分子间作用力相对于其他方法生产的产品低，造成回复力小，弹性恢复差。所以熔融纺氨纶丝目前仅用于袜子等要求较低的领域，再加上氨纶切片价格偏高，因此推广受到一定限制。

另一方面，由于熔融纺氨纶丝在投资成本、环保方面颇具优势，如能解决其弹性回复差的缺点，其必然明显提升竞争力。近年来，日本钟纺等企业通过改进交联剂等技术手段，已在熔融纺氨纶生产技术上取得突破，产品可与干法纺氨纶相媲美。

工艺流程如下：

高聚物在无溶剂下聚合→造粒→在定温下切片→清洗除杂→干燥→脱水→进入螺杆挤压机制成熔体→经喷丝板挤出→通过冷箱冷却→卷绕成型

其工艺流程具有流程短、成本低、污染小的特点。

（三）湿纺纺丝

湿法纺丝采用DMF为溶剂，预聚体的制备和纺丝原液的准备与干法纺丝类似。

纺丝原液（浓度5%～35%）经混合、过滤、脱泡后送至纺丝机，再经过滤、分配、稳压后，通过计量泵打入喷丝头，从喷丝孔挤出的原液细流进入由水和15%～30%溶剂组成的凝固浴中。当纺丝聚合物从喷丝孔挤出时，由于纺丝聚合物中的溶剂浓度大于凝固浴中的浓度，纺丝聚合物溶液中的溶剂向凝固浴扩散，细流中聚氨酯浓度不断提高，纺丝聚合物溶液细流的表面开始凝固，逐步从凝固浴中析出形成初生纤维，但是初生态纤维的抗拉强度很低，不能承受过大倍数的喷丝板拉伸，故采用负拉伸、零拉伸和拉伸倍数不大的正拉伸。纤维在凝固浴出口按所需线密度集束，并假捻成圆形截面的多股丝，合股后的丝条经向与丝条逆向的多级萃取液洗涤，洗去纤维中残存的溶剂，并在加热辊上进行干燥、控制收缩热定型、上油等工序，最后卷绕在单独的筒管上。一条湿法纺丝生产线往往可以同时生产100～300根多股丝。聚氨酯弹性纤维湿法纺丝工艺流程如图7-11所示。

湿法纺丝的纤维中含有大量的溶剂，萃取液与丝条的运动方向相反，向机头方向流动。浴槽需20m长，前几浴为凝固浴，后几浴为水洗浴。为了保持溶剂浓度的恒定，必须连续除去溶剂/水混合物，并不断地添加蒸馏回收的溶剂以补充。湿法纺丝的溶剂须蒸馏后回收。

湿法纺丝速度一般为5～50m/min，线密度为0.55～7.7dtex。由于湿法纺丝工艺流程复杂，装置设备投资费用大，纺丝速度较低，生产成本高，所以该方法已逐渐被淘汰。目前湿法纺

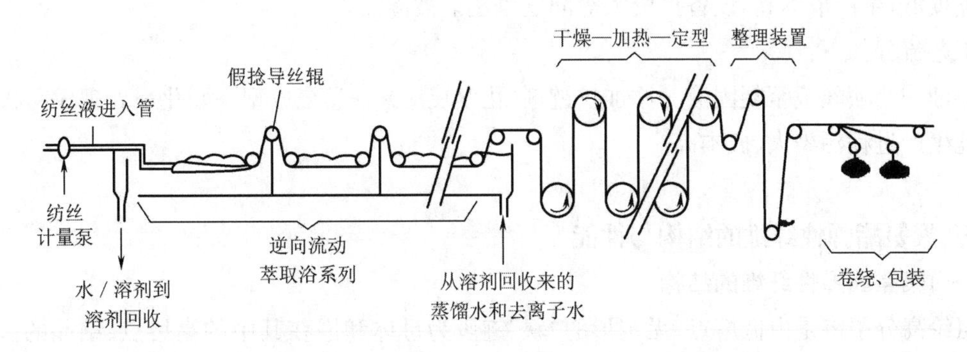

图 7-11　聚氨酯弹性纤维湿法纺丝工艺流程图

丝的产量约占氨纶总产量的 10%。

工艺流程如下：

原液→纺丝泵(过滤)→从喷丝板进入温水(90℃以下)→再生槽凝固浴→脱去溶剂→丝条洗涤→干燥→卷绕成型

此生产过程污染大、纺速慢、成本高。

(四)反应纺丝法

反应纺丝法亦称化学纺丝法，由纺丝液转化成固态纤维时，必须经过化学反应或用化学反应控制成纤速率。反应纺丝法由单体或预聚物形成高聚物的反应过程与成纤过程同时进行。将两端含有二异氰酸酯的聚醚或聚酯预聚物溶液，经喷丝头压出进入凝固浴，与凝固浴中的链增长剂反应，生成初生纤维。初生纤维卷绕后还应在加压的水中进行硬化处理，使初生纤维内部未起反应的部分进行交联，从而转变为具有三维结构的聚氨酯嵌段共聚物。聚氨酯弹性纤维反应纺丝法工艺流程如图 7-12 所示。

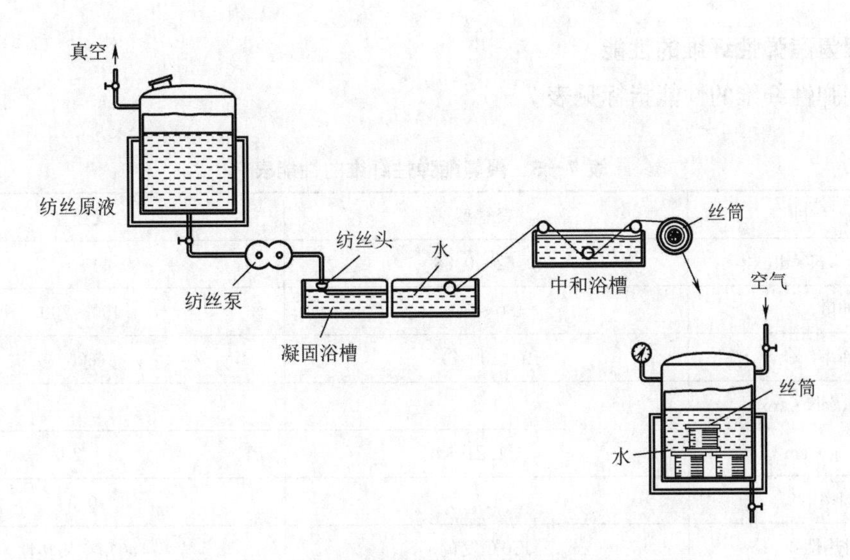

图 7-12　聚氨酯弹性纤维反应纺丝法工艺流程图

反应纺丝法的纺丝速度一般为 50～150m/min，线密度为 0.56～38tex。该法因工艺复杂，纺丝速度低，生产成本高，设备投资大等问题也逐渐被淘汰。

工艺流程如下：

溶液→经喷丝板至凝固液→添加扩链剂（化学反应）→卷绕成型→硬化→处理成网状纤维

此生产过程污染大、成本高。

五、聚氨酯弹性纤维的结构与性能

（一）聚氨酯弹性纤维的结构

氨纶高分子链是由低熔点、无定形的“软”链段为母体和嵌在其中的高熔点、结晶的“硬”链段所组成。柔性链段分子链间以一定的交联形成一定的网状结构，由于分子链间相互作用力小，可以自由伸缩，使得氨纶具有较好的伸长。刚性链段分子链结合力比较大，分子链不会无限制地伸长，造成高的回弹性。

氨纶横向圆形或近似圆形，纵向表面平滑，有些呈骨形条纹，如图 7－13 所示。

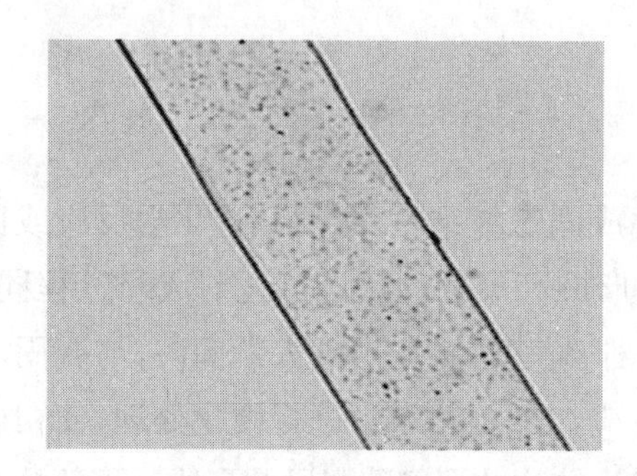

(a) 聚氨酯弹性纤维的纵向形态

(b) 聚氨酯弹性纤维的横截面形态

图 7－13　聚氨酯弹性纤维的形态结构

（二）聚氨酯弹性纤维的性能

聚氨酯弹性纤维的性能指标见表 7－5。

表 7－5　聚氨酯弹性纤维的性能表

项　目	聚醚型	聚酯型
断裂强度/$cN \cdot dtex^{-1}$	0.62～0.88	0.44～0.57
延伸度/%	480～550	450～700
回弹率/%	95(500%)	98(600%)
初始模量/$cN \cdot tex^{-1}$	1.1	—
密度/ $g \cdot cm^{-3}$	1.21	1.20
回潮率/%	1.3	0.3
耐热性	150℃发黄	150℃有热塑性
耐酸碱性	耐大多数酸，在稀盐酸和硫酸中变黄	耐冷稀酸，在热碱中快速水解
耐溶剂性	良好	良好

续表

项　目	聚醚型	聚酯型
耐气候性	暴晒于日光下强度有所下降	暴晒于日光下强度有所下降
耐磨性	良好	良好

1. 力学性能　聚氨酯弹性纤维的断裂强度在所有纺织纤维中是最低的，只有0.44～0.88cN/dtex（聚醚型的强度要高于聚酯型）。氨纶具有高延伸性、低弹性模量和高弹性回复率的特点。氨纶的伸长弹性大于400%，甚至高达800%，而一般的高弹锦纶丝为300%左右；此外，它的回弹率也比锦纶丝好，伸长到500%时，弹性回复率为95%～100%。氨纶的伸长弹性和弹性回复率与其分子结构有关，软段部分的相对分子质量越大，纤维弹性伸长和弹性回复率越高，化学交联型的较物理交联型的弹性伸长和弹性回复率更好。

2. 耐热性　聚氨酯弹性纤维的耐热性较好，软化温度约200℃，熔点或分解温度约270℃，优于橡胶丝，在化学纤维中属耐热性较好的品种。大多数纤维在90～150℃范围内短时间存放，纤维不会受到损伤，安全熨烫温度为150℃以下。

3. 吸湿性　聚氨酯弹性纤维的吸湿性较强，橡胶丝几乎不吸湿，在20℃、65%的相对湿度下，聚氨酯弹性纤维的回潮率为1.1%，虽较棉、羊毛及锦纶等小，但优于涤纶和丙纶。

4. 密度　聚氨酯弹性纤维的密度为1.1～1.2g/cm^3，虽略高于橡胶丝，但在化学纤维中仍属较轻的纤维。

5. 染色性　由于聚氨酯弹性纤维具有类似海绵的性质，因此可以使用所有类型的染料染色。在使用裸丝的场合，其优越性更加明显。用于染锦纶的大多数染料都可用来染氨纶。通常用分散染料、酸性染料或络合染料进行染色。

6. 化学稳定性　聚氨酯弹性纤维对次氯酸钠型漂白剂的稳定性较差，推荐使用过硼酸钠、过硫酸钠等含氧型漂白剂，耐汗、耐海水并耐各种干洗剂和大多数防晒油。

聚醚型的聚氨酯纤维耐水解性好，而聚酯型的聚氨酯纤维的耐碱、耐水解性稍差。

聚氨酯弹性纤维还具有良好的耐气候性、耐挠曲、耐磨、耐一般化学药品性等。

六、聚氨酯弹性纤维的产品及用途

聚氨酯弹性纤维一般不单独使用，其使用形式包括有：裸丝、包芯混纺纱、包覆纱、合捻线，而目前使用最多的是氨纶包芯纱。图7-14为聚氨酯纤维加工纱的类型。

1. 裸丝　裸体氨纶纤维是最早使用的弹力长丝，它分低特的长丝单纤纱和高特的复合丝。这种丝拉伸与回复性能好，无须经纺纱后加工便能直接使用，具有成本低的优点。因此，目前仍用于一些弹力织物上使用。裸体氨纶长丝因其滑动性能差，织造技术要求很高，直接用于织品的情形不多，一般在针织机上与其他长丝交织。

2. 包芯混纺纱　氨纶包芯混纺纱是以聚氨酯长丝为芯丝、外面包一种或几种非弹性的短纤维（棉、毛、涤/棉、腈纶、涤纶等）而纺成的纱线。芯丝提供优良的弹性，外包纤维提供所需要的表面特性。包芯纱的伸长率为150%～200%，其中聚氨酯纤维占2%～12%。

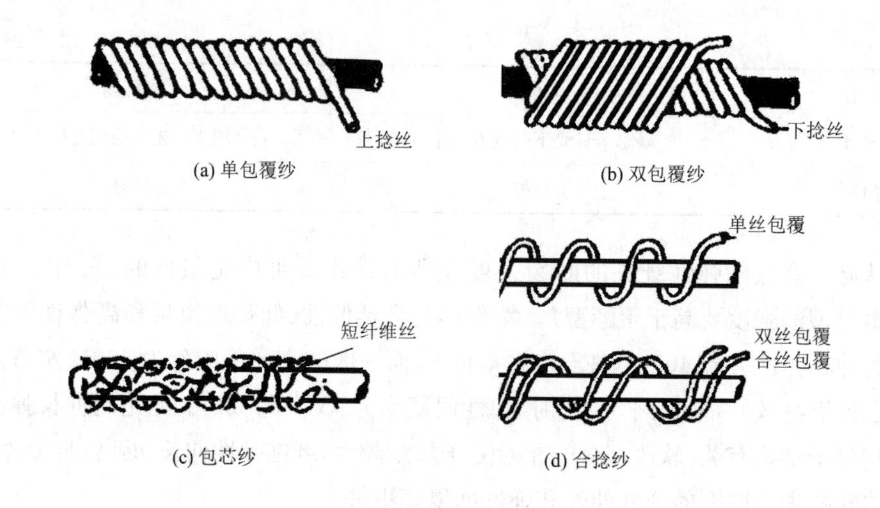

图 7-14 聚氨酯弹性纤维加工纱的类型

包芯纱的加工方法有环锭纺、气流纺、涡流纺、静电纺等,我国使用最多的方法是环锭纺。由氨纶或其包芯纱通过针织、机织方法制成游泳衣面料、弹力牛仔布和灯芯绒织物。织物的弹性方向根据服装的要求确定,经向弹力织物宜制作滑雪衣、紧身裤、袜口 、滑雪衣、运动服、医疗织物、带类、军需装备、宇航服的弹性部分等,而纬向弹力织物宜制作运动服裙料等。

3. 包覆纱 包覆纱是以氨纶丝为芯,外包以合成纤维长丝或短纤维纱线按螺旋形的方式对伸长状态的弹力长丝进行包覆而形成的弹力纱。包覆纱的特点是手感硬挺,纱支粗,其伸长率为 300%～400%,其中聚氨酯纤维占 7%～20%。

包覆纱分为单包覆纱与双包覆纱两种,两者的区别在于包覆层数和外包层的每厘米圈数不同。单包覆是在氨纶丝外层包上一层长丝或纱,双包覆则是在氨纶丝外层包覆两层长丝或纱,且这两层包覆方向相反。

4. 合捻线 合捻线又叫合股线,就是将有伸缩弹性的氨纶丝边牵伸边与其他无弹性的一根纱线或两根纱线合并加捻而成。一般在加装了特殊喂纱装置的环锭捻线机进行,可以制取双股线、三股线。合捻纱能与其他纱配合织造。

合捻纱是在捻线机上生产的,通常将氨纶在拉伸 2.5～4 倍下与其他纤维进行加捻。

第五节 碳纤维

一、概述

碳纤维(CF)是指纤维化学组成中碳元素占总质量 90%以上的纤维。它是以聚丙烯腈纤维、黏胶纤维或沥青纤维为原丝,通过加热除去碳以外的其他一切元素制得的一种高强度、高模量纤维。碳纤维的性能中最为突出的是强度高、模量高、密度小。此外,还有耐高温,可在2000℃下使用,在 3000℃非氧化气氛中不熔不软;耐疲劳、热膨胀系数小、摩擦因数小、热传导性好;耐腐蚀,能耐浓盐酸、硫酸、磷酸、苯、丙酮等介质的浸蚀;与其他材料相容性高,与生物的相容性好;又兼备纺织纤维的柔软可加工性,易于复合,设计自由度大,可进行多种设计,以满足不同产品的性能与要求。

18世纪中期,英国人斯旺和美国人爱迪生利用竹子和纤维素等经过一系列后处理制成了最早的碳纤维,将其用作灯丝并申请了专利。20世纪50年代,美国开始研究黏胶基碳纤维,1959年生产出品名“Thormei-25”的黏胶基碳纤维。同年日本进藤昭男首先发明了聚丙烯腈(PAN)基碳纤维。1962年日本东丽公司开始研制生产碳纤维的优质原丝,在1967年成功开发出T300聚丙燃腈基碳纤维。1966年,英国皇家航空研究所的瓦特等人改进技术,开创了生产高强度　高模量聚丙烯腈基碳纤维的新途径。1969年,日本东丽公司成功研究出用特殊单体共聚而成的聚丙烯腈制备碳纤维的原丝,结合美国联合碳化物公司的碳化技术,生产出高强高模碳纤维。此后,美、法、德也都引进技术或自主研发生产聚丙烯腈基原丝及碳纤维,但日本东丽公司的碳纤维研发与生产技术一直保持世界领先水平。

我国的碳纤维发展始于20世纪60年代,1976年国内首批产能2吨/年的聚丙烯腈基碳纤维试验生产线在中科院山西煤化所建成。20世纪80年代开始高强型碳纤维研究,1998年建成产能40吨/年的中试线。目前,大连兴科碳纤维有限公司和中石油吉化公司及安徽华皖碳纤维有限公司是国内聚丙烯腈基碳纤维生产水平较高的企业。

2015年全球碳纤维总产能将达到13万吨/年。目前,聚丙烯腈基碳纤维因生产工艺相对较简单,工艺较成熟,产品力学性能好且成本低,成为碳纤维工业生产的主流产品,约占全球碳纤维总产量的90%。沥青基碳纤维是碳纤维的第二大品种,属于高模量碳纤维,产量约占全球的7%。黏胶基碳纤维受性价比等因素制约,产量约占全球的1%。

碳纤维一般以力学性能、制造原材料和碳化温度来进行分类。

(1)按力学性能一般可分为六类:通用型GP碳纤维、高性线型HP碳纤维、高强度HS碳纤维、高模量HM碳纤维、超高强度UHS碳纤维和超高模量UHM碳纤维。

(2)按原材料可分为:聚丙烯腈PAN碳纤维、沥青碳纤维和黏胶(纤维素)碳纤维。

(3)根据碳化温度的不同,碳纤维分为以下三类。

①普通型(A型)碳纤维:它是指在900～1200℃下碳化得到的碳纤维,这种碳纤维的强度和弹性模量都较低,一般强度小于107.7cN/tex,模量小于13462cN/tex。

②高强度型(Ⅱ型或C型)碳纤维:它是指在1300～1700℃下碳化得到的碳纤维,这种纤维强度很高,可达138.4～166.1cN/tex,模量为13842～16610cN/tex。

③高模量型(Ⅰ型或B型)碳纤维:又称石墨纤维,它是指在碳化后再经2500℃以上高温石墨化处理所得到的碳纤维。这类碳纤维具有较高的强度,为97.8～122.2cN/tex,模量很高,一般可达17107cN/dex以上,有的甚至高达31786cN/tex。

大丝束和小丝束碳纤维之间并无严格的界定,一般1K、3K、6K、12K和24K碳纤维称为小丝束,48～480K称为大丝束。

二、碳纤维的制备

目前应用较为普遍的碳纤维主要是聚丙烯腈基碳纤维、沥青基碳纤维和纤维素基碳纤维。

碳纤维的制造主要包括纤维纺丝、热稳定化（预氧化）、碳化、石墨化四个过程。其间伴随的化学变化包括脱氢、环化、预氧化、氧化及脱氧等。

（一）聚丙烯腈基碳纤维

由聚丙烯腈纤维制取碳纤维的工艺流程如图 7－15 所示。

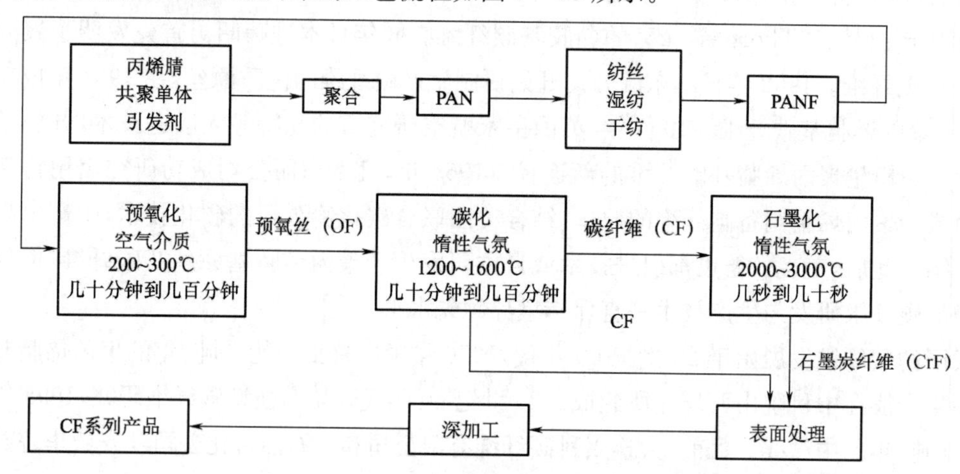

图 7－15　聚丙烯腈纤维制取碳纤维的工艺流程图

从上述工艺流程图中可以看到，碳纤维制造过程式中最重要的环节有聚丙烯腈原丝的制备，原丝的预氧化，预氧丝的碳化或进一步石墨化和碳纤维的后处理。

1. 聚丙烯腈原丝的制备　碳纤维的生产过程中所用的原料——聚丙烯腈原丝是影响碳纤维质量的关键因素。因此，要求原丝强度要高，热转化性能要好，杂质要少，线密度要均匀。

生产碳纤维用的原丝与服用聚丙烯腈纤维在生产工艺流程方面基本一致，但由于用途不同，肯定存在不少差异，主要表现在以下几方面。

（1）聚合时加入少量的共聚单体，目的是使原丝预氧化时既能加速链状大分子的环化，又能缓和纤维化学反应的激烈程度，使反应易于控制，还可以大大提高预氧化及碳化的速度。因此加入第二单体、第三单体的种类及数量必然不同于服用纤维。在众多的共聚单体中，不饱和羧酸类，如甲基丙烯酸、丙烯酸、丁烯酸等占有重要位置，在聚合时，它们的质量分数一般在 0.5%～3%，当质量分数低于 0.5%时，环化引发效果不明显；高于 3%时，易生成低聚物和引入金属杂质等。

（2）纺丝一般采用湿法纺丝，而不用干法。干法生产的纤维溶剂不容易洗净。如果纤维中残留少量溶剂，在预氧化及碳化等一系列热处理过程中，溶剂挥发或分解都会使纤维黏结，产生缺陷，所得碳纤维发脆或毛丝多、强度低。实践证明，在原丝制备时原丝水洗时间长，则产品碳纤维的强度及模量高。

（3）作为碳纤维原丝必须纯度高。原丝中若含各类杂质和缺陷必然要“遗传”给碳纤维，要达到纯度高有两种方法，首先，使用的原料（丙烯腈、共聚单体、引发剂、溶剂、水）等都必须精密过滤；其次，经过精密过滤的纺丝溶液必须在洁净的无尘纺丝车间进行纺丝，避免空气中的尘埃粒子污染原丝。

(4)原丝的细旦化也是制备高力学性能原丝和碳纤维的主要技术措施。喷丝孔小了以后，喷出的纤维直径细，外层相对芯部所占比例增加，有利于丝条在凝固过程中进行双扩散，易得到结构均匀的原丝；纤维直径细，外表面积大，有利于预氧化过程中的双扩散，易得到均质的预氧丝和碳纤维；根据体积效应和最弱连接理论，直径细，单位长度纤维中包含大缺陷的概率小，因而碳纤维的强度随原丝直径的减小而得到增加。

2.原丝的预氧化　聚丙烯腈原丝的预氧化即原丝在200～300℃的空气介质中进行预氧化处理，目的是使线型分子链转化为耐热的梯形结构，使其在高温碳化时不熔不燃，保持纤维形态，从而得到高质量的碳纤维。因此，碳纤维的质量和产量与预氧化工艺关系密切。

预氧化过程中，纤维颜色从白经黄、棕色的变化之后，逐渐变黑，表明其内部发生了复杂的化学反应。通过对产生气体的分析，以及预氧丝的红外光谱、元素分析等，可以发现主要的反应有：环化反应、脱氢反应、氧化反应。

在预氧化过程中的这些反应最主要是放热反应，放热总量可达4.184×10^6J/kg(1000kcal/kg)。这些热量必须瞬间排除，否则会因局部温度剧升而导致纤维断裂，所以瞬时带走预氧化过程中释放出的反应热是设备放大和工业生产的关键所在。

除此之外，在预氧化过程中还发生较大的热收缩。一方面是经过拉伸的原丝，大分子链自然卷曲产生物理收缩；另一方面，大分子环化过程中产生化学收缩。为了要得到优质碳纤维，继续保持大分子主链结构对纤维轴的择优取向，预氧化过程必须对纤维施加张力，实行多段拉伸。

3.预氧丝的碳化　预氧丝在惰性气体保护下，在800～1500℃范围内发生碳化反应。纤维中的非碳原子，如N、H、O等元素被裂解出去，预氧化时形成的梯形大分子发生交联，转变为稠环状结构。纤维中的含碳量从60%左右提高到92%以上，形成一种由梯形六元环连接而成的乱层石墨片状结构。碳化时保护气体一般采用高纯度氮气(含量为99.990%～99.999%)。

碳化过程中，低温时(600℃以下)氢主要以H_2O、NH_3、HCN和CH_4的形式从纤维中分离出来，氮主要以NH_3、HCN的形式从纤维中分离出来。高温时(600℃以上)，氢主要以HCN、CH_4和分子态氢分离出来，氮主要以HCN和氮气的形式分离出来。氧在700℃时以H_2O、CO_2、CO的形式分离出来。这些热解产物的瞬间排除是碳化时的技术关键，因为这些热解产物如不及时排出，黏附在纤维上就会造成表面缺陷，甚至造成纤维断裂。所以，一般采用减压方式进行碳化，纤维内部的热分解物在压力差和浓度差的作用下可以达到瞬间排出的目的。

同样，碳化时纤维会发生物理收缩和化学收缩。因此，要得到优质碳纤维，碳化时还必须加适量的张力进行拉伸。

为了获得更高模量的碳纤维，可将碳纤维放入2500～3000℃的高温下进行石墨化处理，以得到含碳量在99%以上的石墨碳纤维。

为了防止氧化，石墨化处理是在高温密闭的装置中进行的，所用的保护气体为氩气或氦气，不能使用氮气，因为氮气在2000℃以上可与碳反应生成氰。石墨化处理过程中，结构不断得到完善，非碳原子几乎全部排除，C—C键重新排列，层平面内的芳环数增加，结晶碳的比例增多，纤维取向度增大，纤维内部紊乱的乱层石墨结构转变为类似石墨的层状结晶结构。

碳纤维分子结构与石墨相类似，都是层状六方晶体结构，同一层的碳原子之间距离小，结合力比较大，而层与层之间距离较大，结合力小，只相当于层内碳原子之间结合力的1%，层与层之间很容易滑移。因此，碳纤维中碳原子沿着纤维轴方向有着很强的结合力，强度和模量都十分高，而垂直于纤维主链的强度和模量都很低，纤维比较脆，怕打结或加捻。一束碳纤维用很大的力也难于拉断。但如果一打结或扣一个环，马上就能拉断，人们利用碳纤维的优点制成复合增强材料就可以避免它的弱点。

4. 碳纤维的后处理　碳纤维的主要用途是做复合材料中的增强材料。因此，增加材料与基体树脂材料之间的黏结力，提高复合材料的层间剪切强度至关重要。一般用作工程结构材料，层间剪切强度最好在80MPa以上，而未经后处理的碳纤维，其复合材料的层间剪切强度一般在50～60MPa以上，达不到使用要求。因此，在制备碳纤维工艺流程中都要设置碳纤维表面处理工序和上浆工序。表面处理工序主要使碳纤维表面增加含氧官能团和粗糙度，从而增加纤维和基体之间黏结力，使其复合材料的层间剪切强度提高到80～120MPa，使碳纤维的强度利用率由60%左右提高到80%～90%。上浆工序的目的是避免碳纤维起毛损伤，所以碳纤维总是在保护胶液中浸胶。保护胶液一般由含有树脂的甲乙酮或丙酮组成。

(二)沥青基碳纤维

沥青基碳纤维的工艺流程如图7－16所示。

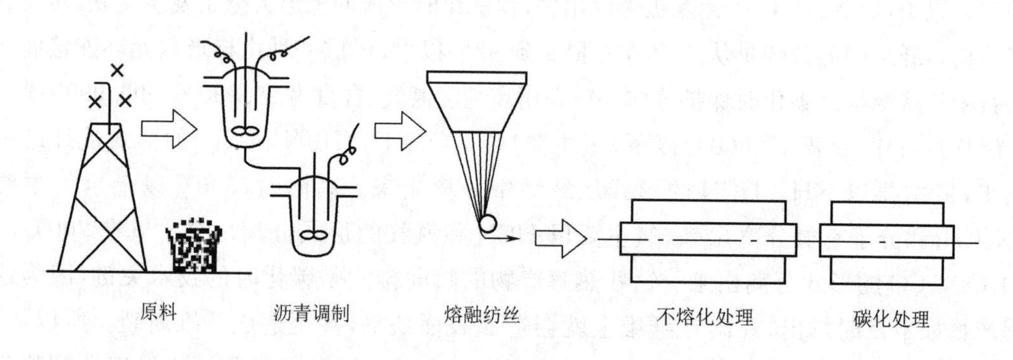

图7－16　沥青基碳纤维的工艺流程图

1. 原料　沥青是一种以缩合多环芳烃化合物为主要成分的低分子烃类混合物，也含有少量氧、硫或氮的混合物，一般含碳量都大于70%，平均相对分子质量在200以上。由沥青制得的碳纤维目前主要有两种类型：一是力学性能较低的通用级沥青基碳纤维，根据沥青的光学性质，又称为各向同性沥青碳纤维；另一种是拉伸强度，特别是拉伸模量较高的中间相沥青基碳纤维，也称为各向异性沥青基碳纤维。两者性能上的差别是由纺丝原料沥青的性能所决定的。因此，普通沥青原料需通过调制才能用于纺丝。

2. 沥青的调制　普通沥青基碳纤维的纺丝用原料的调制工艺比较简单，一般是将原料沥青的杂质微粒(>4μm)去除后经加热处理，制成软化点180℃以上的沥青，即可作为纺丝用沥青。

具有高强度、高模量的高性能连续沥青基碳纤维，其纺丝用原料的调制比较复杂，原料沥青须经过一系列预处理除去杂质、精制，再在一定的压力下加热处理，使其中的稠环芳烃分子缩合成中间相小球，并进一步融并成具有可纺性的中间相体，或通过加氢或溶剂处理等方法，形成能借助热加工或纺丝切变力转化成中间相的所谓潜在中间相沥青，以此作为纺丝用沥青。作为碳纤维原料的沥青必须具备良好的纺丝流变性、有一定的化学反应活性和具有沥青基碳纤维力学性质所需要的化学结构、相对分子质量及其分布。调制的具体方法有：适当的热处理，蒸馏，溶剂萃取，加氢处理，添加树脂或其他化合物。

3. 纤维成型　调制得到的纺丝用沥青，可用熔融纺丝原理纺成沥青纤维。一般普通纺丝用沥青纺成短毛型纤维或直接成毡，所用的成纤方法有涡流纺、喷纺、离心纺等。高性能纺丝用沥青多纺成连续沥青长丝，可用化纤纺丝设备进行连续长纤维纺制。由于沥青的冷脆特点，在长丝纺制过程中，对沥青长丝的集束、上油、牵引等工艺操作步骤要求十分严格，必须精细控制。纺得的沥青纤维，其截面依喷孔形状而定，一般为圆形，也有三叶形、十字形等非圆截面，也可纺成空心的中空纤维。

纺成的沥青纤维，经过不熔化、碳化、石墨化等热处理，分别得到沥青不熔化纤维、碳纤维或石墨纤维。

4. 不熔化纤维的碳化　沥青纤维的不熔化处理，是在氧化性气氛中进行，最高处理温度约330℃。在此过程中沥青大分子间通过氧化交联等反应，使沥青纤维转变为不熔化纤维，由此保持纤维形态。碳化是在惰性气氛中进行，通常处理温度为1000～1500℃，使不熔化沥青纤维排除非碳原子形成沥青碳纤维。碳纤维的石墨化处理，通常是在2500℃左右的惰性气氛中进行，促进沥青多环芳烃高分子沿纤维轴定向，以提高纤维的弹性模量等力学性能和导电、导热性。

尽管沥青基碳纤维具有原料便宜、碳收率高、易制得超高模量型碳纤维等优点，然而要得到高性能碳纤维，其加工过程复杂，难以获得高拉伸强度和压缩强度产品，因此，虽然在20世纪80年代有较快发展，但目前仍不能取代聚丙烯腈基碳纤维的主导地位，只是由于其具有某些特性而维持一定量的生产。

(三)黏胶基碳纤维

黏胶纤维是再生纤维素纤维，在20世纪50年代末就被用来制取碳纤维，其制造工艺流程如下：

黏胶原丝→加捻→稳定化处理→干燥、低温碳化→卷绕→高温碳化→络筒→制造复合材料

黏胶基原丝要求性质均匀，含杂质量少，将原丝加捻，并把原来的油剂洗净。纤维先进行干燥，然后在氮或氩等惰性气体保护下缓慢加热至400℃。当达到400℃后，快速升温至900～1000℃，使之完全碳化，可得含碳量达90%～99%的碳纤维。为了保持碳纤维良好的力学性能，高温碳化要在一定的张力条件下进行。若对碳纤维进行石墨化处理，则可得到超高模量的碳纤维。

三、碳纤维的结构与性能

(一)碳纤维的结构

碳纤维是由许多微晶体堆砌而成的，微晶体的厚度为 4～10nm，长度为 10～25nm，它由约12～30 个层面组成。PAN 碳纤维的三维微观结构模型如图 7－17 所示。

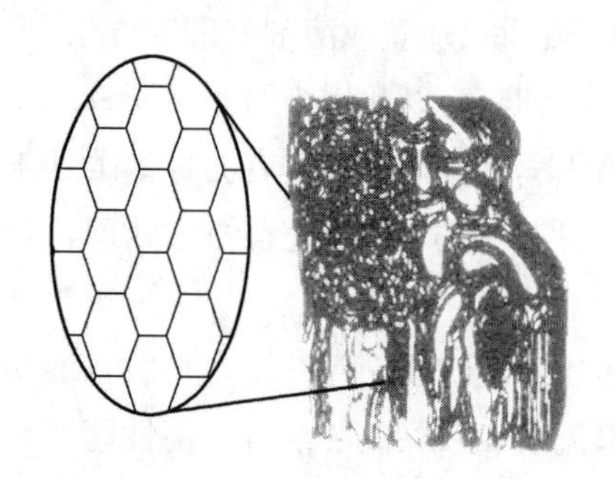

图 7－17 PAN 碳纤维的三维微观结构模型

实测碳纤维各层面间的间距为 0.339～0.342nm，比石墨微晶体的层面间距稍大一些。另外，各平行层面间的各个碳原子也不如石墨那样排列规整。

碳纤维轴间的结合力比石墨强，所以它在轴向的强度和模量均比石墨高得多，而径向强度和模量与石墨相似，相对较低，因而碳纤维忌径向受力，打结强度低。碳纤维的拉伸断裂机理如图 7－18 所示。

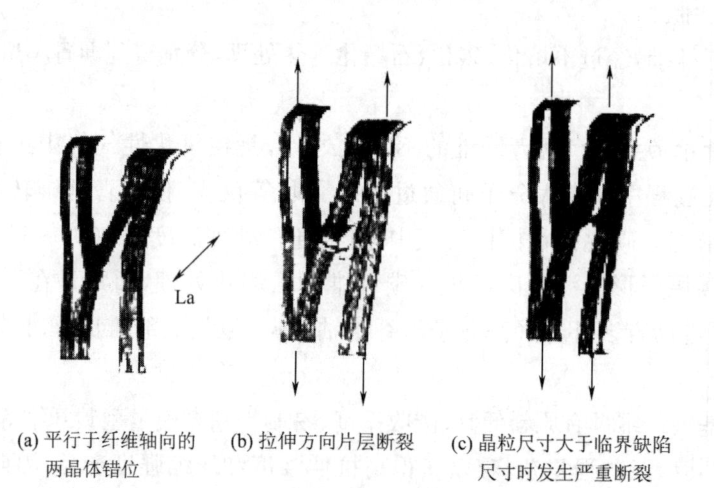

(a) 平行于纤维轴向的两晶体错位　(b) 拉伸方向片层断裂　(c) 晶粒尺寸大于临界缺陷尺寸时发生严重断裂

图 7－18 碳纤维的拉伸断裂机理示意图

(二)碳纤维的性能

1. 力学性能 碳纤维的轴向强度和模量高，无蠕变，耐疲劳性好。碳纤维具有优良的力学性能，其断裂强度为 90cN/tex 以上，模量可达 3000cN/tex 以上，断裂伸长率为 0.5%～2.0%，具有自润滑性能。典型碳纤维的力学性能见表 7－6。

表 7－6 几种典型碳纤维的力学性能

指标名称	普通型碳纤维(A 型或Ⅲ型)	高强型碳纤维(C 型或Ⅱ型)	高模量型碳纤维(B 型或Ⅰ型)
密度/$g\cdot cm^{-3}$	1.71～1.93	1.69～1.85	1.86～2.15

续表

指标名称	普通型碳纤维(A 型或Ⅲ型)	高强型碳纤维(C 型或Ⅱ型)	高模量型碳纤维(B 型或Ⅰ型)
强度/cN・tex^{-1}	91.8～140.7	132.8～177.4	88.3～127.2
模量/cN・tex^{-1}	9697.8～12390	13847～17723	13691～25426
晶粒厚度/nm	<5.0	5.0～12	12～20
取向角/°	>10	>10	6～10

碳纤维的缺点是抗压性差,易折断,耐冲击性能差。

2. 耐热性　碳纤维还具有很好的耐热性和耐高温性。碳纤维升华温度高达 3650℃左右,能耐温度急变,热膨胀系数小,耐腐蚀且能导电,表 7－7 列出了碳纤维的某些典型物理性能。

表 7－7　碳纤维的物理性能

项　目	数　据
电阻率(平行于纤维轴)/Ω・m	$(6\times10^{-6})\sim(30\times10^{-6})$
热膨胀系数(20～100℃)/K^{-1}	轴向:1×10^{-6}
	径向:1.7×10^{-6}
热导率(平行于纤维轴)/W・m^{-1}・K^{-1}	105
质量热容/J・kg^{-1}・K^{-1}	710

碳纤维在空气中当温度高于 400℃时即发生明显的氧化,氧化产物二氧化碳和一氧化碳在纤维表面散失,所以碳纤维在空气中的使用温度不能太高,一般在 360℃以下。但在隔绝氧的情况下,使用温度可显著提高,一般可达 1500～2000℃,而且温度越高,纤维的强度越大。碳纤维强度与温度的关系见表 7－8。

表 7－8　碳纤维强度与温度的关系

项　目	数		据	
温度/℃	20	540	1100	1650
抗拉强度/cN・tex^{-1}	48.9～157.8	60.0～174.4	77.8～233.9	97.8～326.7

3. 密度　碳纤维的密度虽比一般纤维大,但远比一般金属轻。通常它的密度决定于热解过程和所用原丝的性质。如以黏胶纤维为原丝制得的碳纤维,密度一般为 1.5～1.7g/cm^3,以聚丙烯腈为原丝制得的碳纤维,密度为 1.7～2.0g/cm^3。

4. 化学性质　碳纤维除能被强氧化剂氧化外,一般的酸、碱对它不起作用。在强酸作用下发生氧化,与金属复合时会发生金属碳化、渗碳及电化学腐蚀现象。因此,碳纤维在使用前须进行表面处理。碳纤维具有自润滑性,在铜中混入 25%的碳纤维后,可使该复合材料的磨损率大为降低。

四、碳纤维的应用

碳纤维不单独使用，它一般加入到树脂、金属或陶瓷等基体中，作为复合材料的骨架材料。这样构成的复合材料是十分有用的结构材料，它不仅质轻、耐高温而且有很高的抗拉伸强度和弹性模量，是制造宇宙飞船、火箭、导弹、高速飞机以及大型客机等不可缺少的组成原料。由碳纤维制得的复合增强材料与其他一些工程材料的部分性能见表 7－9。

表 7－9　碳纤维复合增强材料与其他工程材料的性能比较

性能 \ 材料	钢	铝	玻璃钢	碳纤维复合材料	
				Ⅰ型	Ⅱ型
纤维体积百分率/%	—	—	60	60	60
密度/g · cm^{-3}	7.9	2.8	2.0	1.6	1.5
模量/cN · tex^{-1}	2655.7	2500.0	2000.0	11875	8666.7
抗拉强度/cN · tex^{-1}	12.7	142.9	550.0	625.0	933.3
比强度	1.6	51.1	275.0	390.6	622.0
比模量	336.2	892.9	1000.0	7418.8	5778.0

注　比强度：抗拉强度/密度，比模量：模量/密度。

1. 在航空航天领域的应用　碳纤维的耐高温、轻而硬等力学特点，非常适合做航天、航空、飞机飞船的结构材料。如飞机的主翼、尾翼、机体等一次构造材料，副翼、方向舵、升降舵、内装材料、地板材、桁梁、刹车片等二次构造材料及直升机的叶片；火箭的排气锥体、发动机盖等；人造卫星结构体、太阳能电池板和天线、运载火箭和导弹壳体等。目前小型商务机和直升机的碳纤维复合材料用量已占总材料用量的 70%～80%，军用飞机占 30%～40%，大型客机则占 15%～20%。

2. 在体育娱乐休闲方面的应用　碳纤维轻量化、耐疲劳、耐磨、耐腐蚀等特性，也适用于体育用品，如高尔夫球棒的长柄、球棒的头部、头部击球板等；如网球拍、羽毛球拍、壁球拍，网球拍的市场规模约为 450 万只，碳纤维用量约为 500 吨；还有帆艇、游艇、赛艇、桅杆、垒球棒、滑雪板等。娱乐休闲用品，如渔具中的渔竿、卷线盘等，其中渔竿碳纤维的用量约为 2000 吨。

3. 在交通运输方面的应用　在交通运输方面，碳纤维已应用于赛车、汽车传动轴、大型卡车车体、火车车体、磁悬浮车体、风车叶片及压缩天然气罐等。由于汽车及火车底部的传动罗拉都是金属材料制成的，金属罗拉质量大，操作时还易出事故，现改为碳纤维复合材料制成的罗拉，质量轻、操作安全，更重要的是还可节省传动的能量。盛装气体的罐原来都是钢制筒罐，质量重给运输带来诸多不便，改用碳纤维复合材料的罐，不仅分量减轻而且因使用碳纤维而增强了安全系数。

4. 在医疗卫生方面的应用　由于碳纤维具有 X 射线透过性，碳纤维的 X 射线透过性为铝或木材的 10 倍，将原来 CT 扫描时患者用的木床改为碳纤维复合材料制品，可减少对 X 射线的吸收，用碳纤维在发泡聚乙烯外侧罩覆碳纤维纺织品则可避免 X 射线的吸收。

五、活性炭纤维

(一)概述

1962 年，美国专利首次涉及随后使用活性炭纤维(ACF)过滤放射性碘辐射以来，不同前驱体有机纤维及其活性炭纤维的研究和应用得到快速发展。美国、英国、苏联、特别是日本，是研究和使用 ACF 的大国，年产量近千吨。国内的 ACF 研究起始于 20 世纪 80 年代末期，到 90 年代后期陆续出现工业化装置。

活性炭纤维，亦称纤维状活性炭，是性能优于活性炭的高效活性吸附材料和环保工程材料，其超过 50%的碳原子位于内外表面，构筑成独特的吸附结构，被称为表面性固体。它是由纤维状前驱体经一定的程序碳化活化而成。较发达的比表面积和较窄的孔径分布使得它具有较快的吸附脱附速度和较大的吸附容量；同时由于它可方便地加工为毡、布、纸等不同的形状，兼具耐酸碱耐腐蚀的特性，使得其一问世就得到人们的广泛关注和深入研究。目前已在环境保护、催化、医药、军工等领域发挥重要作用。

(二)活性炭纤维的制造方法

前驱体原料的不同，ACF 的生产工艺和产品的结构也明显不同。ACF 的生产一般是将有机前驱体纤维在低温 200～400 ℃下进行稳定化处理，随后进行(碳化)活化。常用的活化方法主要有：用 CO_2 或水蒸气的物理活化法以及用 $ZnCl_2$、H_3PO_3、$H_2PO_4^-$、KOH 的化学活化法，处理温度在 700～1000 ℃，不同的处理工艺(时间、温度、活化剂量等)对应产品具有不同的孔隙结构和性能。

用作 ACF 前驱体的有机纤维主要有纤维素基、PAN 基、酚醛基、沥青基、聚乙烯醇基、苯乙烯—烯烃共聚物和木质素纤维等，目前已商业化的主要是前四种。

(三)活性炭纤维的结构与特性

活性炭纤维是一种典型的微孔炭(MPAC)，被认为是“超微粒子、表面不规则的构造以及极狭小空间的组合”，直径为 10～30μm。孔隙直接开口于纤维表面，超微粒子以各种方式结合在一起，形成丰富的纳米空间，形成的这些空间的大小与超微粒子处于同一个数量级，从而造就了较大的比表面积。其含有的许多不规则杂环结构或含有表面官能团的微结构，具有极大的表面能，也造就了微孔相对孔壁分子共同作用形成强大的分子场，提供了一个吸附态分子物理和化学变化的高压体系。使得吸附质到达吸附位的扩散路径比活性炭短、驱动力大且孔径分布集中，这是造成 ACF 比活性炭比表面积大、吸脱附速率快、吸附效率高的主要原因。

ACF 通常适用于气相和液相低相对分子质量(M_w=300 以下)的吸附。当吸附剂微孔大小为吸附质分子临界尺寸的两倍左右时，吸附质较容易吸附。

(四)活性炭纤维的应用

活性炭纤维是继粉状活性炭和粒状活性炭之后的第三代产品。作为新型功能吸附材料具有成型性好,耐酸耐碱、导电性和化学稳定性好等特点。其不仅比表面积大,孔径适中和分布及吸脱速度快,而且具有不同的形态,广泛用于环保工业、电子工业、化学工业与辐射防护、医用生理卫生等,具有广阔的发展前景。活性炭纤维的产品可用于有机溶剂的回收装置、水的净化、有害有毒气体的去除和净化及电子电器材料等。

第六节　含氟纤维

一、概述

含氟纤维是指聚合物结构中含有氟原子的特种纤维。目前已工业化生产的都是烯烃类含氟纤维,如聚四氟乙烯、四氟乙烯—六氟丙烯共聚物、三氟氯乙烯—乙烯共聚物及聚偏氟乙烯等纤维。

由于碳—氟键的键能(485.3kJ/mol)比碳—氢键(416.3kJ/mol)高,因此聚合物结构中氟原子所取代的氢原子数越多,纤维的热稳定性和抗氧化性就越高。此外,氟原子的共价键直径(0.072nm)比氢原子(0.037nm)大,因此,可保护碳—碳主链使之免受各种化学药剂的侵蚀,氟取代基越多,耐腐蚀性越好。

二、聚四氟乙烯纤维

聚四氟乙烯纤维早在1953年由美国杜邦公司开发,1957年实现工业化生产,20世纪80年代初开始生产可溶性聚四氟乙烯纤维,主要是单丝,目前,日本、苏联、奥地利等国也有生产。

(一)聚四氟乙烯纤维的制造方法

聚四氟乙烯纤维是含氟纤维中最主要的一个品种。四氟乙烯高聚物不溶于一般溶剂,因此不能用溶液纺丝成型,又由于分子刚性大,即使在熔点(327℃)以上温度也不流动,仅形成凝胶状物,因此,也不能通过熔纺成型。现在工业上用四种方法制造含氟纤维,最早也是最常用的是乳液纺丝法,第二种是糊料挤压法,第三种是薄膜切割法,第四种是熔体纺丝法。

1. 乳液纺丝法　将平均分子量300万左右、粒径0.05～0.5m的聚四氟乙烯乳液(浓度60%)与黏胶丝或聚乙烯醇等成纤性载体混合后,制成纺丝液,纺丝后将载体在高温下炭化除掉,聚合物被烧结而连续形成纤维。因此得到的是含有约4%炭化物的棕色纤维,尚须经长时间热处理或酸处理才能制出白色的纤维。产品线密度为几分特至几十分特,强度最高为2.1～2.2cN/dtex,密度2.1～2.3g/cm^3。

2. 糊料挤压法　将聚四氟乙烯粉末与某种润滑剂,如石蜡烃或石脑油等易挥发物质一起调成糊状物,然后用狭缝式喷丝头挤压纺丝,使润滑剂挥发,再在高温(约250℃)下高度拉伸,得到非均相的白色带条纱。它具有泡沫状结构,密度为1.0～1.6g/cm^3,在高温和张力下烧结后强度可高达4cN/dtex以上,但一般只能获得50dtex以上的粗纤维,可用旋转针辊进一步原纤化而得到网状结构的原纤纱。

3. 薄膜切割法　起始原料为聚四氟乙烯薄膜或致密的烧结圆柱体，切成细带丝后在熔点以上温度凝胶化，再经拉伸和热处理，纤维强度与乳液纺丝法相仿。

4. 熔体纺丝法　以四氟乙烯与4%～5%全氟乙烯、全氟丙基醚的共聚物熔融后进行纺丝，制得强度较高的纤维。

（二）聚四氟乙烯的性能

聚四氟乙烯纤维具有许多优良的特性，它的耐腐蚀性是现有合成纤维中最高的，连王水也毫无作用。另外，由于它的非黏着性，适于做各种强腐蚀性气体、液体的滤材和密封材料。它的摩擦因数为0.01～0.05，是现有合成纤维中最低的，约为锦纶的1/6，适用做无油轴承材料。但作为高速轴承填料时，由于其导热性差、热膨胀系数大、摩擦热不易散发，影响轴承寿命。这一弱点可通过在纤维中添加石墨粉来改善。极限氧指数为90%～95%，在高氧浓度下难燃，所以使用温度范围极宽，耐气候性好，在户外放置15年而不出现老化现象，适于用做宇航服等。纤维的导电率和导热率低，在宽频带范围内有恒定的介电常数和介电损耗，体积电阻系数与表面电阻系数高，是高温高湿下的良好电绝缘和绝热材料。此外，它的耐脆性和耐弯曲磨耗性在合成纤维中也最好，但临界表面张力则最小。缺点是难染色并具有蜡感，静电较大，目前尚无较理想的油剂，因此不适宜做纺织材料。

（三）聚四氟乙烯的应用

纤维可加工为野外用绳索、抗污纺织品、过滤用织物、丝棉和医用织物、耐火和耐磨损服饰等。可以与其他纤维混纺生产优质性能的材料，并可降低成本。利用这种纤维可以改善各种用途产品的性能，如建筑用、医用、电子用以及家居、海运市场。

1. 高性能织物　可以加工成既舒适又具有独特保护功能的高性能织物，具有轻薄、耐用、防水、防风等特点。广泛应用于医务人员、消防人员、军事和应急人员以及旅行、滑雪、打高尔夫球等多种领域。

2. 电子高级介质材料　这种共聚四氟乙烯熔纺纤维具有理想的低损耗与介电常数，使其成为理想的绝缘材料。可以广泛应用于电子、国防、航空航天等高科技领域。

3. 过滤用品　共聚四氟乙烯熔纺纤维独特的化学惰性和热稳定性使其非常适用于苛刻的耐化学药品和耐高温等过滤条件。它可以制作过滤袋、过滤盒、微过滤薄膜等。

三、四氟乙烯—六氟丙烯共聚纤维

四氟乙烯—六氟丙烯共聚纤维于1960年首先由美国试生产。它具有与聚四氟乙烯相类似的性能，抗冲击性优良，但耐热性略低些，可通过熔纺成型，产品以棕丝为主。用途主要做强腐蚀性气、液体的滤材、滤网、分馏塔填料和电缆材料等。

四、聚偏氟乙烯纤维

由于聚偏氟乙烯中比聚四氟乙烯少两个氟原子，耐溶剂性与耐热性略差些，可溶于丙酮中湿纺成型，纤维的机械强度和介电常数高，耐气候性、耐化学药剂、耐油、耐磨耗和绝缘性好，折射率低，可用作钓鱼线、滤材、防护服、填料和家庭防燃物等。

五、乙烯—三氟氯乙烯共聚纤维

因其结构中增加了乙烯柔性链节，可通过熔纺或薄膜切割法成纤。这种纤维的抗燃性较好，极限氧指数为48%～50%，模量比聚偏氟乙烯和四氟乙烯—六氟丙烯共聚纤维高10倍，抗形变性则与锦纶6或涤纶单丝相似，耐化学药剂性接近聚四氟乙烯。可用作滤材、填料、绝缘材料、传送带等。

第七节　玻璃纤维

一、概述

玻璃纤维是以玻璃球或废旧玻璃为原料经高温熔制、拉丝等工艺制造成的纤维。其单丝的直径为几微米到二十几微米，相当于一根头发丝的1/20～1/5，每束纤维原丝都由数百根甚至上千根单丝组成。玻璃纤维是一种性能优异的无机非金属材料，种类繁多，优点是绝缘性好、耐热性强、抗腐蚀性好、机械强度高，但缺点是性脆，耐磨性较差。通常用作复合材料中的增强材料、电绝缘材料和绝热保温材料、电路基板等。

将玻璃拉成细长丝是一项古老的技术，比玻璃吹制技术还老。粗玻璃纤维在陶土型芯上的缠绕，被用作早期的容器制造中。在18世纪初，Reaumur认识到玻璃可纺制成很细的纤维，纤维柔韧，可机织成纺织品。1936年，玻璃纤维首次由欧文—考宁玻璃纤维公司在美国商品化生产。玻璃纤维是非常好的金属材料替代材料，在玻纤改性塑料、运动器材、航空航天等多个领域得到广泛应用，因此，玻璃纤维日益受到人们的青睐。

玻璃纤维的主要成分为二氧化硅、氧化铝、氧化钙、氧化硼、氧化镁、氧化钠等，根据玻璃中碱含量的多少，可分为无碱玻璃纤维（氧化钠0～2%，属铝硼硅酸盐玻璃）、中碱玻璃纤维（氧化钠8%～12%，属含硼或不含硼的钠钙硅酸盐玻璃）和高碱玻璃纤维（氧化钠13%以上，属钠钙硅酸盐玻璃）。

玻璃纤维按形态和长度可分为连续纤维、定长纤维和玻璃棉；按玻璃成分可分为无碱、耐化学、高碱、中碱、高强度、高弹性模量和抗碱玻璃纤维等。

玻璃纤维按组成、性质和用途，可分为不同的级别。按标准级规定，E级玻璃纤维使用最普遍，广泛用于电绝缘材料；S级为特殊纤维，虽然产量小，但很重要，因具有超强度，主要用于军事防御，如防弹箱等；C级比E级更具耐化学性，用于电池隔离板、化学滤毒器；A级为碱性玻璃纤维，用于生产增强材料。

二、玻璃纤维的制造

（一）原料

生产玻璃纤维的主要原料是：石英砂、氧化铝和叶蜡石、石灰石、白云石、硼酸、纯碱、芒硝、萤石等。生产玻璃纤维用的玻璃不同于其他玻璃制品的玻璃。国际上已经商品化的纤维用的玻璃成分如下。

(1)E-玻璃。亦称无碱玻璃，是一种硼硅酸盐玻璃。是目前应用最广泛的一种玻璃纤维用玻璃成分，具有良好的电气绝缘性及力学性能，用于生产电绝缘用玻璃纤维，也大量用于生产玻璃钢用玻璃纤维，它的缺点是易被无机酸侵蚀，故不适用于酸性环境。

(2)C-玻璃。亦称中碱玻璃，其特点是耐化学性，特别是耐酸性优于无碱玻璃，但电气性能差，机械强度低于无碱玻璃纤维10%～20%，通常国外的中碱玻璃纤维含一定数量的三氧化二硼，而我国的中碱玻璃纤维则完全不含硼。在国外，中碱玻璃纤维只是用于生产耐腐蚀的玻璃纤维产品，如用于生产玻璃纤维表面毡等，玻璃纤维棒也用于增强沥青屋面材料。但在我国中碱玻璃纤维占据玻璃纤维产量的一大半(60%左右)，广泛用于玻璃钢的增强以及过滤织物、包扎织物等的生产，因为其价格低于无碱玻璃纤维而有较强的竞争力。

(3)高强玻璃纤维。其特点是高强度、高模量，它的单纤维抗拉强度为2800MPa，比无碱玻纤抗拉强度高25%左右，弹性模量86000MPa，比E-玻璃纤维的强度高。用它们生产的玻璃钢制品多用于军工、空间、防弹盔甲及运动器械。但是由于价格昂贵，民用方面还不能普及推广，全世界年产量约几千吨左右。

(4)AR玻璃纤维。亦称耐碱玻璃纤维，主要是为了增强水泥而研制的。

(5)A玻璃。亦称高碱玻璃，是一种典型的钠硅酸盐玻璃，因耐水性很差，很少用于生产玻璃纤维。

(6)E-CR玻璃。是一种改进的无硼无碱玻璃，用于生产耐酸耐水性好的玻璃纤维，其耐水性比无碱玻纤改善7～8倍，耐酸性比中碱玻纤也优越不少，是专为地下管道、储罐等开发的新品种。

(7)D玻璃。亦称低介电玻璃，用于生产介电强度好的低介电玻璃纤维。

除了以上的玻璃纤维成分以外，近年来，还出现一种新的无碱玻璃纤维，它完全不含硼，从而减轻其对环境的污染，但其电绝缘性能及力学性能都与传统的E玻璃相似。另外，还有一种双玻璃成分的玻璃纤维，也已用在生产玻璃棉中，据称在做玻璃钢增强材料方面也有潜力。此外，还有无氟玻璃纤维，是为环保要求而开发出来的改进型无碱玻璃纤维。

(二)生产工艺

生产玻璃纤维的方法大致分两类，一类是将熔融玻璃直接制成纤维，如图7-19所示；一类是将熔融玻璃先制成直径20mm的玻璃球或棒，再以多种方式加热重熔后制成直径为3～80μm的细纤维，如图7-20所示。

按照不同的玻璃纤维的要求，把硅砂、石英、硼酸及黏土等原料按不同的比例混合，送入高温炉中熔融，制成玻璃熔体，靠自重从喷丝板的小孔中流出，冷却成型的同时，快速地卷绕而得到玻璃长纤维。炉中的温度随玻璃的成分不同稍有变化，一般控制在1100～1300℃，为了顺利地纺丝，使熔融玻璃的黏度控制在50～100Pa·s。卷绕速度可达100～6000m/min，喷丝头与卷绕机之间距离大约3m，玻璃纤维经拉伸冷却固化，其直径在1～20μm，纺出来的丝束在集束时经过上油轮，使纤维表面润滑，防止在后道工序对纤维产生损伤。玻璃纤维作为增强纤维时，

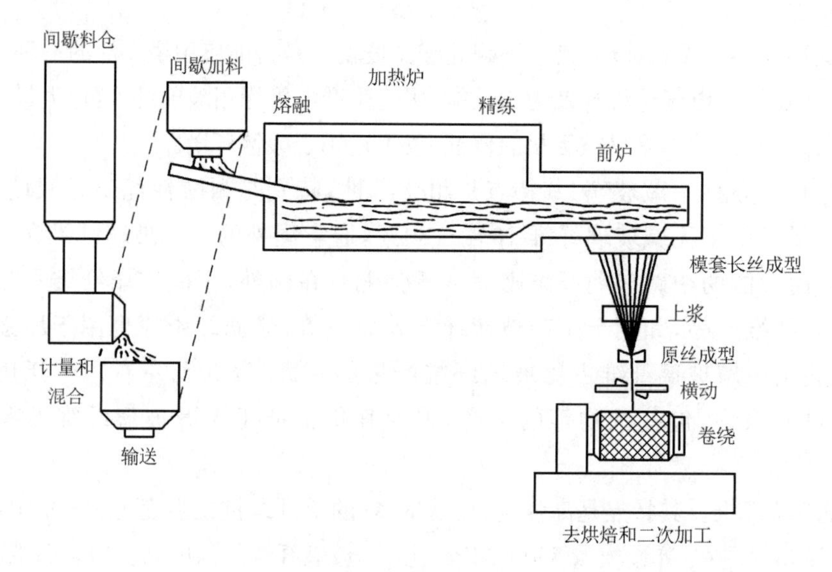

图 7－19　直接熔体生产玻璃纤维长丝工艺流程图

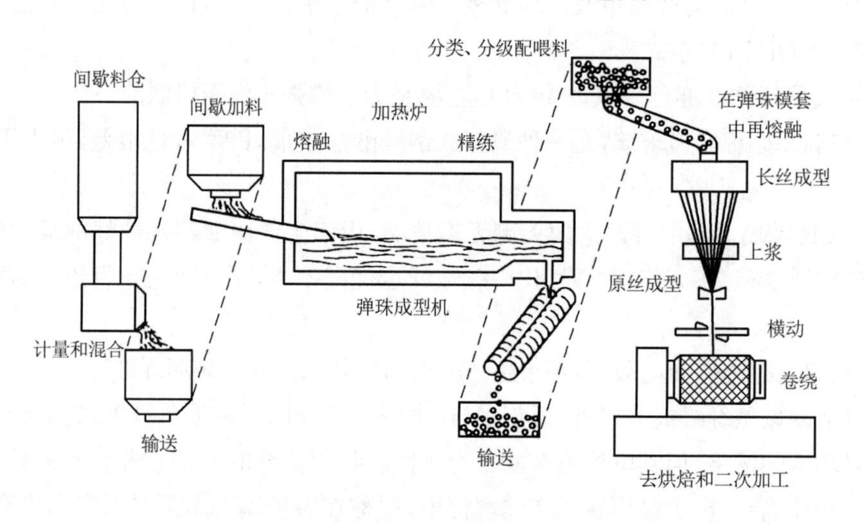

图 7－20　弹珠熔融生产玻璃纤维长丝工艺流程图

还要进行表面处理加工，以提高纤维与树脂基体的黏结性。

通过铂合金板以机械拉丝方法拉制的无限长的纤维，称为连续玻璃纤维，通称长纤维。通过辊筒或气流制成的非连续纤维，称为定长玻璃纤维，通称短纤维。借离心力或高速气流制成的细、短、絮状纤维，称为玻璃棉。玻璃纤维经加工，可制成多种形态的制品，如纱、无捻粗纱、短切原丝、布、带、毡、板、管等。

三、玻璃纤维的性能

1. 力学性能　玻璃纤维拉伸强度高，伸长小（3％）。弹性系数高，刚性佳。弹性限度内伸长量大且拉伸强度高，故吸收冲击能量大。但玻璃纤维性脆，耐磨性较差。三种典型的玻璃纤维的力学性能比较见表 7－10。

表7-10　三种典型的玻璃纤维的力学性能比较

序　号	材料名称	拉伸强度/MPa	弹性模量/MPa
1	E-玻璃纤维	3500	72000
2	S-玻璃纤维	4700	87000
3	M-玻璃纤维	3700	118000

2. 化学性能　玻璃纤维为无机纤维，具不燃性，耐化学性佳。

3. 物理性能　玻璃纤维尺寸稳定性好，耐热性佳；加工性佳，可做成股、束、毡、织布等不同形态的产品；透明可透过光线；不易燃烧，高温下可熔成玻璃状小珠。

四、玻璃纤维的用途

（一）无捻粗纱

无捻粗纱是由平行原丝或平行单丝集束而成的。无捻粗纱按玻璃成分可划分为无碱玻璃无捻粗纱和中碱玻璃无捻粗纱。生产玻璃粗纱所用玻纤直径为12～23μm。无捻粗纱为150～9600tex。无捻粗纱可直接用于某些复合材料工艺成型方法中，如缠绕、拉挤工艺，因其张力均匀，也可织成无捻粗纱织物，在某些用途中还可将无捻粗纱进一步短切。

（二）无捻粗纱织物（方格布）

方格布是无捻粗纱平纹织物，是手糊玻璃钢的重要基材。方格布的强度主要在织物的经纬方向上，对于要求经向或纬向强度高的场合，也可以织成单向方格布，它可以在经向或纬向布置较多的无捻粗纱。用方格布铺敷成型的复合材料其特点是层间剪切强度低，耐压和疲劳强度差。

（三）玻璃纤维毡片

1. 短切原丝毡　将玻璃原丝（有时也用无捻粗纱）切割成长50mm，将其随机但均匀地铺陈在网带上，随后施以乳液黏结剂或撒上粉末黏结剂经加热固化后黏结成短切原丝毡。短切毡主要用于手糊、连续制板和对模模压工艺中。对短切原丝毡的质量要求如下。

（1）沿宽度方向面积质量均匀。

（2）短切原丝在毡面中分布均匀，无大孔眼形成，黏结剂分布均匀。

（3）具有适中的干毡强度。

（4）优良的树脂浸润及浸透性。

2. 连续原丝毡　将拉丝过程中形成的玻璃原丝或从原丝筒中退解出来的连续原丝呈“8”字形铺敷在连续移动网带上，经粉末黏结剂黏合而成。连续玻纤原丝毡中纤维是连续的，故其对复合材料的增强效果较短切毡好。主要用在拉挤法、热膨胀传递模塑（RTM）法、压力袋法及玻璃毡增强热塑料（GMT）等工艺中。

3. 表面毡　玻璃钢制品通常需要形成富有树脂层，这一般是用中碱玻璃表面毡来实现。这类毡由于采用中碱玻璃（C）制成，故赋予玻璃钢耐化学性特别是耐酸性，同时因为毡薄、玻纤直径较细之故，还可吸收较多树脂形成富树脂层，遮住了玻璃纤维增强材料（如方格布）的纹路，起到表面修饰作用。

4.针刺毡 针刺毡或分为短切纤维针刺毡和连续原丝针刺毡。短切纤维针刺毡是将玻纤粗纱短切成50mm，随机铺放在预先放置在传送带上的底材上，然后用带倒钩的针进行针刺，针将短切纤维刺进底材中，而钩针又将一些纤维向上带起形成三维结构。所用底材可以是玻璃纤维或其他纤维的稀织物，这种针刺毡有绒毛感。其主要用途包括用作隔热隔声材料、衬热材料、过滤材料，也可用在玻璃钢生产中，但所制玻璃钢强度较低，使用范围有限。另一类连续原丝针刺毡，是将连续玻璃原丝用抛丝装置随机抛在连续网带上，经针板针刺，形成纤维相互勾连的三维结构的毡。这种毡主要用于玻璃纤维增强热塑料可冲压片材的生产。

5.缝合毡 短切玻璃纤维从50mm乃至60cm长均可用缝编机将其缝合成短切纤维或长纤维毡，前者在若干用途方面代替传统的黏结剂黏结的短切毡，后者则在一定程度上代替连续原丝毡。它们的共同优点是不含黏结剂，避免了生产过程的污染，同时浸透性能好，价格较低。

(四)短切原丝和磨碎纤维

1.短切原丝 短切原丝分干法短切原丝及湿法短切原丝。前者用在增强塑料生产中，而后者则用于造纸。用于玻璃钢的短切原丝又分为增强热固性树脂(BMC)用短切原丝和增强热塑性树脂用短切原丝两大类。对增强热塑性塑料用短切原丝的要求是用无碱玻璃纤维，强度高及电绝缘性好，短切原丝集束性好、流动性好、白度较高。增强热固性塑料短切原丝要求集束性好，易为树脂很快浸透，具有很好的机械强度及电气性能。

2.磨碎纤维 磨碎纤维是由锤磨机或球磨机将短切纤维磨碎而成。磨碎纤维主要在增强反应注射工艺(RRIM)中用作增强材料，在制造浇铸制品、模具等制品时用作树脂的填料用于改善表面裂纹现象，降低模塑收缩率，也可用作增强材料。

(五)玻璃纤维织物

1.玻璃布 我国生产的玻璃布，分为无碱和中碱两类，国外大多数是无碱玻璃布。玻璃布主要用于生产各种电绝缘层压板、印刷线路板、各种车辆车体、储罐、船艇、模具等。中碱玻璃布主要用于生产涂塑包装布以及用于耐腐蚀场合。织物的特性由纤维性能、经纬密度、纱线结构和织纹所决定。经纬密度又由纱结构和织纹决定。经纬密加上纱结构，就决定了织物的物理性质，如重量、厚度和断裂强度等。有五种基本的织纹：平纹、斜纹、缎纹、罗纹和席纹。

2.玻璃带 玻璃带分为有织边带和无织边带(毛边带)，主要织成平纹。玻璃带常用于制造高强度、介电性能好的电气设备零部件。

3.单向织物 单向织物是一种粗经纱和细纬纱织成的四经破缎纹或长轴缎纹织物。其特点是在经纱主向上具有高强度。

4.立体织物 立体织物是相对平面织物而言，其结构特征从一维二维发展到三维，从而使以此为增强体的复合材料具有良好的整体性和仿形性，大大提高了复合材料的层间剪切强度和抗损伤容限。它是随着航天、航空、兵器、船舶等领域的特殊需求发展起来的，目前其应用已拓展至汽车、体育运动器材、医疗器械等领域。主要有五类：机织三维织物、针织三维织物、正交及非正交非织造三维织物、三维编织织物和其他形式的三维织物。立体织物的形状有块状、柱状、管状、空心截锥体及变厚度异形截面等。

5. 异形织物　异形织物的形状和它所要增强的制品的形状非常相似，必须在专用的织机上织造。对称形状的异形织物有圆盖、锥体、帽、哑铃形织物等，还可以制成箱、船壳等不对称形状。

6. 槽芯织物　槽芯织物是由两层平行的织物，用纵向的竖条连接起来所组成的织物，其横截面形状可以是三角形或矩形。

7. 玻璃纤维缝编织物　玻璃纤维缝编织物亦称为针织毡或编织毡，它既不同于普通的织物，也不同于通常意义的毡。最典型的缝编织物是一层经纱与一层纬纱重叠在一起，通过缝编将经纱与纬纱编织在一起成为织物。缝编织物的优点如下。

(1)可以增加玻璃钢层合制品的极限抗张强度，张力下的抗脱层强度以及抗弯强度。

(2)减轻玻璃钢制品的重量。

(3)表面平整使玻璃钢表面光滑。

(4)简化手糊操作，提高劳动生产率。这种增强材料可以在拉挤法玻璃钢及 RTM 中代替连续原丝毡，还可以在离心法玻璃钢管生产中取代方格布。

8. 玻璃纤维绝缘套管　以玻璃纤维纱编织成管。并涂以树脂材料制成的各种绝缘等级的套管，有 PVC 树脂玻纤漆管、丙烯酸玻纤漆管、硅树脂玻纤漆管等。

第八节　其他高性能纤维

一、聚苯并咪唑纤维

(一)概述

聚苯并咪唑纤维的化学名称为聚 2,2′-间亚苯基-5,5′-双苯并咪唑纤维，它是由间苯二甲酸二苯酯与 3,3′,4,4′-四氨基联苯缩聚纺丝制得的一种合成纤维。英文缩写 PBI。

聚苯并咪唑纤维于 20 世纪 60 年代初由美国空军材料实验室研制成功。1983 年由美国塞拉尼斯公司正式投产，年生产能力为 460t，因生产成本高而发展缓慢。它是一种典型的杂环高分子耐热纤维，大分子主链上含有亚苯并咪唑基，它主要作为宇航密封舱耐热防火材料，由于该纤维吸湿率高达 15%，因此，自 1983 年后，又开发了穿着舒适的高温防护服等民用产品。

(二)聚苯并咪唑纤维的制备

聚苯并咪唑纤维是由 3,3′,4,4′-四氨基联苯与间苯二甲酸二苯酯在高温及惰性气流下，先制得泡沫状预聚体，经冷却、粉碎后在真空高温下进行固相缩聚，得到特性黏度为 0.7～0.8dL/g的聚苯并咪唑(PBI)，这种聚合物加压溶于含有少量氯化锂的二甲基乙酰胺中，进行干法纺丝，丝经拉伸及磺化处理，以降低在火焰和高温中的收缩率，最后进行卷曲和切断，即得到纤维。也可在乙二醇凝固浴中进行湿法纺丝，再经水洗和干燥后，在高温下拉伸、热定型得到纤维。

(三)聚苯并咪唑纤维结构与性能

1. 结构　由芳族四胺和脂族或芳族二羧酸酯制备的聚苯并咪唑结构为：

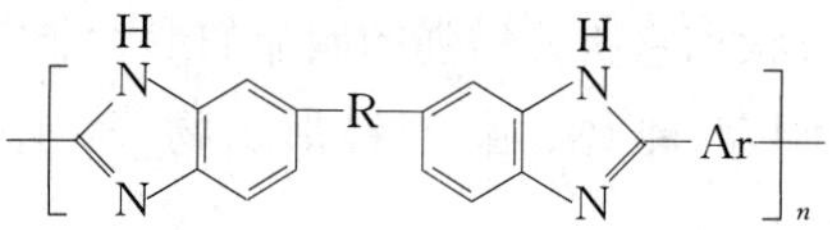

式中：R 为烷基碳链；Ar 为芳香环结构。

2. 性能 聚烷基苯并咪唑的密度 1.2g/cm^3，玻璃化温度 234～275℃；全芳族聚苯并咪唑的密度 1.3～1.4g/cm^3，玻璃化温度比前者高 100～250℃。聚苯并咪唑最突出的优点是瞬间耐高温性，烷基 PBI 在 465～475℃才完全分解，芳基 PBI 在 538℃尚不分解，900℃失重仅 30%，长期使用温度 300～370℃。此外，耐酸碱介质、耐焰和有自灭性、良好的机械和电绝缘性，热收缩极小。

(四)聚苯并咪唑纤维的应用

聚苯并咪唑纤维可用于制作宇宙飞船中的绳索、耐烧蚀热屏蔽材料、减速用阻力降落伞及宇航员的加压安全服等。在一般工业中可作石棉代用品，包括耐高温手套、高温防护服、传送带等，使用温度常为 250～300℃，能在 500℃下短时间使用；还可作气体、液体的耐腐蚀滤材和烟道气滤袋，可在 150～200℃范围内使用，在酸的露点温度以下不受腐蚀。聚苯并咪唑纤维还可与聚间苯二甲酰间苯二胺纤维混织，经炭化以后的纤维可作复合材料的高强度、高模量增强材料，其中空纤维可用作反渗透膜。

二、聚对亚苯基苯并二噁唑纤维

(一)概述

聚对亚苯基苯并二噁唑(PBO)纤维是由 PBO 聚合物通过液晶纺丝制得的一种高性能纤维。

PBO 是由美国空军空气动力学开发研究人员发明的，首先由美国斯坦福大学研究所拥有聚苯并咪唑的基本专利，以后美国陶氏化学公司得到授权，并对 PBO 进行了工业性开发，同时改进了原来单体合成的方法，新工艺几乎没有同分异构体副产物生成，提高了合成单体的收率，为产业化打下了基础。1990 年日本东洋纺公司从美国道化学公司购买了 PBO 专利技术。1991 年由道一巴迪许化纤公司在日本东洋纺公司的设备上开发出 PBO 纤维，使 PBO 纤维的强度和模量大幅度上升，达到 PPTA 纤维的两倍。

PBO 纤维具有十分优异的力学性能和化学性能，其强力、模量为 Kevlar 纤维的 2 倍，并兼有间位芳纶耐热阻燃的性能，而且物理化学性能完全超过迄今在高性能纤维领域处于领先地位的 Kevlar 纤维。一根直径为 1mm 的 PBO 细丝可吊起 450kg 的重量，其强度是钢丝纤维的 10 倍以上。可以用来制作高性能复合材料应用于未来的航空航天和国防等高新技术领域。

(二)聚对亚苯基苯并二噁唑纤维的制备

1. 原料 PBO 是由 4,6-二氨基苯酚盐酸盐(二氨基间苯二酚盐酸盐)与对苯二甲酸以多磷酸(PPA)为溶剂进行溶液缩聚而制得，也可利用 P_2O_5 脱水进行缩聚，PPA 既是溶剂，也是缩聚催化剂。

4,6-二氨基苯酚盐酸盐以三氯苯为起始原料进行合成，经过三步反应制得，产物经过滤、洗涤后减压干燥可用于缩聚反应。这样在合成过程中不会生成异构体，产率很高，对 PBO 的工业化生产起了很大的作用。

单体二氨基间苯二酚的合成反应式如下：

Cl Cl Cl $\xrightarrow{HNO_3}$ Cl Cl Cl O_2N NO_2 $\xrightarrow{NaOH}$ HO Cl OH O_2N NO_2 $\xrightarrow{H_2}$ HO OH H_2N NH_2 · 2HCl

另一个单体是对苯二甲酸，是聚酯合成用的主要原料。这两个单体在多磷酸(PPA)溶剂中溶液聚合反应，P_2O_5 为脱水剂，其反应式如下所示：

HO OH H_2N NH_2 · 2HCl+ HO—C(O)—C₆H₄—C(O)—OH $\xrightarrow[130\sim200℃]{PPA}$ [—C₆H₄—(N, O)—(N, O)—]$_n$

2. 纤维成型 聚合物纺丝液用干湿式纺丝法纺丝、水洗、干燥。纺丝液溶至液晶性，采用液晶纺丝法纺丝时能形成伸直链结构，初纺丝(AS 丝——标准型)就具有 3. 53N/tex 以上的强度和 10. 84N/tex 以上的弹性模量。为了提高模量，可在约 600℃的温度下进行热处理，得到模量达 176. 4N/tex 而强度保持不变的高模量丝(HM 丝——高模量型)。

(三)纤维的性能

PBO 纤维的主要特点是耐热性好、强度和模量高。据东洋纺报道，其高端 PBO 纤维产品的强度为 5. 8GPa(德国有报道为 5. 2GPa)，模量为 180GPa，在现有的化学纤维中最高；耐热温度达到 600℃，极限氧指数 68%，在火焰中不燃烧、不收缩，耐热性和难燃性高于其他任何一种有机纤维。主要用于耐热产业纺织品和纤维增强材料。PBO 纤维与其他高性能纤维的性能比较见表 7－11。

表 7－11 PBO 纤维与其他高性能纤维的性能比较

性能指标	断裂强度/$cN\cdot dtex^{-1}$	模量/GPa	断裂伸长率/%	密度/$g\cdot cm^{-3}$	回潮率/%	LOI/%	裂解温度/℃
Zylon HM	37	280	2. 5	1. 56	0. 6	68	650
Zylon AS	37	180	3. 5	1. 54	2	68	650
对位芳族聚酰胺	19. 5	109	2. 4	1. 45	4. 5	29	550
间位芳族聚酰胺	4. 7	17	22	1. 38	4. 5	29	400
钢纤维	3. 5	200	1. 4	7. 80	0	—	—
碳纤维	20. 5	230	1. 5	1. 76	—	—	—
高模量聚酯	35. 7	110	3. 5	0. 97	0	16. 5	150
聚苯并咪唑	2. 8	5. 6	30	1. 40	1. 5	41	550

由表 7－11 可见，PBO 纤维的强度、模量、耐热性和抗燃性，特别是 PBO 纤维的强度不仅超过钢纤维，而且超过碳纤维。此外，PBO 纤维的耐冲击性、耐摩擦性和尺寸稳定性均很优异，并

且质轻而柔软，是极其理想的纺织原料。

(四)应用

1. 长丝的应用 可用于轮胎、胶带(运输带)、胶管等橡胶制品的补强材料，各种塑料和混凝土等的补强材料，弹道导弹和复合材料的增强组分，纤维光缆的受拉件和光缆的保护膜，电热线、耳机线等各种软线的增强纤维，绳索和缆绳等高拉力材料，高温过滤用耐热过滤材料，导弹和子弹的防护设备、防弹背心、防弹头盔和高性能航行服，网球、快艇、赛艇等体育器材，高级扩音器振动板、新型通信用材料，航空航天用材料等。

2. 短切纤和浆粕的应用 可用于摩擦材料和密封垫片用补强纤维，各种树脂、塑料的增强材料等。

3. 纱线的应用 可用于消防服，炉前工作服、焊接工作服等处理熔融金属现场用的耐热工作服，防切伤的保护服、安全手套和安全鞋，赛车服、骑手服，各种运动服和活动性运动装备，飞行员服，防割破装备等。

4. 短纤维的应用 主要用于铝材挤压加工等用的耐热缓冲垫毡，高温过滤用耐热过滤材料，热防护皮带等。

三、玄武岩纤维

(一)概述

玄武岩纤维是玄武岩石料在 1450 ～ 1500℃下熔融后，通过铂铑合金拉丝漏板高速拉制而成的连续纤维。类似于玻璃纤维，其性能介于高强度 S 玻璃纤维和无碱 E 玻璃纤维之间，纯天然玄武岩纤维的颜色一般为褐色，有些似金色。

玄武岩纤维与碳纤维、芳纶、超高分子量聚乙烯纤维等高技术纤维相比，除了具有高技术纤维高强度、高模量的特点外，玄武岩纤维还具有耐高温性佳、抗氧化、抗辐射、绝热隔音、过滤性好、抗压缩强度和剪切强度高、适于各种环境下使用等优异性能，且性价比好，是一种纯天然的无机非金属材料，也是一种可以满足国民经济基础产业发展需求的新的基础材料和高技术纤维。

(二)玄武岩纤维的生产方法

1. 原料 玄武岩纤维的原料属于火成岩中 SiO_2 含量为 45%～53%的基性岩。主要矿物成分为基性斜长石和单斜辉石，其次有斜方辉石、橄榄石、角闪石的基性喷出岩。有些矿物含有结晶水，因此在加热熔制过程中会产生脱水效应。

玄武岩的化学组成为：SiO_2 45%～53%，Al_2O_3 12%～18%，CaO 6%～10%，MgO 5%～10%，Fe_2O_3+FeO 9%～15%，Na_2O+K_2O 3%～6%，TiO_2 1%～3%。其中 SiO_2、Al_2O_3 增加熔体的高温黏度，CaO、MgO、Fe_2O_3、FeO、Na_2O、K_2O 降低熔体的高温黏度。因此，不同化学组成的玄武岩就具有不同的高温黏度，不同的熔制温度和成型温度。熔制试验结果表明，玄武岩熔体的纤维成型温度范围为 1300～1450℃。针对不同形态纤维成型工艺的特点，将玄武岩熔体按黏度大小分为：适于连续纤维成型的黏性熔体、适于连续纤维和超细纤维成型的中黏度熔体和适于定长纤维成型的低黏性熔体。其相应的成型黏度范围见表 7－12。

表 7 - 12　生产纤维用玄武岩熔体分级

黏度/Pa·s　温度/℃ 熔体类别	1300	1450	纤维类别
黏性	20～100	5～15	连续玄武岩纤维
中黏性	10～20	3～5	连续玄武岩纤维、超细玄武岩纤维
低黏性	＜10	＜3	普通玄武岩纤维

玄武岩成分中 FeO 和 Fe_2O_3 含量高达 9%～15%，在降低熔体的高温黏度和析晶上限温度的同时，加快了析晶速度，使熔体在 1230～1320℃温度范围内易于析晶，透热性差使熔体在液深方向上的温度梯度加大，这些都不利于熔体的熔制和纤维的成型。铁含量高还造成熔体在高温下对铂铑合金漏板的接触角减小，给纤维成型工艺增添了难度。所以，窑炉必须设计成浅液面，以减少上述这些不利因素的影响。

2. 普通玄武岩棉　普通玄武岩棉通常采用空气立吹法工艺进行。图 7 - 21 所示是空气立吹法生产玄武岩棉的工艺设备示意图。

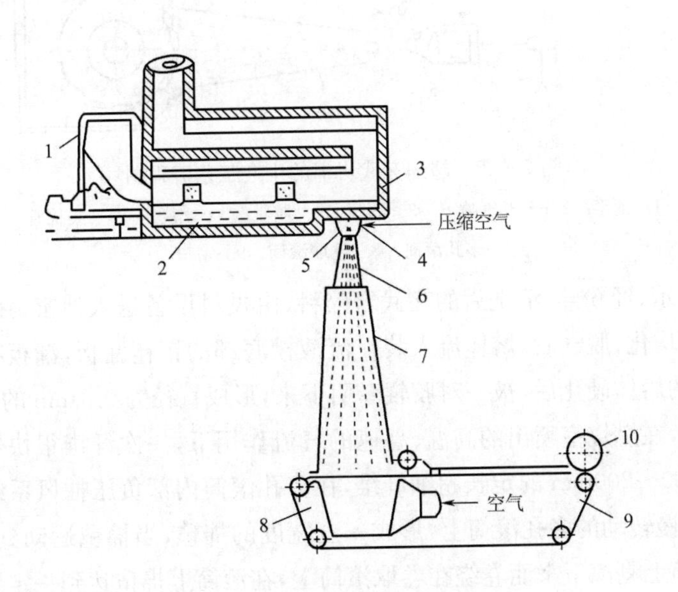

图 7 - 21　玄武岩棉生产工艺流程图

1—机械加料　2—池窑　3—料道　4—铂铑漏板　5—喷吹设备　6—集棉管
7—纤维沉降室　8—负压箱　9—输送带　10—棉卷

如图 7 - 21 所示，经破碎、清洗后直径为 50mm 的玄武岩料块，由加料设备投入池窑，在 1450～1500℃下熔化、均化、脱气后，熔体流入流液槽，进入装在流液槽底部的铂铑漏板，漏板有 10 个漏嘴，漏嘴直径为(3±0.2)mm，通过漏嘴流出的熔体形成一定直径的流股，流股被喷吹设备的高速压缩气流分散并牵伸成纤维，降落在沉降室的输送带上，输送带下面抽真空，使沉降室形成负压。随着输送带的运动，收卷成一定直径的棉卷。玄武岩棉以卷材形式供货，在 0.5g/cm^3 的载荷下容重为 40kg/m^3，纤维平均直径为 10～141μm。也有将棉直接沉降在多孔的滚筒上，滚筒内抽真空。

玄武岩熔体在1450～1490℃的熔制温度下，对普通炉衬耐火材料的侵蚀非常严重，试验表明，AZS－33对玄武岩高温熔体具有良好的抗侵蚀性能，它在池窑池壁处的侵蚀速度仅为0.4mm/d，因此，采用AZS－33电熔锆刚玉砖作为池窑炉衬、流液洞和流液槽处的耐火材料，将显著提高池窑运行周期和纤维成型工艺的稳定性。

3. 超细玄武岩纤维 图7－22是火焰喷吹法生产超细玄武岩棉的工艺设备示意图。

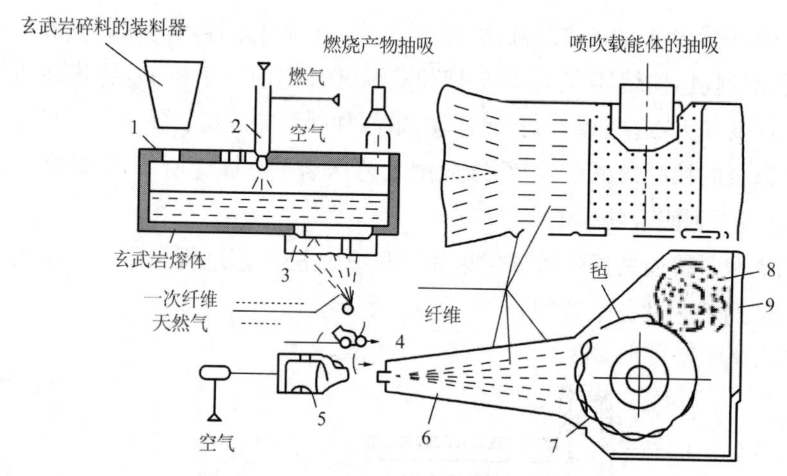

图7－22 超细玄武岩棉的生产工艺流程图

1—池窑 2—天然气喷嘴 3—漏板 4—胶辊 5—燃烧室 6—集棉管 7—多孔滚筒 8—卷取滚筒 9—窗口

如图7－22所示，经粉碎、清洗后的玄武岩碎料，由投料设备送入池窑，在垂直方向火焰的作用下，碎料熔化、均化、脱气后，熔体流入装在流液槽底部的铂铑漏板，漏板有200～300只漏嘴，通过漏嘴流出的熔体硬化后，被一对胶辊牵引下来，形成直径为0.1mm的一次纤维，随即送入燃烧室的喷火口，在燃烧室喷出的高温、高速的气流作用下，一次纤维很快熔融，并在气流中分散、牵伸成长度20～200mm的定长超细纤维，在多孔滚筒内部负压抽风系统的作用下，纤维经集棉管降落在缓慢转动的多孔滚筒上，形成一全宽度的棉毡，当棉毡运动到与卷取滚筒相接触时，即从多孔滚筒上剥离下来而卷绕在卷取滚筒上，在滚筒上棉毡达到一定厚度时，沿母线切下，从窗口取出。负压抽风系统的另一个功能是将喷吹过程形成的废气及时排走。

玄武岩中Fe_2O_3和FeO的含量为9%～15%，直接影响到铂铑漏板的性能和使用周期。据资料报道，目前有用中频感应炉熔制玄武岩，获得低黏度的熔体，再用空气立吹工艺使熔体纤维化，就可以得到超细玄武岩纤维，其优点是生产成本比火焰喷吹法降低了50%。

4. 连续玄武岩纤维 乌兰克是当今世界上主要生产纯玄武岩（不添加其他原料）连续纤维的国家。在长达40多年的科学研究、试验和工业化生产的过程中，相继解决了玄武岩原料选择、熔制与成型工艺等方面的关键性技术问题，建立了连续玄武岩纤维池窑拉丝生产线，实现了现代的工业化生产。

玄武岩的熔制工艺和成型工艺实质上是围绕玄武岩熔体透热性差、易结晶和析晶上限温度高等特点而展开的，经过研究、攻关，最终形成了一套适应这些特点的工艺制度。在原料方面，玄武岩是由多种矿物组成的灰黑色或灰色、棕黑色的矿物原料。作为单一原料使用时，必须具有确定的化学组成、高温黏度、结晶性能、硬化速度和表面张力等，这些对于连续纤维成型工艺的稳定性是十分重要的。研究试验表明，采用 SiO_2 含量约 52%，Al_2O_3 含量约 18%的玄武岩，其熔体在 1300～1450℃的温度范围内相应的黏度为（1×10^3）～（50×10^3）Pa 而且黏度对于温度的变化率相对较小，因此适合生产连续玄武岩纤维。在熔制方面，采用缩小熔化部分的面积，降低液深（液深为 100～300mm），严格控制窑炉的氧化还原气氛，保持稳定的 Fe^{2+}、Fe^{3+} 比值等技术措施。同时采用加热式管状流液洞，减少熔体对流液洞耐火材料的侵蚀污染，有利于下层熔体的流动与温度的恒定，达到向成型部或通路提供质量稳定，符合纤维成型工艺要求的熔体的目的。在纤维成型方面，采用铂管分流器、中心取液法（喂液器位于熔体液面高度的 1/2 处）、短漏板和热风式丝根冷却器等技术，拉丝作业稳定性大幅度提高，断头率下降至 0.9 根/h，获得了高质量的连续玄武岩纤维。

玄武岩纤维的生产采用单一的矿物原料，节省了一套配料制备系统，同时没有硼酸和纯碱等原料的挥发，以及由此产生的对窑耐火材料的侵蚀，生产环境的卫生程度得以提高，这是它的优点。其缺点也是显而易见的。首先，熔体铁含量高，由于铁离子对铂铑合金的冶金化学作用，使铂铑合金漏板的使用周期大大缩短，铂耗增加；其次，铂用量大，投资大；再次，玄武岩熔制的过程就是破坏各种矿物的晶格，使之成为熔体的过程。加上熔体透热性差，易结晶，因此需要更高的熔制温度和更长的熔体均化时间，使其热耗增加，生产效率下降。

纯玄武岩池窑拉丝工艺过程是经破碎、清洗后直径为 50～60mm 的玄武岩料块，由加料设备投入池窑，在垂直火焰的作用下，在约 1500℃的温度下熔化、均化、脱气后，熔体穿过沉式加热式管状流液洞，进入通路，此时熔体达到适合成型的温度，并由铂管分流器输送到相应的中心喂液器，让它流入铂漏板，由漏嘴流出的熔体，在热风式丝根冷却器的强制冷却下形成纤维，集束后卷绕在拉丝机机头的绕丝筒上。

（三）玄武岩纤维的应用

1. 玄武岩纤维无捻粗纱　用多股平行原丝或单股平行原丝在不加捻的状态下并合而成的玄武岩纤维制品。

2. 玄武岩纤维纺织纱　由多根玄武岩纤维原丝经过加捻和并股而成的纱线，一般单丝直径≤9mm。纺织纱大体上可分为织造用纱和其他工业用纱；织造纱是以管纱、奶瓶形筒子纱为主。

3. 玄武岩纤维短切纱　用连续玄武岩纤维原丝短切而成的产品。纤维上涂有（硅烷）浸润剂。所以玄武岩纤维短切纱是增强热塑性树脂的首选材料，同时还是增强混凝土的最佳材料。玄武岩是一种高性能的火山岩组分，这种特殊的硅酸盐，使玄武岩纤维具有优良的耐化学性，特别具有耐碱性的优点。因此，玄武岩纤维是替代聚丙烯（PP）、聚丙烯腈（PAN）用于增强水泥混凝土的优良材料；也是替代聚酯纤维、木质素纤维等用于沥青混凝土极具竞争力的产品，可以提高沥青混凝土的高温稳定性、低温抗裂性和抗疲劳性等。

4. 玄武岩纤维膨体纱　将玄武岩纤维纱经过高性能的膨体纱机，制成玄武岩纤维膨体纱。

成型原理是：高速空气流进入成型膨化通道中形成紊流，利用这种紊流作用将玄武岩纤维分散开，使其形成毛圈状纤维，从而赋予玄武岩纤维蓬松性，制造成膨体纱。

5. 玄武岩纤维复合材料 玄武岩纤维及其复合材料可以较好地满足国防建设、交通运输、建筑、石油化工、环保、电子、航空、航天等领域结构材料的需求，对国防建设、重大工程和产业结构升级具有重要的推动作用。它既是21世纪符合生态环境要求的绿色材料，又是一个在世界高技术纤维行业中可持续发展的有竞争力的新材料产业。尤其是我国已经拥有自主知识产权的玄武岩纤维制造技术及工艺，并且达到了国际领先水平，因此，大力发展玄武岩纤维及其复合材料产业无疑具有重要的意义。

6. 玄武岩纤维在功能服装领域的应用 玄武岩纤维布具有高强度、永久阻燃性、短期耐温在1000℃以上，可长期在760℃温度环境下使用，是顶替石棉、玻璃纤维布的理想材料。玄武纤维布的断裂强度高、耐温高，具有永久阻燃性是Nomex(芳纶1313)、Kevlar(芳纶1414)、Zylon(PBO纤维)、碳纤维等高性能纤维和先进纤维的低价替代品。将玄武纤维布经化学印染整理可以染色和印花。经功能性整理，例如有机氟整理可做成防油拒水永久阻燃布。玄武纤维布可制造的服装有消防员灭火防护服、隔热服、避火服、炉前工防护服、电焊工作服，军用装甲车辆司乘员阻燃服。

☞思考与练习题

1. 什么是高性能纤维？
2. 简述芳纶1313的加工方法和性能特点。
3. 芳纶1414为什么会具有高强度和高模量？
4. 简述超高分子量聚乙烯纤维的加工工艺。
5. 氨纶为什么具有高弹性？
6. 氨纶有哪些加工方法？各方法生产的氨纶在性能上有什么差异？
7. 简述碳纤维的发展历史。
8. 碳纤维有哪些加工方法？
9. 简述碳纤维的性能特点及应用。
10. 简述弹珠熔融生产玻璃纤维长丝的工艺流程。

参考文献

[1]王曙中，王庆瑞，刘兆峰. 高科技纤维概论[M]. 北京：中国纺织出版社，1999.
[2]邢声远. 纺织纤维[M]. 北京：化学工业出版社，2004.
[3]王建坤. 新型服用纺织纤维及其产品开发[M]. 北京：中国纺织出版社，2006.
[4]郭大生，王文科. 聚酯纤维科学与工程[M]. 北京：中国纺织出版社，2001.
[5]李汉堂. 高性能增强材料——对位芳族聚酰胺纤维[J]. 合成技术及应用，2006(1)：39-43.
[6]王祥彬，陈庆礼. 高性能纤维芳纶[J]. 济南纺织化纤科技，2001(1)：20-22.

[7]孔庆保.芳纶纤维复合材料的现状与开发[J].纤维复合材料,1990(1):8-16.
[8]沙中瑛,于振环,宋威.芳纶纤维在轮胎工业中的应用[J].弹性体,2004,14(1):62-65.
[9]余艳娥,谭艳君.新型高性能纤维——芳纶[J].高科技纤维与应用,2004,29(5):37-39.
[10]董纪震,赵耀明,陈雪英.合成纤维生产工艺学[M].北京:纺织工业出版社,1994.
[11]王丽丽,陈蕾,胡盼盼.芳纶 1313 纤维的研制 [J].上海纺织科技,2005(1):12-14.
[12]刘丽,张翔,黄玉东,等.芳纶表面及界面改性技术的研究现状及发展趋势[J].高科技纤维与应用,2002(4):12-17.
[13]高田忠彦,毕鸿章.对位型芳纶的性能和应用[J].高科技纤维与应用,1998(6):40-44.
[14]陈成泗,超高分子量聚乙烯纤维及其复合材料的现状和发展[J].世界塑料,2008(2):56-60.
[15]沈新元.先进高分子材料[M].中国纺织出版社,2006.
[16]石建高,王鲁民.渔用高强度聚乙烯和普通聚乙烯单丝结构与性能的比较研究[J].中国海洋大学学报,2005,35(2):301-305.
[17]吴人洁.复合材料[M].天津:天津大学出版社,2000.
[18]沃丁柱.复合材料大全[M].北京:化学工业出版社,2000.
[19]陈冠荣.化工百科全书[M].北京:化学工业出版社,1990.
[20]叶静.聚氨酯弹性纤维的现状与前景[J].天津纺织科技,2002(1):2-5.
[21]安福,惠泉,周树理.国内氨纶产业链的现状及发展趋势[J].当代石油石化,2010(4):22-26.
[22]杨涛锋,陈大俊.熔纺氨纶的制备方法及性能[J].聚氨酯工业,2000(1):1-4.
[23]经菊琴.聚氨酯弹性纤维新品种及应用领域的开发[J].聚氨酯工业,1994(2):8-10.
[24]山西省化工研究所.聚氨酯弹性体手册[M].北京:化学工业出版社,2001.
[25]王文科,袁峰.弹性纤维的熔融纺丝技术[J].合成纤维工业,1999(3):38-41.
[26]马晓光,刘越.氨纶的生产应用与发展[J].合成纤维工业,2000(6):22-25.
[27]李健玲,刘西涛,胡铁,等.碳纤维的生产应用与建议[J].甘肃科技,2005(11):162-163.
[28]王德诚.PAN 基及沥青基碳纤维生产现状与展望[J].合成纤维工业,1998(2):45-48.
[29]贺福,王茂章.碳纤维及其复合材料[M].北京:科学出版社,1995.
[30]宋焕成,赵时熙.聚合物基复合材料[M].北京:国防工业出版社,1990.
[31]上官倩芡,蔡泖华.碳纤维及其复合材料的发展及应用[J].上海师范大学学报,2006,23(5):1-3.
[32]贺福.碳纤维及其应用技术[M].北京:化学工业出版社,2004.
[33]宇野泰光.氟树脂纤维的制造及织物的开发[J].纤维学会志,1998,54(9):34-36.
[34]罗益锋.含氟纤维的制备、特性和应用[J].高科技纤维与应用,1999(5):20-24.
[35]徐凤,聂琼,徐红.玻璃纤维的性能及其产品的开发[J].轻纺工业与技术,2011(5):40-41.
[36]钱世准.玻璃纤维纺织制品的开发动向(3)[J].玻璃纤维,2001(6):12-19.
[37]陈世达,王健.高技术纤维[M].北京:纺织工业出版社,1992.
[38]肖长发.聚苯并咪唑纤维及其应用[J].高科技纤维与应用, 2003(3):5-10.
[39]马春杰,宁荣昌.PBO 纤维的研究及进展[J].高科技纤维与应用,2004(3):45-51.
[40]李霞,黄玉东,矫灵艳.PBO 纤维的合成及其微观结构[J].高分子通报,2004(4):102-107.
[41]周其凤,王新久.液晶高分子[M].北京:科学出版社,1999.
[42]周晶晶,廉娇鸽.浅析玄武岩纤维的应用[J].科技信息,2011(19):33-33.

[43]欧阳利军,丁斌,陆洲导.玄武岩纤维及其在建筑结构加固中的应用研究进展[J].玻璃钢/复合材料,2010(3):84-88.

[44]李建利,张新元,张元,等.碳纤维的发展现状及开发应用[J].成都纺织高等专科学校学报,2016(4):158-164.

[45]2015年全球碳纤维行业市场需求预测[EB/OL].http://www.chyxx.com/industry/201511/354737.html.

[46]张定金,陈虹,张婧.国内外碳纤维及其复合材料产业现状及发展趋势[J].新材料产业,2015(5)5:31-35.

[47]周宏.对位芳纶技术发明史[J].合成纤维,2018(2):12-17.

[48]朱长春,吕国会.中国聚氨酯产业现状及"十三五"发展规划建议[J].聚氨酯工业,2015(3):1-25.

第八章　功能纤维

第一节　概　述

纤维的功能是指纤维在外部作用下，使这些作用发生量的变化或质的转变，从而使纤维具有导电、传递、储存、光电及生物相容性等方面的能力。功能纤维主要是指具有能传递光、电以及吸附、超滤、透析、反渗透、离子交换等特殊功能的纤维，还包括提供舒适性、保健性、安全性等方面的特殊功能及适合在特殊条件下应用的纤维。

功能纤维主要是在最近二三十年里发展起来的，它们的应用领域极其广泛，纤维及其制品相当繁杂，纤维的制取方法也各不相同。因此，对功能纤维进行划分和归类比较困难，一般根据功能纤维的特殊用途进行分类，功能纤维按其属性可分为四大类。

1. 物理性功能　其中电学功能有，抗静电性、导电性、电磁波屏蔽性、光电性以及信息记忆性等；热学功能有，耐高温性、绝热性、阻燃性、热敏性、蓄热性以及耐低温性等；光学功能有，光导性、光折射性、光干涉性、耐光耐候性、偏光性以及光吸收性等；物理形态功能有，异形截面形状、超微细和表面微细加工等。

2. 化学性功能　化学性功能有光降解性、光交联性、消异味功能和催化活性功能等。

3. 物质分离性功能　分离性功能有中空分离性、微孔分离性和反渗透性等，吸附交换功能有离子交换性、高吸水性、选择吸附性等。

4. 生物适应性功能　医疗保健功能，如防护性、抗菌性、生物适应性等，生物功能有人工透析性、生物吸收性和生物相容性。

第二节　导电纤维

一、概述

导电纤维是20世纪60年代出现的一种新的纤维品种，是指在标准状态（20℃，相对湿度65%）下，质量比电阻为$10^8\Omega\cdot g/cm^3$以下的纤维。而在此条件下，涤纶的质量比电阻为$10^{17}\Omega\cdot g/cm^3$，而腈纶为$10^{13}\Omega\cdot g/cm^3$。导电纤维的消除和防止静电的性能远高于抗静电纤维，其导电原理在于纤维内部含有自由电子，无湿度依赖性，即使在低湿度条件下也不会改变导电性能。这类纤维具有良好的导电性和耐久性，特别是在低湿度下仍具有良好的耐久抗静电性，因此，在工业、民用等领域有着很广阔的用途。

最初的导电纤维是采用直径约为 8μm 的不锈钢制成。20 世纪 70 年代各种导电性的有机合成纤维蓬勃兴起，各种牌号、类型的导电纤维大量被研制开发出来。已开发的导电纤维主要有金属纤维、碳素复合纤维和腈纶铜络合纤维等，国内使用的抗静电织物大多是用金属纤维或腈纶铜络合纤维和其他纤维混纺、交织而成。

在抗静电织物中所使用的导电纤维，需要具备以下特性。

(1)有优良的消除静电的能力，并且有着良好的耐久性。

(2)具有稳定的物理性质和化学性质。

(3)与一般纤维抱合性好，容易混纺和交织，不影响织物的柔软性和外观。

二、导电纤维的分类

(一)按导电成分在纤维中的分布状态分类

1. 均匀型 导电成分均匀地分布在纤维内。

2. 被覆型 导电成分通过涂、镀等方法被覆于纤维表面。

3. 复合型 导电成分混溶在纺丝液中，或通过复合纺丝方法制得导电纤维。

(二)按纤维材料分类

按纤维材料来分主要品种有金属化合物型导电纤维、金属系导电纤维、炭黑系导电纤维、导电高分子型纤维。

1. 金属化合物型导电纤维 电阻率为 $10^2 \sim 10^4 \Omega \cdot cm$，主要采用复合纺丝法将高浓度的导电微粒局部混入纤维中制取，黑系导电微粒用炭黑，白系用金属氧化物，如含少量氧化锡的氧化锑表面上涂覆二氧化钛，纤维相对较轻，有可挠性、可洗性和便于加工等特点。也可通过后加工化学固着铜化物或电镀金属。

2. 金属系导电纤维 镀银不锈钢导电纤维。这类纤维是利用金属的导电性能而制得的。主要生产方法有直接拉丝法，即将金属线反复通过模具进行拉伸，制成直径 4～16μm 的纤维。

3. 炭黑系导电纤维 利用炭黑的导电性能来制造导电纤维，这是一种比较古老而普遍的方法。该方法具体又可分为以下三种。

(1)掺杂法。将炭黑与成纤物质混合后纺丝，炭黑在纤维中呈连续相结构，赋予纤维导电性能。这种方法一般采用皮芯复合纺丝法，既不影响纤维原有的物理性能，又使纤维具有了导电性。

(2)涂层法。在普通纤维表面涂上炭黑。涂层方法可以采用黏合剂将炭黑黏合在纤维表面，或者直接将纤维表面快速软化，并与炭黑黏合。此方法的缺点是炭黑容易脱落，手感亦不好，炭黑在纤维表面不易均匀分布。

(3)纤维碳化处理法。有些纤维，如聚丙烯腈纤维、纤维素纤维、沥青系纤维等，经碳化处理后，纤维的主链主要为碳原子，从而使纤维具有导电能力。目前采用较多的是丙烯腈系纤维的低温碳化处理法。

4. 导电高分子型纤维 高分子材料通常被认为是绝缘体，而 20 世纪 70 年代聚乙炔导电材料的研制成功却打破了这种传统观念，随后，相继诞生了聚苯胺、聚吡咯、聚噻吩等高分子导电物质，人们对高分子材料导电性能的研究也越来越广泛。利用导电高分子制备导电纤维，主要方法有两种：导电高分子材料的直接纺丝法和后处理法。

三、导电纤维的作用机理

导电纤维消除静电的机理与导电纤维是否接地有关。不接地的导电纤维消除静电的过程可分为以下几个步骤。

①含导电纤维的织物因摩擦而带上静电。

②织物（带电体）中产生的电荷向导电纤维汇集，导电纤维中诱导了与织物上电荷符号相反的电荷。

③导电纤维附近诱发产生强电场，使其周围的空气受此电场作用而电离。

④电晕放电产生的正、负离子中，与织物所带电荷性质相反的离子向织物移动，与织物所带电荷中和，从而消除静电。电晕放电受导电纤维形状的影响，导电纤维越细，表面越粗糙或有突出处，越容易电晕放电；外界电压越高，电晕放电越容易。

接地导电纤维消除静电的机理是：在电晕放电的同时，诱导电荷聚集在导电纤维周围，进而泄漏入大地。当带电体与接地的导电纤维接近时，在导电纤维周围生成了正、负离子，其中与带电体所带电荷相反的离子向带电体移动而中和，而与带电体所带电荷相同的离子通过导电纤维向大地泄漏掉。

四、导电纤维的制备方法

导电纤维一般是用普通纤维作基材，经导电处理制成的。最常用的方法是通过将无导电性能的有机纤维和导体复合而制成导电的复合纤维。这种方法利用聚合物的易成型性和柔软性，不仅可通过不同的复合方法和复合程度调节纤维的导电程度，而且还能通过聚合物内的分子取向程度来调节其导电的各向异性。

导电纤维的制备方法见表 8－1。

表 8－1　导电纤维的制备方法

类　别	名　　称	制备方法
均匀型	金属纤维（不锈钢、铜等）	金属线反复拉丝细化
	碳纤维	由腈纶、黏胶纤维、沥青纤维为原丝，碳化而成
包覆型	金属包覆有机纤维	在有机纤维表面浸渍涂镀或真空蒸镀包覆
	导电性树脂包覆有机纤维	在纤维表面形成分散有导电粒子的有机导电层
	导电性微粒包覆的纤维	利用复合纺丝，使导电微粒子分布于纤维表层
复全型	同心圆状复合纤维	利用复合纺法，芯层为含有导电微粒子的聚合物
	导电层露出纤维表面的复合纤维	用复合纺丝法制得偏心圆形复合纤维
	海岛型或多芯复合纤维	将主聚合物与分散有导电粒子的聚合物共混或多芯复合纺丝制成

五、导电纤维的应用

导电纤维通常用于制成抗静电织物，其导电性能比抗静电纤维更好，所发生的静电能更快地泄漏，有效地防止了静电的局部聚积，同时，导电纤维还具有电晕放电能力，能达到向大气放掉电荷的效果。表 8－2 列出了由导电纤维所制抗静电产品的分类和性能要求。

表 8－2　由导电纤维所制抗静电产品的分类和性能要求

商　　品	应用领域	主要效果
防爆型工作服	炼油厂、油轮、石化、煤炭等	防止引起爆炸
防尘工作服(包括辅料)	精密机械、仪表、电子工业、食品、医药等	防尘
一般抗静电服装	内衣	防止缠绕
	一般外衣	避免穿脱时的不舒服感
抗静电毛毯	医院、旅馆、车辆、轮船等	防止电击引爆

第三节　防辐射纤维

一、概述

防辐射纤维是受高能辐射后不发生降解或交联且能保持一定力学性能的纤维。高能辐射线主要包括中子射线，α 射线，β 射线，γ 射线，紫外线，红外线，电磁波，宇宙射线，激光和微波等。随着科学技术的发展，各种高能射线，如微波、X 射线等在军事、通信、医学、食品加工和日常生活中得到了越来越多的应用。与此同时，这些射线在某种程度上也给人类产生了一定的危害。由于缺乏防护或防护不当，长期受电磁波辐射的人员出现了早脱发等问题。由于全球环境污染的加剧及人为的破坏，我们赖以繁衍生息的地球其生态环境遭到了严重的破坏，大气中的臭氧层因人类过量使用氟利昂而变薄，使地球表面紫外线的照射量增加，人类皮肤癌患者明显增多，因此，人们迫切希望能研制开发出防辐射纤维及纺织品。

能给人体带来伤害的辐射源各不相同，它们产生射线的能级也不一样，因此用于抵抗这些射线辐射的材料也各不相同。目前所开发并已在防护领域得到有效应用的防辐射纤维品种主要有：抗紫外线纤维、防微波辐射纤维、防 X 射线纤维、防中子辐射纤维等。

二、抗紫外线纤维

紫外线是一类波长为 200～400nm 的电磁波，其中波长在 290nm 以下的部分称为紫外线 C，这种紫外线能量很高，能被臭氧层吸收，无法到达地面。波长为 290～320nm 的紫外线称为紫外线 B，它虽然也会被臭氧层吸收，但有一部分能穿透大气层到达地面。紫外线中波长为 320～400nm 的电磁波称为紫外线 A，这种紫外线能透过云雾、玻璃，深入皮肤内部。紫外线对生命的成长起到了无可替代的重要作用，能有效地促进维生素的生成，还具有杀菌作用，但过度的照射不仅对地球环境产生影响，而且对人体，特别是对皮肤都会造成很大的伤害，它会逐渐使肌肉失去弹性，使皮肤松弛、出现皱纹，若紫外线照射量过多，还容易引发皮肤癌。

抗紫外线纤维是指本身具有抗紫外线破坏能力的纤维或含有抗紫外线添加剂的纤维。例如，腈纶是优良的抗紫外线纤维，而锦纶抗紫外线的能力相对较差，因此需要在制造锦纶的聚合物中加入少量的添加剂，如锰盐和次磷酸、硼酸锰、硅酸铝及锰盐/铈盐混合物等，即能制得抗紫外线锦纶。抗紫外线涤纶是采用在聚酯中掺入陶瓷紫外线遮挡剂的方法制成的。对于棉纤维，则可采用浸渍有机系（如水杨酸系、二苯甲酮系、苯并三唑系、氰基丙烯酸酯系等）紫外线的吸收剂来制成。这样制成的防紫外线纤维不仅具有很高的遮挡紫外线性能，其紫外线遮挡率可达95%以上，见表8-3，而且还有很好的耐洗涤牢度和良好的手感。

表8-3 不同纤维织物下的紫外线透射量

（紫外线照射强度为20J·cm^{-2}·h^{-1}）

织物纤维	透射量/J·cm^{-2}·h^{-1}	遮挡率/%
防紫外线涤纶	0.4	97.9
普通涤纶	2.5	87.6
棉	6.0	70.0

抗紫外线纤维经纺织加工后主要用于制作衬衫、运动服、制服、工作服、袜子、帽子、窗帘以及遮阳伞等。其纺织品还有隔热的作用，用作夏季服装时更感凉爽。

三、防X射线纤维

防X射线纤维是指对X射线具有防护功能的纤维。X射线对人体的性腺、乳腺、红骨髓等都有伤害，若超过一定剂量还会造成白血病、骨肿瘤等恶疾，因此X射线的防护对某些人员来说显得尤为重要。虽然人们早已经采取了多种防护措施，但目前使用的防X射线辐射材料多是含铅的玻璃、有机玻璃及橡胶等制品，它们既笨又重，而且其中的铅氧化物还有一定毒性，会对环境造成一定程度的污染。因此，很有必要开发新型无毒的防X射线材料。

最近，国内有纺织院校利用聚丙烯和固体X射线屏蔽剂材料复合制成了具有防X射线功能的纤维。成品纤维的线密度可在2.2dtex以上，纤维的断裂强度可达20～30cN/tex，断裂伸长率在25%～45%，纤维的力学性能与纤维纺丝后加工的拉伸倍数有关。防X射线纤维具有较好的X射线屏蔽效果，由防X射线纤维做成的一定厚度的非织造布对X射线的屏蔽率随X射线仪上管电压的增加而有所下降；而它的屏蔽率又随非织造布平方米重量的增加而有一定程度的上升。这说明由聚丙烯为基础制成的这种防射线纤维做成的非织造布，对中、低能量的X射线具有较好的屏蔽效果；当用于防护服的非织造布的平方米重量在600g/m^{2}以上时，非织造布对中、低能量的X射线的屏蔽率可达到70%以上。若要进一步提高防护服的屏蔽率，则可以很方便地通过调节织物的重量或增加它的层数来实现。

四、防微波辐射纤维

防微波辐射纤维是指对电磁波具有反射性能的纤维。

微波是一种频率很高的电磁波，它的频率范围一般在$(3\times10^{8})\sim(3\times10^{11})$Hz。由于微波具有频率高、频带宽、信息量大、波长短、波束定向性和分辨能力高等特点，因此它在雷达、通信、医疗、食品加工等领域得到了广泛的应用。但是当人们学会利用微波优点的同时，微波也给人类带来了相当大的危害。据介绍，一定强度的微波辐射可以引起动物心血管系统、内分泌系统、免疫系统和生殖系统的功能损伤。长期受到微波辐射的工作人员，他们的收缩压、心率、血小板和白细胞的免疫功能等都会受到一定程度的影响，并会产生神经衰弱、眼晶体混浊等症状，这就是说高频率的微波辐射对人体有很明显的破坏作用。

在过去，微波的防护一般采用金属材料，如以前在部队中使用的金属服，因其过于笨重而很少有人穿着。为了解决这一问题，近几年来国内纺织研究机构利用金属纤维与其他纤维混纺成纱，再织成布，开发了具有良好防辐射效果的防微波织物。其中所用的金属纤维可以是纯粹由无机金属材料制成的纤维，如不锈钢纤维；也可以是在金属纤维的表面涂上一层塑料后制成的纤维；或者是外包金属的镀金属纤维，如镀铜、镀镍、镀铝、镀锌、镀银的聚酯纤维、玻璃纤维等。这些纤维有柔曲性好、强度高的特点，而且还具有对电磁波和红外线的反射性能。由它们制成的防辐射织物除了防辐射性能外，通常还有质轻、柔韧性好等优点，因此是比较理想的微波防护面料。例如，国内最近开发的一种防微波织物，它由含11%左右不锈钢纤维的纱线与普通纱线间隔交织而成。经实际测试，这种防微波织物对各种频率的微波具有一定的隔离度。隔离度又称为屏蔽效率，是一项反映遮挡微波效果的指标，通常用微波透过织物的透射量与入射量的相对值的对数表示，单位为分贝(dB)，即隔离度为：

$$L(\mathrm{dB})=10\times L_{\mathrm{g}}(P_1/P_2)$$

式中：P_2为进波功率；P_1为出波功率。

防微波织物的隔离度为50dB，相当于微波通过织物后衰减了10万倍，即透射量仅为入射量的十万分之一。

五、防中子辐射纤维

防中子辐射纤维是指对中子流具有突出抗辐射性能的特种合成纤维，在高能辐射下它仍能保持较好的力学性能和电气性能，并同时具有良好的耐高温和抗燃性能。中子虽不带电荷，但具有很强的穿透力，它在空气和其他物质中可以传播更远的距离，对人体产生的危害比相同剂量的X射线更为严重。由防中子辐射纤维制成的屏蔽物，其作用就是要将快速中子减速和将慢速(热)中子吸收，通常的中子辐射防护服装只能对中、低能中子防护有效。日本将锂和硼的化合物粉末与聚乙烯树脂共聚后，采用熔融皮芯复合纺丝工艺研制了防中子辐射材料，纤维的强度可达20～30cN/tex，断裂伸长为21%～32%。由于纤维中锂或硼化合物的含量高达纤维重量的30%，因而具有较好的防护中子辐射效果，可加工成机织物和非织造布，定重为430g/m^{2}的机织物的热中子屏蔽率可达40%，常用于医院放疗室内医生与病人的防护。国内采用硼化合物、重金属化合物与聚丙烯等共混后熔纺制成皮芯型防中子、防X射线纤维，纤维中的碳化硼含量可达

35%，纤维强度可达 23～27cN/tex，断裂伸长达 20%～40%，可加工成针织物、机织物和非织造布，在原子能反应堆周围使用，可使中子辐射防护屏蔽率达到 44%以上。

第四节　光导纤维

一、概述

光导纤维又称导光纤维、光学纤维，是一种把光能闭合在纤维中而产生导光作用的纤维，它能将光的明暗、光点的明灭变化等信号从一端传送到另一端，光导纤维是由两种或两种以上折射率不同的透明材料通过特殊复合技术制成的复合纤维。它的基本结构是由实际起着导光作用的芯材和能将光能闭合于芯材之中的皮层构成。

光导纤维有多种分类方法，按材料组成可分为玻璃、石英和塑料光导纤维；按形状和柔性可分为可挠性和不可挠性光导纤维；按纤维结构可分为皮芯型和自聚集型（又称梯度型）；按传递性可分为传光和传像光导纤维；按传递光的波长可分为可见光、红外线、紫外线、激光等光导纤维。

光导纤维一般以束、缆、板、管等形式使用。制造有机导光纤维的内芯和涂层材料很多，有的在聚甲基丙烯酸甲酯纤维上覆盖一层聚乙烯或其他不同折射率的材料，如聚四氟乙烯，还有的采用聚丙烯腈树脂覆盖腈纶芯丝。

在选择光导纤维的基材时，一般要求芯料的透光率高，而涂层材料要求折射率低，并且要求芯料和涂料的折射率相差越大越好。在热性能方面，要求两种材料的热膨胀系数相接近，若相差较大，则形成的光导纤维产生内应力，使透光率和纤维强度降低。另外，要求两种材料的软化点和高温下的黏度都要接近，否则会导致芯料和涂层材料结合不均匀，将会影响纤维的导光性能。

采用光导纤维进行通信，不仅能节省大量的金属资源，而且使用寿命长，结构紧凑，体积小，性能比电缆好得多；具有容量大、抗干扰性好、能量衰耗小；传送距离远、重量轻、绝缘性能好、保密性强、成本低等特点。光导纤维的容量非常惊人，一根直径只有千分之一厘米的光导纤维，可以同时传递 32000 对电话。如采用激光通信，一条光纤电缆能同时接通 100 亿条电话线路和 1000 万套电视通信，可供全世界每人 2 部电话使用。而且光导纤维通信的频率范围宽、传递的音质好、图像清晰、色彩逼真。同时，由于光导纤维通信的光能频率高，具有极好的抗干扰性，特别是使用激光光源时，其抗干扰性又提高了一大步。光能在光导纤维中屏蔽传导、不易泄漏、不易被截获、具有良好的保密性。更不受空间各种频率电磁波的干扰，也不会受到风、雨、雷、电的影响，是真正的全天候式安全通信技术。

二、光纤的主要特性

光纤有单芯（单模）和多芯（多模）之分，如下页图所示。光纤通信是利用光导纤维传递光脉冲来进行通信。习惯上，有光脉冲表示比特 1，而无光脉冲则表示比特 0。光传输系统由三部分组成，即光源、传输介质和检测器。光纤通信的原理是光的全反射特性，当光照到检测器时，它产生一个电脉冲，在光纤的一端放上光源，另一端放上检测器，就有了一个单向传输系统，它接收一个电信号，转换成光脉冲并传输出去，然后接收端再把光脉冲转换为电信号。

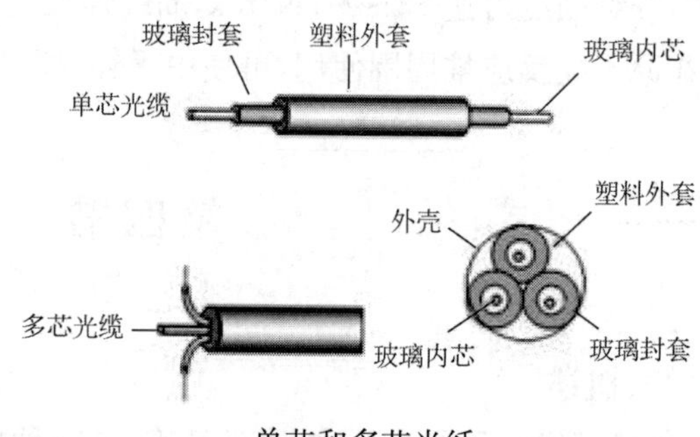

单芯和多芯光纤

(一)物理特性

在计算机网络中均采用两根光纤(各用于不同传输方向)组成传输系统。按波长范围(近红外范围内)可分为三种，即 0.85μm 短波长区(0.8～0.9μm)、1.3μm 长波长区(1.25～1.35μm)和 1.55μm 长波长区(1.53～1.58μm)。不同的波长范围光纤损耗特性也不同，其中 0.85μm 波长区为多模光纤通信方式，1.55μm 波长区为单模光纤通信方式，1.3μm 波长区有多模和单模两种方式。

(二)传输特性

光纤通过内部的全反射来传输一束经过编码的光信号，内部的全反射可以在任何折射指数高于包层媒体折射指数的透明媒体中进行。光纤的数据传输率可达 Gbps 级，信号损耗和衰减非常小，传输距离可达数十千米，是长距离传输的理想传输介质。

(三)连通性

光纤普遍用于点到点的链路。由于光纤具有功率损失和衰减小的特性以及有较大的带宽潜力，因此一段光纤能够支持的分接头数比双绞线或同轴电缆多得多。

(四)地理范围

从目前的技术来看，光纤可以在 6～8km 的距离内不用中继器传输，因此光纤适合于在几个建筑物之间通过点到点的链路连接局域网络。

(五)抗干扰性

光纤具有不受电磁干扰或噪声影响的独有特征，适宜在长距离内保持高数据传输率，而且能够提供很好的安全性。

由于光纤通信具有损耗低、频带宽、数据传输率高和抗电磁干扰强等特点，对高速率、距离较远的局域网也是很适用的。目前采用波分复用技术可以在一条光纤上复用多路传输，每路使用不同的波长。

三、光纤的分类

按光纤的组成材料可分为：石英玻璃光纤(主要材料为 SiO_2)、复合光纤(主要材料为 SiO_2、Na_2O 和 CaO 等氧化物)、硅酸盐光纤、氟化物光纤、塑包光纤、全塑光纤、液芯光纤、测光光纤、尾光光纤和工业光纤等。光通信中主要用石英光纤，后面所述的光纤也主要是指石英光纤。

(一)石英光纤

石英光纤是一种以高折射率的纯石英玻璃(SiO_2)材料为芯，以低折射率的有机或无机材料为包皮的光学纤维。石英光纤传输波长范围宽(从近紫外到近红外,波长为0.38~2.0μm),所以石英光纤适用于从紫外到红外各波长信号及能量的传输。另外,石英光纤具有数值孔径大、光纤芯径大、机械强度高、弯曲性能好和很容易与光源耦合等优点,故在传感、光谱分析、过程控制及激光传输、激光医疗、测量技术、刑侦、信息传输和照明等领域的应用也极为广泛,尤其是在工业和医学等领域的激光传输中应用,这更是与其他种类的光纤无法比拟的。

(二)复合光纤

复合光纤是在SiO_2原料中再适当混合诸如氧化钠(Na_2O)、氧化硼(B_2O_3)、氧化钾(K_2O)等氧化物的多成分玻璃做成的光纤。其特点是多成分玻璃比石英的软化点低且纤芯与包层的折射率差很大。目前主要用于医疗业务的光纤内窥镜等。

(三)氟化物光纤

氟化物光纤(Fluoride Fiber)是由氟化物玻璃做成的光纤。这种光纤原料简称ZBLAN,即将氟化锆(ZrF_4)、氟化钡(BaF_2)、氟化镧(LaF_3)、氟化铝(AlF_3)、氟化钠(NaF)等氟化物玻璃原料简化而成的缩略语。它主要工作在2~10pm波长的光传输业务。

由于ZBLAN具有超低损耗光纤的可能性,目前正在进行着用于长距离通信光纤的可行性开发,如其理论上的最低损耗在3pm波长时可达3~10dB/km,而石英光纤在1.55pm波长时却在0.15~0.16dB/km。目前,ZBLAN光纤由于难以降低散射损耗,只能用在2.4~2.7pm的温敏器和热图像传输,尚未广泛应用。

(四)塑包光纤

塑包光纤(Plastic Clad Fiber)是将高纯度的石英玻璃做成纤芯,而将折射率比石英稍低的如硅胶等塑料作为包层的阶跃型光纤。它与石英光纤相比较,具有纤芯粗、数值孔径(NA)高的特点。因此,易与发光二极管LED光源结合,损耗也较小,非常适用于局域网(LAN)和近距离通信。

(五)全塑光纤

全塑光纤是将纤芯和包层都用塑料(聚合物)制作成的光纤。早期产品主要用于装饰和导光照明及近距离光链路的光通信中。原料主要是有机玻璃(PMMA)、聚苯乙烯(PS)和聚碳酸酯(PC)。损耗受到塑料固有的C—H结合结构制约,一般每千米可达几十分贝。为了降低损耗正在开发应用氟索系列塑料。由于塑料光纤(Plastic Optical Fiber)的纤芯直径为1000 pm,比单模石英光纤粗100倍,接续简单,而且易于弯曲,便于施工。近年来,由于宽带普及,作为渐变型(GI)折射率的多模塑料光纤越来越受到社会的重视,目前它在汽车内部LAN中应用较多,未来在家庭LAN中也将广泛应用。

(六)碳涂层光纤

在石英光纤的表面涂敷碳膜的光纤,被称为碳涂层光纤(Carbon Coated Fiber,CCF)。其机理是利用碳素的致密膜层,使光纤表面与外界隔离,以改善光纤的机械疲劳损耗和氢分子的损耗增加。CCF是密封涂层光纤(HCF)的一种。

(七)金属涂层光纤

金属涂层光纤(Metal Coated Fiber)是在光纤的表面涂布Ni、Cu、Al等金属层的光纤。也有再在金属层外被覆塑料的，目的在于提高抗热性和可供通电及焊接。它是抗恶环境性光纤之一，也可作电子电路的部件。早期产品是在拉丝过程中，涂布熔融的金属制作成的。此法因玻璃与金属的膨胀系数差异太大，会增加微小弯曲损耗，实用率不高，但近期，由于成功研制了在玻璃光纤的表面采用低损耗的非电解镀膜法，使其性能大有改善。

（八）掺稀土光纤

掺稀土光纤是在光纤的纤芯中掺杂，如铒（Er）、钕（Nd）、镨（Pr）等稀土族元素的光纤。1985 年英国的南安普顿（Southampton）大学的佩恩（Payne）等首先发现掺杂稀土元素的光纤（Rare Earth Doped Fiber）有激光振荡和光放大的现象，从此揭开了掺铒等光放大的面纱。现在已经实际应用的 1.55pmEDFA 就是掺铒的单模光纤，利用 1.47pm 的激光进行激励，得到 1.55pm 光信号放大的。另外，掺杂氟化物光纤放大器（PDFA）正在开发中。

（九）发光光纤

发光光纤是采用含有荧光的物质制造的光纤。它是在受到辐射线、紫外线等光波照射时，产生的荧光可经光纤闭合进行传输的光纤。发光光纤（Luminescent Fiber）可以用于检测辐射线和紫外线，以及进行波长变换，或用做温度敏感器、化学敏感器。在辐射线的检测中也称作闪光光纤（Scintillation Fiber）。发光光纤从荧光材料和掺杂的角度上，目前正在开发塑料光纤。

四、光导纤维的应用

光导纤维的特性决定了其广阔的应用领域。由光导纤维制成的各种光导线、光导杆和光导纤维面板等，广泛地应用在工业、国防、交通、通信、医学和宇航等领域。

光导纤维在通信领域的应用最广泛，即光导纤维通信。自 20 世纪 60 年代以来，光源和光纤方面取得重大突破，使光通信获得异常迅速的发展。作为光源的激光方向性强、频率高，是进行光通信的理想光源；光波频带宽，与电波通信相比，能提供更多的通信通路，可满足大容量通信系统的要求。因此，光纤通信与卫星通信一并成为通信领域里最活跃的两种通信方式。

在医学上，光导纤维可以用于食道、直肠、膀胱、子宫、胃等人体深部探查内窥镜（胃镜、血管镜等）的光学元件和不必切开皮肉直接插入身体内部，切除癌瘤组织的外科手术激光刀，即由光导纤维将激光传递至手术部位进行手术。

在照明和光能传送方面，利用光导纤维短距离可以实现一个光源多点照明，光缆照明，可利用塑料光纤光缆传输太阳光作为水下、地下照明。由于光导纤维柔软易弯曲变形，可做成任何形状，以及耗电少、光质稳定、光泽柔和、色彩广泛，是未来的最佳灯具，如与太阳能的利用结合起来将成为最经济实用的光源。今后的高层建筑、礼堂、宾馆、医院 、娱乐场所，甚至家居都可直接使用光导纤维制成的天花板、墙壁和彩织光导纤维字画等，道路、公共设施的路灯、广场的照明和商店橱窗广告也可使用。此外，还可用于易燃、易爆、潮湿及腐蚀性强等不宜架设输电线及电气照明的环境中作为安全光源。

在国防军事上，光导纤维的应用十分广泛，可以用光导纤维来制成纤维光学潜望镜，装备在潜艇、坦克和飞机上等。

第五节　医用功能纤维

一、概述

医疗用的纤维材料，包括人体代用材料和医疗卫生材料等，如心脏瓣膜、碳纤维腱、韧带、人工骨和人工关节、人造皮、人工血管、中空纤维人工肾、人工肝、人工脾、人工肺和血浆分离器，吸收性缝合线，止血纤维和吸血纤维、解毒纤维、绷带、卫生巾、口罩、手术衣和罩布、X 射线板、光纤胃镜、消臭杀菌纤维和保健类功能纤维等。这些材料要求无毒、纯净、无过敏反应、无致癌性、不产生血栓、不破坏血细胞和改变血浆蛋白成分等。

医疗用的纤维制法是将相应高聚物等制成中空纤维、超细纤维、单丝、非织造布、织物和复合材料等，再进一步加工或组装而成。

纤维在医学上的应用具有悠久的历史，早在 4000 多年以前，古埃及人就懂得用天然胶黏合的亚麻纱来缝合伤口，以使伤口能及时愈合，用植物药处理的织物包裹木乃伊，以防止其腐烂。中国古代的史书中也有关于用麻纤维作缝合线、用棉布包扎伤口和止血的记载。纺织材料在医学上具有非常实用的价值。医用纺织材料最早采用棉、毛、麻等天然纤维，随着科技的发展，又大量使用化学纤维。特别是随着近年来对可降解纤维的研究取得了可喜的进步，可降解化学纤维和甲壳素纤维日渐引起人们的关注。医用非织造布的推广，进一步扩大了化学纤维的应用范围，医用纺织品材料的研发也越来越有活力。

二、医用功能纤维材料

（一）抗菌纤维

1. 抗菌纤维的分类

（1）本身带有抗菌功能的纤维，如某些麻类纤维、甲壳素纤维及金属纤维等。

（2）用抗菌剂进行整理的纺织品，此法加工简便，但耐洗性较差。

（3）在化纤纺丝时将抗菌剂加到纤维中而制成的抗菌纤维，这类纤维抗菌、耐洗性好，易于织染加工。

2. 抗菌机理及加工方法　目前应用于纺织品的抗菌剂主要有有机和无机两大类，有机抗菌剂一般是通过活性成分带有的正电荷基团与细菌表面的负电荷相互吸引，以物理方式破坏细菌的细胞膜，起到抑菌抗菌的功能。无机抗菌剂是让纤维中逐渐溶出的微量金属离子向细菌细胞内扩散，引起细菌代谢障碍而死亡。

3. 抗菌纤维的用途　纺织品在人体穿着过程中，会受到汗液、皮脂以及其他各种人体分泌物的沾污，同时也会被外部环境中的污物所沾污，这些污物成了各种微生物的良好营养源和繁殖栖息地，尤其在高温潮湿的条件下，在致病菌的繁殖和传递过程中，纺织品是一个非常重要的媒体。因此，若能赋予纺织品抗菌的功能，则不仅可以避免纺织品因微生物的侵蚀而受损，还可以阻断纺织品传递致病菌的途径，阻止致病菌在纺织品上的繁殖由此引发的疾病以及其他疾病。虞弘强彩色涤纶有限公司开发的纳米复合抗菌母粒在这方面取得了突破,采用载银无机抗菌剂与精选的有机抗菌剂进行复配,使两者的抗菌性能相得益彰,抗菌性能大大提高。该抗菌纤维可以与其他纤维进行混纺或复合使用。抗菌纤维自身所具有的多重独特性能,使其在医用纺织品中有广泛的用途,如用于制作病员服、医护服饰、手术衣、手术用布、绷带等。

(二)消臭纤维

1. 消臭纤维的加工方法

(1)化学消臭法。使恶臭分子和特定物质发生化学反应生成无臭物质,这种消臭反应机理涉及氧化、还原、分解、中和、加成、缩合及离子交换反应等。

(2)物理除臭法。利用特定物质对恶臭分子进行吸附,常用的吸附剂有活性炭、硅胶、沸石等多孔物质和一些盐类。

(3)复合消臭纤维,包括功能复合和结构复合。功能复合指在纤维中掺加消臭剂的同时,还加入抗菌剂、吸湿剂、阻燃剂等功能物质。结构复合是指构成纤维形态有并列、海岛结构等多种复合形式。

(4)纤维中掺加消臭剂。将消臭剂掺入纺丝液中,经纺丝制取消臭纤维。无机消臭剂多采用共混纺丝法,消臭剂要制成微粉状,同时还要添加助剂,使消臭剂微粉与基材相容并分散均匀。为最大限度地发挥消臭功能,并使纤维能保留原有性能,可采用复合纺丝技术。

2. 消臭纤维的用途 细菌和真菌在衣物上大量繁殖时,纤维容易受到其酸性或者碱性代谢产物的作用而发生分子链降解、变色,并生成挥发恶臭的物质,还容易引发人体皮肤病。因此,为了满足人们对纺织品卫生功能的更高要求,对纤维制品进行抗菌、消臭加工是非常必要的。竹炭黏胶纤维是今年来我国自己研制并拥有自主知识产权的新产品,该纤维内镶嵌有纳米级竹炭微粉,使其充分体现竹炭所具有的吸附异味、散发淡雅清香、防菌抑菌等特殊功效。竹炭黏胶纤维能吸附甲醛、苯、甲苯、氨等有害物质及香烟、油漆味等,不同温度的竹炭黏胶纤维其吸附量不同,温度较低对氨的吸附较好,中温对甲醛、苯的吸附较好。

(三)药物纤维

1. 药物纤维的分类 药物纤维包括止血纤维、麻醉纤维、消炎止痛纤维等。

2. 药物纤维的加工方法

(1)微胶囊法结合纤维。将药物制成微胶囊与纤维进行结合的方法制得的纤维。

(2)浸药法。将指定的药剂溶于有机溶剂中,再将纤维在该溶剂中浸渍一定的时间,则药物随溶剂吸入纤维内部。

(3)用共混的方法将药物掺入纤维内。把药物制成微细粉剂,加入纺丝液中,利用分散剂使之分散均匀,然后直接纺成纤维。

3. 药物纤维的用途

(1)卫生敷料。将止血、止痛、麻醉类药物加入纤维中后可制作创伤敷料、止血纱布、麻醉药剂,将能缓解病痛,促进伤口愈合。

(2)透皮吸收药物织物。如将消炎、止痛、止痒、麻醉、硝酸甘油等药物加入纤维中做成织物后,可通过人体皮肤吸收,促进疗效。这类织物可制成内衣、内裤、背心、护腰、护关节、枕巾等。

(3)药物载体。如胃药纤维,口服后不仅药物散发面大,而且在胃里停留时间长,延长药物被吸收的时间,增强疗效。

(4)体内植入。如药物缝合线,可在手术缝合线内加入抗感染、止痛、止血、麻醉、抗菌、防生物排异和愈合促进剂等药。

三、医用功能纤维国内外发展状况

医用功能纤维作为一个新的纤维体系,其发展前景呈现出多样化趋势,其应用技术一方面采用新型材质进行纺丝;另一方面则是继承并发展了后整理、复合纺丝等技术。

(一)采用纤维后整理技术增加功能性

医用功能纤维在开发初期,一般直接采用后整理技术对纤维进行整理,比如用消臭剂浸泡的消臭絮棉。这类技术比较初级和简单,到如今采用纺丝技术和后整理技术相结合,已取得了更好的效果。

一种能抗菌且防水透湿的新型医用纺织品日前由上海鑫高科技研究所研制成功。这款抗菌防水透湿布具有良好的广谱高效抗菌性。该湿布对金黄色葡萄球菌的抑菌率为 99.9%,对肺炎杆菌的抑菌率大于 99.7%,对表皮葡萄球菌、淋球菌、链球菌、白色念珠菌等有害菌群也具有明显的杀伤力,对病灶周围皮肤具有明显的消炎、防臭、防霉、止痒、收敛作用。

(二)采用复合纺丝技术使功能复合

复合纺丝技术在医用功能纤维的开发中得到了迅速的发展,由传统简单的并列复合到镶嵌结构、海岛结构和中空多芯结构过渡,功能效果得到了明显的改善和提高。如美国杜邦公司生产的 Suprel 产品,采用聚酯和聚乙烯两种原料来生产,其性能可满足特种需要,适合制造医生的手术衣,不仅具备保护功能,而且穿着舒适。

(三)采用新型材质进行纺丝

荷兰 DSM 公司开发出一种新型高性能聚乙烯纤维—Dyneema Purity 纤维,该纤维的原料是高黏聚合物 UHMWPE,采用凝胶纺丝工艺生产,这是 DSM 公司新近开发出来的一种生产工艺。与同等重量的钢相比,该纤维的强度要高 15 倍,柔性好,耐磨损。在要求极高的生命科学各领域中广泛应用,国际上已有几家生产矫形器件的公司出售这种纤维制成的手术用缝纫线。

我国医用功能纤维无论在种类上还是数量上都与国外先进国家有很大的差距,远不能满足国内对医用功能纤维原料的需求。相比较国内生产工艺的进展,医用功能纤维原料的开发更显得落后,这也阻碍了我国医用功能纤维的发展和应用。为了适应医用功能纤维,特别是抗菌纤维、药物纤维市场需求的高速增长,国内科研单位、检测机构、生产厂商应加大对新产品的开发力度,积极引进和吸收国外先进生产技术,加大力度研制和生产抗菌纤维、药物纤维。

四、医用功能纤维发展前景

工业纺织品是全球纺织业中发展最快的产品,而医用功能纺织品又是工业纺织品中最具活力的产业。据权威报告显示,全球医用纺织品需求以每年 35%的速度发展,其增长速度大大超过其他工业纺织品的年增长率。

医用纤维及其制品虽属贴近人们生活的普通消费品领域，但其中也不乏高技术含量、高附加值的产品，诸如生物可降解缝纫线、血管移植制品以及纳米纤维医用制品等。从医用功能纤维的发展状况和实际应用中可以看到，这是一个极有发展前途的新领域。

第六节　高分子分离膜

一、概述

高分子分离膜是由聚合物或高分子复合材料制得的具有分离流体混合物功能的薄膜。膜分离过程就是用分离膜作间隔层，在压力差、浓度差或电位差的推动力下，借流体混合物中各组分透过膜的速率不同，使之在膜的两侧分别富集，以达到分离、精制、浓缩及回收利用的目的。单位时间内流体通过膜的量(透过速度)、不同物质透过系数之比(分离系数)或对某种物质的截留率是衡量膜性能的重要指标。

高分子分离膜只有组装成膜分离器，构成膜分离系统能进行实用性的物质分离过程。一般有平膜式、管膜式、卷膜式和中空纤维膜式分离装置。

早在20世纪初已有用天然高分子或其衍生物制取透析、电渗析、微孔过滤膜。1953年，美国C. E. 里德提出了用致密的醋酸纤维素制的膜将海水分离为水和盐，当时由于水的透过速度极小而未能实用。1960年S. 洛布和S. 索里拉金成功地开发了各向异性的不对称膜的制备方法。由于起分离作用的活性层极薄，流体通过膜的阻力小，从而开拓了高分子分离膜在工业上的应用。之后出现了中空纤维膜，使高分子分离膜更适于工业用途。20世纪70年代以来，气体分离膜、透过蒸发膜、液体膜以及生物医学用膜的研究，开拓了高分子分离膜应用新领域。

二、分类

1. 高分子分离膜按结构分类

(1)致密膜。膜中无微孔，物质仅从高分子链段之间的自由空间通过。

(2)多孔质膜。一般膜中含有孔径为0.02～20μm的微孔，可用于截留胶体粒子、细菌、高分子量物质粒子等。

(3)不对称膜。由同一种高分子材料制成，膜的表面层与膜的内部结构不相同，表面层为0.1 9～0.25μm薄的活性层，内部为较厚的多孔层。

(4)含浸型膜。在高分子多孔质膜上含浸有载体而形成的促进输送膜和含有官能基团的膜，如离子交换膜。

(5)增强膜。以纤维织物或其他方式增强的膜。

2. 高分子分离膜按膜的分离特性和应用角度分类　可分为反渗透膜(或称逆渗透膜)、超过滤膜、微孔过滤膜、气体分离膜、离子交换膜、有机液体透过蒸发膜、动力形成膜、镶嵌带电膜、液体膜、透析膜、生物医学用膜等多种类别。

三、主要材料

最初用作分离膜的高分子材料是纤维素酯类材料。后来,又逐渐采用了具有各种不同特性的聚砜、聚苯醚、芳香族聚酰胺、聚四氟乙烯、聚丙烯、聚丙烯腈、聚乙烯醇、聚苯并咪唑、聚酰亚胺等。高分子共混物和嵌段、接枝共聚物也越来越多地被用于制分离膜,使其具有单一均聚物所没有的特性。制备高分子分离膜的方法有流延法、不良溶剂凝胶法、微粉烧结法、直接聚合法、表面涂覆法、控制拉伸法、辐射化学侵蚀法和中空纤维纺丝法等。

四、应用

对近沸点混合物、共沸混合物、异构体混合物等难以分离的混合物体系以及某些热敏性物质,能够实现有效的分离。采用反渗透法进行海水淡化所需能量仅为冷冻法的1/2,蒸发法的1/17,操作简单,成本低廉。因此,反渗透法有逐渐取代多级闪蒸法的趋势。膜分离用于浓缩天然果汁、乳制品加工、酿酒等食品工业中,因无须加热,可保持食品原有的风味。采用高分子富氧膜能简便地获得富氧空气,以用于医疗。还可用于制备电子工业用超纯水和无菌医药用超纯水。用分离膜装配的人工肾、人工肺,能净化血液,治疗肾功能不全患者以及做手术用人工心肺机中的氧合器等。20世纪80年代以来,高分子分离膜正在向高效率、高选择性、功能复合化及形式多样化的方向发展。不对称膜和复合膜的制备以及聚合物材料的超薄膜化等的研究十分活跃。膜分离技术在新能源、生物工程、化工新技术等方面已显示出它的潜力。

☞思考与练习题

1. 功能纤维有哪些类型?
2. 简述导电纤维的作用机理。
3. 防辐射纤维有哪些类型?主要应用在哪些领域?
4. 光导纤维有哪些主要特性?
5. 简述医用功能纤维国内外的发展状况。
6. 查找资料对比国内外功能纤维的发展差异。

参考文献

[1]孙晋良.纤维新材料[M].上海:上海大学出版社,2007.

[2]沈新元.化学纤维手册.[M].北京:中国纺织出版社,2008.

[3]王曙中,王庆瑞,刘兆峰.高科技纤维概论[M].北京:中国纺织出版社,1999.

[4]邢声远.纺织纤维[M].北京:化学工业出版社,2004.

[5]商成杰.功能纺织品[M].北京:中国纺织出版社,2006.

[6]宋肇棠.调温纤维及其纺织品[J].印染助剂,2004,21(3):2-4.

[7]郝新敏,张建春,杨元.医用纺织材料与防护服装[M].北京:化学工业出版社,2008.

[8]张明霞,张玉清.功能性纺织品开发生产现状及其发展趋势[J].新知·动向,2008(1):70-72.
[9]张丽,王庆珠,吕宏亮.高性能医用纺织品的新发展[J].现代纺织技术,2005(5):51-53.
[10]钱程.壳聚糖纤维医用敷料的生产及应用[J].纺织学报,2006(11):104-105,109.
[11]张艳明,邱冠雄.医疗纺织品在人体中的应用[J].产业用纺织品,2004(6):9-13.
[12]谢孔良.功能性纺织品新型后整理技术研究动向[J].纺织导报,2003(6):119-121.
[13]徐晶,庄旭品,徐先林.天然医疗保健纤维的性能及应用[J].产业用纺织品,2010(2):34-38.
[14]严方平.医用功能纤维的分类及生产方法[J].中国纤检,2011(7):85-87.
[15]施楣梧.纺织品用抗静电纤维、导电纤维的回顾和展望[J].毛纺科技,2000 (6):5-10.
[16]焦红娟,郭红霞,李永卿,等.镀银导电纤维的制备和性能[J].华东理工大学学报(自然科学版),2006(2):173-176.
[17]施楣梧,南燕.有机导电纤维的结构和性能研究[J].毛纺科技,2001(1):5-8.
[18]贾华明,齐鲁.防辐射纤维及其织物的研究进展[J].合成纤维工业,2005(5):30-33.
[19]梁威,杨青芳,马爱洁,等.防辐射纤维及材料的研究进展[J].玻璃钢/复合材料, 2005(5):51-55.
[20]张永文,陈英.纳米技术与抗紫外线功能性纺织品[J].纺织导报,2004(6):48-54.
[21]汪多仁.塑料光导纤维的开发与应用进展[J].高科技纤维与应用,2004(5):46-48.
[22]杜春慧.医用功能纤维[J].现代纺织技术, 2000(3):58-60.
[23]张华.生物医用功能纤维的研究进展及趋势[J]. 化工新型材料,2009(1):11-13.
[24]秦益民.甲壳胺和海藻酸纤维在医用敷料中的应用[J].针织工业, 2004(5):60-63.
[25]王世荣,张敬贤.高分子分离膜材料的最新研究进展[J].舰船防化,2005(3):31-37.
[26]邢英.高分子分离膜的研究及应用[J].广东化工,2011(1):94-96.